"十四五"职业教育国家规划教材

"十三五"职业教育国家规划教材
"十二五"职业教育国家规划教材
国家级精品资源共享课配套教材
本教材第3版曾获首届全国教
材建设奖全国优秀教材二等奖

电力系统继电保护技术

第 4 版

主　编　朱文强　许建安
副主编　徐　明　王远瞧
参　编　许培德　吴光强　薛文先

机 械 工 业 出 版 社

本书为全国优秀教材、"十四五"职业教育国家规划教材、"十三五"职业教育国家规划教材、"十二五"职业教育国家规划教材的修订版,是国家级精品资源共享课配套教材。

本书阐述了继电保护的基本原理、利用故障分量的继电保护基本原理、序分量的获取方法及作用、微机保护原理、利用工频故障分量突变量的保护原理等内容。主要内容包括:绪论,继电保护的基本元件,输电线路的电流、电压保护,输电线路的距离保护,输电线路的全线快速保护,电力变压器的继电保护,发电机保护,母线保护,继电保护整定计算实例等。本书内容反映了继电保护的新技术与成果。

本书可作为高等职业院校电力技术类专业的教材,也可供相关专业工程技术人员参考。

为方便教学,本书配有免费电子课件等,凡选用本书作为授课教材的老师,可来电(010-88379375)索取或登录机械工业出版社教育服务网(www.cmpedu.com)注册后下载。本书在"爱课程"网配套完整的在线课程,读者可前往学习。

图书在版编目(CIP)数据

电力系统继电保护技术/朱文强,许建安主编. —4 版. —北京:机械工业出版社,2024.4(2026.1 重印)

"十四五"职业教育国家规划教材:修订版

ISBN 978-7-111-75522-7

Ⅰ. ①电… Ⅱ. ①朱… ②许… Ⅲ. ①电力系统 – 继电保护 – 职业教育 – 教材 Ⅳ. ①TM77

中国国家版本馆 CIP 数据核字(2024)第 066727 号

机械工业出版社(北京市百万庄大街 22 号 邮政编码 100037)

策划编辑:王宗锋　　　　　　责任编辑:王宗锋
责任校对:张慧敏　陈　越　　封面设计:陈　沛
责任印制:任维东

河北宝昌佳彩印刷有限公司印刷

2026 年 1 月第 4 版第 7 次印刷

184mm×260mm · 15.5 印张 · 384 千字

标准书号:ISBN 978-7-111-75522-7

定价:49.80 元

电话服务　　　　　　　　　网络服务

客服电话:010-88361066　　机 工 官 网:www.cmpbook.com
　　　　　010-88379833　　机 工 官 博:weibo.com/cmp1952
　　　　　010-68326294　　金 书 网:www.golden-book.com

封底无防伪标均为盗版　　机工教育服务网:www.cmpedu.com

关于"十四五"职业教育
国家规划教材的出版说明

为贯彻落实《中共中央关于认真学习宣传贯彻党的二十大精神的决定》《习近平新时代中国特色社会主义思想进课程教材指南》《职业院校教材管理办法》等文件精神，机械工业出版社与教材编写团队一道，认真执行思政内容进教材、进课堂、进头脑要求，尊重教育规律，遵循学科特点，对教材内容进行了更新，着力落实以下要求：

1. 提升教材铸魂育人功能，培育、践行社会主义核心价值观，教育引导学生树立共产主义远大理想和中国特色社会主义共同理想，坚定"四个自信"，厚植爱国主义情怀，把爱国情、强国志、报国行自觉融入建设社会主义现代化强国、实现中华民族伟大复兴的奋斗之中。同时，弘扬中华优秀传统文化，深入开展宪法法治教育。

2. 注重科学思维方法训练和科学伦理教育，培养学生探索未知、追求真理、勇攀科学高峰的责任感和使命感；强化学生工程伦理教育，培养学生精益求精的大国工匠精神，激发学生科技报国的家国情怀和使命担当。加快构建中国特色哲学社会科学学科体系、学术体系、话语体系。帮助学生了解相关专业和行业领域的国家战略、法律法规和相关政策，引导学生深入社会实践、关注现实问题，培育学生经世济民、诚信服务、德法兼修的职业素养。

3. 教育引导学生深刻理解并自觉实践各行业的职业精神、职业规范，增强职业责任感，培养遵纪守法、爱岗敬业、无私奉献、诚实守信、公道办事、开拓创新的职业品格和行为习惯。

在此基础上，及时更新教材知识内容，体现产业发展的新技术、新工艺、新规范、新标准。加强教材数字化建设，丰富配套资源，形成可听、可视、可练、可互动的融媒体教材。

教材建设需要各方的共同努力，也欢迎相关教材使用院校的师生及时反馈意见和建议，我们将认真组织力量进行研究，在后续重印及再版时吸纳改进，不断推动高质量教材出版。

机械工业出版社

前　言

"电力系统继电保护技术"是高职院校电力技术类专业学生必修的一门专业核心课程。为推动党的二十大精神进教材、进课堂，同时为培养素质高、专业技术全面、技能熟练的高技能人才，有必要对《电力系统继电保护技术》教材内容进行相应调整，对于过时案例进行替换，对实际工程较少采用的方案进行删除与更新，以满足高等职业教育的需求。

本次修订主要体现了以下特点：

1. 本书力争做到内容结构合理，紧密联系生产实践，突出基础专业知识和实用技能训练。根据专业的培养目标，对职业能力进行分析、分解，培养学生具备电工基本技能、继电保护调试维护等相应高级工职业资格技能，形成三阶段职业技能要求（初级、中级、高级）的柔性职业方案。以职业能力培养为主线，注重教学过程的实践性和职业性，加强学生实践能力、创新能力和就业、创业能力的培养，把教学内容和职业鉴定标准有机结合，形成"职业岗位、案例教学"分方向培养的课程体系。每章主体内容前设教学要求、知识点和技能点，章后给出小结及习题，方便读者思考学习。

2. 本书打造体现"互联网＋"新形态的开放式学习平台，立体化资源丰富。配有课程设计方案、自学指南、教学案例分析、电子课件、教学录像、顶岗实习指导、课程考核评价等资源包，便于教学，拓展学生的知识面，提高学生的自学能力。在"爱课程"网配套完整的在线课程，读者可自行学习。

3. 本书由高等院校与企业共同开发编写，突出职业能力训练与职业素质的培养。根据行业对应用型人才的需求，课程设计按照岗位核心能力要求，参照国家相关工种的职业标准，构建合理的知识、能力、素质结构，建立有效的理论和实践相融合的教学体系，培养面向生产第一线，具有本专业相适应的理论知识，具备综合职业技术应用能力，具有从事发电厂、变电站运行管理，发电厂、变电站继电保护维护调试、电气部分局部设计等综合职业能力的高素质技能型人才。相关章节加入"工程实例"分析以及继电保护整定实例，可拓宽学生的工程实践知识面，以提高学生分析问题和解决问题的能力。

本书由福建水利电力职业技术学院朱文强、许建安任主编，重庆电力高等专科学校徐明、三峡电力职业学院王远瞧任副主编，参加编写的还有福建水利电力职业技术学院许培德和吴光强、国网莆田供电公司薛文先。编写分工如下：第1章和第7章由朱文强编写；第4章和第9章由许建安编写；第6章由徐明编写；第5章由王远瞧编写；第2章由许培德编写；第3章由吴光强编写；第8章由薛文先编写。全本由许建安统稿。

由于编者水平有限，书中错误和不足之处在所难免，请读者批评指正。

编　者

二维码索引

序号	名称	图形	页码	序号	名称	图形	页码
1	主保护、后备保护、辅助保护		1	5	功率方向继电器的工作原理		45
2	发电机并网与励磁试验		2	6	方向电流保护的工作原理		46
3	方向电流保护问题的提出		4	7	继电保护的四个基本要求		47
4	继电保护的基本原理和保护装置的组成		4	8	继电保护简介		173

目　录

第1章

绪　　论

教学要求：

通过本章学习，了解电力系统继电保护的含义和任务；了解继电保护装置的基本原理及组成；熟悉对继电保护的基本要求，即所谓的"四性"——可靠性、选择性、灵敏性及速动性；熟悉常用保护装置与继电器的图形符号表示方法、文字表示方法以及型号的表示方法；理解系统运行方式、主保护、后备保护、辅助保护、起动、动作、复归和返回等几个重要概念。

知识点：

了解电力系统继电保护的任务及学习方法；电力系统故障的特点；利用基本电气参数量区别、双侧电流相位、序分量或突变量、非电量实现保护的基本原理；继电保护装置组成及各部分作用；对继电保护的基本要求；继电器动作、起动、返回、复归等概念。

技能点：

会识别继电器图形符号；会识别保护装置图形符号。

主保护、后备保护、辅助保护

1.1　电力系统继电保护的作用

1.1.1　电力系统故障和异常运行

电力系统由发电机、变压器、母线、输配电线路及用电设备组成。各电气元件及系统整体通常处于正常运行状态，但也可能出现故障或异常运行状态。在三相交流系统中，最常见同时也是最危险的故障是各种形式的短路。直接连接（不考虑过渡电阻）的短路一般称为金属性短路。电力系统的正常工作遭到破坏，但未形成故障时的状态，称为异常运行状态。

与其他电气元件相比，输电线路所处的条件决定了它是电力系统中最容易发生故障的一环。在输电线路上，还可能发生断线或几种故障同时发生的复杂故障。变压器和各种旋转电机所特有的一种故障是同一相绕组上的匝间短路。

短路总会产生很大的短路电流，同时使系统中电压大大降低。短路点的电流及短路电流的热效应和机械效应会直接损坏电气设备。电压下降会影响用户的正常工作，影响产品质量。短路更严重的后果是电压下降可能导致电力系统发电厂之间并列运行的稳定性遭受破坏，引起系统振荡，甚至使整个系统瓦解。

最常见的异常运行状态是电气元件的电流超过其额定值，即过负荷状态。长时间的过负荷会使电气元件的载流部分和绝缘材料的温度过高，从而加速设备的绝缘老化，或者损坏设备，其至发展成事故。此外，电力系统出现功率缺额而引起的频率降低、水轮发电机组突然甩负荷引起的过电压以及电力系统振荡，都属于异常运行状态。

故障和异常运行状态都可能发展成系统中的事故。所谓**事故**，是指整个系统或其中一部分的正常工作遭到破坏，以致对用户送电量减少、停止送电或电能质量降低到不能容许的地步，甚至造成设备损坏和人身伤亡。

在电力系统中，为了提高供电可靠性，防止造成上述严重后果，要对电气设备进行正确地设计、制造、安装、维护和检修；对异常运行状态必须及时发现，并采取措施予以消除；一旦发生故障，必须迅速并有选择性地切除故障元件。

1.1.2　继电保护的任务

继电保护装置是能反映电力系统中电气元件发生的故障或异常运行状态，并动作于断路器跳闸或发出信号的一种自动装置。它的基本任务是：

1）当电力系统的被保护元件发生故障时，继电保护装置应能自动、迅速、有选择地通过断路器将故障元件从电力系统中切除，并保证无故障部分迅速恢复正常运行状态。

2）当电力系统的被保护元件出现异常运行状态时，继电保护装置应能及时反应，并根据运行维护条件，动作于跳闸、减负荷或发出信号。此时一般不要求保护装置迅速动作，而是根据对电力系统及其元件的危害程度规定一定的延时，以避免不必要动作和由于干扰而引起的误动作。

1.2　继电保护的基本原理和保护装置的组成

发电机并网
与励磁试验

1.2.1　继电保护的基本原理

继电保护的基本原理是利用被保护线路或设备故障前后某些突变的物理量作为信息量，当这些信息量达到一定值时，继电保护装置启动逻辑控制环节，发出相应的跳闸脉冲或信号从而切除系统中的故障元件。

1. 利用基本电气参数量的区别实现保护

发生短路故障后，利用电流、电压、线路测量阻抗、电压电流间相位差、负序和零序分量的出现等变化，可构成过电流保护、低电压保护、距离（低阻抗）保护、功率方向保护及序分量保护等。

（1）过电流保护　反映电流增大而动作的保护称为**过电流保护**。如图 1-1 所示，若在线路 NP 上 K 点发生三相短路，则从电源到短路点 K 之间将流过

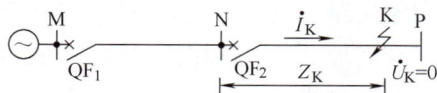

图 1-1　单侧电源电路

短路电流 $\dot{I}_K$，保护 1 和 2 都反映到这个电流，首先由保护 2 动作于断路器 QF$_2$ 跳闸。

（2）低电压保护　反映电压降低而动作的保护称为**低电压保护**。如图 1-1 所示，线路 NP 上 K 点发生三相短路时，短路点电压降到零，各母线上的电压都有所下降，保护 1 和 2 都能反映到电压下降，首先由保护 2 动作于断路器 QF$_2$ 跳闸。

（3）距离保护　距离保护也称低阻抗保护，反映保护装置安装处到短路点之间的阻抗下降而动作的保护称为低阻抗保护。在图 1-1 中，若以 Z_K 表示保护 2 到短路点之间的阻抗，

则母线 N 上的残余电压 $\dot{U}_{\text{res}} = \dot{I}_K Z_K$，保护 2 的测量阻抗 $Z_m = \dot{U}_{\text{res}} / \dot{I}_K = Z_K$，它的大小等于保护装置安装处到短路点间的阻抗，正比于短路点到保护 2 之间的距离。

2. 利用线路两侧的电流相位差实现保护

图 1-2 所示为双侧电源电路，若规定电流的正方向是从母线指向线路，正常运行时，线路 MN 两侧的电流大小相等、相位差为 180°；当线路 NP 上的 K_1 点发生短路故障时，线路 MN 两侧电流大小仍相等、相位差仍为 180°；当在线路 MN 上的 K_2 点发生短路故障时，线路

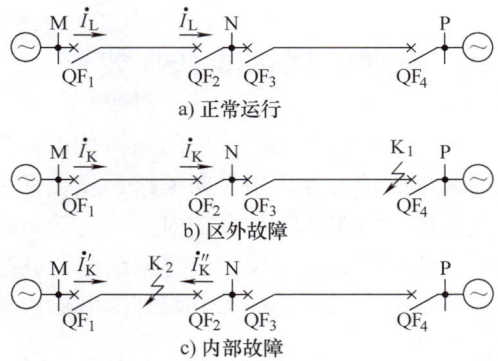

图 1-2　双侧电源电路

MN 两侧短路电流大小一般不相等，相位相同（不计阻抗的电阻分量时）。从分析可知，若两侧电流相位（或功率方向）相同，则判断为被保护线路内部故障；若两侧电流相位（或功率方向）相反，则判断为区外短路故障。利用被保护线路两侧电流的相位差（或功率方向），可构成纵联差动保护、相差高频保护及方向保护等。

3. 利用序分量或突变量实现保护

电力系统在对称运行时，不存在负序、零序分量；当发生不对称短路时，将出现负序、零序分量；无论是对称短路，还是不对称短路，正序分量都将发生突变。因此，可以根据是否出现负序、零序分量构成负序保护和零序保护；根据正序分量是否突变构成对称短路保护、不对称短路保护。

4. 利用非电量实现保护

利用非电量实现的保护包括反映变压器油箱内部故障时所产生的瓦斯气体而构成的瓦斯保护，反映绕组温度升高而构成的过负荷保护等。

1.2.2　继电保护装置的组成

继电保护装置的构成部件虽然很多，但是在一般情况下，整套继电保护装置是由测量部分、逻辑部分和执行部分组成的，其原理框图如图 1-3 所示。

图 1-3　继电保护装置的原理框图

1. 测量部分

测量部分是测量从被保护对象输入的有关物理量，并与给定的整定值进行比较，根据比较的结果，给出"是"或"非"的一组逻辑信号，从而判断保护是否应该起动。

2. 逻辑部分

逻辑部分是根据测量部分各输出量的大小、性质、输出的逻辑状态、出现的顺序或它们的组合，确定是否应该使断路器跳闸或发出信号，并将有关信号传给执行部分。继电保护中常用的逻辑回路有"或""与""否""延时起动""延时返回"以及"记忆"等。

3. 执行部分

执行部分是根据逻辑部分传送的信号，最终完成保护装置所担负的任务。如故障时，动作于跳闸；异常运行时，发出信号；正常运行时，不动作等。

1.3 对继电保护的基本要求

电力系统各电气元件之间通常用断路器互相连接，每台断路器都装有相应的继电保护装置，用于向断路器发出跳闸脉冲信号。继电保护装置是以各电气元件或线路作为被保护对象的，其切除故障的范围是断路器之间的区段。

实践表明，继电保护装置或断路器有拒绝动作的可能性，因而需要考虑后备保护。实际上，每一电气元件一般都有两种继电保护装置——主保护和后备保护，必要时，还另外增设辅助保护。

反映整个被保护元件上的故障并能以最短的延时有选择性地切除故障的保护称为**主保护**。主保护或其断路器拒绝动作时，用来切除故障的保护称为**后备保护**。后备保护分为近后备保护和远后备保护两种：主保护拒绝动作时，由被保护元件的另一套保护实现后备保护，谓之近后备保护；当主保护或其断路器拒绝动作时，由相邻元件或线路的保护实现后备保护的，谓之远后备保护。为补充主保护和后备保护的不足而增设的比较简单的保护称为**辅助保护**。

电力系统继电保护装置应满足可靠性、选择性、灵敏性和速动性的基本要求。这些要求之间，需要针对使用条件的不同，进行综合考虑。

1.3.1 可靠性

保护装置的可靠性是指在规定的保护区内发生故障时，它不应该拒绝动作，而在正常运行或保护区外发生故障时，则不应该误动作。

可靠性主要是针对保护装置本身的质量和运行维护水平而言，不可靠的保护本身就成了事故的根源，因此，**可靠性是对继电保护装置最基本的要求**。

为保证可靠性，一般来说，宜选用尽可能简单的保护方式及有运行经验的微机保护产品；应充分考虑保护装置中元件的可靠性及其自身的性能，并应采取必要的检测、闭锁和双重化等措施。当电力系统中发生故障而主保护拒绝动作时，依靠后备保护的动作切除故障，往往不仅扩大了停电范围，而且拖延了切除故障的时间，给电力系统的稳定运行带来了很大危害。此外，保护装置应便于整定、调试和运行维护，这对于保证其可靠性也具有重要的作用。

1.3.2 选择性

保护装置的选择性是指保护装置动作时，仅将故障元件从电力系统中切除，使停电范围尽量小，以保证电力系统中的无故障部分仍能继续安全运行。在图1-4所示的网络中，当线路 L_4 上 K_2 点发生短路时，保护6动作于断开 QF_6，将 L_4 切除，继电保护的这种动作体现了其选择性。当 K_2 点故障时，若保护5动作于断开 QF_5，则变电所 P 和 Q 都将停电，继电保护的这种动作被视为无选择性。同样 K_1 点故障时，保护1和保护2动作于断开 QF_1 和 QF_2，将故障线路 L_1 切除，才是有选择性的。

如果 K_2 点故障，而保护6或 QF_6 拒绝动作，保护5动作于断开 QF_5，故障

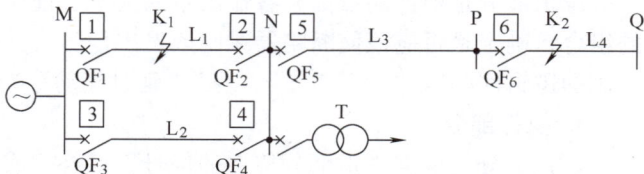

图1-4 单侧电源网络中的保护选择性动作

切除，这种情况虽然是越级跳闸，但也尽量缩小了停电范围，限制了故障的发展，因而也认为是有选择性的。

运行经验表明，架空线路上发生的短路故障大多数是瞬时性的，线路上的电压消失后，短路故障会自行消除。因此，在某些条件下，为了加速切除故障线路，允许采用无选择性的保护，但必须采取相应补救措施，如采用自动重合闸或备用电源自动投入装置予以补救。

为了保证选择性，对相邻元件有后备作用的保护装置，其灵敏性与动作时间必须与相邻元件的保护相配合。

1.3.3 灵敏性

保护装置的灵敏性是指保护装置对其保护区内发生的故障或异常运行状态的反应能力。满足灵敏性要求的保护装置应该是在规定的保护区内短路时，不论短路点的位置、短路形式及系统的运行方式如何，都能灵敏反应。保护装置的灵敏性一般用灵敏系数 K_{sen} 来衡量。对于反应故障时参数增大而动作的保护装置，其灵敏系数是

$$K_{sen} = \frac{保护区末端金属性短路时保护安装处测量到的故障参数的最小计算值}{保护整定值}$$

对于反应故障时参数降低而动作的保护装置，其灵敏系数是

$$K_{sen} = \frac{保护整定值}{保护区末端金属性短路时保护安装处测量到的故障参数的最大计算值}$$

实际上，短路大多情况是非金属性的，而且故障参数在计算时会有一定误差，因此，必须要求 $K_{sen} > 1$。在 GB/T 14285—2006《继电保护和安全自动装置技术规程》中，对各类短路保护装置的灵敏系数最小值都做了具体规定。对于各种保护装置灵敏系数的校验方法，将在各保护的整定计算中分别讨论。

1.3.4 速动性

快速切除故障可以提高电力系统并列运行的稳定性，缩短用户在电压降低情况下的工作时间，降低故障元件的损坏程度，缩小故障的影响范围以及提高自动重合闸装置和备用电源自动投入装置的动作成功率等。因此，在发生故障时，应力求保护装置能迅速动作切除故障。

上述对作用于跳闸的保护装置的基本要求，一般也适用于反映异常运行状态的保护装置。对作用于信号的保护装置则不要求快速动作，而是按照选择性要求延时发出信号。

对继电保护的基本要求是互相联系而又互相矛盾的。如，对某些保护装置来说，选择性和速动性不可能同时实现，要保证选择性，必须使之具有一定的动作时间。

可以这样说，继电保护这门技术，是随着电力系统的发展，在不断解决保护装置应用中出现的基本要求之间的矛盾、使之在一定条件下达到辩证统一的过程中发展起来的。因此，对继电保护的基本要求是分析研究各种继电保护装置的基础，是贯穿"电力系统继电保护技术"课程的一条基本线索。在本课程的学习过程中，应该注意学会按对保护的基本要求点去分析每种保护装置的性能。

1.4 继电器

继电器是各种继电保护装置的基本组成元件。一般来说，按预先整定的输入量动作，并

具有电路控制功能的元件称为**继电器**。继电器的工作特点是：**用来表征外界现象的输入量达到整定值时，其输出电路中的被控电气量将发生预期的阶跃变化。**

继电器的输入量和输出量之间的关系如图1-5所示。图中，X是继电器线圈的输入量，Y是继电器触点电路中的输出量。当输入量X从零开始增大时，在$X < X_{op}$（起动量）的过程中，输出量$Y = Y_{min}$保持不变（$Y_{min} \approx 0$），当输入量X增大到X_{op}时，输出量Y突然由Y_{min}变到Y_{max}，此时称为继电器**动作**；当输入量X减小时，在$X > X_{re}$的过程中，输出量$Y = Y_{max}$保持不变，当输入量X减小到X_{re}时，输出量Y突然由Y_{max}变到Y_{min}，称为继电器**返回**。返回值与动作值之比称为继电器的返回系数，以K_{re}表示，即

$$K_{re} = \frac{X_{re}}{X_{op}} \tag{1-1}$$

图1-5所示的这种输入量连续变化而输出量总是阶跃变化的特性，称为**继电特性**。

通常，继电器在没有输入量（或输入量未达到整定值）的状态下，断开的触点称为**常开触点**，闭合的触点称为**常闭触点**。

使继电器的正常位置时的功能产生变化，称为**起动**；继电器完成所规定的任务，称为**动作**；继电器从动作状态回到初始位置，称为**复归**；继电器失去动作状态下的功能，称为**返回**。

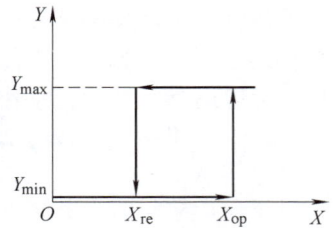

图1-5　继电特性

电力系统继电保护装置用的继电器，称为保护继电器，按输入物理量的不同分为电气继电器与非电气继电器两类，按功能不同可分为测量继电器与逻辑继电器。

国产保护继电器一般用汉语拼音字母表示它的型号。型号中第一个字母表示继电器的工作原理，第二（或第三）个字母代表继电器的用途，如DL代表"电"磁型电"流"继电器。常用继电器线圈和触点的表示方法见表1-1，常用继电器和保护装置示例见表1-2，常用保护装置与继电器符号见表1-3。

表1-1　常用继电器线圈和触点的表示方法

名　称	图形符号	说　明	名　称	图形符号	说　明
继电器线圈			常开(动合)触点		
具有两个线圈的继电器		组合表示法	常闭(动断)触点		
		分立表示法	先断后合的转换触点		
缓慢释放继电器线圈			延时闭合的常开触点		
缓慢吸合继电器线圈			延时断开的常开触点		
快速继电器线圈			延时断开的常闭触点		
机械保持继电器线圈			延时闭合的常闭触点		
极化继电器线圈					

表 1-2 常用继电器和保护装置示例

名　称	图形符号	说　明	名　称	图形符号	说　明
欠电压继电器	$U<$		瞬时过电流保护	$I>$	
过电压继电器	$U>$		定时限过电流保护	$I>$	
欠功率继电器	$P<$		低电压起动的过电流保护	$\begin{array}{c}I>\\U<\end{array}$	
低阻抗继电器	$Z<$		复合电压起动的过电流保护	$\begin{array}{c}I>\\U_1<+U_2>\end{array}$	
功率方向继电器	$P\rightarrow$		线路纵联差动保护	LGDP	
接地距离保护	$Z\underset{=}{\perp}$		距离保护	Z	
发电机定子接地保护	$S\underset{=}{\perp}$		差动保护	I_d	
发电机转子接地保护	$R\underset{=}{\perp}$		零序电流差动保护	I_{d0}	

表 1-3 常用保护装置与继电器符号

序号	名称	符号	序号	名称	符号
1	保护装置	AP	20	信号灯、光指示器	HL
2	电流保护装置	APA	21	电流继电器	KA（KI）
3	电压保护装置	APV	22	过电流继电器	KAO
4	距离保护装置	APD	23	欠电流继电器	KAU
5	零序电流方向保护装置	APZ	24	负序电流继电器	KAN
6	母线保护装置	APB	25	零序电流继电器	KAZ
7	接地故障保护装置	APE	26	电压继电器	KV
8	纵联保护装置（线路）	APP	27	过电压继电器	KVO
9	差动继电器	KD	28	欠电压继电器	KVU
10	接地继电器	KE	29	负序电压继电器	KVN
11	同步监察继电器	KY	30	零序电压继电器	KVZ
12	信号继电器	KS	31	阻抗继电器	KI（KIM）
13	跳闸位置继电器	KCT	32	功率方向继电器	KW
14	起动继电器	KST	33	时间继电器	KT
15	保持继电器	KL	34	出口继电器	KCO
16	闭锁继电器	KCB	35	合闸位置继电器	KCC
17	切换继电器	KCW	36	干簧继电器	KRD
18	零序功率方向继电器	KWZ	37	控制（中间）继电器	KC
19	重动继电器	KCE	38	负序功率方向继电器	KWX

小　结

电力系统通常处于正常运行状态，一旦发生故障，电力系统的正常运行就会被破坏，就会对正常供电、人身安全和设备造成危害。因此要求电力系统发生短路故障时，应将系统故障部分切除。电力系统发生异常运行状态一般动作于发出信号，以便分析处理。

短路故障最明显的特征是电流增大、电压降低，因此可以通过电流或电压的变化构成电流、电压保护。在发生不对称短路故障时，将出现负序分量，发生接地短路故障时，将出现零序分量，可利用负序、零序分量构成反映序分量原理的保护；根据被保护线路阻抗的变化可构成距离保护；线路内部和外部短路故障时，根据被保护线路两端电流的相位不同，可构成差动保护；利用故障分量的特点，可构成各种利用故障分量原理的继电保护。

继电保护的基本要求是衡量继电保护装置性能的重要指标，也是评价各种原理构成的继电保护装置的主要依据。简单地说，选择性就是在保护区内发生短路故障时保护不拒绝动作，在保护区外发生短路故障时保护不误动作；灵敏性是判别保护装置反映故障能力的重要指标，不满足灵敏性要求的保护装置，是不允许装设的。对继电保护的基本要求是互相联系而又互相矛盾的，继电保护技术是在不断解决保护装置应用中出现的基本要求之间的矛盾、使之在一定条件下达到辩证统一的过程中发展起来的。因此，对继电保护的基本要求是分析研究各种继电保护装置的基础，是贯穿本课程的一条基本线索。

习　题

1-1　何谓电力系统的"故障""异常运行状态"与"事故"？

1-2　何谓继电保护装置？它的基本任务是什么？

1-3　何谓主保护、后备保护及辅助保护？何谓近后备保护和远后备保护？

1-4　何谓继电器与继电特性？为什么要求保护继电器必须具有继电特性？

1-5　继电器的常开触点与常闭触点如何区分？

1-6　继电保护装置一般有哪些组成部分？各部分有何作用？

1-7　说明"继电器""继电保护装置"和"继电保护"的含义和区别。

1-8　图 1-6 所示网络中，各断路器处均装设有保护装置，请回答：

（1）当 K_1 点发生短路故障时，根据选择性要求，应起动哪些保护并断开哪台断路器？若断路器 QF_6 失灵而拒动，保护应如何动作？

（2）当 K_2 点发生短路故障时，根据选择性要求，应起动哪些保护并断开哪些断路器？如果保护 2 拒绝动作，对保护 1 的动作又应如何评价？

1-9　在图 1-7 所示网络中，若在 K_1、K_2 点发生短路故障，评价保护 1、保护 2 是否满足保护的基本要求：

（1）K_1 点发生短路故障。

1）保护 2 按整定时间先动作，断开 QF_2，保护 1 起动并在故障切除后返回。

2）保护 1 和保护 2 同时起动，并断开 QF_1 和 QF_2。

3）保护 1 起动，但未断开 QF_1，保护 2 动作，断开 QF_2。

4）保护 1 动作，保护 2 未起动，断开 QF_1。

5）保护 1 和保护 2 均未起动。

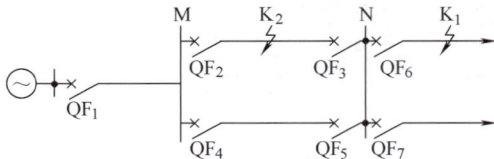

图 1-6　习题 1-8 系统接线图　　　　图 1-7　习题 1-9 系统接线图

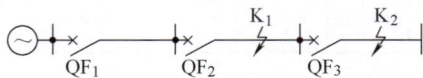

（2）K_2 点发生短路故障。

1）保护 2 和保护 3 同时将 QF_2 和 QF_3 断开。

2）保护 3 拒绝动作或 QF_3 失灵，保护 1 将 QF_1 断开。

Chapter

第 2 章

继电保护的基本元件

教学要求：

通过本章学习，了解继电保护用互感器、变换器、对称分量滤过器的工作原理及使用注意事项和微机保护的相关知识；重点掌握电流互感器极性及 10% 误差曲线校验方法；掌握对称分量滤过器分析方法；掌握电抗变换器的作用及工作原理；掌握微机保护装置的基本构成及各部分的原理；掌握微机保护的软件配置情况及算法。

知识点：

电流互感器极性和 10% 误差曲线校验；变换器的工作原理及作用；对称分量滤过器的工作原理及相量分析；微机保护硬件结构；微机保护数据采集系统原理；接口软件配置；微机保护的算法。

技能点：

会进行电流互感器极性判别及 10% 误差校验；会进行微机保护定值调试。

2.1　电流互感器

为了保证电力系统安全运行，必须对电力设备的运行情况进行监视和测量。一般的测量和保护装置不能直接接入一次高压设备，而需要将一次系统的高电压和大电流按比例变换成低电压和小电流，以供给测量仪表和保护装置使用，执行这些变换任务的设备中最常见的就是我们通常所说的互感器。进行电压变换的互感器称为电压互感器（TV，旧称 PT），而进行电流变换的互感器称为电流互感器（TA，旧称 CT）。本节将讲述电流互感器的相关基本知识。

电流互感器常分为保护用电流互感器和测量类电流互感器两大类。在测量交变大电流时，为便于二次仪表测量需要变换为统一的电流（我国规定电流互感器的二次额定电流为 5A 或 1A），另外因线路上的电压都比较高，直接测量是非常危险的，于是就要使用测量类电流互感器，这时电流互感器就起到变流和电气隔离的作用。测量类电流互感器是电力系统中测量仪表、继电保护装置等二次设备获取电气一次回路电流信息的传感器，它将大电流按比例变换成小电流，其一次侧接在一次系统，其二次侧接测量仪表、电流继电器等。保护用电流互感器主要与继电保护装置配合，在线路发生短路和过负荷等故障时，向继电保护装置提供信号从而切断故障电路，以保障供电系统的安全。保护用电流互感器的工作条件与测量类电流互感器完全不同，保护用电流互感器在比正常电流大几倍甚至几十倍的电流时才开始有效工作。保护用电流互感器又可分为过负荷保护电流互感器、差动保护电流互感器及接地保护电流互感器（零序电流互感器）。电流互感器的其他分类方法有：根据一次绕组匝数多少可分为单匝式和多匝式，根据铁心的数目可分为单铁心式和多铁心式，根据安装方式可分为穿墙式、支柱式和套管式，根据使用场所可分为户外式和户内式。

2.1.1　电流互感器的极性

变电所的控制屏、高压开关柜上的电气测量仪表及电能表大部分都是经过电流互感器和电压互感器连接的。在将功率表和电能表接于电流互感器及电压互感器的二次侧时，必须保证流过仪表的功率方向与将仪表直接接于一次侧的功率方向一致，否则将不能保证得出正确的测量结果，因此必须正确标识并连接好电流互感器的极性。

交流电流在电路中流动时，其方向随时间周期性变化。但在某一瞬间，绕组必有一个端子流入电流，而另一个端子流出电流。感应出的二次电流也同样流过流入端和流出端。电流互感器的极性就是指其一次电流方向与二次电流方向之间的关系。国产电流互感器的一次绕组首端标以 L_1，末端标以 L_2；二次绕组首端标以 K_1，末端标以 K_2。电流互感器一次绕组和二次绕组的首端采用同极性端子。若一次绕组中电流方向自 L_1 端流向 L_2 端，则二次绕组的电流正方向在绕组内部是自 K_2 流向 K_1，而在外电路的仪表中是从 K_1 端流出由 K_2 端流回。一、二次绕组电流的方向是相反的，铁心中的合成磁动势是一、二次绕组的磁动势之差。若忽略励磁电流，则一、二次电流同相，这种标识方法称为减极性标识法，反之称为加极性标识法。目前我国生产的互感器均采用减极性标识法。此时经电流互感器接入的仪表测量的电流方向与把仪表直接接入一次电路中的方向相同，如图2-1所示。

电流互感器的同极性端或同名端用符号"＊""＋、－"或"．"表示。三种极性标注方法如图2-2所示。

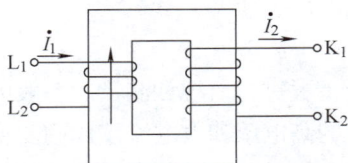

图 2-1　电流互感器同极性端图

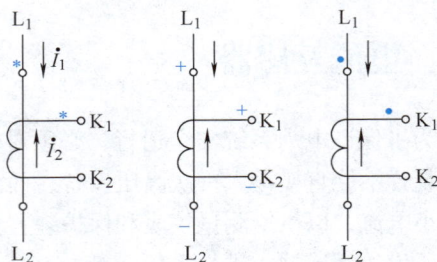

图 2-2　电流互感器的三种极性标注方法

2.1.2　电流互感器的10%误差曲线

电流互感器是电力系统中非常重要的一次设备，掌握其误差特性及10%误差曲线对于继电保护技术人员来说是十分必要的。选定保护用电流互感器时，都要按电流互感器的10%误差曲线校验，这可避免继电保护装置在被保护设备发生故障时拒动，保证电力系统稳定可靠地运行，对提高继电保护装置的正确动作率有着十分重要的意义。

电流互感器用来将一次大电流转换为二次小电流，并将低压设备与高压线路隔离，是一种常见的电气设备，其等效电路、相量图如图2-3所示。

图中，$\dot{I}_1'$ 为折算到二次侧的一次电流，R_1'、X_1' 为折算到二次侧的一次电阻和漏电抗，R_2、X_2 为二次电阻和漏电抗，$\dot{I}_0$ 为电流互感器的励磁电流。在理想的电流互感器中 $\dot{I}_0$ 的值

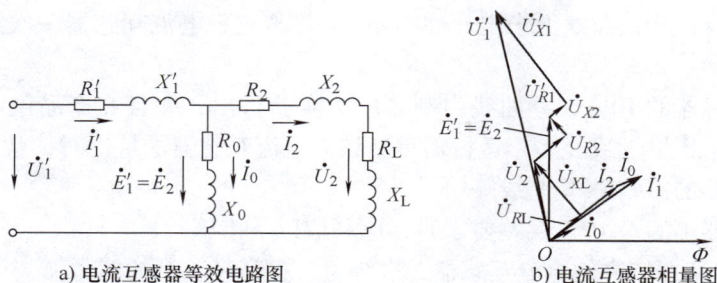

a) 电流互感器等效电路图   b) 电流互感器相量图

图 2-3   电流互感器等效电路、相量图

为零，$\dot{I}'_1 = \dot{I}_2$，但实际上 Z_2 与 Z_0 相比不能忽略，所以，$\dot{I}_0 = \dot{I}'_1 - \dot{I}_2 \neq \mathbf{0}$。由电流互感器的相量图中可看出，电流互感器的误差主要是由于励磁电流 $\dot{I}_0$ 的存在，它使二次电流与换算到二次侧后的一次电流 $\dot{I}'_1$ 不但在数值上不相等，相位也不相同，这就造成了电流互感器的误差。

电流互感器的电流比误差 $f = \dfrac{I'_1 - I_2}{I'_1} \times 100\%$，相位角误差为 $\dot{I}'_1$ 与 $\dot{I}_2$ 间的夹角。

作为标准和测量用的电流互感器，要考虑到在正常运行状态下的电流比误差和相位角误差。作为保护用的电流互感器，为保证继电保护及自动装置的可靠运行，要确保当系统出现最大短路电流的情况下，继电保护装置能正常工作，而不致因为饱和及误差造成拒绝动作，因而 GB/T 14285—2023 规定，应用于继电保护的电流互感器，在其二次负荷和一次电流已知的情况下，电流比误差不得超过 10%。

设 K_i 为电流互感器的电流比，其一次电流与二次电流有 $I_2 = I_1/K_i$ 的关系，在 K_i 为常数（电流互感器 I_2 不饱和）时，其曲线就是一条直线，如图 2-4a 中曲线 1 所示；当电流互感器铁心开始饱和后，I_2 与 I_1 就不再保持线性关系，此时曲线如图中的曲线 2 所示，呈现铁心的磁化曲线状。继电保护要求电流互感器的一次电流 I_1 等于最大短路电流时，其电流比误差小于或等于 10%，因此，我们可以在图中找到一个电流值 I_{1b}，自 I_{1b} 作垂线与曲线 1、2 分别相交于 B、A 两点，且 $BA = 0.1I'_1$（I'_1 为折算到二次侧的一次电流）。如果电流互感器的一次电流 I_1 小于 I_{1b}，其电流比误差就不会大于 10%；如果电流互感器的一次电流 I_1 大于 I_{1b}，其电流比误差就大于 10%。

另外，电流互感器的电流比误差还与其二次负荷阻抗有关。为了便于计算，制造厂家对每种电流互感器提供了在一次电流倍数 m_{10} 下允许的二次负荷阻抗值 Z_{en}，曲线 $m_{10} = f(Z_{en})$ 就称为**电流互感器的 10% 误差曲线**，如图 2-4b 所示。在已知 m_{10} 的值后，从该曲线上就可很方便地得出允许的二次负荷阻抗值，如果它大于或等于实际的二次负荷阻抗值，误差就满足要求，否则，应设法降低实际二次负荷阻抗值，直至满足要求为止。当然，也可在已知实际

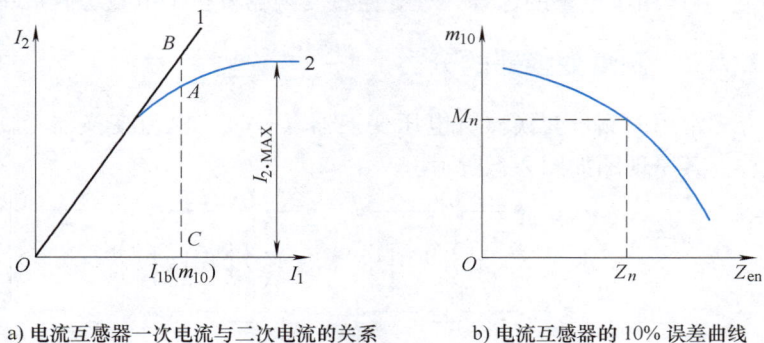

a) 电流互感器一次电流与二次电流的关系   b) 电流互感器的 10% 误差曲线

图 2-4   电流互感器一、二次电流关系及误差曲线

11

二次负荷阻抗值后，从该曲线上求出允许的 m_{10}，并与流经电流互感器一次绕组的一次电流倍数做比较。

通常电流互感器的 10% 误差曲线由制造厂家实验得出，并且在产品说明书中给出。若在产品说明书中未提供，或经多年运行需重新核对电流互感器的特性时，就要通过试验的方法绘制电流互感器的 10% 误差曲线。

当电流互感器不满足 10% 误差要求时，应采取以下措施：

1）改用伏安特性较高的电流互感器二次绕组，提高带负荷的能力。

2）提高电流互感器的电流比，或采用额定电流小的电流互感器，以减小一次电流倍数。

3）串联备用相同级别电流互感器二次绕组，使带负荷能力增大一倍。

4）增大二次电缆截面积，或采用消耗功率小的继电器，以减小二次负荷阻抗。

5）将电流互感器的不完全星形接线方式改为完全星形接线方式，差电流接线方式改为不完全星形接线方式。

6）改变二次负荷元件的接线方式，将部分负荷移至互感器备用绕组，以减小计算负荷。

2.2 测量变换器

2.2.1 测量变换器的作用

继电保护装置不能直接接入互感器的二次绕组，而需要将电压互感器的二次电压降低或将电流互感器二次电流变为电压后才能应用时，必须采用测量变换器。测量变换器的作用主要有：

1）变换电量。将电压互感器二次侧的强电压（100V）和电流互感器二次侧的强电流（5A）转换成弱电压，以适应弱电元件的要求。

2）隔离电路。将保护的逻辑部分与电气设备的二次回路隔离。因为电流互感器、电压互感器二次侧从安全的角度考虑必须接地，而弱电元件往往与直流电源连接，但直流回路又不允许直接接地，故需要经变换器将交、直流电隔离。另外弱电元件易受干扰，借助变换器屏蔽层可以减少来自高压设备的干扰。

3）用于定值调整。借助变换器的一次绕组或二次绕组抽头的改变可以方便地实现继电保护定值的调整或定值范围的扩大。

4）用于电量的综合处理。通过变换器将多个电量综合成单一电量，有利于简化保护。

2.2.2 测量变换器的分类

常用的测量变换器有电压变换器（UV）、电流变换器（UA）和电抗变换器（UR）三种。其原理图如图 2-5 所示。

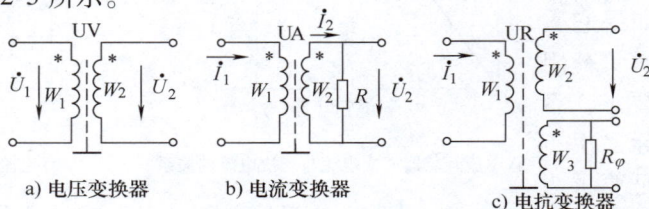

图 2-5 测量变换器原理图

2.2.3 各种测量变换器的工作特性

上述各种测量变换器虽然作用有所不同，但它们的基本构造是相同的，都是在铁心构成的公共磁路上绕有数个通过磁路而耦合的绕组，因而它们的等效电路结构都是相同的。但是，当它们本身参数与电源参数及负荷参数的相对关系改变后，将表现出不同的特性，即所谓变换器按电压变换器方式工作、按电流变换器方式或按电抗变换器方式工作。

1. 电压变换器（UV）

对电压变换器的要求是：变换器（及所接二次负荷）的接入不影响所接处的电压值，输出的二次电压与一次电压成正比，同时与所接的二次负荷大小无关，即 $U_2 = KU_1$，K 为实常数。电压变换器主要是将一次电压变换为与一次电压成正比的二次电压。

2. 电流变换器（UA）

对电流变换器的要求是：变换器（及所接二次负荷）的接入不影响电路的电流值，输出的二次电压与一次电流成正比，与所接的二次负荷大小无关，即 $U_2 = KI_1$，K 为实常数。电流变换器主要是将一次电流变换成与一次电流成正比的二次电压。

3. 电抗变换器（UR）

对电抗变换器的要求是：电抗变换器（及所接二次负荷）的接入不影响一次侧的电流值，输出的二次电压与一次电流成正比，并且相位差为一定值，与所接的二次负荷大小无关，即

$$U_2 = \left| Z_b e^{j\varphi_b} \right| I_1 = KI_1 \tag{2-1}$$

式中，Z_b 称为转移阻抗；φ_b 为转移阻抗角。

电抗变换器实际上是一种工作状态较特殊的变压器：其一次侧相当于电流源（即工作于电流源），这一点与电流变换器相同；其二次侧接近于开路状态，输出的是电压，这一点与电压变换器相同。电抗变换器主要是将输入电流转换成与电流成正比的电压，调节调相电阻，可以改变一次侧输入与二次侧输出之间的相位差。

三种变换器共性：无论输入是电流还是电压，输出都为电压。

在继电保护装置中，广泛采用电抗变换器，并且要求二次电压与一次电流之间有可调整的相位角。为了改变 φ_b，一般在附加二次绕组上安装可调整的固定负荷电阻 R_φ，但是，应当指出，当改变 R_φ 的大小时，转移阻抗也在改变，为维持转移阻抗大小不变，须采取相应的措施。

2.3 对称分量滤过器

2.3.1 概述

电力系统出现不对称相间短路状态时，故障参数中可以分解出负序分量，接地短路时将出现零序分量，而正常运行情况下这些参数的数值都基本为零。利用此特征构成的保护将具有较强的灵敏性。如输入端加入不对称的三相电流或电压，而在输出端只输出零序分量，则称为零序分量滤过器；若输出端只输出负序分量，则称为负序分量滤过器。

继电保护的基本任务之一是发现被保护的系统或设备的故障状态，确定故障的位置，有

时还要区别故障的类型。电力系统发生故障时，根据故障状态的不同，系统中会出现或瞬时出现电压和电流的不对称现象，现代继电保护技术常利用这个现象来发现故障，判断故障的位置和类型。

利用电压和电流出现的不对称来发现故障有如下优点：能避开负荷电流，从而可以提高保护的灵敏度；能避开系统振荡；能判断故障类型，从而容易确定保护的动作方式；可用单个测量组件实现三相保护，从而简化保护构成。基于以上优点，在复杂保护装置中，利用电流、电压中零序和负序分量的保护方式得到了广泛的应用。

反映对称分量的保护装置则必须用对称分量滤过器。其作用是从系统电压和电流中滤出所需的对称分量。继电保护中所用的对称分量滤过器有正序电压、电流滤过器，负序电压、电流滤过器，零序电压、电流滤过器，还有复合电压、电流滤过器。

2.3.2 零序电流滤过器

零序电流滤过器由三个电流互感器二次侧并联获取流入继电器的电流，其接线原理图如图 2-6 所示。

$$\dot{I}_r = \dot{I}_a + \dot{I}_b + \dot{I}_c = \frac{1}{n_i} [(\dot{I}_A - \dot{I}_{eA}) + (\dot{I}_B - \dot{I}_{eB}) + (\dot{I}_C - \dot{I}_{eC})]$$

$$= -\frac{1}{n_i} (\dot{I}_{eA} + \dot{I}_{eB} + \dot{I}_{eC}) = -\dot{I}_{unb} \qquad (2-2)$$

式中，n_i 为互感器电流比；$\dot{I}_{eA}$、$\dot{I}_{eB}$、$\dot{I}_{eC}$ 分别为 A 相、B 相、C 相电流互感器的励磁电流；$\dot{I}_{unb}$ 为不平衡电流。

将三相电流同极性相加，其输出是三相电流相量和，即零序分量电流。这是因为不对称电流中使用对称分量法

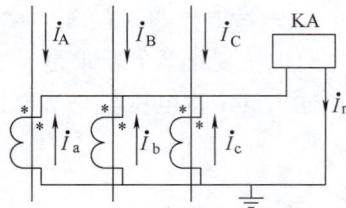

图 2-6　零序电流滤过器接线原理图

分解出来的正序、负序电流都是对称电流，三相相量和等于零。只有零序电流分量是三相大小相等、方向相同。从理想条件讲，当系统发生接地短路时，三相电流出现了零序分量，滤过器才会有相应的 $3\dot{I}_0 / n_i$ 输出。但在实际工作中，由于三相电流互感器的励磁电流不对称，即使一次系统没有发生接地短路即一次系统不存在零序分量时，滤过器也会输出 I_{unb}，这称为不平衡电流。

2.3.3 零序电压滤过器

为了取得零序电压，需采用零序电压滤过器。构成零序电压滤过器时，必须考虑铁心中零序磁通的路径，所以采用的电压互感器铁心形式只能是三个单相的或三相五柱式的。三相五柱式电压互感器二次绕组顺极性接成开口三角形，如图 2-7 所示，以获得零序电压。

当系统发生接地短路时，滤过器的输出电压为

$$\dot{U}_{out} = \dot{U}_a + \dot{U}_b + \dot{U}_c = 3\dot{U}_0 \qquad (2-3)$$

值得指出的是：由于三相电压不完全对称，即使没有发生接地短路，滤过器也会有输出 U_{unb}，这称为不平衡电压。

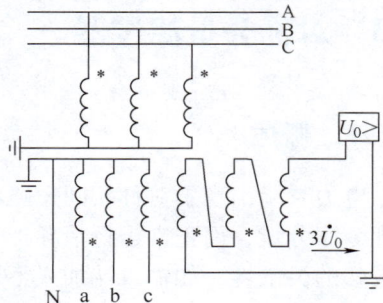

图 2-7　零序电压滤过器接线原理图

2.3.4 负序电压滤过器

负序电压滤过器是从三相电压中滤出负序电压分量的滤过器，可用于反映不对称短路故障。下面介绍单相式负序电压滤过器。

这种电压滤过器有三个输入端 a、b、c，分别接在电压互感器二次侧的三相电压端子上，两个输出端 m、n 接到负荷，如图 2-8 所示。R_1、X_1 和 R_2、X_2 分别接于线电压，而线电压是不存在零序分量的，因此该电压滤过器无需采用其他消除零序电压的措施。为了避免正序分量通过，滤过器的参数应该满足如下关系：

$$R_1 = \sqrt{3} X_1, \quad X_2 = \sqrt{3} R_2 \tag{2-4}$$

当输入正序电压时，因 $R_1 = \sqrt{3} X_1$，故电流 $\dot{I}_{ab1}$ 超前电压 $\dot{U}_{ab1}30°$，又因为 $X_2 = \sqrt{3} R_2$，故电流 $\dot{I}_{bc1}$ 超前 $\dot{U}_{bc1}60°$，各相量关系如图 2-9a 所示。图中，电压三角形 anb 和电压三角形 bmc，两顶点 m、n 重合，即输出电压 $\dot{U}_{mn1} = 0$，故滤过器的输出电压为零。

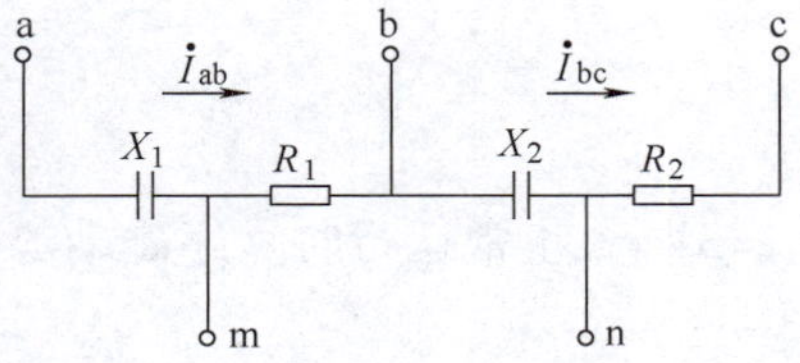

图 2-8　负序电压滤过器

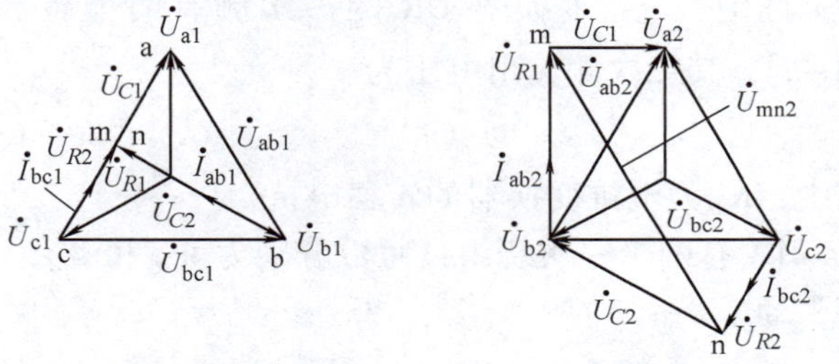

a) 输入为正序电压时　　　b) 输入为负序电压时

图 2-9　相量图

当输入负序电压时，负序电压相序与正序相反，此时负序电压滤过器的相量关系如图 2-9b 所示。$\dot{I}_{ab2}$ 超前电压 $\dot{U}_{ab2}30°$，而 $\dot{I}_{bc2}$ 超前 $\dot{U}_{bc2}60°$，输出电压为

$$U_{mn2} = \sqrt{3} U_{R1} = 1.5 U_{ab2} \tag{2-5}$$

式（2-5）表明，当输入三相负序电压时，滤过器的输出电压为输入电压的 1.5 倍，而其相位超前输入电压 $\dot{U}_{ab2}60°$。

负序电压滤过器只有在满足式（2-4）的条件下，正序电压才无输出。实际上，由于元件参数不准确，阻抗值随环境温度及系统频率变化等原因，负序电压滤过器在加入正序电压时，仍有不平衡电压输出，使用中应予注意。

若输入电压中存在 5 次谐波分量，则由于 5 次谐波分量的相序与基波负序相同，输出端也会有输出。为了消除 5 次谐波的影响，可以在输出端加装 5 次谐波滤波器。

如果将负序电压滤过器任意两个输入端互相换接，则滤过器就会变为正序电压滤过器。

2.3.5 负序电流滤过器

负序电流滤过器的输入是三相或两相全电流，输出是与输入电流负序分量成比例的单相电压，并从接线原理上保证正序电流和零序电流不能通过滤过器。常用的负序电流滤过器有两类：感抗移相式负序电流滤过器和电容移相式负序电流滤过器。感抗移相式负序电流滤过器如图 2-10 所示。

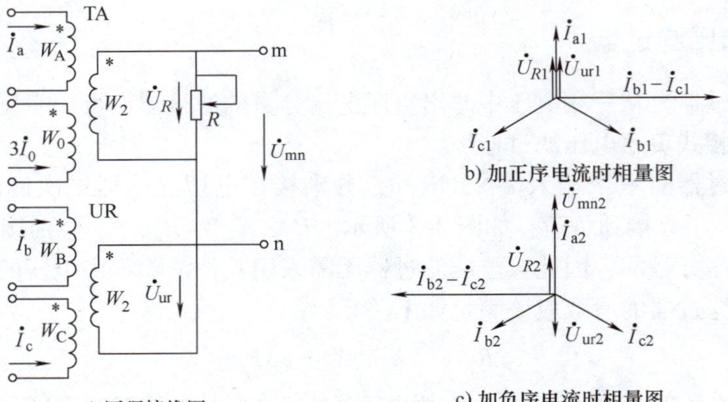

a) 原理接线图

b) 加正序电流时相量图

c) 加负序电流时相量图

图 2-10　感抗移相式负序电流滤过器

图中，电抗变换器 UR 的一次侧有两个匝数相同的绕组，即 $W_B = W_C$，分别通入 $\dot{I}_b$ 和 $-\dot{I}_c$，其二次侧输出电压为

$$\dot{U}_{ur} = (\dot{I}_b - \dot{I}_c)\dot{K}_{ur} \tag{2-6}$$

式中，$\dot{K}_{ur}$ 为电抗变换器的转移电抗。

TA 有两个一次绕组，匝数分别为 W_A 和 W_0，并且 $W_A = 3W_0$，正常运行时零序磁动势平衡，即

$$\dot{I}_{a0}W_A = -3\dot{I}_0 W_0 \tag{2-7}$$

设 TA 的电流比为 $n_i = W_2/W_A$，则二次电流为 $(\dot{I}_a - \dot{I}_0)/n_i$，故 TA 二次电压为

$$\dot{U}_R = \frac{1}{n_i}(\dot{I}_a - \dot{I}_0)R \tag{2-8}$$

负序电流滤过器输出电压为 $\dot{U}_R$ 与 $\dot{U}_{ur}$ 的相量差，即

$$\dot{U}_{mn} = \dot{U}_R - \dot{U}_{ur} = \frac{1}{n_i}(\dot{I}_a - \dot{I}_0)R - (\dot{I}_b - \dot{I}_c)\dot{K}_{ur} \tag{2-9}$$

当加入零序电流时，$\dot{I}_a = \dot{I}_b = \dot{I}_c = \dot{I}_0$，由于 $W_A = 3W_0$，$W_B = W_C$，所以电流变换器与电抗变换器一次磁动势互相抵消，或从式(2-9) 也可得到 $\dot{U}_{mn} = 0$，故不反映零序分量。

当加入正序电流时，滤过器的输出电压为

$$\dot{U}_{mn1} = \dot{U}_{R1} - \dot{U}_{ur1} = \frac{1}{n_i}\dot{I}_{a1}R - (\dot{I}_{b1} - \dot{I}_{c1})\dot{K}_{ur}$$

$$= \dot{I}_{a1}\left(\frac{R}{n_i} - \sqrt{3}\,e^{-j90°}\dot{K}_{ur}\right) \tag{2-10}$$

可见，如取 $R = \sqrt{3}\,n_i K_{ur}$，则 $\dot{U}_{mn1} = 0$。此时相量图如图 2-10b 所示。

当加入负序电流时，滤过器的输出电压为

$$\dot{U}_{mn2} = \dot{U}_{R2} - \dot{U}_{ur2} = \frac{1}{n_i}\dot{I}_{a2}R - (\dot{I}_{b2} - \dot{I}_{c2})\dot{K}_{ur}$$

$$= \dot{I}_{a2}\left(\frac{R}{n_i} + \sqrt{3}\,e^{j90°}\dot{K}_{ur}\right) \tag{2-11}$$

可见，如取 $R = \sqrt{3}\, n_i K_{ur}$，则 $\dot{U}_{mn2} = 2\dfrac{R}{n_i}\dot{I}_{a2}$。此时相量图如图 2-10c 所示。

以上分析中没有考虑电流变换器和电抗变换器的相位角误差。实际上，由于励磁电流的存在，电流变换器的二次电流将超前一次电流，加上电流变换器的铁心损耗，其二次电压超前一次电流的角度将小于 90°，所以在正常运行时有不平衡电压输出。为此，通常可采用在电流互感器二次负荷电阻 R 上并联补偿电容 C，选择适当电容值，使电流互感器二次电流移动一个角度，达到 $\dot{U}_R$ 与 $\dot{U}_{ur}$ 同相。此外，也可用其他办法来消除不平衡电压。

2.4　微机继电保护的硬件构成原理

2.4.1　微机继电保护的硬件组成

微机继电保护的主要部分是微型计算机，除微型计算机本体外，还必须配备自电力系统向计算机输入有关信息的输入接口和计算机向电力系统输出控制信息的输出接口。此外，计算机还要输入相关计算和操作程序，输出记录的信息，以供运行人员分析事故。微机继电保护硬件结构示意框图如图 2-11 所示。

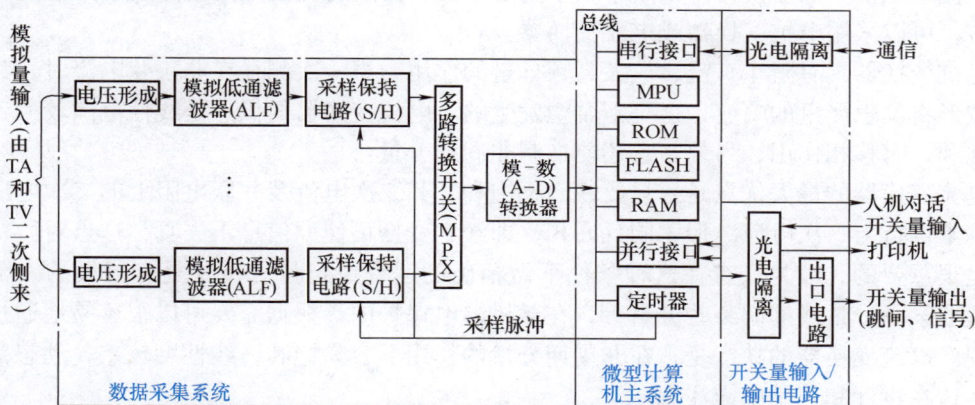

图 2-11　微机继电保护硬件结构示意框图

1. 数据采集系统（或模拟量输入系统）

数据采集系统（DAS）主要包括电压形成回路、模拟低通滤波器（ALF）、采样保持电路（S/H）、多路转换开关（MPX）以及模-数（A-D）转换器等功能块，其作用是将所检测的模拟输入量（电流、电压等）准确地转换为微型计算机所需的数字量。

2. 微型计算机主系统

微型计算机主系统（CPU）主要包括：微处理器（MPU）、只读存储器（ROM）或闪存内存单元（FLASH）、随机存取存储器（RAM）、定时器、并行接口以及串行接口等。微型计算机执行存放在 ROM 中的程序，并对数据采集系统输入至 RAM 区的原始数据进行分析处理，实现各种继电保护功能。

3. 开关量（或数字量）**输入/输出电路**

开关量输入/输出电路由微型计算机若干个并行口适配器、光电隔离器件及有触点的中间继电器等组成，主要实现各种保护的出口跳闸、信号报警、外部触点输入及人机对话、通信等功能。

2.4.2　数据采集系统

1. 电压形成回路

微机继电保护模拟量的设置应以满足保护功能为基本准则，输入的模拟量与计算方法结合后，应能够反映被保护对象的所有故障特征。以高压输电线路保护为例，由于高压线路保护一般具备了全线速动保护（如高频保护或光纤电流纵联差动保护）、距离保护、零序保护和重合闸等，所以，模拟量一般设置为 I_a、I_b、I_c、$3I_0$、U_a、U_b、U_c、U_X，共 8 个，其中，I_a、I_b、I_c、$3I_0$、U_a、U_b、U_c 用于构成保护功能，U_X 为断路器的另一侧电压，用于实现重合闸功能。

微机继电保护要从被保护的电力线路或电气设备的电流互感器、电压互感器或其他变换设备上取得信息，但这些互感器的二次侧数值（TA 额定值为 5A 或 1A，TV 额定值为 100V）输出范围对典型的微机继电保护电路却不适用，需要降低和变换。在微机继电保护中，通常根据模-数转换器输入范围的要求，将输入信号变换为 ±5V 或 ±10V 范围内的电压信号。因此，一般采用中间变换器来实现以上的变换。

交流电压信号的变换可以采用小型中间变压器，而要将交流电流信号变换为成比例的电压信号，可以采用电抗变换器或电流变换器。

电抗变换器具有阻止直流、放大高频分量的作用。当一次侧存在非正弦电流时，其二次电压波形将发生严重的畸变，这是不希望发生的。电抗变换器的优点是线性范围较大，铁心不易饱和，有移相作用，另外，它还能抑制非周期分量。

电流变换器的最大优点是，只要铁心不饱和，其二次电流及并联电阻上的二次电压的波形可基本保持与一次电流波形相同且同相，即经它变换可使原信息不失真，这点对微机继电保护是很重要的，因为只有在这种条件下做精确的运算或定量分析才是有意义的。至于移相、提取某一分量或抑制某些分量等，在微机继电保护中，根据需要可以很容易地通过软件来实现。电流变换器的缺点是，在非周期分量的作用下容易饱和，线性度较差，动态范围也较小，这在设计和使用中应注意。

综合比较电抗变换器和电流变换器的优、缺点后，在微机保护中一般采用**电流变换器**将电流信号变换为电压信号。电流变换器连接方式如图 2-12 所示。Z 为模拟低通滤波器及 A-D 转换器输入端等回路构成的综合阻抗，在工频信号条件下，该综合阻抗的数值可达 80kΩ 以上；R_{LH} 为电流变换器二次侧的并联电阻，数值为几欧到十几欧，远远小于综合阻抗 Z。因为 R_{LH} 与 Z 的数值差别很大，所以，由图 2-12 可得

$$u_2 \approx R_{LH} i_2 = R_{LH} \frac{i_1}{n_i} \tag{2-12}$$

式中，R_{LH} 为电流变换器二次侧的并联电阻；n_i 为电流变换器的电流比；i_1、i_2 为电流变换器一、二次电流。

于是，在设计时，相关参数应满足条件

$$R_{LH} \frac{i_{1max}}{n_i} \leqslant U_{max} \tag{2-13}$$

式中，i_{1max} 为电流变换器一次电流的最大瞬时值；U_{max} 为

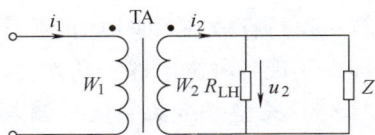

图 2-12　电流变换器的连接方式

A-D 转换器在双极性输入情况下的最大正输入范围，如 A-D 转换器的输入范围为 ±5V，则 $U_{max} = 5V$。

2. 采样保持电路和模拟低通滤波器

（1）采样基本原理　采样保持（Sample Hold，S/H）电路的作用是在极短的时间内测量模拟输入量在该时刻的瞬时值，并在模-数转换器进行转换期间保持其输出不变。S/H电路的工作原理可用图 2-13a 来说明，它由一个电子模拟开关 AS、保持电容器 C_h 以及两个阻抗变换器组成。模拟开关 AS 受逻辑输入端的电平控制，该逻辑输入就是采样脉冲信号。

在输入为高电平时，AS 闭合，此时电路处于采样阶段。电容 C_h 迅速充电或放电到采样时刻的电压值 u_{sr}。电子模拟开关 AS 每隔 T_s 闭合一次，接通输入信号，实现一次采样。如果开关每次闭合的时间为 T_c，则输出将是一串周期为 T_s、宽度为 T_c 的脉冲，而脉冲的幅度则为 T_c 时间内的信号幅度。AS 闭合时间应满足使 C_h 有足够的充电或放电时间，即满足采样时间，显然采样时间越短越好。应用阻抗变换器 I 的目的是它在输入端呈现高阻抗状态，对输入回路的影响很小；而输出阻抗很低，使充放电回路的时间常数很小，保证 C_h 上的电压能迅速跟踪到采样时刻的瞬时值 u_{sr}。

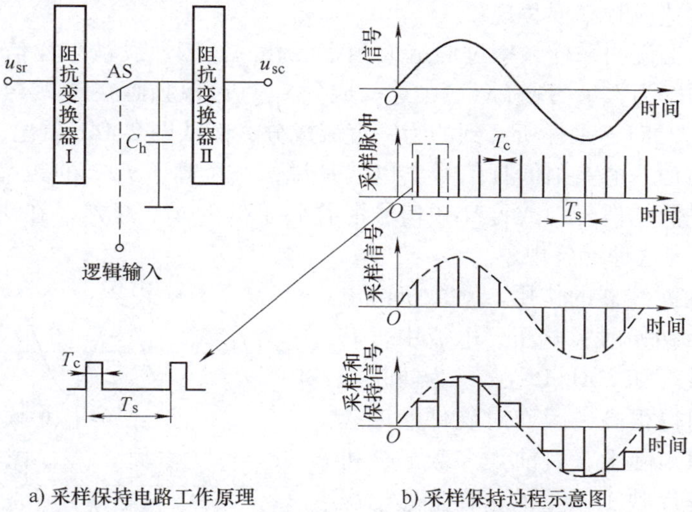

a) 采样保持电路工作原理　　b) 采样保持过程示意图

图 2-13　采样保持电路工作原理及其采样保持过程示意图

电子模拟开关 AS 打开时，电容器 C_h 上保持 AS 打开瞬间的电压，电路处于保持状态。为了提高保持能力，电路中应用了另一个阻抗变换器 II，它在 C_h 侧呈现高阻抗，使 C_h 对应的充放电回路的时间常数很大，而输出阻抗（u_{sc} 侧）很低，以增强带负荷能力。阻抗变换器 I 和 II 可由运算放大器构成。

采样保持的过程如图 2-13b 所示，T_c 称为**采样脉冲宽度**，T_s 称为**采样间隔**（或称**采样周期**）。等间隔的采样脉冲由微型计算机控制内部的定时器产生，如图 2-13b 中的采样脉冲，用于对信号进行定时采样，从而得到反映输入信号在采样时刻的信息，即图 2-13b 中的采样信号。随后，在一定时间内保持采样信号处于不变的状态，如图 2-13b 中的采样和保持信号。因此，在保持阶段的任何时刻进行模-数转换，其转换的结果都反映了采样时刻的信息。

（2）对采样保持电路的要求　高质量的采样保持电路应满足以下几点：

1）电容 C_h 上的电压按一定的准确度跟踪 u_{sr} 所需的最小采样脉冲宽度 T_c（或称为截获时间）。对快速变化的信号采样时，要求 T_c 尽量短，以便得到很窄的采样脉冲，这样才能更准确地反映某一时刻的 u_{sr} 值。

2）保持时间更长。通常用下降率 $\dfrac{\Delta u}{T_s - T_c}$ 来表示保持能力。

3）模拟开关动作延时、闭合电阻和开断时的漏电流要小。

（3）采样频率的选择　采样间隔 T_s 的倒数称为**采样频率** f_s。采样频率的选择是微机继电保护硬件设计中的一个关键问题，为此要综合考虑很多因素，并要从中权衡。采样频率越高，要求 CPU 的运行速度越高。因为微机继电保护是一个实时系统，数据采集系统以采样频率不断地向微型计算机输入数据，微型计算机必须在两个相邻采样间隔时间 T_s 内处理完对每一组采样值所必须做的各种操作和运算，否则 CPU 跟不上实时节拍而无法工作。反之，采样频率过低，将不能真实地反映采样信号的情况。由采样定理（香农定理）可以证明，**如果被采样信号中所含最高频率成分的频率为 f_{max}，则采样频率 f_s 必须大于 f_{max} 的 2 倍**（即 $f_s > 2f_{max}$），否则将造成频率混叠现象。

下面仅从概念上说明采样频率过低造成频率混叠的原因。设被采样信号 $x(t)$ 中含有的最高频率成分的频率为 f_{max}，现将 $x(t)$ 中这一成分 $x_{f_{max}}(t)$ 单独画在图 2-14a 中。从图 2-14b 可以看出，当 $f_s = f_{max}$ 时，采样所看到的为一直流成分；而从图 2-14c 看出，当 f_s 略小于 f_{max} 时，采样所得到的是一个差拍低频信号。也就是说，一个高于 $f_s/2$ 的频率成分在采样后将被错误地认为是一低频信号，或称高频信号混叠到了低频段。显然，在满足香农定理 $f_s > 2f_{max}$ 后，将不会出现这种混叠现象。

（4）模拟低通滤波器的作用　对微机继电保护来说，在故障初始时，电压、电流中含有相当高的频率分量（如 2kHz 以上），为防止混叠，f_s 将不得不用得很高，因而对硬件速度提出过高的要求。但实际上，目前大多数的微机继电保护原理都是反映工频量的，在上述情况下，可以在采样前用一个模拟低通滤波器（ALF）将高频分量滤除，这样就可以降低 f_s，从而降低对硬件速度提出的要求。由于数字滤波器有许多优点，因而通常并不要求模拟低通滤波器滤掉所有的高频分量，而仅用它滤掉 $f_s/2$ 以上的分量，以避免频率混叠，防止高频

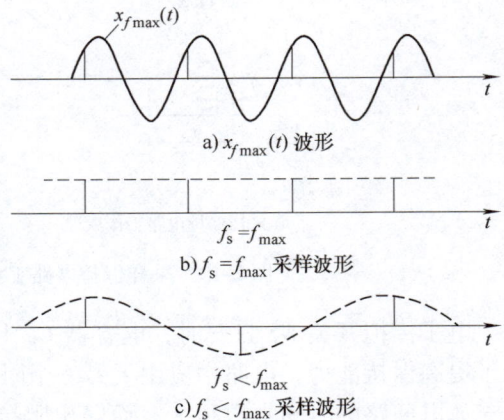

a) $x_{f_{max}}(t)$ 波形

$f_s = f_{max}$

b) $f_s = f_{max}$ 采样波形

$f_s < f_{max}$

c) $f_s < f_{max}$ 采样波形

图 2-14　频率混叠示意图

分量混叠到工频量附近来，低于 $f_s/2$ 的其他暂态频率分量，可以通过数字滤波器来滤除。实际上，电流互感器、电压互感器对高频分量已有相当大的抑制作用，因而不必对抗混叠的模拟低通滤波器的频率特性提出很严格的要求，如不一定要求有很陡的过渡带，也不一定要求阻带有理想的衰耗特性，否则高阶的模拟滤波器将带来较长的过渡过程，影响保护的快速动作。

3. 多路转换开关（MPX）

多路转换开关又称多路转换器，它是将多个采样保持后的信号逐一与 A-D 转换器芯片接通的控制电路。它一般有多个输入端、一个输出端和几个控制信号端。在实际的数据采集系统中，需进行模-数转换的模拟量可能是几路或十几路，利用多路转换开关（MPX）轮流切换各被测量与 A-D 转换器接通，以达到分时转换的目的。在微机继电保护中，各通道的模拟电压是在同一瞬间采样并保持记忆的，在保持期间各路被采样的模拟电压依次被取出并进行模-数转换，但微型计算机所得到的仍可认为是同一时刻的信息（忽略保持期间的极小衰减），这样按保护算法由微型计算机计算，从而可得出正确结果。

4. 模-数转换器（A-D 转换器，简称 ADC）

（1）模-数转换的一般原理　由于计算机只能对数字量进行运算，而电力系统中的电流、电压信号均为模拟量，因此必须采用模-数转换器将连续的模拟量转换为离散的数字量。

模-数转换器可以视为一个编码电路。它将输入的模拟量 U_{sr} 相对于模拟参考量 U_R 经编码电路转换成数字量 D 输出。一个理想的 A-D 转换器，其输出与输入的关系为

$$D = \left[\frac{U_{sr}}{U_R} \right] \tag{2-14}$$

式中，D 一般为小于 1 的二进制数；U_{sr} 为 输入信号；U_R 为参考电压，也反映了模拟量的最大输入值。

对于单极性的模拟量，小数点在 D 的最高位前，即要求输入 U_{sr} 必须小于 U_R。D 可表示为

$$D = B_1 \times 2^{-1} + B_2 \times 2^{-2} + \cdots + B_n \times 2^{-n} \tag{2-15}$$

式中，B_1 为二进制码的最高位；B_n 为二进制码的最低位。

因而，式(2-14) 又可写为

$$U_{sr} \approx U_R (B_1 \times 2^{-1} + B_2 \times 2^{-2} + \cdots + B_n \times 2^{-n}) \tag{2-16}$$

式(2-16) 即为 A-D 转换器中将模拟信号进行量化的表示式。

由于编码电路的位数总是有限的，如式(2-16) 中有 n 位，而实际的模拟量公式 U_{sr}/U_R 却可能为任意值，因而对连续的模拟量用有限长位数的二进制数表示时，不可避免地要舍去比最低位（LSB）更小的数，从而引入一定的误差。因而模-数转换编码的位数越多，即数值分得越细，所引入的量化误差就越小，或称分辨率就越高。

模-数转换器有 V/F 式、计数器式、双积分式和逐次逼近式等多种工作方式，下面以逐次逼近式为例，介绍模-数转换器的工作原理。

（2）逐次逼近式模-数转换器的基本原理　绝大多数模-数转换器是应用逐次逼近法的原理来实现的。逐次逼近法是指数码设定方式是从最高位到最低位逐次设定每位的数码是 1 或 0，并逐位将所设定的数码转换为基准电压与待转换的电压相比较，从而确定各位数码应该是 1 还是 0。图 2-15 所示为应用微型计算机控制一片 16 位 D-A 转换器和一个比较器，实现模-数转换的基本原理框图。

模-数转换器工作原理如下：并行口的 PB0～PB15 用作数字输出，由 CPU 通过该口往 16 位 D-A 转换器试探性地送数，每送一个

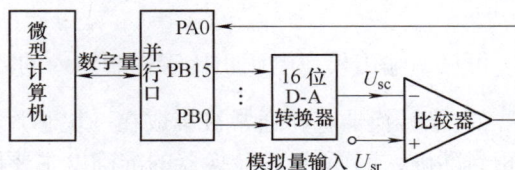

图 2-15　模-数转换器基本原理框图

数，CPU 通过读取并行口的 PAO 的状态（1 或 0）来比较试送的 16 位数相对于模拟输入量是偏大还是偏小。如果偏大，即 D-A 转换器的输出 U_{sc} 大于待转换的模拟输入电压，则比较器输出 0，否则为 1。如此通过软件不断地修正送往 D-A 转换器的 16 位二进制数，直到找到最相近的数值，即为转换结果。

（3）数-模转换器（D-A 转换器，或简称 DAC）　由于逐次逼近式模-数转换器一般要用到数-模转换器，数-模转换器的作用是将数字量 D 经解码电路变成模拟电压或电流输出。数字量是用代码按数位的权组合起来表示的，每一位代码都有一定的权，即代表一个具体数值。因此，为了将数字量转换成模拟量，必须先将每一位代码按其权值转换成相应的模拟量，然后将代表各位的模拟量相加，可得到与被转换数字量相当的模拟量，即完成了数-模转换。

图 2-16 为一个 4 位数-模转换器的原理图，电子开关 $S_0 \sim S_3$ 分别输入 4 位数字量 $B_4 \sim B_1$。在某一位为 0 时，其对应开关合向右侧，即接地。而为 1 时，开关合向左侧，即接至运算放大器 A 的反相输入端（虚地）。总电流 I_Σ 反映了 4 位输入数字量的大小，它经过带负反馈电阻 R_F 的运算放大器，转换成电压 U_{sc} 输出。由于运算放大器 A 的正端接参考地，所以其负端为"虚地"，这样运算放大器 A 的反相输入端的电位实际上也是地电位，因此不论图 2-16 中各开关合向哪一侧，对电阻网络的电流分配都是没有影响的。电阻网络有一个特点，从 $-U_R$、a、b、c 四点分别向右看，网络的等效阻抗都是 R，因而以接地点为参考点时，a 点电位必定是 $-\frac{1}{2}U_R$，b 点电位则为 $-\frac{1}{4}U_R$，c 点电位为 $-\frac{1}{8}U_R$。

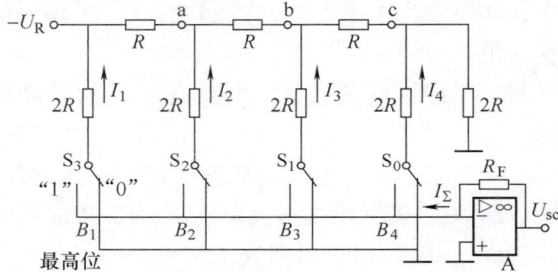
图 2-16　4 位数-模转换器原理图

与此相对应，图 2-16 中各电流分别为

$$I_1 = \frac{U_R}{2R}, \ I_2 = \frac{1}{2}I_1, \ I_3 = \frac{1}{4}I_1, \ I_4 = \frac{1}{8}I_1 \tag{2-17}$$

各电流之间的相对关系正是二进制数每一位之间的权的关系，因而，总电流 I_Σ 必然正比于式（2-15）所表达的数字量 D，可得

$$I_\Sigma = B_1 I_1 + B_2 I_2 + B_3 I_3 + B_4 I_4 = \frac{U_R}{R}(B_1 \times 2^{-1} + B_2 \times 2^{-2} + \cdots + B_n \times 2^{-n}) = \frac{U_R}{R}D \tag{2-18}$$

所以，输出电压为

$$U_{sc} = I_\Sigma R_F = \frac{U_R}{R}R_F D \tag{2-19}$$

可见，输出模拟电压正比于控制输入的数字量 D，比例常数为 $\frac{U_R}{R}R_F$。

数-模转换器电路通常被集成在一块芯片上，由于采用了激光技术，集成电阻值可以做得相当准确，因而数-模转换器的准确度主要取决于参考电压或称基准电压 U_R 的准确度和纹波情况。

2.4.3 微型计算机主系统

微型计算机的主系统包括中央处理器（CPU）、可擦除可编程只读存储器（EPROM）、电可擦除可编程只读存储器（EEPROM）、随机存取存储器（RAM）和定时器等。它们的主要作用如下。

1）CPU：用于实现微机保护整体控制及保护的各种运算功能。

2）EPROM：用于存储各种编写好的程序，如监控程序、继电保护功能程序等。

3）EEPROM：用于存储保护定值等信息数据，保护定值的设定或修改可通过面板上的小键盘来实现。

4）RAM：用于采样数据及运算过程中数据的暂存。

5）定时器：用于计数、产生采样脉冲和实时钟等。

微型计算机主系统中还配置有小键盘、液晶显示器和打印机等常用设备，用于实现人机对话。

2.5 微机保护的软件系统配置

微机保护装置的软件通常可分为监控程序和运行程序两部分。监控程序包括对人机接口键盘命令的处理程序及为插件调试、整定设置、显示等配置的程序。运行程序是指保护装置在运行状态下所需执行的程序。

微机保护的运行程序一般可分为以下三部分。

1）主程序：包括初始化、全面自检、开放及等待中断等。

2）中断服务程序：通常有采样中断服务程序、串行口中断服务程序等。前者完成数据采集与处理、保护的起动判定等，后者完成保护 CPU 与保护管理 CPU 之间的数据传送。如保护的远方整定、复归、校对时间或保护动作信息的上传等。

3）故障处理程序：在保护起动后才投入，用以进行保护的特性计算、判定故障性质等。下面以一个线路保护的简单程序为例说明微机保护的软件构成。

2.5.1 主程序

给保护装置上电或按复位按钮后，进入图 2-17 所示主程序上方的程序入口。首先进行必要的初始化（初始化一），如堆栈寄存器赋值、控制口的初始化、查询面板上开关的位置（如在调试工作方式，则进入监控程序，否则进入运行状态）。然后，CPU 开始运行状态所需的各种准备工作（初始化二），首先是往并行口写数据，使所有继电器处于正常位置；然后，询问面板上定值切换开关的位置，按照定值套号从 EEPROM 中读出定值，送至规定的定值 RAM 区。设置好定值后，CPU 将对装置各部分进行全面自检，在确定一切正常后才允许数据采集系统开始工作。完成数据采集系统初始化后，开放采样定时器中断和串行口中断，等待中断发生后转入中断服务程序。若中断时刻未到，则进入循环状态（故障处理程序结束后也经整组复归后进入此循环状态）。它不断进行通用自检及专用自检，如果保护动作或有自检报告，则向管理 CPU 发送报告。全面自检有：RAM 区读、写检查，EPROM 中程序和 EEPROM 中定值求和检查，开出量回路检查等。通用自检有：定值选择拨轮的监视和开入量的监视等。专用自检项目依不同的被保护元件或不同保护原理而设置，如超高压线路保护的静稳判定、高频通道检查等。

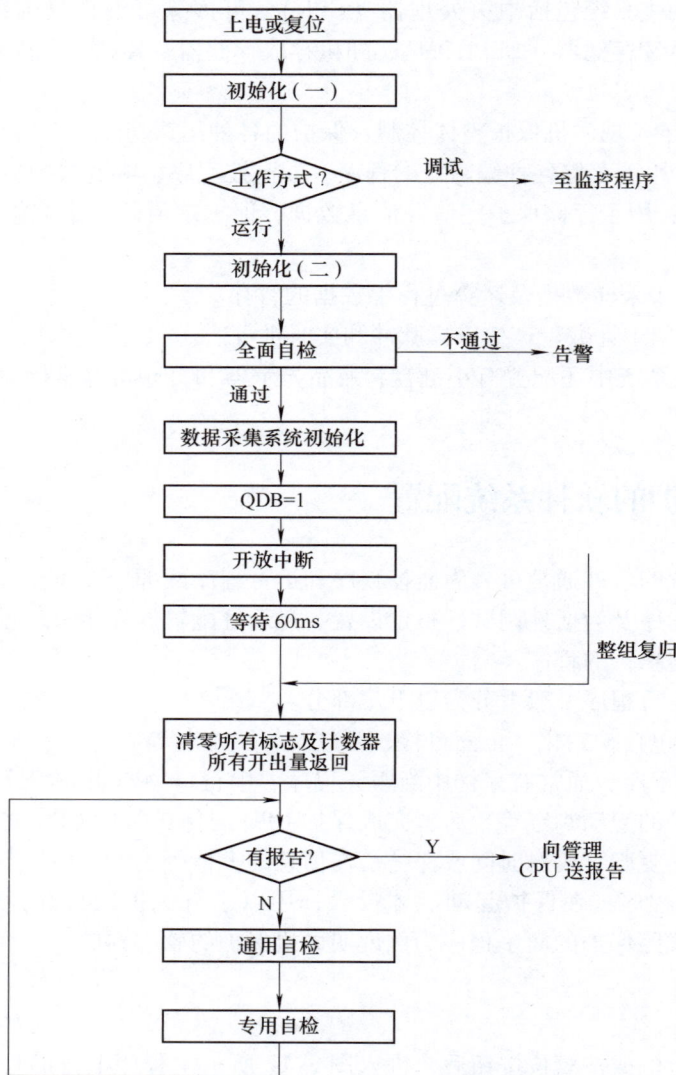

图 2-17 主程序

2.5.2 采样中断服务程序

采样中断服务程序如图 2-18 所示，这部分程序主要有以下内容：

1）数据采样及存储。

2）相电流差突变量起动元件。

3）电压、电流求和自检。

在进入中断服务程序后，首先关闭其他中断，这是为了在采样期间不被其他中断打断，在中断返回前应再开中断。

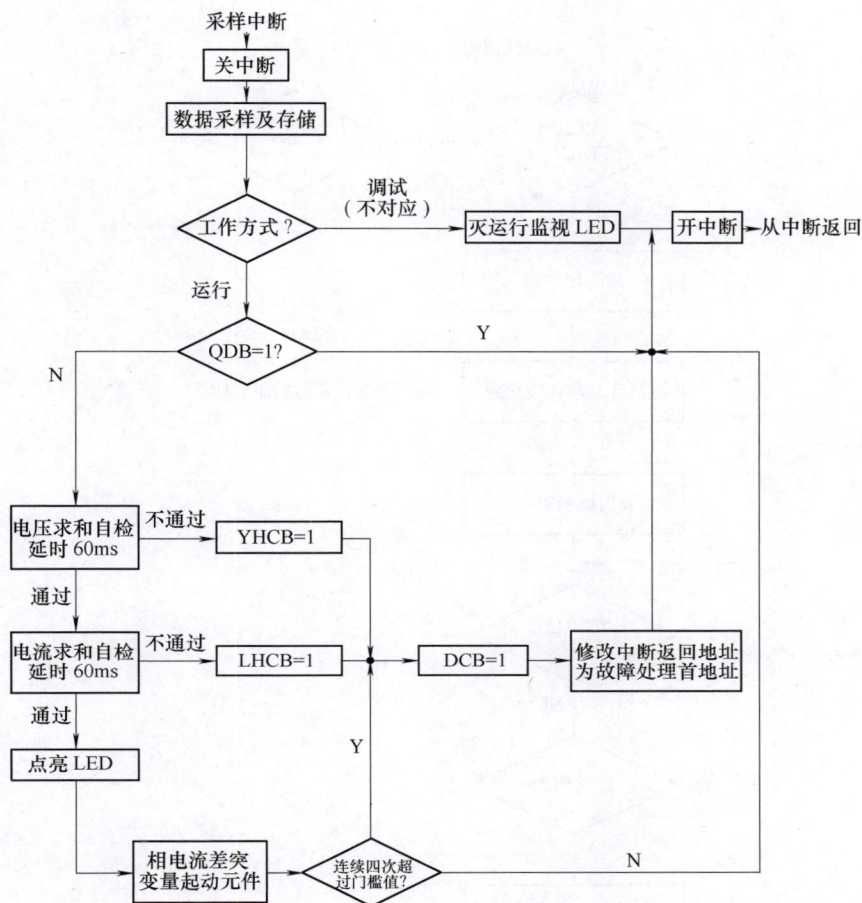

图 2-18 采样中断服务程序

相电流差突变量起动元件的起动判定方法将在第 4 章中介绍。电压、电流求和自检成立，延时 60ms 后仍满足，则起动标志 QDB 置 1，程序中断返回时转至故障处理程序。

2.5.3 故障处理程序

保护装置起动进入故障处理程序后，先检查电压求和与电流求和自检标志，以确定采样中断服务程序是由于求和自检不通过，还是相电流差突变量起动元件动作而进入故障处理程序。若是相电流差突变量起动元件动作，则需进行故障性质判定以确定保护是否动作。若是求和自检不通过，则需进一步判定自检不通过的原因。若是一次系统故障所致，那么此时应满足 $\dot{U}_a + \dot{U}_b + \dot{U}_c = 3\dot{U}_0$、$\dot{I}_a + \dot{I}_b + \dot{I}_c = 3\dot{I}_0$（这里 $3\dot{U}_0$ 和 $3\dot{I}_0$ 由零序电压和电流互感器得到），故障处理程序继续进行故障性质的判定，当 $\dot{U}_a + \dot{U}_b + \dot{U}_c \neq 3\dot{U}_0$、$\dot{I}_a + \dot{I}_b + \dot{I}_c \neq 3\dot{I}_0$，则表明电压或电流采集通道故障，需闭锁保护并报警。图 2-19 为一距离保护故障处理程序框图。

2.5.4 微机保护的特征量算法

微机保护算法的实质，就是实现某种保护功能的数学模型。按该数学模型编制微机应用

故障处理程序入口

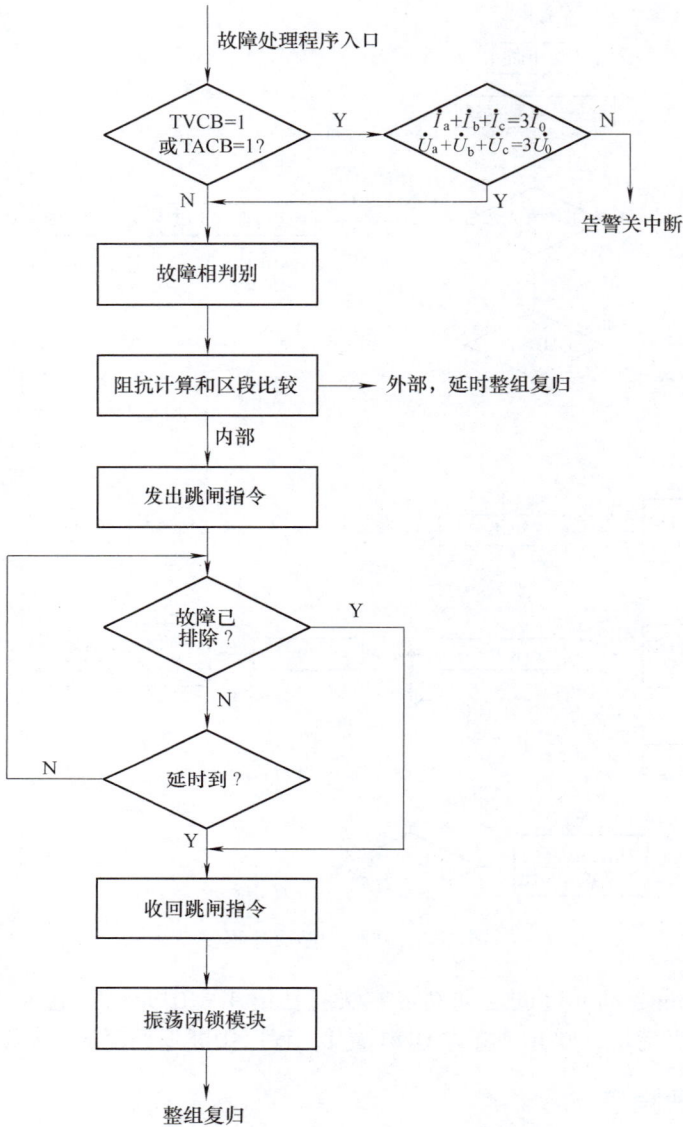

图 2-19 故障处理程序框图

程序，对输入的实时离散数字量进行数学运算，从而获得保护动作的判据；或者简单地说，微机保护的算法就是从采样值中得到反映系统状态的特征量的方法，算法的输出是继电保护动作的依据。

现有的微机保护算法种类很多，按其所反映的输入量情况或反映的继电器动作情况分类，基本上可分成按正弦函数输入量的算法、微分方程算法、按实际波形的复杂数学模型算法及继电器动作方程直接算法等几类。

1. 数字滤波

微机保护的算法是建立在正弦基波电气量基础上的，所以有必要将输入电流、电压信号中的谐波和非周期分量滤掉，并消除正常负荷分量的影响，从而得到只反映故障分量的保护。在微机保护中，为适应保护算法的需要，普遍采用数字滤波，因此，数字滤波器已成为微机保护的重要组成部分。

前面提到的模拟低通滤波器的作用主要是滤掉 $f_s/2$ 以上的高频分量，以防止混叠现象发生，而数字滤波器的作用是滤去各种特定次数的谐波，特别是接近工频的谐波。数字滤波器不同于模拟滤波器，它不是纯硬件构成的滤波器，而是由软件编程去实现，改变算法或某些系数即可改变其滤波性能。图 2-20 所示为数字滤波器框图，与模拟滤波器相比，它有如下优点：

1）数字滤波器不需增加硬件设备，所以系统可靠性高，不存在阻抗匹配问题。

2）数字滤波器使用灵活、方便，可根据需要选择不同的滤波方法，或改变滤波器的参数。

3）数字滤波器是靠软件来实现的，没有物理器件，所以不存在特性差异。

4）数字滤波器不存在由于元件老化及温度变化对滤波性能的影响。

5）准确度高。

$$x(t) \rightarrow \boxed{\text{S/H}} \rightarrow \boxed{\text{A-D}} \xrightarrow{X(n)} \boxed{\text{滤波程序}} \xrightarrow{Y(n)}$$

图 2-20　数字滤波器框图

2. 按正弦函数输入量的算法

（1）半周绝对值积分算法　半周绝对值积分算法的依据是一个正弦量在任意半个周期内绝对值的积分为一个常数 S（即正比于信号的有效值）：

$$S = \int_0^{\frac{T}{2}} U_m |\sin(\omega t + \alpha)| \mathrm{d}t = \int_0^{\frac{T}{2}} U_m \sin\omega t \mathrm{d}t = \frac{2U_m}{\omega} = \frac{2\sqrt{2}U}{\omega} \tag{2-20}$$

从而可求出电压有效值为

$$U = \frac{S}{2\sqrt{2}} \omega \tag{2-21}$$

式（2-20）用梯形法则近似求得

$$S \approx \left(\frac{1}{2}|u_0| + \sum_{k=1}^{\frac{N}{2}} |u_k| + \frac{1}{2}|u_{\frac{N}{2}}| \right) T_s \tag{2-22}$$

式中，T_s 为采样间隔；U_m 为电压最大值；U 为电压有效值；α 为采样时刻相对于交流信号过零点的相位角；u_0、u_k、$u_{\frac{N}{2}}$ 为第 0、k、$\frac{N}{2}$ 次的采样值；ω 为角频率。

半周绝对值积分算法有一定的滤除高频分量的能力，这是因为叠加在基频成分上的幅度不大的高频分量在积分时，其对称的正、负部分相互抵消，从而降低高频分量所占的比重。但它不能抑制直流分量。这种算法适用于要求不高的电流、电压保护，因为它运算量极小，所以可用非常简单的硬件实现。另外，它所需要的数据仅为半个周期，即数据长度为 10ms。

（2）一阶导数算法　一阶导数算法只需知道输入正弦量在某一个时刻 t_1 的采样值及在该时刻采样值的导数，即可算出其有效值和相位。设 i_1 为 t_1 时刻的电流瞬时值，表达式为

$$i_1 = \sqrt{2}I\sin(\omega t_1 + \alpha_0) = \sqrt{2}I\sin\alpha_1 \tag{2-23}$$

则 t_1 时刻电流导数为

$$i_1' = \sqrt{2}\,\omega I \cos\alpha_1 \tag{2-24}$$

根据式（2-23）与式（2-24）可得

$$2I^2 = i_1^2 + (i_1'/\omega)^2 \tag{2-25}$$

$$\tan\alpha_1 = \frac{i_1}{i_1'}\omega \tag{2-26}$$

则有

$$R = \frac{\omega^2 u_1 i_1 + u_1' i_1'}{(\omega i_1)^2 + (i_1')^2} \tag{2-27}$$

$$X = \frac{\omega^2 (u_1 i_1' - u_1' i_1)}{(\omega i_1)^2 + (i_1')^2} \tag{2-28}$$

式中，R 代表电阻分量；X 代表电抗分量。

在计算机中，常用差分来代替求导数，设 u、i 对应 t_k 时刻为 u_k、i_k，对应 t_{k-1} 时刻为 u_{k-1}、i_{k-1}。计算时刻 t_1 位于 t_k 和 t_{k-1} 的中间，则 $u_1 = \dfrac{u_k + u_{k-1}}{2}$，而该时刻电压的导数 $u_1' = \dfrac{u_k - u_{k-1}}{T_s}$。

（3）采样值积算法　一阶导数算法的优点是计算速度快，缺点是当采样频率较低时，计算误差较大。采样值积算法是利用采样值的乘积来计算电流、电压、阻抗幅值等参数的方法。其特点是计算的判定时间较短。

1）两采样值积算法。设

$$\left. \begin{array}{l} u_1 = U_m \sin\omega t_1 \\ i_1 = I_m \sin(\omega t_1 - \theta) \end{array} \right\} \tag{2-29}$$

$$\left. \begin{array}{l} u_2 = U_m \sin\omega t_2 = U_m \sin\omega(t_1 + \Delta t) \\ i_2 = I_m \sin(\omega t_2 - \theta) = I_m \sin[\omega(t_1 + \Delta t) - \theta] \end{array} \right\} \tag{2-30}$$

式中，Δt 是两采样值的时间间隔，$\Delta t = t_2 - t_1$。

取 u_1、i_1 和 u_2、i_2 两采样值的乘积，得

$$u_1 i_1 = U_m I_m \sin\omega t_1 \sin(\omega t_1 - \theta)$$
$$= \frac{U_m I_m}{2}\left[\cos\theta - \cos(2\omega t_1 - \theta) \right] \tag{2-31}$$

$$u_2 i_2 = U_m I_m \sin\omega(t_1 + \Delta t) \sin[\omega(t_1 + \Delta t) - \theta]$$
$$= \frac{U_m I_m}{2}\left[\cos\theta - \cos(2\omega t_1 + 2\omega\Delta t - \theta) \right] \tag{2-32}$$

取 u_1、i_2 和 u_2、i_1 两采样值乘积，得

$$u_1 i_2 = U_m I_m \sin\omega t_1 \sin[\omega(t_1 + \Delta t) - \theta]$$
$$= \frac{U_m I_m}{2}\left[\cos(\theta - \omega\Delta t) - \cos(2\omega t_1 + \omega\Delta t - \theta) \right] \tag{2-33}$$

$$u_2 i_1 = U_m I_m \sin\omega(t_1 + \Delta t) \sin(\omega t_1 - \theta)$$
$$= \frac{U_m I_m}{2}\left[\cos(\theta + \omega\Delta t) - \cos(2\omega t_1 + \omega\Delta t - \theta) \right] \tag{2-34}$$

综合以上各式得

$$u_1i_1 + u_2i_2 = \frac{U_mI_m}{2}\left[2\cos\theta - 2\cos\omega\Delta t\cos(2\omega t_1 + \omega\Delta t - \theta) \right] \tag{2-35}$$

$$u_1i_2 + u_2i_1 = \frac{U_mI_m}{2}\left[2\cos\omega\Delta t\cos\theta - 2\cos(2\omega t_1 + \omega\Delta t - \theta) \right] \tag{2-36}$$

将式（2-36）乘以 $\cos\omega\Delta t$ 后与式（2-35）相减，得

$$U_mI_m\cos\theta = \frac{u_1i_1 + u_2i_2 - (u_1i_2 + u_2i_1)\cos\omega\Delta t}{\sin^2\omega\Delta t} \tag{2-37}$$

同理用式（2-33）与式（2-34）相减消去 ωt_1 项，从而得到

$$U_mI_m\sin\theta = \frac{u_1i_2 - u_2i_1}{\sin\omega\Delta t} \tag{2-38}$$

在以上计算中，若取同一电压或电流信号的采样值相乘，则相当于 $\theta = 0°$，此时可得

$$U_m^2 = \frac{u_1^2 + u_2^2 - 2u_1u_2\cos\omega\Delta t}{\sin^2\omega\Delta t} \tag{2-39}$$

$$I_m^2 = \frac{i_1^2 + i_2^2 - 2i_1i_2\cos\omega\Delta t}{\sin^2\omega\Delta t} \tag{2-40}$$

由于 Δt、$\sin\omega\Delta t$、$\cos\omega\Delta t$ 是常数，只要送入时间间隔 Δt 的两次采样值，便可按式（2-39）和式（2-40）计算出 U_m 和 I_m。

用式（2-40）去除式（2-37）和式（2-38）也可求出测量阻抗的电阻分量和电抗分量。

2）三采样值积算法。三采样值积算法是利用三个连续的等时间间隔 Δt 的采样值两两相乘，通过适当组合消去 ωt_1 项求出信号幅值和其他电气参数的方法。

设

$$\left.\begin{array}{l} u_1 = U_m\sin\omega t_1 \\ i_1 = I_m\sin(\omega t_1 - \theta) \end{array}\right\} \tag{2-41}$$

$$\left.\begin{array}{l} u_2 = U_m\sin\omega t_2 = U_m\sin\omega(t_1 + \Delta t) \\ i_2 = I_m\sin(\omega t_2 - \theta) = I_m\sin[\omega(t_1 + \Delta t) - \theta] \end{array}\right\} \tag{2-42}$$

$$\left.\begin{array}{l} u_3 = U_m\sin\omega t_3 = U_m\sin\omega(t_1 + 2\Delta t) \\ i_3 = I_m\sin(\omega t_3 - \theta) = I_m\sin[\omega(t_1 + 2\Delta t) - \theta] \end{array}\right\} \tag{2-43}$$

取 u_3i_3 的乘积，得

$$u_3i_3 = \frac{U_mI_m}{2}\left[\cos\theta - \cos(2\omega t_1 + 4\omega\Delta t - \theta) \right] \tag{2-44}$$

将 u_3i_3 与 u_1i_1 相加，得

$$u_1i_1 + u_3i_3 = \frac{U_mI_m}{2}\left[2\cos\theta - 2\cos2\omega\Delta t\cos(2\omega t_1 + 2\omega\Delta t - \theta) \right] \tag{2-45}$$

将式（2-45）与式（2-42）经过适当组合便可消去 ωt_1 项，得

$$U_mI_m\cos\theta = \frac{u_1i_1 + u_3i_3 - 2u_2i_2\cos2\omega\Delta t}{2\sin^2\omega\Delta t} \tag{2-46}$$

当同时取同一电压或电流信号的采样值时，相当于 $\theta = 0°$，此时可得

$$U_m^2 = \frac{u_1^2 + u_3^2 - 2u_2^2\cos2\omega\Delta t}{2\sin^2\omega\Delta t} \tag{2-47}$$

$$I_m^2 = \frac{i_1^2 + i_3^2 - 2i_2^2 \cos 2\omega\Delta t}{2\sin^2 \omega\Delta t} \tag{2-48}$$

当选定 $\omega\Delta t = 30°$，则上式变为

$$\left. \begin{array}{l} U_m^2 = 2(u_1^2 + u_3^2 - u_2^2) \\ U = \sqrt{u_1^2 + u_3^2 - u_2^2} \end{array} \right\} \tag{2-49}$$

$$\left. \begin{array}{l} I_m^2 = 2(i_1^2 + i_3^2 - i_2^2) \\ I = \sqrt{i_1^2 + i_3^2 - i_2^2} \end{array} \right\} \tag{2-50}$$

同样可求得 R 和 X 的值，分别为

$$R = \frac{U_m}{I_m}\cos\theta = \frac{u_1 i_1 + u_3 i_3 - u_2 i_2}{i_1^2 + i_3^2 - i_2^2} \tag{2-51}$$

$$X = \frac{U_m}{I_m}\sin\theta = \frac{u_1 i_2 - u_2 i_1}{i_1^2 + i_3^2 - i_2^2} \tag{2-52}$$

三采样值积算法的数据窗是二倍的采样周期，从准确度角度看，若输入信号波形是纯正弦波，则这种算法没有误差，因为该算法的基础是考虑了采样值在正弦信号中的实际值。

3. 傅里叶算法

正弦函数模型算法只是对理想情况的电流和电压波形进行了粗略计算，而故障时的电流和电压波形畸变较大，通常包含各种分量的周期函数。在微机保护装置中，针对这种模型，提出了傅里叶算法。傅里叶算法是一个被广泛应用的算法，它本身具有滤波作用。

设被采样的模拟信号是一个周期性时间函数，可表示为

$$x(t) = \sum_{n=0}^{\infty} \left[a_n \sin n\omega_0 t + b_n \cos n\omega_0 t \right] \tag{2-53}$$

式中，a_n、b_n 分别为直流、基波和各次谐波分量的正弦项和余弦项系数；ω_0 为基波角频率；n 为谐波次数。

对于基波分量，取 $n = 1$，则可得

$$x_1(t) = a_1 \sin\omega_0 t + b_1 \cos\omega_0 t \tag{2-54}$$

式中，a_1、b_1 可由下式计算：

$$a_1 = \frac{2}{T} \int_{-\frac{T}{2}}^{\frac{T}{2}} x(t) \sin\omega_0 t \, \mathrm{d}t \tag{2-55}$$

$$b_1 = \frac{2}{T} \int_{-\frac{T}{2}}^{\frac{T}{2}} x(t) \cos\omega_0 t \, \mathrm{d}t \tag{2-56}$$

也可将正弦基波信号表示为另一种形式，即

$$x_1(t) = X_{m1} \sin(\omega_0 t + \alpha_1) = \sqrt{2} X_1 \cos\alpha_1 \sin\omega_0 t + \sqrt{2} X_1 \sin\alpha_1 \cos\omega_0 t \tag{2-57}$$

由此可得：$a_1 = \sqrt{2} X_1 \cos\alpha_1$，$b_1 = \sqrt{2} X_1 \sin\alpha_1$。

因此，可根据 a_1、b_1 求出基波分量的有效值和相位：

$$X_1 = \sqrt{\frac{a_1^2 + b_1^2}{2}}$$

$$\alpha_1 = \arctan\frac{b_1}{a_1}$$

在用微型计算机处理时，取一周期的采样数据进行离散傅里叶变换，得

$$X_{C1} = \sum_{k=0}^{N-1} x(k)\cos\left(\frac{2\pi}{N}k\right) \tag{2-58}$$

$$X_{S1} = \sum_{k=0}^{N-1} x(k)\sin\left(\frac{2\pi}{N}k\right) \tag{2-59}$$

式中，N 为工频每周采样点数；X_{C1}、X_{S1} 为经过离散傅里叶变换后基波分量的虚部和实部。

式(2-58) 和式(2-59) 是求基波分量的离散计算公式。由 X_{C1}、X_{S1} 即可求出基波分量的有效值和相位：

$$X_1 = \frac{\sqrt{X_{C1}^2 + X_{S1}^2}}{\sqrt{2}} \tag{2-60}$$

$$\alpha_1 = \arctan\frac{X_{C1}}{X_{S1}} \tag{2-61}$$

类似地，可得出求 n 次谐波的虚部和实部为

$$X_{Cn} = \sum_{k=0}^{N-1} x(k)\cos\left(n\frac{2\pi}{N}k\right) \tag{2-62}$$

$$X_{Sn} = \sum_{k=0}^{N-1} x(k)\sin\left(n\frac{2\pi}{N}k\right) \tag{2-63}$$

小　结

保护用的电流互感器采用减极性标号法，一、二次电流同相位。电流互感器的 10% 误差曲线用于检测保护用的电流互感器的准确性，10% 误差曲线反映了一次电流倍数与二次负荷允许值之间的关系曲线。

对于微机保护必须采用变换器，将互感器的二次电气量变换后才能应用。变换器虽然作用有所不同，但它们的基本构造是相同的，都是在铁心构成的公共磁路上绕有数个通过磁路而耦合的绕组，因而它们的等效电路结构是相同的。

电力系统出现不对称相间短路时，故障参量中可以分解出负序分量，接地短路时将出现零序分量，而正常运行情况下这些参量的数值都基本为零。利用此特征构成的保护将十分灵敏。输入端加入不对称的三相电流或电压时，若在输出端只输出零序分量，则称为零序分量滤过器；若在输出端只输出负序分量，则称为负序分量滤过器。

继电保护的基本任务之一是发现被保护的系统或设备的故障状态，确定故障的位置，有时还要区别故障的类型。电力系统发生故障时根据故障状态的不同，系统中会出现或瞬时出现电压和电流的不对称现象。现代继电保护常利用这个现象来发现故障，判断故障的位置和类型。

利用电压和电流出现的不对称现象来发现故障有如下优点：

1）能避开负荷电流，从而可以提高保护的灵敏度。

2）能避开系统振荡。

3）能判断故障的类型，从而容易确定保护的动作方式。

4）可用单个测量组件实现三相保护，从而简化保护的构成。

由于以上优点，在复杂保护装置中，应用电流、电压中零序和负序分量的保护方式得到了广泛应用。

反映对称分量的保护装置必须用对称分量滤过器。其作用是从系统电压和电流中滤出所需的对称分量。在继电保护装置中所用的对称分量滤过器有正序电压、电流滤过器，负序电压、电流滤过器，零序电压、电流滤过器，还有复合电压、电流滤过器。

微机保护的硬件主要由数据采集系统、微型计算机主系统、开关量输入输出电路组成，数据采集系统是将模拟量转换成适用于微机保护的数字量；微型计算机主系统包括中央处理器、存储器、定时器等。微机保护装置的软件通常可分为监控程序和运行程序两部分。监控程序包括对人机接口键盘命令处理程序及为插件调试、整定设置显示等配置的程序。所谓运行程序，就是指保护装置在运行状态下所需执行的程序。运行程序主要包括主程序、中断服务程序和故障处理程序。

微机保护的算法就是从采样值中得到反映系统状态的特征量的方法。算法的输出是继电保护动作的依据。现有的微机保护算法种类很多，按其所反映的输入量情况或反映继电器动作情况分类，基本上可分成按正弦函数输入量的算法、微分方程算法、按实际波形的复杂数学模型算法及继电器动作方程直接算法等几类。

习　　题

2-1　电流互感器的作用是什么？在运行中电流互感器的电流方向是如何定义的？

2-2　什么是电流互感器的10%误差曲线？10%误差曲线有什么作用？

2-3　试说明电压变换器和电抗变换器的工作原理。两者在实际应用中有什么区别？

2-4　分析零序电流滤过器和负序电流滤过器的基本原理。

2-5　分析负序电压滤过器和正序电压滤过器的基本原理。

2-6　微机保护的硬件系统由哪几部分构成？

2-7　微机保护的软件是怎样构成的？各有什么作用？

2-8　什么是微机保护算法？其作用是什么？

2-9　设输入相电压、相电流分别为 $u(t) = U_m \sin(\omega t + \varphi_u)$、$i(t) = I_m \sin(\omega t + \varphi_u - \theta)$；并已知 $U_m = \dfrac{\sqrt{2} \times 100}{\sqrt{3}}$V，$I_m = \sqrt{5} \times 5$A，$\omega = 100\pi$，$\varphi_u = \theta = \dfrac{\pi}{12}$，取每周期采样次数 $N = 12$，写出一个基频周期的采样值。

2-10　采用两点乘积算法，利用题2-9得到的采样序列，计算电压有效值、电流有效值、有功功率、无功功率、电阻及电抗。

2-11　已知采样频率 $f_s = 600$Hz，试分析由式 $u(n) = u_a(n) + u_b(n-4) + u_c(n+4)$ 计算得到的 $u(n)$ 是正序分量还是负序分量。

第3章

输电线路的电流、电压保护

教学要求：

通过本章学习，熟练掌握单侧电源输电线路三段式电流保护的原理、整定计算方法、特点及原理图；掌握双侧电源输电线路阶段式方向电流保护的构成及整定计算方法；掌握功率方向元件的作用、工作原理、接线；掌握中性点非直接接地系统单相接地的特点及保护方式；掌握中性点直接接地系统接地短路故障的特点及零序电流保护；掌握零序功率方向元件的工作原理。

知识点：

输电线路相间短路三段式电流保护工作原理；电流保护接线方式；双侧电源输电线路方向电流保护原理，方向元件接线及动作区分析；中性点不直接接地系统发生单相接地时零序分量特点及保护原理；中性点直接接地系统接地短路故障时零序分量特点及保护构成原理。

技能点：

会进行阶段式电流保护装置调试；会进行方向电流保护装置调试；会进行阶段式保护安装接线。

3.1 单侧电源输电线路相间短路的电流、电压保护

输电线路正常运行时，线路上流过的是负荷电流，当输电线路发生短路故障时，其主要特征就是电流突然增大、电压降低。利用电流增大的特点，可以构成电流保护。利用短路时电压下降的特征，在电流保护的基础上加装低电压元件，可构成低电压过电流保护。在单侧电源辐射形电网中，为切除线路上的故障，只需在各条线路的电源侧装设断路器和相应的保护，保护通常采用阶段式电流保护。常用的三段式电流保护包括无时限电流速断保护、限时电流速断保护和定时限过电流保护。

3.1.1 无时限电流速断保护

无时限电流速断保护又称 **I 段电流保护**，它是反映电流增大而能瞬时动作切除故障的电流保护。

1. 无时限电流速断保护的工作原理和整定计算

当系统电源电动势一定、线路上任一点发生短路故障时，短路电流的大小与短路点至电源之间的电抗（忽略电阻）及短路类型有关，三相短路和两相短路时，流过保护安装地点的短路电流可表示为

$$I_K^{(3)} = \frac{E_s}{X_s + X_1 l} \tag{3-1}$$

$$I_K^{(2)} = \frac{\sqrt{3}\,E_s}{2(X_s + X_1 l)} \tag{3-2}$$

式中，E_s 为系统等效电源的相电动势（V）；X_s 为系统等效电源到保护安装处的电抗（Ω）；X_1 为线路单位距离的正序电抗（Ω/km）；l 为短路点至保护安装处的距离（km）。

由式(3-1) 和式(3-2) 可见，当系统运行方式一定时，E_s 和 X_s 是常数，流过保护安装处的短路电流是短路点至保护安装处距离 l 的函数。短路点距离电源越远（l 越大），短路电流值越小。

当系统运行方式改变及故障类型变化时，即使是同一点短路，短路电流的大小也会发生变化。在继电保护装置的整定计算中，一般考虑两种极端的运行方式，即最大运行方式和最小运行方式。流过保护安装处的短路电流最大时的运行方式称为**系统最大运行方式**，此时系统的阻抗 X_s 最小；反之，当流过保护安装处的短路电流最小时的运行方式称为**系统最小运行方式**，此时系统阻抗 X_s 最大。图3-1 中曲线 1 表示最大运行方式下三相短路电流随 l 的变化曲线，曲线 2 表示最小运行方式下两相短路电流随 l 的变化曲线。

设保护 1、2 分别为线路 L_1 和 L_2 的无时限电流速断保护。在线路 L_1 无时限电流速断保护的保护区内发生故障时，保护 1 应瞬时动作；在线路 L_2 无时限电流速断保护的保护区内发生故障时，保护 2 应瞬时动作。

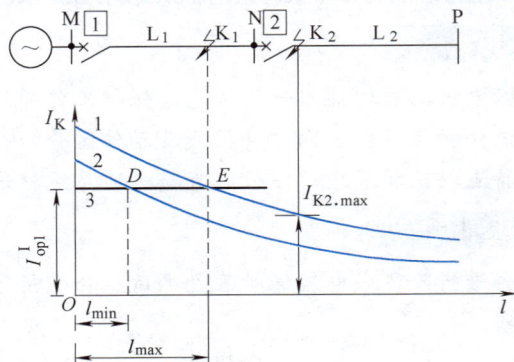

图3-1　单侧电源辐射形电网的无时限电流速断保护

为保证选择性，对保护 1 而言，本线路末端短路时应瞬时动作切除故障，在相邻线路 L_2 首端 K_2 点短路时，不应动作，而应由保护 2 动作切除故障，但由于被保护线路末端与相邻线路首端 K_2 点短路的短路电流几乎相等，保护 1 无法区别被保护线路末端短路故障和相邻线路首端 K_2 点的短路故障。**因此，无时限电流速断保护 1 的动作电流应按大于本线路末端短路时流过保护安装处的最大短路电流来整定**，即

$$I_{op1}^{I} = K_{rel}^{I} I_{KN.\,max}^{(3)} \tag{3-3}$$

式中，I_{op1}^{I} 是保护 1 无时限电流速断保护的动作电流，又称**一次动作电流**；K_{rel}^{I} 是**可靠系数**，是考虑到保护装置的整定误差、短路电流计算误差和非周期分量的影响等引入的大于 1 的系数，一般取 1.2～1.3；$I_{KN.\,max}^{(3)}$ 是被保护线路末端 N 母线上三相短路时保护安装处测量到的最大短路电流，一般取次暂态短路电流周期分量的有效值。

无时限电流速断保护按式(3-3) 确定整定值时，保证了在相邻线路上发生短路故障时保护 1 不会误动作。但是这样选择保护的动作电流之后，无时限电流速断保护必然不能保护线路全长。

在图3-1 中，以动作电流 I_{op1}^{I} 作一平行于横坐标轴的直线 3，其与曲线 1 和曲线 2 分别相交于 E 和 D 两点，在交点到保护安装处的一段线路上发生短路故障时，$I_K > I_{op1}^{I}$，保护 1 会动作；在交点以后的线路上发生短路故障时，$I_K < I_{op1}^{I}$，保护 1 不会动作。同时从图3-1 中还

可看出，无时限电流速断保护范围随系统运行方式和短路类型而变。在最大运行方式下三相短路时，保护范围最大，为 l_{max}；在最小运行方式下两相短路时，保护范围最小，为 l_{min}。对于短线路，由于线路首末端短路时的短路电流数值相差不大，在最小运行方式下保护范围可能为零。**无时限电流速断保护的选择性是依靠保护的整定值来保证的。**

无时限电流速断保护的灵敏系数是用其最小保护范围来衡量的，GB/T 14285—2023 规定，最小保护范围 l_{min} 不应小于线路全长的 $15\% \sim 20\%$。

保护范围既可以用图解法求得，也可以用计算法求得。用计算法求解的方法如下。

图 3-1 中在最小保护区末端（交点 D）发生短路故障时，两相短路电流等于由式（3-2）所决定的保护的动作电流，即

$$\frac{\sqrt{3}\,E_s}{2\,(X_{s.\,max} + X_1 l_{min})} = I_{op1}^{\mathrm{I}} \tag{3-4}$$

解上式得最小保护长度为

$$l_{min} = \frac{1}{X_1}\left(\frac{\sqrt{3}\,E_s}{2\,I_{op1}^{\mathrm{I}}} - X_{s.\,max}\right) \tag{3-5}$$

式中，$X_{s.\,max}$ 是系统最小运行方式下的最大等效电抗（Ω）；X_1 是输电线路单位距离正序电抗（Ω/km）。

同理，最大保护区末端短路时有

$$\frac{E_s}{X_{s.\,min} + X_1 l_{max}} = I_{op1}^{\mathrm{I}} \tag{3-6}$$

解得最大保护长度为

$$l_{max} = \frac{1}{X_1}\left(\frac{E_s}{I_{op1}^{\mathrm{I}}} - X_{s.\,min}\right) \tag{3-7}$$

式中，$X_{s.\,min}$ 是系统最大运行方式下的最小等效电抗（Ω）。

通常规定，当最大保护范围 $l_{max} \geqslant 50\% l$（l 为被保护线路长度）、最小保护范围 $l_{min} \geqslant (15\% \sim 20\%)l$ 时，才能装设无时限电流速断保护。

2. 线路-变压器组的无时限电流速断保护

无时限电流速断保护一般只能保护线路的一部分，但在某些特殊情况下，如电网的终端线路上采用线路-变压器组的接线方式时，如图 3-2 所示，无时限电流速断保护的保护范围可以延伸到被保护线路以外，使全线路都能瞬时切除故障。因为线路-变压器组可以被看成一个整体，当变压器内部故障时，切除变压器和切除线路对供电的影响是一样的，所

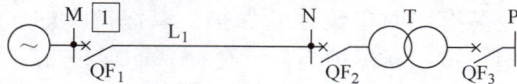

图 3-2　线路-变压器组的无时限电流速断保护

以当变压器内部故障时，由线路的无时限电流速断保护切除故障是允许的，因此**线路-变压器组的无时限电流速断保护的动作电流可以按躲过变压器低压侧母线上短路时流过保护安装处的最大短路电流来整定**，从而使无时限电流速断保护可以保护线路的全长。

线路-变压器组无时限电流速断保护动作电流为

$$I_{op1}^{\mathrm{I}} = K_{co} I_{KP.\,max} \tag{3-8}$$

式中，K_{co} 是配合系数，取 1.3；$I_{KP.\,max}$ 是变压器低压母线 P 短路时流过保护安装处的最大短

路电流。

3. 无时限电流速断保护单相接线原理

无时限电流速断保护单相接线原理如图 3-3 所示，它是由电流继电器 KI（测量元件）、中间继电器 KA 及信号继电器 KS 组成。

正常运行时，流过线路的电流是负荷电流，其值小于其动作电流值，保护不动

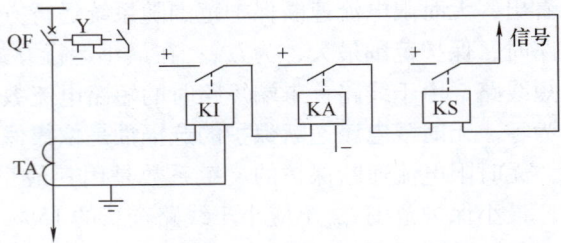

图 3-3　无时限电流速断保护单相接线原理图

作。当在被保护线路的速断保护范围内发生短路故障时，短路电流大于保护的动作值，KI 常开触点闭合，起动中间继电器 KA，KA 触点闭合，起动信号继电器 KS，并通过断路器的常开辅助触点连接到跳闸线圈 Y 构成通路，断路器跳闸切除故障线路。

因电流继电器的触点容量比较小，若直接接通跳闸回路，会被损坏，而中间继电器的触点容量较大，可直接接通跳闸回路。另外，考虑当线路上装有管形避雷器时，当雷击线路使避雷器放电时，避雷器放电的时间约为 0.01s，相当于线路发生瞬时短路，避雷器放电完毕，线路即恢复正常工作。在这个过程中，无时限电流速断保护不应误动作，因此可利用带延时 0.06～0.08s 的中间继电器来延长保护装置固有的动作时间，以防止管形避雷器放电引起无时限电流速断保护的误动作。信号继电器的作用是指示保护动作，以便运行人员处理和分析故障。

3.1.2　限时电流速断保护

1. 限时电流速断保护的工作原理和整定计算

由于无时限电流速断保护不能保护线路的全长，当被保护线路末端附近短路时，必须由其他的保护来切除。为了满足速动性的要求，保护的动作时间应尽可能短。为此，可增加一套带时限的电流速断保护，用以切除无时限电流速断保护范围以外的短路故障，这种带时限的电流速断保护，称为 **限时电流速断保护。要求限时电流速断保护应能保护被保护线路的全长。**

限时电流速断保护的工作原理可用图 3-4 说明。线路 L_1 和 L_2 上分别装有无时限电流速断保护，其动作电流分别为 I_{op1}^I、I_{op2}^I，保护范围如图 3-4 所示。设在线路 L_1 和 L_2 上还装有限时电流速断保护，以保护 1 的限时电流速断保护为例，要使其能保护 L_1 的全长，即线路 L_1 末端短路时应该可靠地动作，则其动作电流 I_{op1}^{II} 必须小于线路末端短路时的最小短路电流。

由以上分析可知，若要限时电流速断保护能够保护线路全长，其保护范围必然要延伸到相邻线路一部分。为满足选择性，必须给限时电流速断保护增加一定的时限，此时限既能保证选择性又能满足速

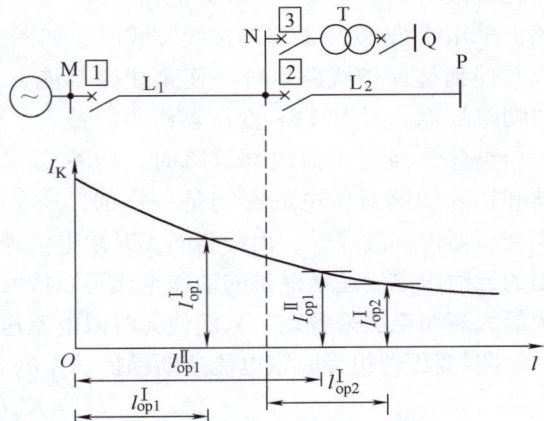

图 3-4　限时电流速断保护的工作原理

动性的要求，即尽可能短。鉴于此，可首先考虑使它的保护范围不超出相邻线路无时限电流速断保护的保护范围，而动作时限则比相邻线路的无时限电流速断保护长一个时限级差，用 Δt 表示。可见限时电流速断保护是通过动作值和动作时限来保证选择性的。

为了满足选择性，保护 1 限时电流速断保护的动作电流 $I_{op1}^{\mathbb{II}}$ 应大于保护 2 的无时限电流速断保护的动作电流 I_{op2}^{I}，即

$$I_{op1}^{\mathbb{II}} > I_{op2}^{I}$$

写成等式为

$$I_{op1}^{\mathbb{II}} = K_{rel}^{\mathbb{II}} I_{op2}^{I} \tag{3-9}$$

式中，$K_{rel}^{\mathbb{II}}$ 是可靠系数，考虑到短路电流中的非周期分量已经衰减，一般取为 1.1 ~ 1.2。

同时也不应超出相邻变压器速断保护区以外，即

$$I_{op1}^{\mathbb{II}} = K_{co} I_{KQ.\,max} \tag{3-10}$$

式中，K_{co} 是配合系数，取 1.3；$I_{KQ.\,max}$ 是变压器低压母线 Q 点发生短路故障时，流过保护安装处的最大短路电流。

为了保证选择性，保护 1 的限时电流速断保护的动作时限 $t_1^{\mathbb{II}}$，还要与保护 2 的无时限电流速断保护、保护 3 的差动保护（或无时限电流速断保护）动作时限 t_2^{I}、t_3^{I} 相配合，即

$$\begin{cases} t_1^{\mathbb{II}} = t_2^{I} + \Delta t \\ t_1^{\mathbb{II}} = t_3^{I} + \Delta t \end{cases} \tag{3-11}$$

式中，Δt 是时限级差。

对于不同类型的断路器及保护装置，Δt 一般为 0.3 ~ 0.6s。

确定了保护的动作电流后，还要验算保护的灵敏系数 K_{sen} 是否满足要求。为了达到保护线路全长的目的，限时电流速断保护必须在最不利的情况下，即系统在最小运行方式下线路末端两相短路时具有足够的反应能力。对于图 3-4 中线路 L_1 的限时电流速断保护，其灵敏系数可按下式校验：

$$K_{sen} = \frac{I_{K.\,min}}{I_{op1}^{\mathbb{II}}} \geqslant 1.3 \sim 1.5 \tag{3-12}$$

式中，$I_{K.\,min}$ 是系统在最小运行方式下，被保护线路末端两相短路时，保护安装处测量到的最小短路电流；$I_{op1}^{\mathbb{II}}$ 是限时电流速断保护的动作电流。

对灵敏系数的要求为：50km 以上的线路不小于 1.3；20 ~ 50km 的线路不小于 1.4；20km 以下的线路不小于 1.5。

灵敏系数的数值之所以要满足以上要求，是考虑到当线路末端短路时，可能会出现一些不利于保护起动的因素，如短路点存在过渡电阻、实际的短路电流可能小于计算值、保护装置及电流互感器具有一定的误差等。

当灵敏系数不能满足要求时，一般可用降低保护动作电流的方法来解决，即本线路限时电流速断保护的起动电流与相邻线路的限时电流速断保护相配合。即

$$\begin{cases} I_{op1}^{\mathbb{II}} = K_{rel}^{\mathbb{II}} I_{op2}^{\mathbb{II}} \\ t_1^{\mathbb{II}} = t_2^{\mathbb{II}} + \Delta t \end{cases} \tag{3-13}$$

2. 限时电流速断保护的单相接线原理

限时电流速断保护的单相接线原理如图 3-5 所示。它与无时限电流速断保护相似，只是

用时间继电器 KT 代替了图 3-3 中的中间继电器 KA。当保护范围内发生短路故障时，电流继电器 KI 动作后，必须经时间继电器的延时，才起动信号继电器，并动作于跳闸线圈断开断路器。

限时电流速断保护灵敏性较高，能保护线路的全长，并且还可作为本线路无时限电流速断保护的后备保护。这样，无时限电流

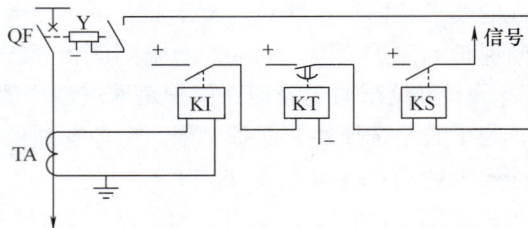

图 3-5　限时电流速断保护单相接线原理图

速断保护和限时电流速断保护配合使用，可以使全线路范围内的短路故障都能在 0.5s 内动作于断路器跳闸，切除故障，所以这两种保护可组合构成线路的主保护。

3.1.3　定时限过电流保护

1. 定时限过电流保护的工作原理

定时限过电流保护是指按躲过最大负荷电流整定，并以动作时限保证其选择性的一种保护。输电线路正常运行时它不应起动，发生短路且短路电流大于其动作电流时，保护起动并经延时动作于断路器跳闸。定时限过电流保护不仅能保护本线路的全长，也能保护相邻线路的全长，是本线路的近后备保护和相邻线路的远后备保护。

以图 3-6 为例，分析定时限过电流保护的工作原理。图 3-6 为单侧电源辐射形电网，图中线路保护 1、保护 2、保护 3 分别装有定时限过电流保护。当线路 L_3 上 K_1 点发生短路时，短路电流 I_K 将流过保护 1、2、3，一般 I_K 均大于保护装置 1、2、3 的动作电流，所以，保护 1、2、3 将同时起动。但根据选择性的要求，应该由距离故障点最近的保护 3 动作，使断路器 QF_3 跳闸，切除故障，而保护 1、2 则在故障切除后立即返回。

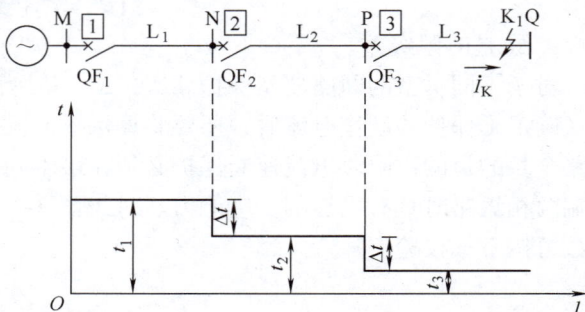

图 3-6　定时限过电流保护的工作原理及时限特性

显然要满足故障切除后保护 1、2 立即返回的要求，必须依靠各保护装置具有不同的动作时限来保证。用 t_1、t_2、t_3 分别表示保护装置 1、2、3 的动作时限，则有

$$t_1 > t_2 > t_3$$

写成等式为

$$\begin{cases} t_1 = t_2 + \Delta t \\ t_2 = t_3 + \Delta t \end{cases} \tag{3-14}$$

保护动作时限如图 3-6 所示。由图 3-6 可知，各保护装置动作时限的大小是从用户到电源逐级增加的，越靠近电源，定时限过电流保护动作时限越长，其形状像一个阶梯，故称为**阶梯形时限特性**。由于各保护装置动作时限都是分别固定的，而与短路电流的大小无关，故这种保护称为定时限过电流保护。

2. 定时限过电流保护的整定计算

定时限过电流保护的动作电流需按以下两个原则整定。

1）电网正常运行时，定时限过电流保护不应该动作。所以其动作电流必须大于正常运行时被保护线路上流过的最大负荷电流 $I_{L.max}$，即

$$I_{op}^{\text{III}} > I_{L.max}$$

式中，I_{op}^{III} 是定时限过电流保护的动作电流。

2）为保证在外部故障切除后，保护能可靠返回，保护装置的返回电流 I_{re} 应大于故障切除后流过保护装置的最大自起动电流 $I_{s.max}$，即

$$I_{re} > I_{s.max} = K_{ss} I_{L.max}$$

则定时限过电流保护的动作电流为

$$I_{op}^{\text{III}} = \frac{K_{rel}^{\text{III}} K_{ss}}{K_{re}} I_{L.max} \tag{3-15}$$

式中，$I_{L.max}$ 是正常运行时被保护线路的最大负荷电流；K_{rel}^{III} 是可靠系数，一般取为 1.15 ~ 1.25；K_{ss} 是电动机的自起动系数，其值由电网的接线和负荷的性质决定，一般取 1.5 ~ 3；K_{re} 是返回系数，一般取 0.85 ~ 0.95。

由前面分析可知，为保证选择性，定时限过电流保护的动作时限应比相邻下一线路的定时限过电流保护动作时限长出一个 Δt，如图 3-6 的时限特性所示，即

$$t_1^{\text{III}} = t_2^{\text{III}} + \Delta t \tag{3-16}$$

式中，t_1^{III} 是本线路定时限过电流保护的动作时间；t_2^{III} 是相邻线路的定时限过电流保护的动作时间；Δt 是时限级差，取 0.5s。

若本线路的下一级有多条线路，则本级定时限过电流保护的动作时间应比下级保护中动作时间最长的多出一个 Δt。

3. 灵敏系数校验

灵敏系数校验按下式进行：

$$K_{sen} = \frac{I_{K.min}}{I_{op}^{\text{III}}} \tag{3-17}$$

式中，$I_{K.min}$ 是系统在最小运行方式下，本线路末端两相短路时，保护安装处测量到的最小短路电流。

定时限过电流保护应分别校验本线路近后备保护和相邻线路及元件远后备保护的灵敏系数。当定时限过电流保护作为本线路主保护的近后备保护时，要求 $K_{sen} \geqslant 1.3 ~ 1.5$；当定时限过电流保护作为相邻线路的远后备保护时，要求 $K_{sen} \geqslant 1.2$；作为 Yd 联结的变压器远后备保护时，短路类型应根据定时限过电流保护的接线而定。

3.1.4　电流保护的接线方式

电流保护的接线方式是指电流继电器线圈与电流互感器二次绕组之间的连接方式。正确选择保护的接线方式，对保护的技术、经济性能都有很大的影响。对于相间短路的电流保护，其常用的接线方式主要有两种：三相三继电器完全星形接线和两相两继电器不完全星形接线。

1. 三相三继电器完全星形接线

三相三继电器完全星形接线如图 3-7 所示。三个电流互感器与三个电流继电器分别按相

连接在一起，互感器和继电器均接成星形，中性线上流回的电流为三相电流相量之和。图3-7中，三个继电器的触点并联连接，组成或门输出回路，当任意一个电流继电器的触点闭合后，均可起动时间继电器或中间继电器。这种接线方式除可反映各种相间短路外，还可反映单相接地短路。

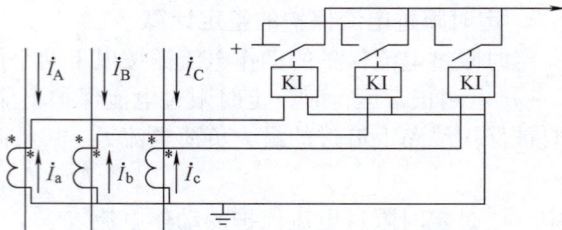

图3-7　三相三继电器完全星形接线

在三相三继电器完全星形接线方式中，流入每个继电器线圈中的电流$\dot{I}_r$就是其所对应相电流互感器的二次电流$\dot{I}_2$，即$\dot{I}_r = \dot{I}_2$。若用接线系数K_{con}表示$\dot{I}_r$与$\dot{I}_2$的比值，则三相三继电器完全星形接线的接线系数$K_{con} = 1$。

2. 两相两继电器不完全星形接线

两相两继电器不完全星形接线如图3-8所示。两个电流继电器分别和装设在A、C两相上的两个电流互感器按相连接，它和三相三继电器完全星形接线方式的主要区别是在B相上没有电流互感器和相应的电流继电器。

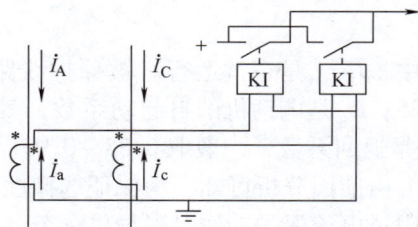

图3-8　两相两继电器不完全星形接线

图3-8中的两个电流继电器的触点组成或门输出回路，任一继电器的触点闭合均可起动时间继电器或中间继电器。此接线方式也可反映各种相间短路，但不能反映B相上发生的单相接地短路。在两相两继电器不完全星形接线中，其接线系数与三相三继电器完全星形接线方式相同，即$K_{con} = 1$。

3. 两种接线方式在各种故障时的性能分析比较

在中性点非直接接地系统中，允许输电线路在单相接地故障时继续短时运行，对于发生在不同线路上的两点接地短路，要求只切除一个故障点，以提高供电的可靠性。

在图3-9所示中性点非直接接地系统中，当输电线路L_1和L_2上发生两点接地短路时，只切除离电源较远的线路L_2，而不切除L_1，这样可以保证对L_3线路的正常供电。如果输电线路L_1和L_2上的定时限过电流保护都采用三相三继电器完全星形接线，由于两条线路的保护在定值和动作时限上都是按照选择性原则配合整定的，即保护1的动作时限t_1^{III}大于保护2的动作时限t_2^{III}，因此无论两点接地短路发生在L_1和L_2的任何相，都能保证只切除线路L_2。

如果线路L_1和L_2上的定时限过电流保护均采用两相两继电器不完全星形接线，当其中一个接地故障点发生在L_1的不同相别上时，保护动作跳闸的情况也不相同。如当线路L_1的接地点在B相，L_2上的接地点在A相或C相，则保护2首先动作，有选择地切除了L_2上的故障，能满足系统要求；若线路L_1上接地故障发生在A相或C相，线路L_2在B相发生接地故障，由于B相没有互感器和继电器，保护2不会反映两

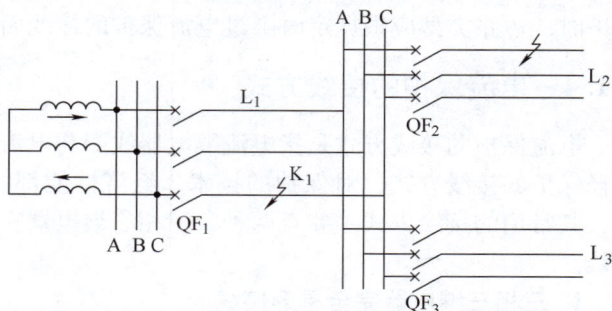

图3-9　中性点非直接接地系统两点接地短路示意图

点异地短路故障,这时必须由保护1动作切除故障,扩大了停电范围。

不同线路发生两点接地短路的相别组合共有六种,见表3-1。在采用两相两继电器不完全星形接线方式中,保护2和保护3的动作情况是:1/3的概率切除两条线路,造成停电范围扩大;2/3的概率切除一条线路。因此中性点非直接接地系统广泛采用两相两继电器不完全星形接线。

表3-1 同变电站放射线路上不同相别两点接地短路时不完全星形接线保护的动作情况

线路 L_2 接地相别	A	A	B	B	C	C
线路 L_3 接地相别	B	C	A	C	A	B
保护2的动作情况	动作	动作	不动作	不动作	动作	动作
保护3的动作情况	不动作	动作	动作	动作	动作	不动作
停电线路数	1	2	1	1	2	1

4. 两相三继电器不完全星形接线

Yd11联结的变压器在电力系统中应用比较广泛。当Yd11联结的变压器三角形侧发生两相短路而变压器本身的保护拒动时,作为其远后备保护的线路定时限过电流保护应该动作,将故障切除。但是如果线路定时限过电流保护采用两相两继电器不完全星形接线作为Yd11联结的变压器的远后备保护时,其灵敏度将受到影响。为了简化问题,假设变压器的电压比 $n_T=1$,当变压器三角形侧ab两相短路故障时,根据短路相、序分量边界条件,可得 $\dot{I}_{Kc}=0$,$\dot{I}_{c1}=-\dot{I}_{c2}$。电流分布图如图3-10a所示,相量图如图3-10b所示,经过移相转换得星形侧电流相量图,如图3-10c所示。由相量图及电流分布图可知,星形侧三相均有短路电流存在,B相短路电流大小是其余两相的2倍,但B相未装电流互感器,不能反映该相的电流,其灵敏系数是采用三相三继电器完全星形接线保护的一半。为克服这一缺点,可采用两相三继电器不完全星形接线,如图3-11所示,第三个继电器接在中性线上,流过的是A、C两相电流互感器二次电流的相量和,等于B相电流的二次值,从而可将保护的灵敏系数提高一倍,与采用三相三继电器完全星形接线相同。

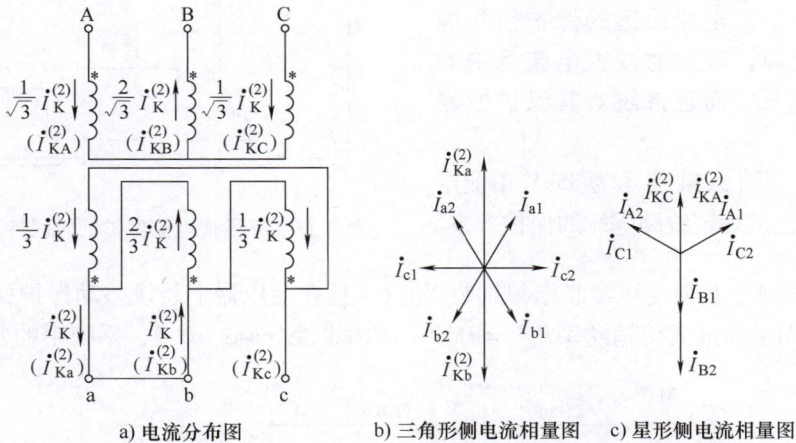

a) 电流分布图　　b) 三角形侧电流相量图　　c) 星形侧电流相量图

图3-10 Yd11联结变压器两相短路时的电流分析

3.1.5 线路相间短路的三段式电流保护

由无时限电流速断保护、限时电流速断保护和定时限过电流保护可构成三段式电流保护。

微机三段式过电流保护接线如图 3-12 所示。装置设三段式电流保护，其中 Ⅰ、Ⅱ 段为定时限过电流保护，Ⅲ 段可设定时限或反时限，由控制字进行选择。各段电流及时间定值可独立整定，分别设置整定控制字（GLx）控制三段保护的投退。Ⅲ 段可选择反时限方式（FSX），过负荷（GFH）三相电流按或门起动。保护动作的前提是起动元件必须起动，保护才能发挥正常功能。

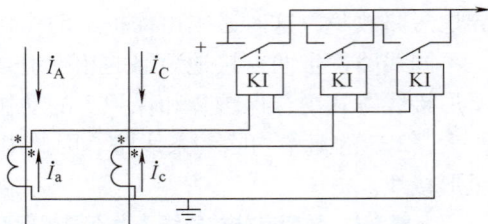

图 3-11　两相三继电器不完全星形接线原理图

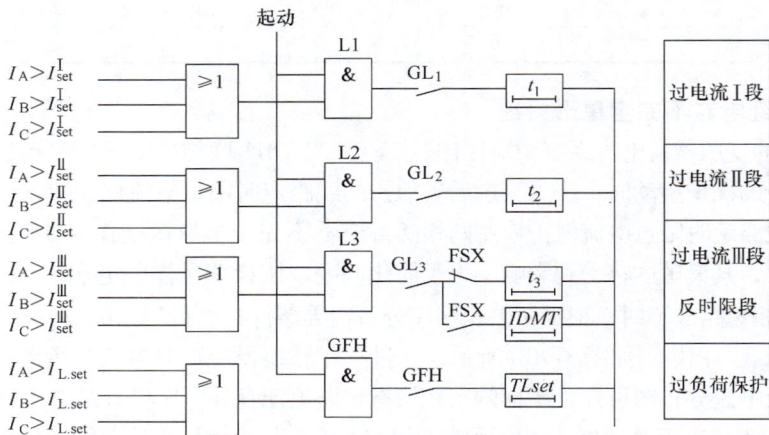

图 3-12　微机三段式过电流保护接线图

三段式电流保护的时限特性如图 3-13 所示。定时限过电流保护的动作时限按阶梯原则确定，即离电源最远的保护首先确定，越靠近电源，其定时限过电流保护的动作时限就越长，而且系统对其保护性能的要求也越高。

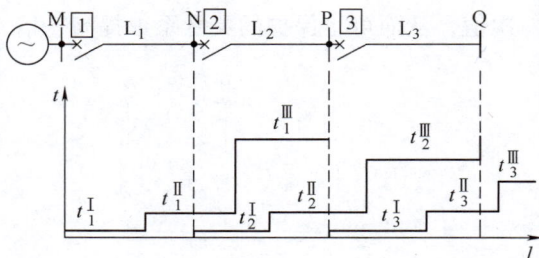

图 3-13　三段式电流保护的时限特性示意图

【例 3-1】　图 3-14 所示为 35kV 单侧电源辐射形网络，试确定线路 MN 的保护方案。已知：

1）变电所 N、P 中变压器联结组别为 Yd11，且在变压器上装设差动保护；

2）线路 MN 的最大传输功率 $P_{max} = 9MW$，功率因数 $\cos\varphi = 0.9$，系统中的发电机均装设

图 3-14　网络示意图

了自动励磁调节器，自起动系数为1.3；

3）图中电抗归算至37kV电压级的有名值，各线路单位距离的正序电抗为$X_1 = 0.4\Omega/\mathrm{km}$；

4）系统等效阻抗$Z_{\mathrm{s.max}} = 9.4\Omega$，$Z_{\mathrm{s.min}} = 6.3\Omega$。

解：暂选三段式电流保护作为线路MN的保护方案。

（1）无时限电流速断保护的整定计算　N母线短路时流过线路MN的最大三相短路电流为

$$I_{\mathrm{KN.max}}^{(3)} = \frac{E_{\mathrm{s}}}{Z_{\mathrm{s.min}} + Z_{\mathrm{MN}}} = \frac{37 \times 1000/\sqrt{3}}{6.3 + 0.4 \times 25}\mathrm{A} = 1310\mathrm{A}$$

线路MN的无时限电流速断保护的动作电流为

$$I_{\mathrm{op}}^{\mathrm{I}} = K_{\mathrm{rel}}^{\mathrm{I}} I_{\mathrm{KN.max}}^{(3)} = 1.25 \times 1310\mathrm{A} = 1638\mathrm{A}$$

其最大保护范围为

$$l_{\max} = \frac{1}{X_1}\left(\frac{E_{\mathrm{s}}}{I_{\mathrm{op}}^{\mathrm{I}}} - Z_{\mathrm{s.min}}\right) = \frac{1}{0.4} \times \left(\frac{37000/\sqrt{3}}{1638} - 6.3\right)\mathrm{km} = 16.85\mathrm{km}$$

$$\frac{l_{\max}}{l_{\mathrm{MN}}} \times 100\% = \frac{16.85}{25} \times 100\% = 67.4\% > 50\%$$

可见，最大保护范围满足要求。

线路MN的无时限电流速断保护的最小保护范围为

$$l_{\min} = \frac{1}{X_1}\left(\frac{\sqrt{3}E_{\mathrm{s}}}{2I_{\mathrm{op}}^{\mathrm{I}}} - Z_{\mathrm{s.max}}\right) = \frac{1}{0.4} \times \left(\frac{37000}{2 \times 1638} - 9.4\right)\mathrm{km} = 4.74\mathrm{km}$$

$$\frac{l_{\min}}{l_{\mathrm{MN}}} \times 100\% = \frac{4.74}{25} \times 100\% = 18.96\% > 15\%$$

可见，最小保护范围也满足要求。

（2）限时电流速断保护的整定计算

1）与变压器T_1相配合。按躲过变压器T_1低压侧母线三相短路时流过线路MN的最大三相短路电流整定，即

$$I_{\mathrm{KE.max}}^{(3)} = \frac{E_{\mathrm{s}}}{Z_{\mathrm{s.min}} + Z_{\mathrm{MN}} + Z_{\mathrm{T1}}} = \frac{37000/\sqrt{3}}{6.3 + 0.4 \times 25 + 30}\mathrm{A} = 461.4\mathrm{A}$$

$$I_{\mathrm{op}}^{\mathrm{II}} = K_{\mathrm{co}} I_{\mathrm{KE.max}}^{(3)} = 1.3 \times 461.4\mathrm{A} \approx 600\mathrm{A}$$

2）与相邻线路的无时限电流速断保护相配合，则有

$$I_{\mathrm{KP.max}}^{(3)} = \frac{E_{\mathrm{s}}}{Z_{\mathrm{s.min}} + Z_{\mathrm{MN}} + Z_{\mathrm{NP}}} = \frac{37000/\sqrt{3}}{6.3 + 0.4 \times 25 + 0.4 \times 30}\mathrm{A} = 755\mathrm{A}$$

$$I_{\mathrm{op}}^{\mathrm{II}} = K_{\mathrm{rel}}^{\mathrm{II}} I_{\mathrm{op2}}^{\mathrm{I}} = K_{\mathrm{rel}}^{\mathrm{II}} I_{\mathrm{rel2}}^{\mathrm{I}} I_{\mathrm{KP.max}}^{(3)} = 1.15 \times 1.25 \times 755\mathrm{A} = 1085\mathrm{A}$$

选以上较大者作为限时电流速断保护的动作电流，则$I_{\mathrm{op}}^{\mathrm{II}} = 1085\mathrm{A}$。

3）灵敏度校验。N母线短路时，流过MN线路的最小两相短路电流为

$$I_{\mathrm{KN.min}}^{(2)} = \frac{\sqrt{3}E_{\mathrm{s}}}{2(Z_{\mathrm{s.max}} + Z_{\mathrm{MN}})} = \frac{37000}{2 \times (9.4 + 10)}\mathrm{A} = 954\mathrm{A}$$

其灵敏系数为

$$K_{\text{sen}} = \frac{I_{\text{KN. min}}^{(2)}}{I_{\text{op}}^{\text{II}}} = \frac{954}{1085} < 1.3$$

由于灵敏系数不满足要求，所以改用与 T_1 低压侧母线配合，取 $I_{\text{op}}^{\text{II}} = 600\text{A}$，重新计算其灵敏系数为

$$K_{\text{sen}} = \frac{954}{600} = 1.59 > 1.3$$

其动作时间为

$$t^{\text{II}} = 1\text{s}$$

（3）定时限过电流保护的整定计算　根据已知条件，流过线路 MN 的最大负荷电流为

$$I_{\text{L. max}} = \frac{9 \times 10^3}{\sqrt{3} \times 0.95 \times 35 \times 0.9}\text{A} = 174\text{A}$$

其中，系数 0.95 为考虑电压下降 5% 时，输出的最大功率。

定时限过电流保护的动作电流为

$$I_{\text{op}}^{\text{III}} = \frac{K_{\text{rel}}^{\text{III}} K_{\text{ss}}}{K_{\text{re}}} I_{\text{L. max}} = \frac{1.2 \times 1.3}{0.85} \times 174\text{A} = 319\text{A}$$

灵敏系数校验：

1）定时限过电流保护作为本线路的近后备保护时，其灵敏系数为

$$K_{\text{sen}} = \frac{I_{\text{KN. min}}^{(2)}}{I_{\text{op}}^{\text{III}}} = \frac{954}{319} = 2.99 > 1.5$$

2）定时限过电流保护作为相邻元件的远后备保护时，其灵敏系数按相邻线路 NP 末端两相短路时流过线路 MN 的最小两相短路电流校验，灵敏系数为

$$I_{\text{KP. min}}^{(2)} = \frac{\sqrt{3} E_{\text{s}}}{2(Z_{\text{s. max}} + Z_{\text{MN}} + Z_{\text{NP}})} = \frac{37000}{2 \times (9.4 + 10 + 12)}\text{A} = 589\text{A}$$

$$K_{\text{sen}} = \frac{I_{\text{KP. min}}^{(2)}}{I_{\text{op}}^{\text{III}}} = \frac{589}{319} = 1.85 > 1.2$$

按变压器 T_1 低压侧两相短路时流过 MN 的最小两相短路电流校验（保护采用两相三继电器不完全星形接线）时，定时限过电流保护灵敏系数为

$$I_{\text{KE. min}}^{(3)} = \frac{E_{\text{s}}}{Z_{\text{s. max}} + Z_{\text{AB}} + Z_{\text{T1}}} = \frac{37000}{\sqrt{3} \times (9.4 + 10 + 30)}\text{A} = 432\text{A}$$

$$K_{\text{sen}} = \frac{I_{\text{KE. min}}^{(3)}}{I_{\text{op}}^{\text{III}}} = \frac{432}{319} = 1.35 > 1.2$$

定时限过电流保护的灵敏系数均满足要求。

其动作时间按阶梯原则确定，即比相邻线路中最大的定时限过电流保护动作时间大一个时间级差 Δt。

3.1.6　阶段式电流、电压联锁保护

当系统运行方式变化比较大时，线路电流保护 I 段可能没有保护区，II 段的灵敏系数难

以满足要求，为了在不延长保护动作时限的前提下提高保护的灵敏性，可以采用电流、电压联锁速断保护。

当线路上发生短路故障时，母线电压的变化一般比短路电流的变化大，因此按躲开线路末端短路时保护安装处母线的残余电压来整定的电压速断保护，在保护范围和灵敏性方面比电流速断保护性能要好。但如果只采用电压元件构成保护，当同一母线引出的其他线路上发生故障及电压互感器二次回路断线时，保护也会动作，因此，可以采用电流、电压联锁速断保护。其测量元件由电流继电器和电压继电器组成，它们的触点构成与门回路输出，即只有当电流继电器和电压继电器的触点同时闭合时，保护才会动作于跳闸。保护装置动作的选择性是由电压元件和电流元件相互配合整定得到的。与三段式电流保护相似，电流、电压联锁保护可分为：

1）无时限电流、电压联锁速断保护。

2）限时电流、电压联锁速断保护。

3）低电压（复合电压）闭锁的过电流保护。

与电流保护相比，电流、电压联锁速断保护配合较为复杂，所用元件较多，所以只有当电流保护灵敏性不能满足要求时，才采用电流、电压联锁速断保护。

3.2 双侧电源输电线路相间短路的方向电流保护

3.2.1 方向电流保护问题的提出

在双侧电源电网、单电源环网或多个电源供电的网络中，线路发生短路故障时，必须从两侧切除故障线路，以减小故障影响范围，提高供电的可靠性。在这样的电网中，每条线路两侧都需装设断路器，并装设相应的保护装置，此时仍采用电流保护已不能满足要求，为此需要采用方向电流保护。

现代电力系统大部分是由多个电源组成的复杂电网，如图3-15所示的供电网络。在图3-15b中，当线路 L_2 的 K_2 点发生短路故障时，按照选择性的原则，保护3和保护4动作，将故障线路 L_2 断开，故障切除后，母线 M、N 和 P、Q 仍可由 M 侧电源和 Q 侧电源供电。在双侧电源网络中，采用简单的阶段式电流保护已不能满足保护动作选择性的要求。

由于线路两侧均有电源，所以在每条线路两侧均装设断路器及保护装置。设保护1~6均为阶段式电流保护，若线路 L_2 上 K_2 点短路，则电流分别从 L_2 的两侧流向短路点，根据选择性的要求，应当是保护3、保护4动

a) K_1 点短路时的电流分布

b) K_2 点短路时的电流分布

c) 单侧电源环形网络

图3-15 短路电流分布及动作方向

功率方向继电器的工作原理

作，切除故障。对于无时限电流速断保护，由于它没有方向性，只要短路电流大于其动作电流，就可能动作，因此，为了保证选择性，保护 1 的无时限电流速断保护动作电流应大于正向 N 母线短路时流过保护安装处的最大短路电流，同时也要大于反向 M 母线短路时流过无时限电流速断保护 1 的最大短路电流。如果 M 母线短路电流大于 N 母线短路时的短路电流，显然，动作电流应按躲过 M 母线短路最大短路电流条件整定，才能保证保护的选择性。很显然这势必降低了保护的灵敏度，若按 N 母线短路电流整定，保护又会发生误动作。

对于定时限过电流保护，若不采取措施，则同样会发生无选择性误动作。在图 3-15 中，对 N 母线两侧的保护 2 和保护 3 而言，当 K_1 点短路时，为了保证选择性，要求 $t_2 < t_3$；而当 K_2 点短路时，又要求 $t_3 < t_2$，显然，这两个要求是相互矛盾的。分析位于其他母线两侧的保护，也可以得出同样的结果，这说明定时限过电流保护在这种电网中无法满足选择性的要求。

从以上分析可见，为防止保护误动作，Ⅰ段电流保护的动作值不仅要躲过本线路末端短路时流过保护的最大短路电流，而且还要躲过背后故障（反方向短路）时流过保护的最大短路电流；Ⅲ段定时限过电流保护的动作时间无法配合。

这也说明在图 3-15 所示的双侧电源供电网络和单电源环形网络中，采用阶段式电流保护方式时，在选择性方面无法满足要求。

为了解决上述问题，必须进一步分析在双侧电源供电线路上发生短路时电气量变化的特点，由此来提出新的保护方式。

由图 3-15a 中 K_1 点短路电流分布可见，通过保护 1、保护 2 的短路功率方向是由母线指向线路的，而通过保护 3、保护 5 的短路功率方向是由线路指向母线的。

由图 3-15b 中 K_2 点短路电流分布可见，通过保护 1、保护 3 的短路功率的方向是由母线指向线路的，而通过保护 2 的短路功率的方向是由线路指向母线的。

无论是 K_1 点还是 K_2 点短路，使保护动作具有选择性的短路功率的方向总是由母线指向线路，不具有选择性的保护短路功率的方向总是由线路指向母线。因此，可利用不同的短路功率方向构成具有选择性动作的保护方式。具体地说，就是在简单的电流保护装置中增加一个判别短路功率方向的元件，其触点与电流继电器触点组成与门回路，起动时间继电器或中间继电器，该功率方向判别元件称为**功率方向继电器**。增加了功率方向继电器后，继电保护的动作便具有一定的方向性，这种保护称为**方向电流保护**。

3.2.2　方向电流保护的工作原理

在定时限过电流保护的基础上加装一个方向元件，就构成了方向电流保护。下面以图 3-16 所示的双侧电源辐射形电网为例，说明方向电流保护的工作原理。

图 3-16　方向电流保护工作原理

在图 3-16 所示的电网中，各断路器上均装设了方向电流保护，图中所示的箭头方向即为各保护的动作方向。当 K_1 点短路时通过保护 2 的短路功率方向是从母线指向线路，符合规定的动作方向，保护 2 正确动作；而通过保护 3 的短路功率方向是由线路指向母线，与规定的动作方向相反，保护3不动作，因此，保护3的动作时限不需要与保护2配合。同理，保护4和保护5动作时限也不需要配合。而当K_1点短路时，通过保护4的短路功率的方向与保护2相同，与规定动作方向相同，为了保证选择性，保护4要与保护2的动作时限配合，这样，可将电网中各保护按其动作方向分为两组单电源网络，M侧电源与保护1、3、5为一组，Q侧电源与保护2、4、6为一组。对各电源供电的网络，其定时限过电流保护的动作时限仍按阶梯形原则进行配合，即M侧电源供电网络中，$t_1 > t_3 > t_5$；Q侧电源供电网络中，$t_6 > t_4 > t_2$。

方向电流保护单相原理接线图如图3-17所示。它主要由起动元件（电流继电器KI）、方向元件（功率方向继电器KP）、时间元件（时间继电器KT）、信号元件（信号继电器KS）构成。其中，起动元件反映是否在保护区内发生短路故障，时间元件用于保证保

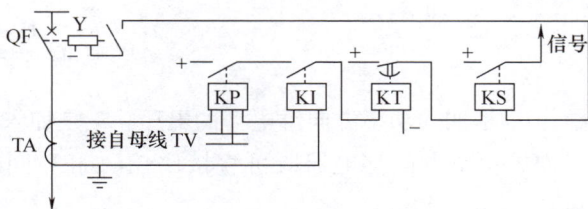

图3-17 方向电流保护单相原理接线图

护动作的选择性，信号元件用于记录故障，而方向元件则是用来判断短路功率方向的。由于在正常运行时，通过保护的功率也可能从母线指向线路，保护装置中的方向元件也可能动作，故在接线中，必须将电流继电器KI和功率方向继电器KP一起配合使用，将它们的触点串联后，再接入时间继电器KT的线圈。只有当正方向保护范围内故障，电流继电器KI和功率方向继电器KP都动作时，整套保护才动作。

需要指出的是，**在双侧电源辐射形电网中，并不是所有的电流保护都要装设功率方向元件才能保证选择性。一般来说，接入同一变电所母线上的双侧电源线路的定时限过电流保护，动作时限长者可不装设方向元件，而动作时限短者和相等者则必须装设方向元件。**

3.2.3 功率方向继电器的工作原理

功率方向继电器的作用是判别短路功率的方向，正方向故障时，短路功率从母线流向线路，方向元件动作；反方向故障时，短路功率从线路流向母线，方向元件不动作。

以图3-18a所示的原理图来分析功率方向继电器的工作原理，若规定流过保护的电流由母线指向线路为正方向，当保护3的正方向K_1点短路时，流过保护3的短路电流$\dot{I}_{K1}$的方向与规定的正方向一致，由于输电线路的短路阻抗呈感性，这时，接入功率方向继电器的一次短路电流$\dot{I}_{K1}$滞后母线残余电压$\dot{U}_{res}$的角度φ_{K1}为$0° \sim 90°$，以母线上的残余电压$\dot{U}_{res}$为参考量，其相量图如图3-18b所示，显然，通过保护3的短路功率为$P_{K1} = U_{res}I_{K1}\cos\varphi_{K1} > 0$；当反方

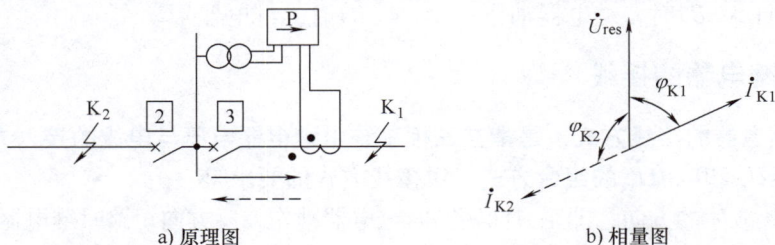

a) 原理图　　　　　　　b) 相量图

继电保护的四个基本要求

图3-18 功率方向继电器的原理

向 K_2 点短路时，通过保护3的短路电流 $\dot{I}_{K2}$ 从线路指向母线，如果仍以母线上的残余电压 $\dot{U}_{res}$ 为参考量，则 $\dot{I}_{K2}$ 滞后 $\dot{U}_{res}$ 的角度 φ_{K2} 为 $180° \sim 270°$，其相量图如图3-18b所示，通过保护3的短路功率为 $P_{K2} = U_{res} I_{K2} \cos\varphi_{K2} < 0$。功率方向继电器可以被视为当 $P_K > 0$ 时动作，当 $P_K < 0$ 时不动作，从而实现其方向性。

1. 相位比较式功率方向继电器

功率方向继电器的工作原理实质上就是判断母线电压和流过保护安装处的电流之间的相位差是否在 $-90° \sim 90°$ 范围内。常用的表达式为

$$-90° \leqslant \arg\frac{\dot{U}_r}{\dot{I}_r} \leqslant 90° \tag{3-18}$$

式中，$\dot{U}_r$ 是加入功率方向继电器的电压；$\dot{I}_r$ 是加入功率方向继电器的电流。

构成功率方向继电器既可直接比较 $\dot{U}_r$ 和 $\dot{I}_r$ 间的夹角，也可间接比较电压 $\dot{C}$、$\dot{D}$ 之间的相角。

$$\dot{C} = \dot{K}_{uv}\dot{U}_r \tag{3-19}$$

$$\dot{D} = \dot{K}_{ur}\dot{I}_r \tag{3-20}$$

式中，$\dot{K}_{uv}$、$\dot{K}_{ur}$ 是变换系数，取决于继电器的内部结构与参数。

考虑变换系数后功率方向继电器的表达式为

$$-90° \leqslant \arg\frac{\dot{C}}{\dot{D}} \leqslant 90° \tag{3-21}$$

或 $$-90° - \alpha \leqslant \arg\frac{\dot{U}_r}{\dot{I}_r} \leqslant 90° - \alpha \tag{3-22}$$

式中，α 是功率方向继电器内角，$\alpha = \arg\frac{\dot{K}_{uv}}{\dot{K}_{ur}}$。

功率方向继电器动作范围如图3-19所示。

2. 幅值比较式功率方向继电器

所谓幅值比较原理，就是比较两个电气量的幅值大小，而不再比较它们的相位关系，相位比较和幅值比较之间存在互换关系，即为平行四边形边与对角线关系。比较幅值的两个电气量可按下式构成：

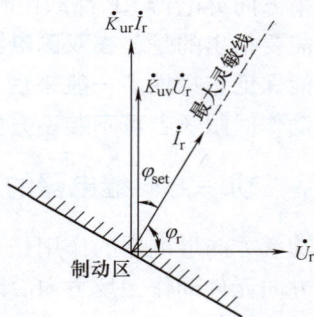

图3-19 相间短路保护功率方向继电器的动作区

$$\begin{cases} \dot{A} = \dot{C} + \dot{D} \\ \dot{B} = \dot{C} - \dot{D} \end{cases} \tag{3-23}$$

可以分析，当 $|\dot{A}| > |\dot{B}|$ 时，继电器动作；$|\dot{A}| < |\dot{B}|$ 时，继电器不动作。

3.2.4 功率方向继电器的接线

所谓功率方向继电器的接线方式，是指在三相系统中继电器电压与电流的接入方式，即接入点继电器的电压 $\dot{U}_r$ 和电流 $\dot{I}_r$ 的组合方式。对接线方式的要求是：

1）应能正确反映故障的方向，即正方向短路时继电器动作，反方向短路时继电器不动作。

2）正方向故障时，加入继电器的电压、电流尽量大，并尽可能使 $\dot{U}_r$ 和 $\dot{I}_r$ 之间的夹角 φ_r 接近最大灵敏角。

为了满足上述要求，在相间短路保护中，接线方式广泛采用90°接线方式，见表3-2。

表 3-2　功率方向继电器接入的电流与电压

功率方向继电器	电流 $\dot{I}_r$	电压 $\dot{U}_r$	功率方向继电器	电流 $\dot{I}_r$	电压 $\dot{U}_r$
KP$_1$	$\dot{I}_A$	$\dot{U}_{BC}$	KP$_3$	$\dot{I}_C$	$\dot{U}_{AB}$
KP$_2$	$\dot{I}_B$	$\dot{U}_{CA}$			

所谓 **90°接线方式**，是指系统三相对称且功率因数 $\cos\varphi = 1$ 的情况下，加入继电器的电流 $\dot{I}_r$ 超前电压 $\dot{U}_r$ 90°的接线方式。90°接线相量图如图3-20所示。

一般情况下，当功率方向继电器的输入电压和电流的幅值不变时，使功率继电器输出为最大时 $\dot{U}_r$、$\dot{I}_r$ 的相位差称为继电器的**最大灵敏角**，用 φ_{sen} 表示。为了在正方向短路情况下使功率方向继电器动作最灵敏，采用上述接线方式的功率

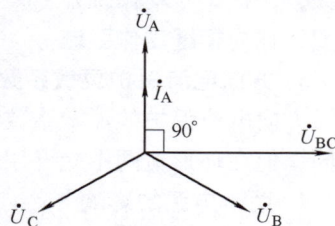

图 3-20　90°接线相量图

方向继电器的最大灵敏角应选择与保护正方向短路时的线路阻抗角 φ_K 相等，即 $\varphi_{sen} = \varphi_K$。当 $\varphi_{sen} = 60°$，为了保证正方向短路而 φ_K 在 $0° \sim 90°$ 内变化时，继电器都能可靠动作，其动作的角度范围通常取为 $(\varphi_{sen} - 90°) \sim (\varphi_{sen} + 90°)$。

为了使正方向三相短路和任意两相短路时方向元件处于动作状态，可得出如下结论：当 $0° < \varphi_K < 90°$ 时，其**内角 α** 应选择为

$$30° < \alpha < 60° \tag{3-24}$$

通常取功率方向继电器的内角为 $\alpha = 45°$ 和 $\alpha = 30°$，以满足上述要求。

3.2.5　方向电流保护的整定计算

由于方向电流保护加装了方向元件，因此它不必考虑反方向故障，只需考虑同方向的保护互相配合即可。同方向的阶段式方向电流保护的 Ⅰ 、Ⅱ 、Ⅲ 段的整定计算，可分别按单侧电源输电线路相间短路电流保护中所介绍的整定计算方法进行，但应注意以下一些特殊问题。

1. 方向电流保护动作电流的整定

方向电流保护动作电流应按下列两原则整定。

（1）躲过被保护线路中的最大负荷电流　值得注意的是在单电源环形电网中，不仅要考虑闭环时线路的最大负荷电流，还要考虑开环时负荷电流的突然增加。

（2）同方向的保护　同方向的保护灵敏度应相互配合，即同方向保护的动作电流应从离电源远的保护开始，向着电源方向逐级增大。以图3-15b 中的保护1、3、5 为例，即当在 K_2 点发生短路故障时，如果短路电流 I_K 介于 I_{op1}^{III} 和 I_{op3}^{III} 之间，即 $I_{op1}^{III} < I_K < I_{op3}^{III}$，那么保护1 将发生误动作。为了避免误动作，则同方向保护的动作电流应满足

$$I_{op1}^{III} > I_{op3}^{III} > I_{op5}^{III} \tag{3-25}$$

$$I_{op6}^{III} > I_{op4}^{III} > I_{op2}^{III} \tag{3-26}$$

以保护4 为例，其动作电流为

$$I_{op4}^{III} = K_c I_{op2}^{III} \tag{3-27}$$

式中，K_c 为配合系数，一般取 1.1。

同方向保护应取上述结果中最大者作为方向电流保护的动作电流整定值。

2. 保护的相继动作

在图 3-15c 所示的单侧电源环形网络中,当靠近变电所 M 母线近处短路时,由于短路电流在环形电网中的分配是与线路的阻抗成反比,所以由电源经 QF$_1$ 流向短路点的短路电流很大,而由电源经过环形电网流过保护 2 的短路电流几乎为零。因此,在短路刚开始时,保护 2 不能动作,只有保护 1 动作跳开 QF$_1$ 后,环形电网开环运行,通过保护 2 的短路电流增大,保护 2 才动作跳开 QF$_2$。保护装置的这种动作情况,称为**相继动作**,相继动作的线路长度,称为**相继动作区域**。

3. 方向电流保护灵敏系数的校验

方向电流保护的灵敏系数主要取决于电流元件。其校验方法与不带方向元件的电流保护相同,但在环形电网中允许用相继动作的短路电流来校验灵敏度。

4. 助增电源的影响

双侧电源网络中的限时电流速断保护仍应与下一级的无时限电流速断保护相配合,但需考虑保护安装处与短路点之间有助增电源的影响。

如图 3-21 所示,在保护 1 和 2 之间存在助增电源,在 NP 线路 K 点发生短路故障时,流过保护 2 的短路电流 $\dot{I}_K$ 将大于流过保护 1 的短路电流 $\dot{I}'_K$,其值 $\dot{I}_K = \dot{I}'_K + \dot{I}''_K$,这种**使故障线路电流增大的现象,称为助增**。

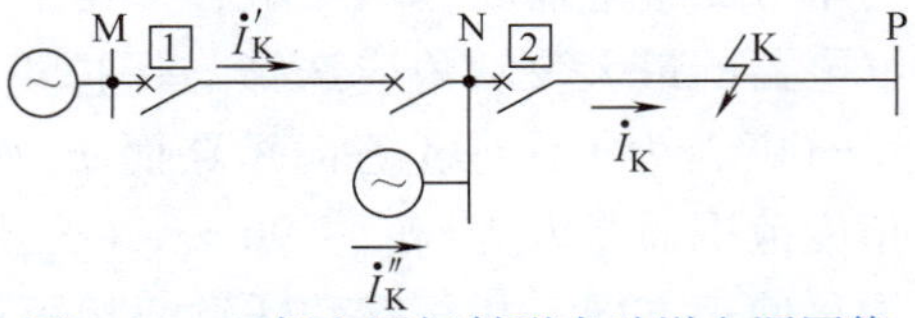

图 3-21　双侧电源辐射形有助增电源网络

若保护 2 无时限电流速断保护的动作电流为 $I^{\mathrm{I}}_{\mathrm{op2}}$,则保护 1 限时电流速断保护的动作电流应整定为

$$I^{\mathrm{II}}_{\mathrm{op1}} = \frac{K^{\mathrm{II}}_{\mathrm{rel}}}{K_{\mathrm{b}}} I^{\mathrm{I}}_{\mathrm{op2}} \tag{3-28}$$

式中,K_{b} 为**分支系数**,分支系数定义为

$$K_{\mathrm{b}} = \frac{I_K}{I'_K} \tag{3-29}$$

【例 3-2】 在图 3-22 所示网络中,已知:

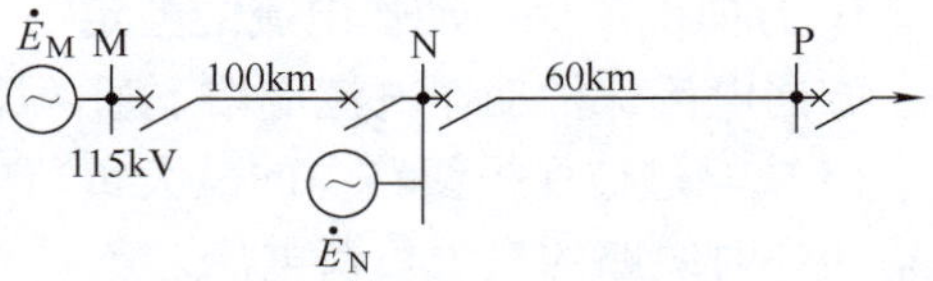

1)线路 MN 和 NP 均装有三段式电流保护,其最大负荷电流分别为 120A 和 100A,负荷电动机自起动系数均为 1.8;

2)可靠系数 $K^{\mathrm{I}}_{\mathrm{rel}} = 1.25$,$K^{\mathrm{II}}_{\mathrm{rel}} = 1.15$,$K^{\mathrm{III}}_{\mathrm{rel}} = 1.2$,返回系数 $K_{\mathrm{re}} = 0.85$;

图 3-22　网络接线

3)电源 E_{M} 的阻抗为 $Z_{\mathrm{M.min}} = 15\Omega$,$Z_{\mathrm{M.max}} = 20\Omega$;电源 E_{N} 的阻抗为 $Z_{\mathrm{N.min}} = 20\Omega$,$Z_{\mathrm{N.max}} = 25\Omega$;线路单位距离的正序阻抗为 $0.4\Omega/\mathrm{km}$。

试计算线路 MN(M 侧)各段保护的动作电流及灵敏系数。

解:(1)无时限电流速断保护的动作电流及其保护范围的整定计算

1)电源 E_{M} 在最大运行方式下,N 母线三相短路时流过线路 MN 的最大短路电流为

$$I^{(3)}_{\mathrm{KN.max}} = \frac{115 \times 1000}{\sqrt{3} \times (15 + 100 \times 0.4)} \mathrm{A} = 1207\mathrm{A}$$

2）电源 E_N 在最大运行方式下，M 母线三相短路时流过线路 MN 的最大短路电流为

$$I_{KM.max}^{(3)} = \frac{115 \times 1000}{\sqrt{3} \times (20 + 100 \times 0.4)} A = 1107A$$

线路 MN（M 侧）无时限电流速断保护的动作电流为

$$I_{op.M}^{I} = 1.25 \times 1207A = 1508.8A$$

其最大保护范围为

$$l_{max} = \frac{1}{0.4} \times \left(\frac{115000}{\sqrt{3} \times 1508.8} - 15 \right) km = 72.5km$$

$\dfrac{l_{max}}{l_{MN}} \times 100\% = 72.5\% > 50\%$，满足要求。

其最小保护范围为

$$l_{min} = \frac{1}{0.4} \times \left(\frac{115000}{2 \times 1508.8} - 20 \right) km = 45.27km$$

$\dfrac{l_{min}}{l_{MN}} \times 100\% = 45.27\% > 20\%$，满足要求。

（2）限时电流速断保护的动作电流及灵敏系数的整定计算　P 母线短路的最大三相短路电流为

$$I_{KP.max}^{(3)} = \frac{115 \times 1000}{\sqrt{3} \times \left[\dfrac{(15 + 0.4 \times 100) \times 20}{(15 + 0.4 \times 100) + 20} + 0.4 \times 60 \right]} A = 1717A$$

线路 NP 的无时限速断保护的动作电流为

$$I_{op.NP}^{I} = 1.25 \times 1717A = 2146.3A$$

最小分支系数为

$$K_{b.min} = 1 + \frac{15 + 40}{25} = 3.2$$

线路 MN（M 侧）限时电流速断保护的动作电流为

$$I_{op.M}^{II} = \frac{1.15 \times 2146.3}{3.2} A = 771.3A$$

线路 MN 的 N 母线短路的最小两相短路电流为

$$I_{KN.min}^{(2)} = \frac{\sqrt{3}}{2} \times \frac{115000}{\sqrt{3} \times (20 + 100 \times 0.4)} A = 958.33A$$

线路 MN（M 侧）限时电流速断保护的灵敏系数为

$$K_{sen} = \frac{958.33}{771.3} = 1.24$$

（3）定时限过电流保护的动作电流及灵敏系数的整定计算　其动作电流为

$$I_{op.M}^{III} = \frac{1.2 \times 1.8}{0.85} \times 120A = 305A$$

近后备保护时的灵敏系数为

$$K_{sen} = \frac{958.33}{305} = 3.14$$

远后备保护的最大分支系数为

$$K_{b.max} = 1 + \frac{20 + 40}{20} = 4$$

P 母线两相短路时考虑分支系数的影响后，流过线路 MN 的最小短路电流为

$$I_{KP.min}^{(2)} = \frac{\sqrt{3}}{2} \times \frac{115000}{\sqrt{3} \times \left[\frac{(20 + 0.4 \times 100) \times 20}{(20 + 0.4 \times 100) + 20} + 0.4 \times 60\right]} \times \frac{1}{4} A = 368.59 A$$

灵敏系数为

$$K_{sen} = \frac{368.59}{305} = 1.21$$

3.3 输电线路的接地故障保护

电力系统中性点工作方式是综合考虑了供电可靠性、系统过电压水平、系统绝缘水平、继电保护的要求、对通信线路的干扰以及系统稳定的要求等因素而确定的。我国采用的中性点工作方式主要有：中性点直接接地方式、中性点经消弧线圈接地方式和中性点不接地方式。

我国 3~35kV 的电网采用中性点非直接接地系统（又称小接地电流系统），中性点非直接接地系统发生单相接地短路时，由于故障点电流很小，而且三相之间的线电压仍然保持对称，对负荷的供电没有影响，因此保护不必立即动作于断路器跳闸，可以继续运行一段时间。

3.3.1 中性点非直接接地系统发生单相接地故障时的特点

正常运行情况下，中性点非直接接地系统三相对地电压是对称的，中性点对地电压为零。由于三相对地的等效电容相同，故在相电压的作用下，各相对地电容电流相等。中性点非直接接地系统的单相接地故障电容电流分布如图 3-23a 所示。

图中，各条线路均有对地电容存在，现分别以 C_{0L1}、C_{0L2}、C_{0L3} 等集中电容来表示（略去电源电容）。设线路 L_2 上 A 相发生单相金属性接地故障，如果忽略负荷电流和电容电流在线路阻抗上的电压降，则全系统 A 相对地电压均为零，此时系统中性点的电位不再与地电位相等，B 相和 C 相的对地电压升高了 $\sqrt{3}$ 倍，如图 3-23b 所示。电网中性点和各相对地电压为

$$\dot{U}_N = -\dot{E}_A$$

$$\dot{U}_{KA} = 0$$

$$\dot{U}_{KB} = \dot{E}_B - \dot{E}_A = \sqrt{3}\dot{E}_A e^{-j150°}$$

$$\dot{U}_{KC} = \dot{E}_C - \dot{E}_A = \sqrt{3}\dot{E}_A e^{j150°}$$

此时电网中出现了零序电压，且电网各处零序电压相等，零序电压为

$$\dot{U}_0 = \frac{1}{3}(\dot{U}_{KA} + \dot{U}_{KB} + \dot{U}_{KC}) = -\dot{E}_A = \dot{U}_N \tag{3-30}$$

a) 电容电流分布

b)电压相量图

c)电流相量图

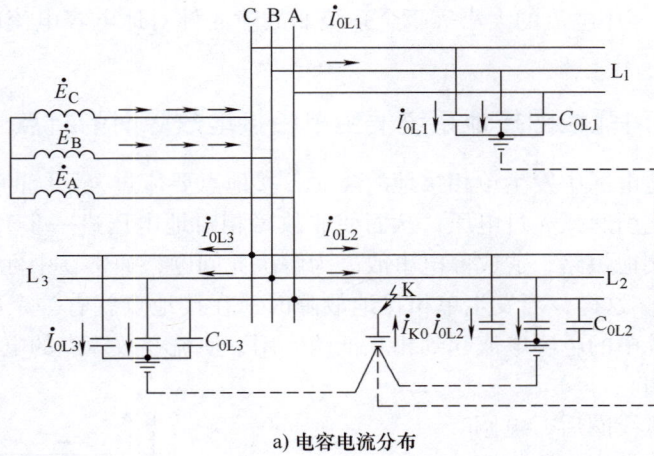

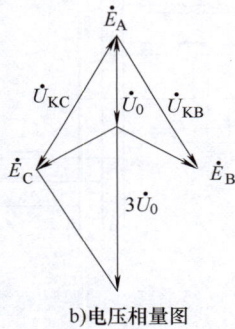

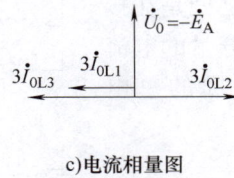

图 3-23　中性点非直接接地系统的单相接地故障分析

故障点的零序电流由所有元件的对地电容电流形成，则 $\dot{I}_{K0}$ 为

$$\dot{I}_{K0} = 3\,\dot{U}_0\,(\,j\omega C_{0L1} + j\omega C_{0L2} + j\omega C_{0L3}\,) = j3\omega C_{0\Sigma}\dot{U}_0$$

式中，$C_{0\Sigma}$ 是所有线路每相对地电容的总和。

非故障元件保护安装处的零序电流为其本身非故障相对地电容电流之和，即

$$3\,\dot{I}_{0L1} = j3\omega C_{0L1}\dot{U}_0$$

$$3\,\dot{I}_{0L3} = j3\omega C_{0L3}\dot{U}_0$$

非故障元件零序电流为电容电流，相位上超前 $\dot{U}_0$ 90°，方向皆为由母线指向线路，相量图如图 3-23c 所示。

故障线路 L_2 保护安装处的零序电流为

$$3\,\dot{I}_{0L2} = -j3\omega\,(\,C_{0\Sigma} - C_{0L2}\,)\dot{U}_0 \tag{3-31}$$

其方向由线路指向母线，相位上落后 $\dot{U}_0$ 90°。

根据上述分析结果可知，中性点不接地电网的单相金属性接地故障具有如下特点：

1）发生单相金属性接地故障时，电网各处故障相对地电压为零，非故障相对地电压升高至电网的线电压，零序电压大小等于电网正常运行时的相电压。

2）非故障线路上零序电流的大小等于其本身的对地电容电流，方向由母线指向线路。

3）故障线路上零序电流的大小等于全系统非故障元件对地电容电流的总和，方向由线路指向母线。

3.3.2　中性点经消弧线圈接地系统发生单相接地故障时的特点

在中性点不接地电网中发生单相接地故障时，接地点要流过全系统的对地电容电流，如果此电流很大，可能引起弧光过电压，从而使非故障相对地电压进一步升高，使绝缘损坏，发展为两点或多点接地短路，造成停电事故。为解决此问题，通常在中性点接入一个电感线圈，如图3-24所示。这样，当发生单相接地故障时，在接地点就有一个电感分量的电流通过，此电流与原系统中的电容电流起到相互抵消作用，使流经故障点的电流减小，因此称此电感线圈为消弧线圈。

中性点接入消弧线圈后，电网发生单相接地故障时，如图3-24所示，电容电流的分布与不接消弧线圈时是一样的，不同之处是在接地点又增加了一个电感分量的电流 $\dot{I}_L$，因此，从接地点流回的总电流为

$$\dot{I}_K = \dot{I}_L + \dot{I}_{0C\Sigma}$$

式中，$\dot{I}_L$ 是消弧线圈的电流；$\dot{I}_{0C\Sigma}$ 是全系统的对地电容电流。

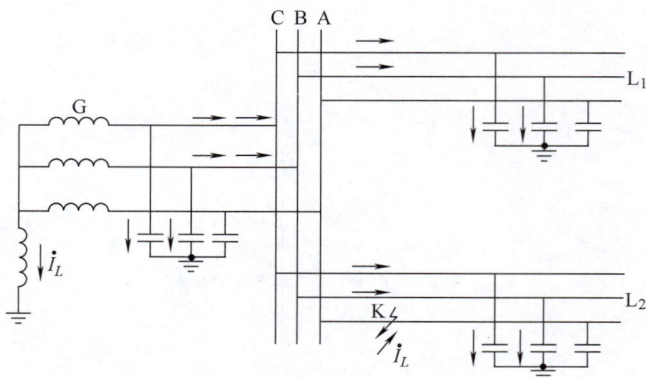

图3-24　中性点经消弧线圈接地系统的单相接地故障分析

由于 $\dot{I}_{0C\Sigma}$ 和 $\dot{I}_L$ 的相位差约为180°，因此 $\dot{I}_K$ 将因消弧线圈的补偿而减小。根据对电容电流补偿程度的不同，消弧线圈的补偿方式可分为三种，即完全补偿、过补偿和欠补偿。

完全补偿就是使 $I_L = I_{0C\Sigma}$，接地点的残余电流近似为零。从消除故障点的电弧、避免出现弧光过电压的角度看，这种补偿方式是最好的。但是，因为完全补偿时要产生串联谐振，当电网正常运行情况下线路三相对地电容不完全相等时，电源中性点对地之间将产生一个电压偏移，此外，当断路器三相触点不同时合闸时，也会出现一个数值很大的零序电压分量，此电压作用于串联谐振回路，回路中将产生很大的电流，该电流在消弧线圈上产生很大的电压降，造成电源中性点对地电压严重升高，设备的绝缘遭到破坏，因此完全补偿方式不可取。

欠补偿就是使 $I_L < I_{0C\Sigma}$，采用这种补偿方式后，接地点的残余电流仍具有电容性质。当系统运行方式变化时，如某些线路因检修被切除或因短路跳闸，系统电容电流就会减小，有可能出现完全补偿的情况，引起电源中性点对地电压升高，所以欠补偿方式也不可取。

过补偿就是使 $I_L > I_{0C\Sigma}$，采用这种补偿后，接地点的残余电流是电感性的，这时即使系统运行方式变化，也不会出现串联谐振的现象，因此，这种补偿方式得到了广泛应用。

3.3.3　中性点非直接接地系统的接地保护

中性点非直接接地系统中，其单相接地的保护方式主要有以下几种。

1. 无选择性绝缘监视装置

在中性点非直接接地电网中，任一点发生接地故障时，都会出现零序电压，根据这一特点构成的无选择性接地保护，称为绝缘监视装置。绝缘监视装置的接线原理如图 3-25 所示。电网中任一线路发生单相接地故障时，全系统将出现零序电压，当零序电压值大于过电压继电器的起动电压时，继电器动作，发出接地故障信号。但由于该信号不能指明故障线路，所以，必须由运行人员依次短时断开每条线路，再由自动重合闸将断开线路合上。当断开某条线路时，若零序电压的信号消失，三只电压表指示相同，则表明故障在该线路上。

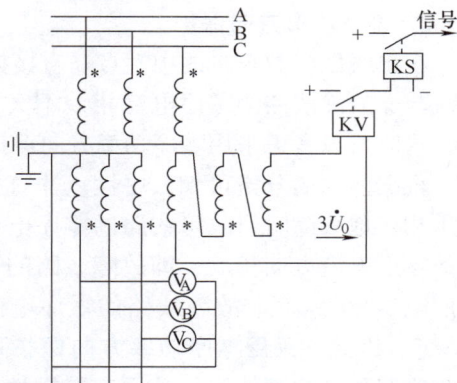

图 3-25 绝缘监视装置接线原理

2. 零序电流保护

中性点非直接接地系统中发生单相接地故障时，在出线较多的电网中故障线路的零序电流大于非故障线路的零序电流，利用这一特点可构成零序电流保护。尤其在出线较多的电网中，故障线路的零序电流比非故障线路的零序电流大得越多，保护灵敏度越高。

由于电网发生单相接地故障时，非故障线路上的零序电流为其本身的电容电流，为了保证动作的选择性，零序电流保护的动作电流应大于本线路的电容电流，即

$$I_{op} = K_{rel} \cdot 3U_p \omega C_{0L} \tag{3-32}$$

式中，U_p 是电网正常运行时的相电压；C_{0L} 是被保护线路每相的对地电容；K_{rel} 是可靠系数，对瞬时动作的零序电流保护，取 $4 \sim 5$，对延时动作的零序电流保护，取 $1.5 \sim 2$。

保护装置的灵敏度的校验，按在被保护线路上发生单相接地故障时流过保护的最小零序电流校验，即

$$K_{sen} = \frac{3U_p \omega (C_{0\Sigma} - C_{0L})}{K_{rel} \cdot 3U_p \omega C_{0L}} = \frac{C_{0\Sigma} - C_{0L}}{K_{rel} C_{0L}} \tag{3-33}$$

式中，$C_{0\Sigma}$ 是同一电压等级电网中，各元件每相对地电容之和。

利用零序电流互感器构成的接地保护如图 3-26 所示。保护工作时，接地故障电流或其他杂散电流可能在地中流动，也可能沿故障或非故障线路导电的电缆外皮流动，这些电流经电流互感器传变加到电流继电器中，就可能造成接地保护误动作、拒绝动作或灵敏度降低。为了解决这一问题，应将电缆盒及零序电流互感器到电缆盒的一段电缆对地绝缘，并将电缆盒的接地线穿回零序电流互感器的铁心窗口再接地，如图 3-26 所示。这样，可使经电缆外皮流过的电流再经接地线流回大地，使其在铁心中产生的磁通互相抵消，从而消除对保护的影响。在出线较少的情况下，非故障线路的零序电容电流与故障线路的零序电容电流相差不大，所以采用零序电流保护时，灵敏度很难满足要求。

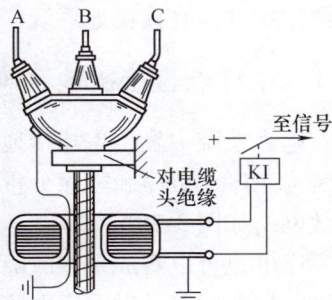

图 3-26 利用零序电流互感器构成的接地保护

3. 零序功率方向保护

在出线回路数较少的中性点非直接接地电网中，发生单相接地故障时，故障线路的零序电流与非故障线路的零序电流相差不大，因而采用零序电流保护往往不能满足灵敏度的要求，这时可以考虑采用零序功率方向保护。

根据前面的分析可知，中性点非直接接地电网发生单相接地故障时，故障线路的零序电流和非故障线路的零序电流方向相反，即故障线路的零序电流滞后零序电压90°，而非故障线路的零序电流超前零序电压90°，因此，采用零序功率方向保护可明显地区分故障线路和非故障线路，从而有选择性地动作。零序功率方向保护接线原理如图3-27所示。

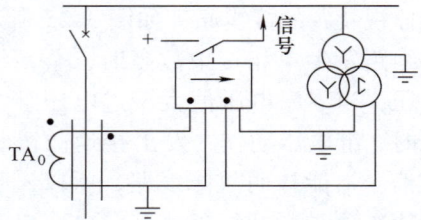

图3-27　零序功率方向保护接线原理图

4. 反映高次谐波分量的保护

在电力系统的谐波电流中，数值最大的是5次谐波分量，它因电源电动势中存在高次谐波分量和负荷的非线性而产生，并随系统的运行方式而变化。在中性点经消弧线圈接地的电网中，消弧线圈只对基波电容电流有补偿作用，而对5次谐波分量来说，消弧线圈所呈现的感抗增加为原来的5倍，线路对地电容的容抗为基波的$\frac{1}{5}$，所以消弧线圈的5次谐波电感电流相对于5次谐波电容电流来说是很小的，起不了补偿5次谐波电容电流的作用，故在5次谐波分量中可以不考虑消弧线圈的影响。这样，5次谐波电容电流在消弧线圈接地系统中的分配规律就与基波在中性点不接地系统中的分配规律相同了。那么，根据5次谐波零序电流的大小和方向就可以判别故障线路与非故障线路。

3. 4　中性点直接接地系统中的接地保护

中性点直接接地系统中发生单相接地短路时，故障相流过很大的短路电流，所以这种系统又称为大接地电流系统。在这种系统中发生单相接地短路时，要求保护尽快动作切除故障，所以中性点直接接地系统广泛应用反映零序分量的接地保护。

3. 4. 1　中性点直接接地系统接地故障时零序分量的特点

在电力系统中发生单相接地短路时，如图3-28a所示，可以利用对称分量法将电流和电压分解为正序、负序和零序分量，并可利用复合序网来表示它们之间的关系。短路计算的零序等效网络如图3-28b所示。

零序电流可以看成是在故障点出现一个零序电压$\dot{U}_{K0}$而产生的，它必须经过变压器接地的中性点构成回路。对零序电流的正方向，仍然采用流向故障点为正，而对零序电压的正方向，线路高于大地为正。由上述等效网络可见，零序分量具有如下特点：

1）系统中任意一点发生接地短路时，都将出现零序电流和零序电压，在非全相运行或断路器三相触点不同时合闸时，系统中也会出现零序分量；而系统在正常运行、过负荷、振荡和不伴随接地短路的相间短路时，不会出现零序分量。

2）故障点的零序电压最高，离故障点越远，零序电压越低，而变压器的中性点零序电

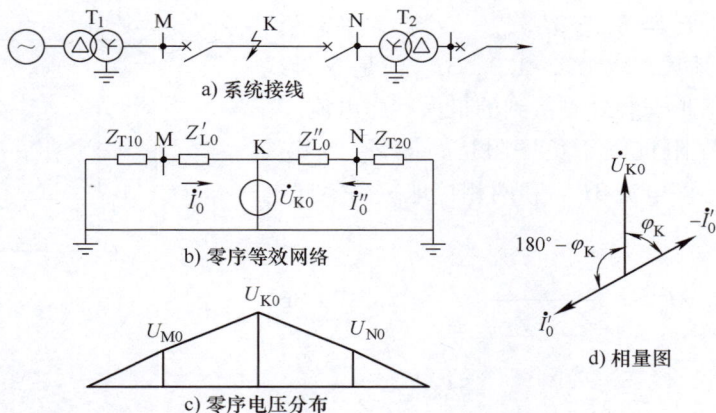

图 3-28　接地短路时的零序等效网络

压为零。零序电压的分布如图 3-28c 所示，图中，$\dot{U}_{M0}$、$\dot{U}_{N0}$ 分别为变电所 M 母线和变电所 N 母线的零序电压。

3）由于零序电流是由 $\dot{U}_{K0}$ 产生的，当忽略回路的电阻时，按照规定的正方向画出零序电流和零序电压的相量图。考虑回路电阻时的相量图如图 3-28d 所示。

4）零序电流的大小和分布情况主要取决于系统中的输电线路零序阻抗、中性点接地的变压器的零序阻抗以及中性点接地的变压器的数量和分布，而与电源数量和分布无直接关系。但当系统运行方式改变时，若线路和中性点接地的变压器数量和分布不变，零序阻抗和零序网络就保持不变。由于系统的正序阻抗和负序阻抗随系统运行方式的改变而改变，这将引起故障点各序电压（$\dot{U}_{K1}$、$\dot{U}_{K2}$、$\dot{U}_{K0}$）之间分布的改变，从而间接影响到零序电流的大小。

5）保护安装处的零序电压和零序电流之间的关系取决于保护背后的零序阻抗，与被保护线路的零序阻抗及故障点的位置无关。母线 M 上的零序电压 $\dot{U}_{M0}$ 实际上是从该点到零序网络中性点之间零序阻抗上的电压降，即

$$\dot{U}_{M0} = -\dot{I}_0' Z_{T10} \tag{3-34}$$

式中，Z_{T10} 是变压器 T_1 的零序阻抗。

保护安装处的零序电流与零序电压之间的相位差由 Z_{T10} 的阻抗角决定。

6）在故障线路上，零序功率的方向是由线路指向母线的，与正序功率的方向（从母线指向线路）相反。

3.4.2　阶段式零序电流保护

零序电流保护是反映接地短路时出现的零序电流的大小而动作的保护，与相间短路的电流保护一样，也是阶段式的。

1. 无时限零序电流速断保护（零序Ⅰ段）

当被保护线路 MN 上发生单相或两相接地短路，故障点沿线路 MN 移动时，保护 1 测量到的最大 3 倍零序电流变化曲线如图 3-29 所示。为保证保护的选择性，其动作电流按下述原则整定：

1）躲过被保护线路末端接地短路时保护安装处测量到的最大零序电流，即

$$I_{op1}^{I} = K_{rel}^{I} \cdot 3I_{N0.\,max} \tag{3-35}$$

式中，K_{rel}^{I} 是可靠系数，取 1.2 ~ 1.3；$3I_{N0.\,max}$ 是 N 母线接地短路故障时保护安装处测量到的最大零序电流。

若网络的正序阻抗等于负序阻抗，即 $Z_{\Sigma 1} = Z_{\Sigma 2}$，则单相接地短路零序电流 $3I_0^{(1)}$ 和两相接地短路零序电流 $3I_0^{(1.1)}$ 分别为

$$3I_0^{(1)} = \frac{3E_1}{2Z_{\Sigma 1} + Z_{\Sigma 0}} \tag{3-36}$$

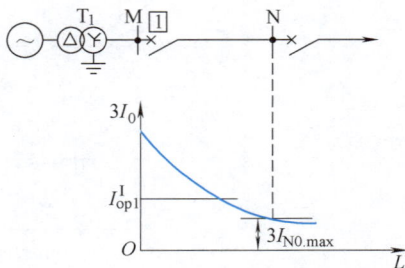

图 3-29 零序 I 段动作电流的分析图

$$3I_0^{(1.1)} = \frac{3E_1}{Z_{\Sigma 1} + 2Z_{\Sigma 0}} \tag{3-37}$$

当 $Z_{\Sigma 0} > Z_{\Sigma 1}$ 时，$3I_0^{(1)} > 3I_0^{(1.1)}$，保护动作电流按单相接地短路时的零序电流来整定；当 $Z_{\Sigma 0} < Z_{\Sigma 1}$ 时，$3I_0^{(1)} < 3I_0^{(1.1)}$，保护动作电流按两相接地短路时的零序电流来整定。

2）躲过断路器三相触点不同时合闸所引起的最大零序电流 $3I_{0.\,ust}$，即

$$I_{op1}^{I} = K_{rel}^{I} \cdot 3I_{0.\,ust} \tag{3-38}$$

式中，K_{rel}^{I} 是可靠系数，一般取 1.1 ~ 1.2；$3I_{0.\,ust}$ 是三相触点不同时合闸时，出现的最大零序电流。

$I_{0.\,ust}$ 的计算按一相断线或两相断线的公式计算，若保护动作时间大于断路器三相不同期时间（快速开关），本条件可不考虑。

3）在 220kV 及以上电压等级的电网中，当采用单相或综合重合闸时，会出现非全相运行状态，若此时系统又发生振荡，将产生很大的零序电流。按原则 1）、2）来整定的零序 I 段可能发生误动作。如果使零序 I 段的动作电流按躲过非全相运行系统振荡的零序电流来整定，则整定值高，正常情况下发生接地故障时保护范围将缩小。

为解决这个问题，通常设置两个零序 I 段保护。一个是按原则 1）、2）整定，由于其整定值较小，保护范围较大，称为**灵敏零序 I 段**，它用来保护在全相运行状态下出现的接地故障。在单相重合闸时，将灵敏零序 I 段自动闭锁，按躲过非全相振荡的零序电流整定，其整定值较大，灵敏系数较低，称为**不灵敏零序 I 段**，用来保护在非全相运行状态下的接地故障。灵敏零序 I 段的灵敏系数按保护范围的长度来校验，要求最小保护范围不小于线路全长的 15%。

2. 零序电流限时速断保护（零序 II 段）

（1）动作电流的整定　零序 II 段的工作原理与相间短路限时电流速断保护一样，其动作电流首先考虑与下一条线路的零序速断相配合，并带有 Δt 的延时，以保证动作的选择性。零序 II 段的动作电流可按下式整定：

$$I_{op1}^{II} = K_{rel}^{II} I_{op2}^{I} \tag{3-39}$$

式中，I_{op1}^{II} 是保护 1 的零序 II 段的动作电流；I_{op2}^{I} 是与保护 1 相邻的保护 2 的零序 I 段的动作电流；K_{rel}^{II} 是可靠系数，取 1.1。

当两个保护之间的变电所母线上有中性点接地的变压器时，如图 3-30 所示，由于这一分支电路的影响，使零序电流的分布发生了变化。曲线 1 为在 MN 线路不同地点发生接地短路故障时，保护 1 测量到的最大零序电流，曲线 2 为在 NP 线路上不同地点发生接地短路故

障时，保护 2 测量到的最大零序电流。当 NP 线路上发生接地短路时，流过保护 1 和保护 2 的零序电流分别为 $\dot{I}'_{K0}$ 和 $\dot{I}_{K0\Sigma}$，两者之差就是从变压器 T_2 的中性点流回的电流 $\dot{I}_{K0.T2}$。

显然这种情况与有助增电流的情况相同，引入零序电流的分支系数 K_b 之后，零序 Ⅱ 段的动作电流应整定为

$$I^{\mathrm{II}}_{\mathrm{op1}} = \frac{K^{\mathrm{II}}_{\mathrm{rel}}}{K_b} I^{\mathrm{I}}_{\mathrm{op2}} \qquad (3\text{-}40)$$

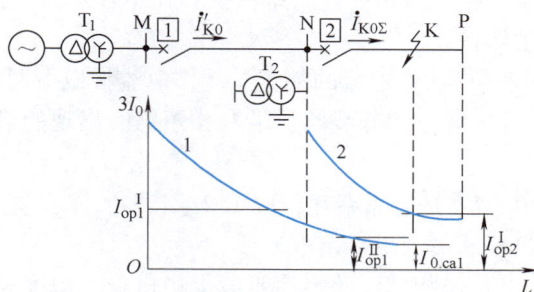

图 3-30 有分支电路时零序 Ⅱ 段的动作特性

当变压器被切除或中性点改为不接地运行时，该支路从零序等效网络中断开，此时 $K_b = 1$。

（2）灵敏系数的校验 零序 Ⅱ 段的灵敏系数应按照本线路末端接地短路时的保护 1 测量到最小零序电流校验，并应满足 $K_{\mathrm{sen}} \geqslant 1.5$ 的要求，即

$$K_{\mathrm{sen}} = \frac{3I_{0.\min}}{I^{\mathrm{II}}_{\mathrm{op1}}} \geqslant 1.5 \qquad (3\text{-}41)$$

式中，$3I_{0.\min}$ 是本线路末端接地短路保护安装处测量到的最小零序电流。

当下一线路比较短或运行方式变化较大时，灵敏系数可能不满足要求，可考虑采用如下措施：

1）本线路零序 Ⅱ 段保护与相邻线路的零序 Ⅱ 段相配合，动作时限也应与零序电流限时速断保护配合。此时，其动作电流的整定公式为

$$I^{\mathrm{II}}_{\mathrm{op1}} = \frac{K^{\mathrm{II}}_{\mathrm{rel}}}{K_b} I^{\mathrm{II}}_{\mathrm{op2}} \qquad (3\text{-}42)$$

式中，$I^{\mathrm{II}}_{\mathrm{op2}}$ 是相邻线路保护 2 的零序 Ⅱ 段的动作电流。

2）保留 0.5s 的零序 Ⅱ 段，同时再增加一个按式（3-42）整定的保护。这样，保护装置中便具有两个定值和时限均不相同的零序 Ⅱ 段，一个定值较大，能在正常运行方式或最大运行方式下，以较短的延时切除本线路所发生的接地故障；另一个则具有较长的延时，它能保证在系统最小运行方式下线路末端发生接地短路时，具有足够的灵敏度。

（3）动作时间的整定 当零序 Ⅱ 段的整定值按与相邻线路零序 Ⅰ 段配合时，其动作时限一般取 0.5s；当零序 Ⅱ 段的整定值与相邻线路的零序 Ⅱ 段配合时，其动作时限应比相邻线路零序 Ⅱ 段高出一个阶梯时限，即

$$t^{\mathrm{II}}_1 = t^{\mathrm{II}}_2 + \Delta t \qquad (3\text{-}43)$$

此外，按上述原则整定的零序 Ⅱ 段的动作电流，若不能躲过线路非全相运行时的零序电流，则在有综合重合闸的线路出现非全相运行时，应使该保护退出工作。或者装设两个零序 Ⅱ 段保护，其中不灵敏的零序 Ⅱ 段按躲过非全相运行时的最大零序电流整定，在线路单相自动重合闸和非全相运行时不退出工作；灵敏的零序 Ⅱ 段与相邻线路的零序保护配合，在线路进行单相重合闸和非全相运行时退出工作。

3. 零序过电流保护（零序 Ⅲ 段）

零序过电流保护主要作为本线路零序 Ⅰ 段和零序 Ⅱ 段的近后备保护和相邻线路、母线、

变压器接地短路的远后备保护，在中性点直接接地系统的终端线路上，也可以作为接地短路的主保护。

（1）动作电流的整定　动作电流按以下两条件整定。

1）躲过相邻线路始端三相短路时出现的最大不平衡电流，即

$$I_{op}^{\text{III}} = K_{rel}^{\text{III}} I_{unb.\,max}$$ （3-44）

式中，K_{rel}^{III}是可靠系数，取 1.2～1.3；$I_{unb.\,max}$是相邻线路始端三相短路时，零序电流滤过器中出现的最大不平衡电流。

2）与相邻线路零序Ⅲ段保护进行灵敏度配合，以保证动作的选择性，即本线路的零序Ⅲ段的保护范围不能超过相邻线路零序Ⅲ段的保护范围。因此，零序Ⅲ段的动作电流必须进行逐级配合，如图 3-31 所示线路，保护 1 的零序Ⅲ段的动作电流必须与保护 2 的零序Ⅲ段配合，当两个保护之间有分支电路时，保护 1 的动作电流应整定为

$$I_{op1}^{\text{III}} = \frac{K_{rel}^{\text{III}}}{K_b} I_{op2}^{\text{III}}$$ （3-45）

式中，K_{rel}^{III}是可靠系数，取 1.1～1.2；K_b是分支系数；I_{op2}^{III}是相邻线路保护 2 的零序Ⅲ段的动作电流。

（2）灵敏系数的校验　零序过电流保护的灵敏系数的校验按下式进行：

$$K_{sen} = \frac{3I_{0.\,min}}{I_{op1}^{\text{III}}}$$ （3-46）

式中，$3I_{0.\,min}$是灵敏度校验点发生接地短路时流过保护的最小零序电流。

当作为本线路的近后备保护时，校验点在本线路的末端，要求灵敏系数 $K_{sen} \geq 1.3$；当作为相邻线路的远后备保护时，校验点在相邻线路的末端，要求灵敏系数 $K_{sen} \geq 1.2$。

（3）动作时间的整定　按上述原则整定的零序过电流保护，其动作电流一般都比较小，因此，当本电压等级网络内发生接地短路时，凡零序电流流过的各个保护，都可能起动。为了保证动作的选择性，其动作时限应按阶梯原则选择，如图 3-31 所示。

安装在受端变压器 T_2 上的零序过电流保护 3 可以是瞬时动作的，因为在 Yd 联结的变压器低压侧的任何故障，变压器高压侧都不存在零序电流，因此就无需考虑和保护 4 的配合关系。按照选择性的要求，保护 2 应比保护 3 高出一个时限级差 Δt，保护 1 又应比保护 2 高出一个时限级差 Δt。但是，对于相间

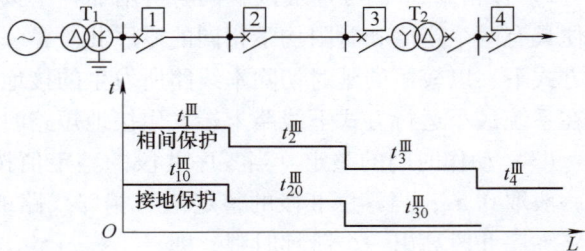

图 3-31　零序Ⅲ段的时限特性

短路过电流保护而言，相间短路无论发生在变压器 T_2 的 Y 侧还是 d 侧，短路电流都是从电源流向故障点，所经过的相间短路Ⅲ段保护都可能起动，因此，相间过电流保护的动作时限必须从离电源最远的保护 4 开始，按阶梯原则逐级配合。

为了便于比较，在图 3-31 中同时绘出了零序过电流保护和相间短路过电流保护的时限特性。显然，在同一线路上的零序过电流保护的动作时限要小于相间短路过电流保护的动作时限，这也是零序Ⅲ段的一个优点。

3.4.3　方向性零序电流保护

1. 方向性零序电流保护的工作原理

在多电源的网络中，要求电源处的变压器至少有一台的中性点接地。图 3-32 所示的双侧电源网络中，变压器 T_1 和 T_2 的中性点均直接接地。由于零序电流的实际方向是由故障点流向各个中性点接地的变压器，而当接地故障发生在不同的线路上时，要求由不同的保护动作，如 K_1 点短路时，按照选择性的要求，应该由保护 1 和保护 2 动作切除故障，但零序电流 $\dot{I}''_{0K1}$ 流过保护 3 时，若保护 3 无方向元件，则可能引起保护 3 误动作。

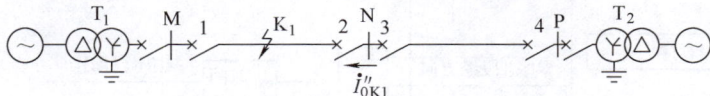

图 3-32　方向性零序电流保护工作原理分析

2. 零序功率方向继电器

与相间短路保护的功率方向继电器相似，零序功率方向继电器是通过比较接入继电器的零序电压 $3\dot{U}_0$ 和零序电流 $3\dot{I}_0$ 之间的相位差来判断零序功率方向的。现以图 3-32 中的保护 2 为例加以说明。设流过保护的零序电流由母线指向线路为正，当 K_1 点发生接地短路时，流过保护 2 的零序电流为 $\dot{I}''_{0K1}$，保护安装 N 母线处的零序电压为

$$\dot{U}_{02} = -\dot{I}''_{0K1}(Z_{0T2} + Z_{0NP}) \tag{3-47}$$

式 (3-47) 表明，接入保护 2 零序功率方向继电器的零序电压和零序电流之间的相位差取决于保护安装处背后的变压器 T_2 和线路 NP 的零序阻抗角。Z_{0T2} 与 Z_{0NP} 的综合阻抗角为 $70° \sim 85°$，所以零序电流超前零序电压的相位角为 $95° \sim 110°$。

根据零序分量的特点，零序功率方向继电器显然应该采用最大灵敏角 $\varphi_{sen} = -(95° \sim 110°)$，当按规定极性对应加入 $3\dot{U}_0$ 和 $3\dot{I}_0$ 时，继电器正好工作在最灵敏的状态下。

三段式零序方向电流保护的动作逻辑如图 3-33 所示，图中设置了起动元件和零序方向元件。起动元件起动，开放保护。零序保护由自产零序和外接零序共同起动，开放与门 D_5、D_6、D_7、D_8、D_9。零序方向元件经对应控制字和与门 D_5、D_6、D_7、D_8 构成零序方向 I 段、II 段、III 段和 IV 段保护。电压互感器 TV 断线时自动退出零序方向元件，可通过控制字在 TV 断线时保留零序 I 段保护。手动或自动重合闸时通过与门 D_9 使零序加速段在 100ms 时延后加速跳闸。同时增加 TV 断线不经方向元件的零序 I 段和 II 段保护。

3.4.4　对中性点直接接地系统零序电流保护的评价

中性点直接接地系统中的零序（方向）过电流保护是简单而有效的接地保护方式，它与采用完全星形接线方式的相间短路电流保护兼作接地短路保护相比，具有如下特点。

（1）灵敏度高　过电流保护是按躲过最大负荷电流整定的，继电器动作电流一般为 $5 \sim 7A$。而零序过电流保护是按躲过最大不平衡电流整定的，继电器动作电流一般为 $2 \sim 4A$。因此，零序过电流保护的灵敏度高。

由于零序阻抗远比正序阻抗、负序阻抗大，故线路始端与末端接地短路时，零序电流变化显著，曲线较陡，因此，零序 I 段和零序 II 段保护范围较大，其保护范围受系统运行方式

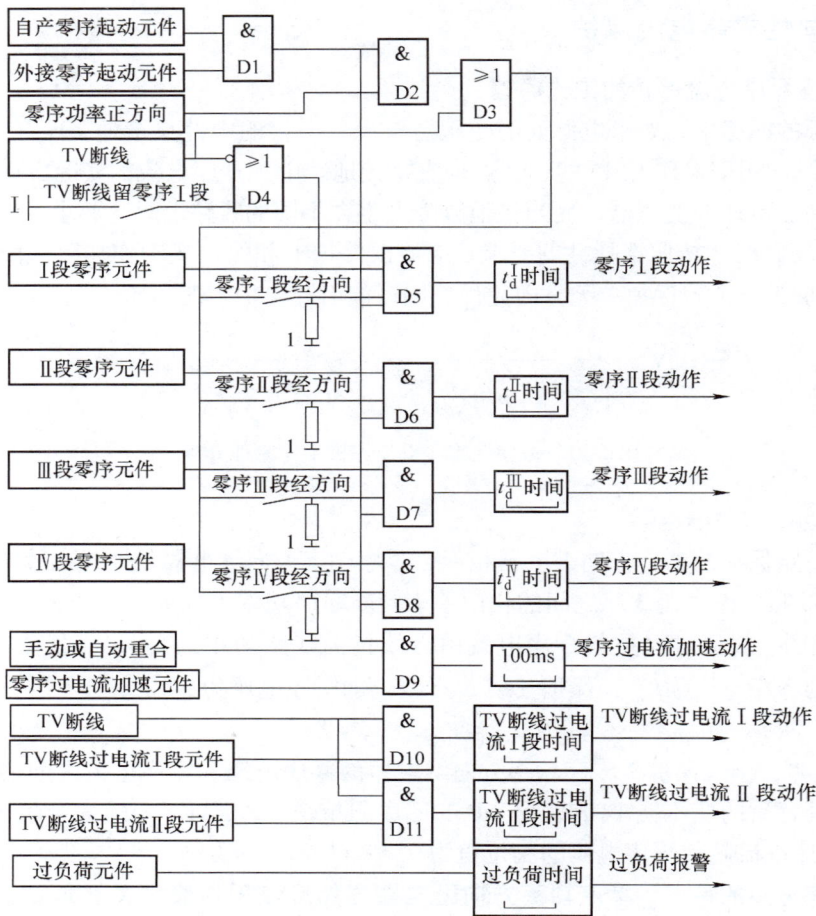

图 3-33　三段式零序方向电流保护动作逻辑

的影响较小。

（2）动作迅速　零序过电流保护的动作时限不必与 Yd 联结的降压变压器后的线路保护动作时限相配合，因此，其动作时限比相间过电流保护动作时限短。

（3）不受系统振荡和过负荷的影响　当系统发生振荡和对称过负荷时，三相是对称的，反映相间短路的电流保护都会受其影响，可能误动作。而零序电流保护则不受其影响，因为振荡及对称过负荷时，无零序分量。

（4）接线简单，经济可靠　零序过电流保护反映单一的零序分量，故用一个测量继电器就可以反映接地短路，使用继电器的数量少。所以，零序过电流保护接线简单、经济，调试维护方便、动作可靠。

随着系统电压的不断提高，电网结构日趋复杂，特别是在电压较高的网络中，零序过电流保护在整定配合上，无法满足灵敏度和选择性的要求，此时可采用接地距离保护。

【例 3-3】　图 3-34 所示网络，已知：电源等值电抗 $X_{G1} = X_{G2} = 5\Omega$，$X_{G0} = 8\Omega$；

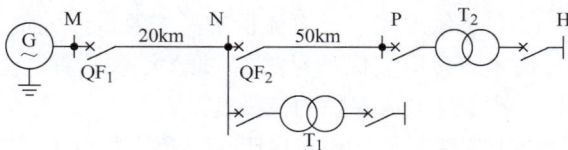

图 3-34　例 3-3 网络接线图

线路 MN、NP 的电抗 $X_1 = 0.4\Omega/\text{km}$，$X_0 = 1.4\Omega/\text{km}$；变压器 T_1 额定参数为：$S_N = 31.5\text{MV}\cdot\text{A}$、电压比 110/6.6kV、短路电压百分比 $U_k\% = 10.5$，其他参数如图中所示。

试确定线路 MN 的三段式零序电流保护的动作电流、灵敏度和动作时限。

解：（1）计算零序短路电流

线路 MN 阻抗为

$$X_{MN1} = X_{MN2} = 0.4 \times 20\Omega = 8\Omega；X_{MN0} = 1.4 \times 20\Omega = 28\Omega$$

线路 NP 阻抗为

$$X_{NP1} = X_{NP2} = 0.4 \times 50\Omega = 20\Omega；X_{NP0} = 1.4 \times 50\Omega = 70\Omega$$

变压器 T_1 阻抗为

$$X_{T1} = X_{T2} = \frac{0.105 \times 110^2}{31.5}\Omega = 40.33\Omega$$

求 N 母线短路时的线路正序、负序、零序阻抗分别为

$$X_{1\Sigma} = X_{2\Sigma} = X_{G1} + X_{MN1} = (5+8)\Omega = 13\Omega，X_{0\Sigma} = X_{G0} + X_{MN0} = (8+28)\Omega = 36\Omega$$

因 $X_{0\Sigma} > X_{1\Sigma}$，所以 $I_{k0}^{(1)} > I_{k0}^{(1.1)}$，按单相接地短路作为整定条件，两相接地短路作为灵敏度校验条件。N 母线接地短路零序电流计算：

$$I_{k0}^{(1.1)} = I_{k1} \times \frac{X_{2\Sigma}}{X_{2\Sigma} + X_{0\Sigma}} = \frac{E}{X_{1\Sigma} + \frac{X_{2\Sigma}X_{0\Sigma}}{X_{2\Sigma} + X_{0\Sigma}}} \times \frac{X_{2\Sigma}}{X_{2\Sigma} + X_{0\Sigma}}$$

$$= \frac{115000}{\sqrt{3} \times \left(13 + \frac{13 \times 36}{13+36}\right)} \times \frac{13}{13+36}\text{A} = 781\text{A}$$

$$3I_{k0}^{(1.1)} = 3 \times 781\text{A} = 2343\text{A}$$

$$I_{k0}^{(1)} = \frac{115000}{\sqrt{3} \times (13+13+36)}\text{A} = 1071\text{A}$$

$$3I_{k0}^{(1)} = 3 \times 1071\text{A} = 3213\text{A}$$

在线路 MN 中点接地短路故障时，线路阻抗为 $X_{1\Sigma} = X_{2\Sigma} = 9\Omega$，$X_{0\Sigma} = 22\Omega$。两相接地短路零序电流为

$$I_{k0}^{(1.1)} = \frac{115 \times 10^3}{\sqrt{3} \times \left(9 + \frac{9 \times 22}{9+22}\right)} \times \frac{9}{9+22}\text{A} = 1253\text{A}$$

$$3I_{k0}^{(1.1)} = 3 \times 1253\text{A} = 3759\text{A}$$

三相短路电流为

$$I_{k0}^{(3)} = \frac{115000}{\sqrt{3} \times 13}\text{A} = 5107\text{A}$$

母线 P 短路时阻抗为 $X_{1\Sigma} = X_{2\Sigma} = 33\Omega$，$X_{0\Sigma} = 106\Omega$。两相接地短路零序电流为

$$3I_{k0}^{(1.1)} = \frac{3 \times 115000}{\sqrt{3}\left(33 + \frac{33 \times 106}{33+106}\right)} \times \frac{33}{33+106}\text{A} = 813\text{A}$$

$$3I_{k0}^{(1)} = \frac{3 \times 115000}{\sqrt{3}\ (33+33+106)}\text{A} = 1158\text{A}$$

（2）各段保护的整定计算及灵敏度校验

1）零序电流 I 段保护：

$$I_{op1}^{I} = 1.25 \times 3213A = 4016.25A$$

单相接地短路时最大保护区计算：

$$4016.25 = \frac{3 \times 115000}{\sqrt{3} \times (2 \times 5 + 8 + 2 \times 0.4L + 1.4L)}$$

最大保护区 $l_{max} = 14.4km > (0.5 \times 20)km$，满足要求。

两相接地短路时最小保护区计算：

$$4016.25 = \frac{3 \times 115000}{\sqrt{3} \times (5 + 0.4L + 16 + 2 \times 1.4L)}$$

最小保护区 $l_{min} = 9km > (0.2 \times 20)km$，满足要求。

2）零序电流 II 段保护：

动作电流 $\qquad I_{op1}^{II} = K_{rel}K_{b.max}I_{op2}^{I} = 1.15 \times 1.25 \times 1158A = 1665A$

灵敏度 $K_{sen} = \dfrac{2343}{1665} = 1.4 > 1.3$，满足要求。

动作时限 $\qquad\qquad\qquad\qquad t_{op1}^{II} = 0.5s$

3）零序电流 III 段保护。因为是 110kV 输电线路，可不考虑非全相运行情况，动作电流按躲开末端最大不平衡电流整定：

$$I_{op1}^{III} = 1.25 \times 1.5 \times 0.5 \times 0.1 \times 5107A = 479A$$

近后备保护灵敏度 $K_{sen} = \dfrac{2343}{479} = 4.9$，满足要求。

远后备保护灵敏度 $K_{sen} = \dfrac{813}{479} = 1.69$，满足要求。

动作时限 $\qquad\qquad\qquad\qquad t_{op1}^{III} = t_{op1}^{II} + \Delta t$

小　　结

输电线路相间短路的电流保护是根据短路时电流增大的特点构成的，在单侧电源辐射形网络中输电线路采用阶段式电流保护，它由无时限电流速断保护、限时电流速断保护、定时限过电流保护组成，可根据实际情况采用两段式或三段式。由无时限电流速断保护和限时电流速断保护构成输电线路的主保护，定时限过电流保护是本线路的近后备保护和相邻线路及变压器的远后备保护。

在电流保护的基础上加装方向元件就构成了方向电流保护，它用于双电源辐射形网络和单电源环形网络的输电线路保护，可以满足动作选择性的要求。功率方向继电器是根据保护安装处电流电压间的相位差的不同来判断正方向故障和反方向故障的，为了减少动作死区，功率方向继电器采用90°接线方式，方向电流保护也是阶段式的，整定计算原则基本上与阶段式电流保护相同。

中性点非直接接地系统与中性点直接接地系统发生接地故障时的特点不同，对继电保护的要求也不同，继电保护动作的结果也不同。中性点直接接地系统的接地保护采用阶段式零序电流保护、阶段式方向性零序电流保护；中性点非直接接地系统的接地保护可采用无选择性的绝缘监视装置等多种形式。

习　　题

3-1　无时限电流速断保护、限时电流速断保护、定时限过电流保护是如何保证其动作的选择性的？

3-2　功率方向继电器是如何区分正方向故障和反方向故障的？

3-3　中性点直接接地系统发生单相接地故障时，其零序电流的大小和分布主要与哪些因素有关？

3-4　中性点不直接接地系统发生单相接地故障时，其零序电流分布的特点是什么？

3-5　90°接线的功率方向继电器在两相短路时，有无死区？为什么？

3-6　Yd11 联结的降压变压器低压侧发生两相短路时，采用两相不完全星形接线方式的过电流保护，应如何提高保护的灵敏性？

3-7　零序功率方向继电器有无死区？为什么？

3-8　图 3-35 所示 35kV 系统中，线路 MN 装有无时限电流速断保护，试根据图中所给参数计算其动作电流和最大、最小保护范围（$Z_1 = 0.4\Omega/\text{km}$）。

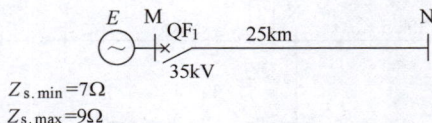

图 3-35　习题 3-8 图

3-9　求图 3-36 所示网络中方向电流保护的动作时间，时限级差取 0.5s。并说明哪些保护需要装设方向元件。

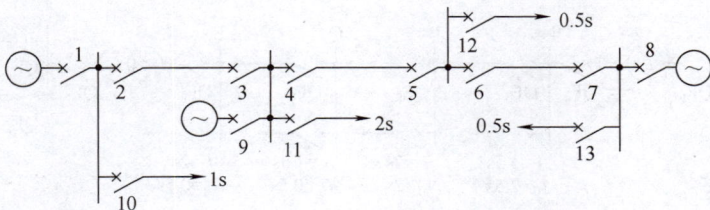

图 3-36　习题 3-9 图

3-10　图 3-37 所示网络中，已知 M 侧电源的 $X_{\text{M.max}} = 10\Omega$，$X_{\text{M.min}} = 20\Omega$，N 侧电源的 $X_{\text{N.max}} = 20\Omega$，$X_{\text{N.min}} = 25\Omega$，$K_{\text{rel}}^{\text{I}} = 1.25$，$K_{\text{rel}}^{\text{II}} = 1.15$，$K_{\text{rel}}^{\text{III}} = 1.2$，$K_{\text{re}} = 0.85$，自起动系数取 1.5，MN 线路最大负荷电流为 120A，所有阻抗均归算至 115kV 有名值。求 MN 线路 M 侧 II 段及 III 段电流保护的动作值及灵敏度（不计振荡）。

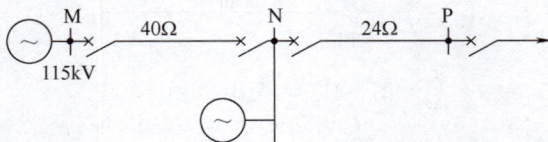

图 3-37　习题 3-10 图

3-11 图 3-38 所示的 35kV 单侧电源线路中，已知线路 MN 的最大负荷电流为 180A，自起动系数为 1.4，$K_{rel}^{I} = 1.2$，$K_{rel}^{II} = 1.15$，$K_{rel}^{III} = 1.1$，$K_{re} = 0.85$，求 MN 线路三段式电流保护的动作值及灵敏度。系统等效最大阻抗为 $Z_{s.max} = 9\Omega$，最小阻抗为 $Z_{s.min} = 6.5\Omega$。图中阻抗均归算至 37kV 有名值。

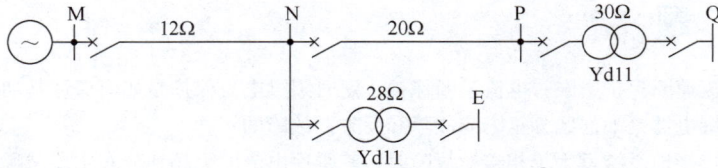

图 3-38　习题 3-11 图

3-12 图 3-39 所示网络中，已知：

（1）电源等效电抗 $X_1 = X_2 = 5\Omega$，$X_0 = 8\Omega$；

（2）线路 MN、NP 的电抗 $X_1 = 0.4\Omega/km$，$X_0 = 1.4\Omega/km$；

（3）变压器 T_1 额定参数为 31.5MVA、110/6.6kV、$U_k\% = 10.5\%$，其他参数如图中所示。

试确定线路 MN 的零序电流保护的第 I 段、第 II 段、第 III 段的动作电流、灵敏度和动作时限。

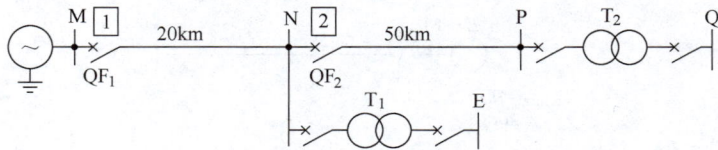

图 3-39　习题 3-12 图

3-13 确定图 3-40 所示网络中各断路器相间短路及接地短路时的定时限过电流保护的动作时限，时限级差取 0.5s。

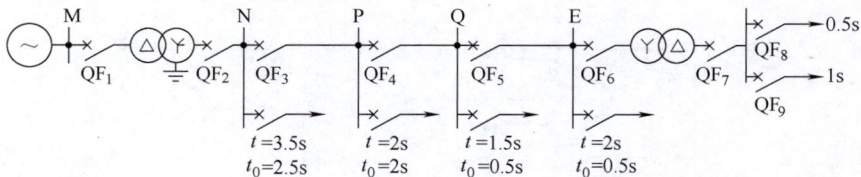

图 3-40　习题 3-13 图

3-14 图 3-41 所示的 110kV 系统中，线路 MN 装有无时限电流电压联锁速断保护，系统最小阻抗 $Z_{s.min} = 6\Omega$，最大阻抗 $Z_{s.max} = 8\Omega$；线路正序阻抗为 $0.4\Omega/km$。试确定保护动作电流、动作电压和最大、最小保护范围。

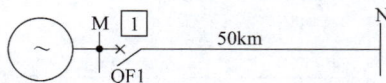

图 3-41　习题 3-14 图

3-15 如图 3-42 所示，对保护 1 进行三段式电流保护整定计算，已知线路正序阻抗为 $0.4\Omega/km$，可靠系数 $K_{rel}^{I} = 1.25$、$K_{rel}^{II} = 1.1$、$K_{rel}^{III} = 1.2$，自起动系数 $K_{ss} = 1.5$，返回系数 $K_{re} = 0.85$。

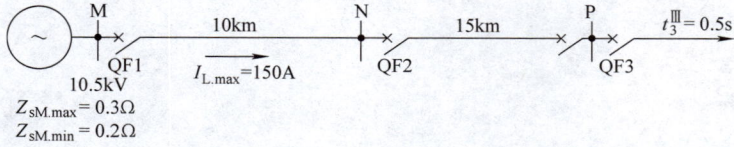

图 3-42　习题 3-15 图

3-16　如图 3-43 所示网络，对保护 1 进行三段式电流、电压保护整定计算，已知线路阻抗 $Z_1 = 0.4\Omega/\text{km}$，$K_{\text{rel}}^{\text{I}} = 1.25$、$K_{\text{rel}}^{\text{II}} = 1.1$、$K_{\text{rel}}^{\text{III}} = 1.2$，自起动系数 $K_{\text{ss}} = 1.5$，返回系数 $K_{\text{re}} = 0.85$（不考虑系统振荡对电流保护影响），MN 线路最大负荷电流为 170A。

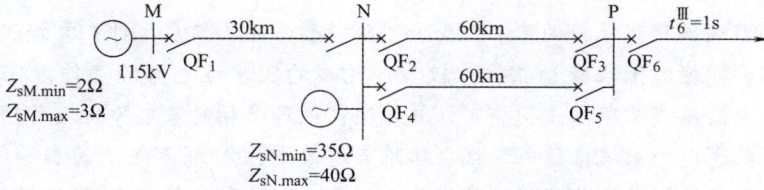

图 3-43　习题 3-16 图

3-17　如图 3-44 所示网络中，线路 MN 的最大负荷电流为 350A，负荷功率因数 $\cos\varphi = 0.9$，线路阻抗角为 70°，线路阻抗 $Z_1 = 0.4\Omega/\text{km}$。归算至线路侧的变压器阻抗为 44.1Ω，自起动系数 $K_{\text{ss}} = 1$，$K_{\text{rel}}^{\text{I}} = 1.3$、$K_{\text{rel}}^{\text{II}} = 1.2$、$K_{\text{rel}}^{\text{III}} = 1.1$，$K_{\text{re}} = 0.85$，$\Delta t = 0.5\text{s}$。对保护 1 进行三段式电流、电压保护整定计算。

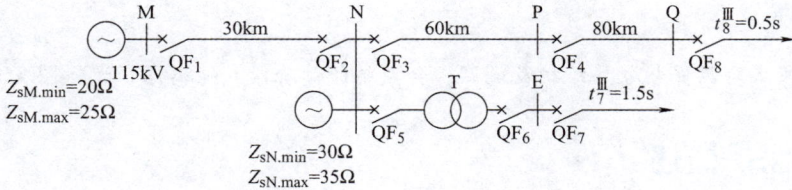

图 3-44　习题 3-17 图

第4章

输电线路的距离保护

教学要求：

通过本章学习理解距离保护的基本概念、时限特性、主要组成元件；掌握阻抗继电器构成的基本原理；理解按绝对值比较和相位比较原理构成的阻抗继电器的动作方程及动作特性分析；掌握阻抗继电器接线及距离保护整定计算方法；理解选相的基本原理及作用；了解起动元件作用及算法。熟悉电力系统振荡、断线、短路点过渡电阻对距离保护的影响及采取的措施；掌握分支电源对距离保护的影响及采取的措施；理解工频故障分量距离保护原理及动作方程。

知识点：

距离保护基本原理及阻抗继电器工作原理；阻抗继电器接线方式；选相原理分析；距离保护起动元件工作原理分析；断线闭锁及振荡闭锁工作原理分析；影响距离保护正确工作的因素分析；阶段式距离保护整定计算方法分析。

技能点：

会进行阶段式距离保护装置维护及调试；会熟练阅读阶段式距离保护逻辑图及二次展开图。

4.1 距离保护概述

在结构简单的电网中，应用电流保护或方向电流保护，一般都能满足可靠性、选择性、灵敏性和速动性的要求，但在高电压或结构复杂的电网中是难以满足要求的。

电流保护的保护范围随系统运行方式的变化而变化，在某些运行方式下，电流速断保护或限时电流速断保护的保护范围将变得很小，电流速断保护有时甚至没有保护区，不能满足电力系统稳定性的要求。此外，对长距离、重负荷线路，由于线路的最大负荷电流可能与线路末端短路时的短路电流相差甚微，这种情况下，即使采用过电流保护，其灵敏性也常常不能满足要求。

因此，在结构复杂的高压电网中，应采用性能更加完善的保护装置，距离保护就是其中的一种。

4.1.1 距离保护的基本原理

距离保护就是反映故障点至保护安装处之间的距离，并根据该距离的大小确定动作时限的一种继电保护装置。故障点距保护安装处越近，保护装置感受的距离越小，保护的动作时限就越短；反之，故障点距保护安装处越远，保护装置感受的距离越大，保护的动作时限就越长。这样，故障点总是由离故障点近的保护首先动作将其切除，从而保证了在任何电网中，故障线路都能有选择性地被切除。

测量故障点至保护安装处的阻抗，实际上是测量故障点至保护安装处的线路距离。作为距离保护测量的核心元件阻抗继电器，应能测量故障点至保护安装处的距离。阻抗继电器不仅能测量阻抗的大小，而且能测量出故障点的方向。如图 4-1 所示，设阻抗继电器安装在线路 M 侧，保护安装处的母线测量电压为 $\dot{U}_m$，由母线流向被保护线路的测量电流为 $\dot{I}_m$，当电压互感器、电流互感器的变比为 1 时，加入继电器的电压、电流为 $\dot{U}_m$、$\dot{I}_m$。

当被保护线路上发生短路故障时，阻抗继电器的测量阻抗 Z_m 为

$$Z_m = \frac{\dot{U}_m}{\dot{I}_m} \tag{4-1}$$

设阻抗继电器的工作电压 $\dot{U}_{op}$ 为

$$\dot{U}_{op} = \dot{U}_m - \dot{I}_m Z_{set} \tag{4-2}$$

式中，Z_{set} 是阻抗继电器的整定阻抗，整定阻抗角等于被保护线路的阻抗角。

由图 4-1a 可见，当 Z 点发生短路故障时，有 $\dot{U}_m/\dot{I}_m = Z_{set}$，所以 Z_{set} 即为 MZ 线路段的正序阻抗。当整定阻抗确定后，$\dot{U}_{op}$ 就可在保护安装处测量到。

a) 一次系统图

b) 工作电压相位变化

图 4-1 距离保护的基本工作原理

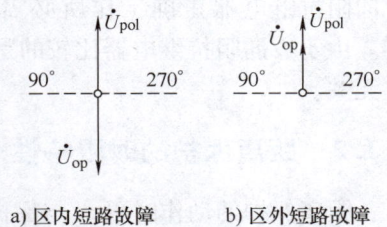

保护区末端 Z 点短路时，有 $Z_m = Z_{set}$，$\dot{U}_{op} = \dot{I}_m Z_m - \dot{I}_m Z_{set} = 0$；正向保护区外 K_1 点短路时，有 $Z_m > Z_{set}$，$\dot{U}_{op} = \dot{I}_m(Z_m - Z_{set}) > 0$，值得注意的是 $\dot{U}_{op} > 0$ 的含义是指 $\dot{U}_{op}$ 与 $\dot{I}_m Z_m(\dot{U}_m)$ 同相位；正向保护区内 K_2 点短路时，有 $Z_m < Z_{set}$，$\dot{U}_{op} = \dot{I}_m(Z_m - Z_{set}) < 0$；反向 K_3 点短路时，由于此时流经保护的电流 $\dot{I}'_m$ 与规定正方向相反，有 $\dot{U}_m = \dot{I}'_m Z_m$、$\dot{I}_m Z_{set} = -\dot{I}'_m Z_{set}$，故式(4-2) 表示的工作电压为

$$\dot{U}_{op} = \dot{U}_m - \dot{I}_m Z_{set} = \dot{I}'_m(Z_m + Z_{set}) > 0$$

这里 $\dot{U}_{op} > 0$ 的含义是表示 $\dot{U}_{op}$ 与 $\dot{I}'_m Z_m(\dot{U}_m)$ 同相位。从上述分析可知，正方向保护区外短路故障与反方向短路故障时，母线电压、工作电压具有相同的相位。不同地点短路故障时 $\dot{U}_{op}$ 的相位变化如图 4-1b 所示。因此，只要检测工作电压的相位变化，不仅能判断出故障区域，而且能检测出短路故障的方向。显然，**以 $\dot{U}_{op} \leqslant 0$ 作为阻抗继电器的判据，构成的是方向阻抗继电器。**

要实现以 $\dot{U}_{op} \leqslant 0$ 为动作判据的方向阻抗继电器，通常可用两种方法。**第一种方法是设置极化电压 $\dot{U}_{pol}$，一般与 $\dot{U}_m$ 同相位。** 当以 $\dot{U}_{pol}$ 为参考相量时，作出区内、外短路故障时 $\dot{U}_{op}$ 与 $\dot{U}_{pol}$ 的相位关系如图 4-2 所示。由图 4-2 可见，当 $\dot{U}_{op}$ 与 $\dot{U}_{pol}$ 相位相反时，判定为区内故障；当 $\dot{U}_{op}$ 与 $\dot{U}_{pol}$ 同相位时，判定为区外故障或反方向故障。极化电压 $\dot{U}_{pol}$ 只作相位参考作用，并不参与阻抗测量，称为**方向阻抗继电器的极化电压**。显然，$\dot{U}_{pol}$ 是方向阻抗继

a) 区内短路故障   b) 区外短路故障

图 4-2 区内、外短路故障时 $\dot{U}_{op}$ 与 $\dot{U}_{pol}$ 的相位关系

电器正确工作所必需的，任何时候其值不能为零。因方向阻抗继电器比较的是 $\dot{U}_{op}$ 与 $\dot{U}_{pol}$ 的相位，与 $\dot{U}_{op}$、$\dot{U}_{pol}$ 的大小无关，故以这种原理工作的方向阻抗继电器称为**按相位比较原理工作的方向阻抗继电器**。其动作判据为

$$90° \leqslant \arg \frac{\dot{U}_{op}}{\dot{U}_{pol}} \leqslant 270° \tag{4-3}$$

或

$$-90° \leqslant \arg \frac{\dot{U}_{op}}{-\dot{U}_{pol}} \leqslant 90° \tag{4-4}$$

极化电压的作用如下：

1）$\dot{U}_{pol}$ 是按相位比较原理工作的方向阻抗继电器所必需的参考量。虽然 $\dot{U}_{op}$ 与 $\dot{U}_{pol}$ 的数值大小不会影响故障点的距离和方向的测量结果，即在理论上对 $\dot{U}_{op}$ 和 $\dot{U}_{pol}$ 的数值大小无要求，关心的是两者间的相位，实际上 $\dot{U}_{pol}$ 的数值大小也应在适当范围内，过大和过小都是不适宜的。原则上 $\dot{U}_{pol}$ 应与 $\dot{I}_m Z_m$ 同相位，即金属性短路故障时与保护安装处母线上测量电压 $\dot{U}_m$ 同相位。显然，极化电压 $\dot{U}_{pol}$ 有了正确的相位、合适的大小，方向阻抗继电器才能正确工作。

2）可保证方向阻抗继电器正、反方向出口短路故障时有明确的方向性。由图4-1可见，正方向出口短路故障时，工作电压 $\dot{U}_{op}<0$，反方向出口短路故障时，工作电压 $\dot{U}_{op}>0$。为保证方向阻抗继电器有明确方向性，极化电压 $\dot{U}_{pol}$ 应有一定的数值并满足相位要求。当 $\dot{U}_{pol}$ 取保护安装处的电压时，极化电压 $\dot{U}_{pol}$ 应克服电压互感器二次负荷不对称在方向阻抗继电器端子上产生的不平衡电压的影响，防止极化电压 $\dot{U}_{pol}$ 失去应有的相位造成方向阻抗继电器失去方向性的可能。

3）根据按相位比较原理工作的方向阻抗继电器性能特点的要求，极化电压有不同的构成方式，从而可获得方向阻抗继电器的不同功能，改善方向阻抗继电器性能。

实现以 $\dot{U}_{op} \leqslant 0$ 为动作判据的方向阻抗继电器的**第二种方法是引入插入电压 $\dot{U}_{in}$**，它一般与 $\dot{U}_m$ 同相位，若令

$$\dot{U}_1 = \dot{U}_{in} - \dot{U}_{op} \tag{4-5}$$
$$\dot{U}_2 = \dot{U}_{in} + \dot{U}_{op} \tag{4-6}$$

则可作出区内、外短路故障时 $\dot{U}_1$、$\dot{U}_2$ 相量关系，如图4-3所示。由图可见，方向阻抗继电器的动作判据可写成

$$|\dot{U}_1| \geqslant |\dot{U}_2| \tag{4-7}$$

即

$$|\dot{U}_{in} - \dot{U}_{op}| \geqslant |\dot{U}_{in} + \dot{U}_{op}| \tag{4-8}$$

虽然插入电压 $\dot{U}_{in}$ 不影响方向阻抗继电器的阻抗测量，但它是方向阻抗继电器正确工作所必需的，任何时候其值不能为零。由于方向阻抗继电器比较的是动作电压 $\dot{U}_1$ 和制动电压 $\dot{U}_2$ 的幅值大小，与 $\dot{U}_1$ 和 $\dot{U}_2$ 的相位无关。

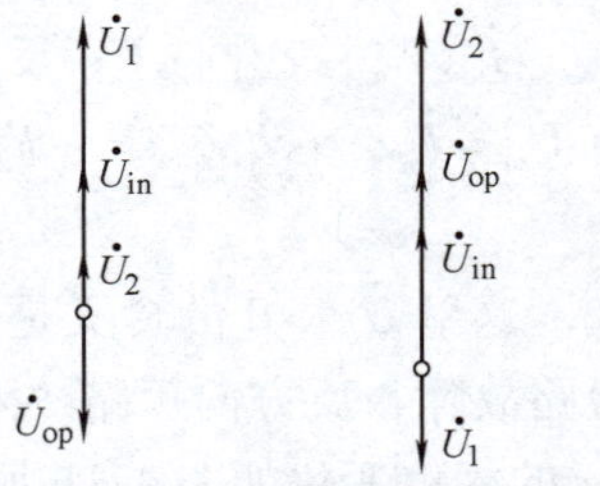

a) 区内短路故障　b) 区外短路故障

图4-3　区内、外短路故障时 $\dot{U}_1$、$\dot{U}_2$ 相量关系

4.1.2　距离保护的时限特性

距离保护的动作时限 t_{op} 与保护安装处到短路点间距离的关系，即 $t_{op}=f(Z_L)$，称为**时限特性**。距离保护时限特性如图4-4所示。与三段式电流保护类似，具有阶梯时限特性的距离保护获得了最广泛的应用。

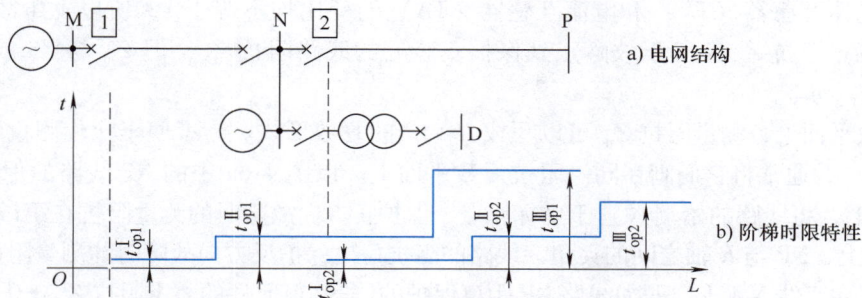

图 4-4　距离保护时限特性

距离保护的 Ⅰ 段是瞬时动作，以保护固有的动作时间 t_{op}^1 跳闸。考虑到测量互感器及继电器的误差，整定阻抗取被保护线路正序阻抗的 80% ~85% 。

4.1.3　距离保护的构成

三段式距离保护装置一般由起动元件、方向元件、测量元件及时间元件等组成，其组成框图如图 4-5 所示。

（1）起动元件　起动元件的主要作用是在发生故障瞬间起动保护装置。起动元件可采用反映负序电流的元件构成或反映负序与零序电流的复合元件构成，也可以采用反映突变量的元件作为起动元件。

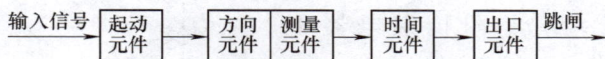

图 4-5　距离保护组成框图

（2）方向元件　方向元件的作用是保证动作的方向性，防止反方向发生短路故障时保护误动作。方向元件可采用方向继电器，也可以采用由方向元件和阻抗元件相结合而构成的方向阻抗继电器。

（3）测量元件　测量元件由阻抗继电器实现，主要作用是测量短路点到保护安装处的距离（或阻抗）。

（4）时间元件　时间元件的主要作用是根据故障点到保护安装处的远近，并根据保护整定的动作时间动作，以保证保护动作的选择性。

4.2　阻抗继电器

阻抗继电器是距离保护装置的核心元件，其主要作用是测量短路点到保护安装处的距离，并与整定值进行比较，以确定保护是否动作。下面以单相式阻抗继电器为例进行分析。

单相式阻抗继电器是指只加入继电器一个电压 $\dot{U}_r$（可以是相电压或线电压）和一个电流 $\dot{I}_r$（可以是相电流或两相电流差）的阻抗继电器，$\dot{U}_r$ 和 $\dot{I}_r$ 的比值称为**测量阻抗 Z_m**。如图 4-6a 所示，NP 线路上任意一点故障时，阻抗继电器加入的电流是故障电流的二次值 $\dot{I}_r$，接入的电压是保护安装处母线残余电压的二次值 $\dot{U}_r$，则阻抗继电器的测量阻抗（感受阻抗）Z_m 可表示为

$$Z_m = \frac{\dot{U}_r}{\dot{I}_r} \tag{4-9}$$

由于电压互感器（TV）和电流互感器（TA）的变比均不等于 1，所以发生故障时阻抗继电器的测量阻抗 Z_m 不等于故障点到保护安装处的线路阻抗 Z_K，但 Z_m 与 Z_K 成正比，比例常数为 n_{TA}/n_{TV}。

在复数平面上，测量阻抗 Z_m 可以写成 $R+jX$ 的复数形式。为了便于比较测量阻抗 Z_m 与整定阻抗 Z_{set}，通常将它们画在同一阻抗复数平面上。以图 4-6a 中的 NP 线路的保护 2 为例，在图 4-6b 上，将线路的始端 N 置于坐标原点，保护正方向故障时的测量阻抗在第 I 象限，即落在直线 NP 上，NP 与 R 轴之间的夹角为线路的**阻抗角**。保护反方向故障时的测量阻抗则在第 III 象限，即落在直线 NM 上。假如线路 NP 距离保护的 I 段测量元件的整定阻抗 $Z_{set}^I = 0.85 Z_{NP}$ 且整定阻抗角 $\varphi_{set} = \varphi_L$（线路阻抗角），那么，$Z_{set}^I$ 在复数平面上的位置必然在 NP 上。

Z_{set}^I 所表示的这一段线段即为继电器的动作区，线段以外的区域即为非动作区。在保护范围内的 K_1 点短路时，测量阻抗 $Z_m' < Z_{set}^I$，阻抗继电器动作；在保护范围外的 K_2 点短路时，测量阻抗 $Z_m'' > Z_{set}^I$，阻抗继电器不动作。

实际上具有直线形动作

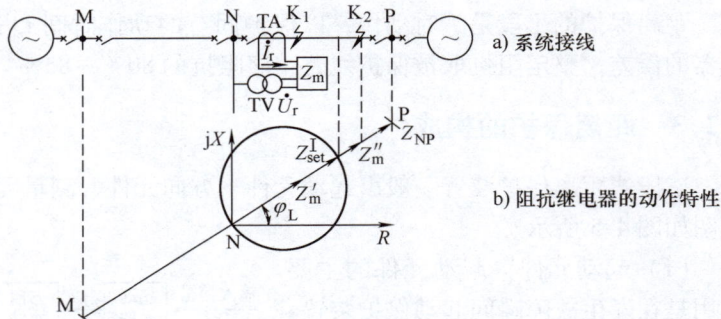

a) 系统接线

b) 阻抗继电器的动作特性

图 4-6　阻抗继电器的动作特性分析

特性的阻抗继电器是不能采用的，因为在考虑到故障点过渡电阻及互感器角度误差的影响时，测量阻抗 Z_m 将不会落在整定阻抗的直线上。为了保证在保护范围内发生故障时阻抗继电器均能动作，必须扩大其动作区。**目前广泛应用的是在保证整定阻抗 Z_{set} 不变的情况下，将动作区扩展为位置不同的各种圆或多边形。**

4.2.1　圆特性阻抗继电器

在常规保护中通常采用圆动作特性，是因为在电路上较容易实现。在微机保护中计算出测量电抗 X_m 和测量电阻 R_m 后，可以很方便地用一个计算公式实现圆动作特性。其方程为

$$(X_m - X_0)^2 + (R_m - R_0)^2 \leqslant r^2 \tag{4-10}$$

式中，R_0、X_0 是圆心的电阻和电抗分量；r 是圆的半径。

1. 全阻抗继电器

如图 4-7 所示，**全阻抗继电器的特性是以坐标原点为圆心、以整定阻抗的绝对值 $|Z_{set}|$ 为半径作圆，圆内为动作区，圆外为非动作区**。不论短路故障发生在正方向，还是反方向，只要测量阻抗 Z_m 落在圆内，继电器就动作，所以称为全阻抗继电器。当测量阻抗落在圆周上时，全阻抗继电器刚好能动作，对应于此时的测量阻抗叫作全阻抗继电器的动作阻抗，以 Z_{op} 表示。对全阻抗继电器来说，不论 $\dot{U}_m$ 与 $\dot{I}_m$ 之间的相位差 φ_m 如何，$|Z_{op}|$ 均不变，总是 $|Z_{op}| = |Z_{set}|$，即全阻抗继电器无方向性。

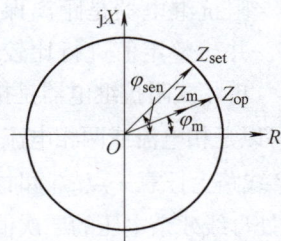

图 4-7　全阻抗继电器的动作特性

在构成全阻抗继电器时，为了比较测量阻抗 Z_m 和整定阻抗 Z_{set}，总是将它们同乘以线路电流，变换成两个电压后再进行比较，而对两个电压的比较，则可以比较其绝对值（也称比幅），也可以比较其相位（也称比相）。

对于图4-7所示的全阻抗继电器的动作特性，只要其测量阻抗落在圆内，全阻抗继电器就能动作，所以该继电器的动作方程为

$$|Z_m| \leqslant |Z_{set}| \tag{4-11}$$

上式两边同乘以电流 $\dot{I}_m$，计及 $\dot{I}_m Z_m = \dot{U}_m$，得

$$|\dot{U}_m| \leqslant |\dot{I}_m Z_{set}| \tag{4-12}$$

若令整定阻抗 $Z_{set} = \dot{K}_{ur} / \dot{K}_{uv}$，则方程（4-12）变为

$$|\dot{K}_{uv} \dot{U}_m| \leqslant |\dot{K}_{ur} \dot{I}_m| \tag{4-13}$$

式中，$\dot{K}_{uv}$ 是电压变换器变换系数；$\dot{K}_{ur}$ 是电抗变换器变换系数。

式（4-13）表明，全阻抗继电器实质上是比较两电压的幅值。其物理意义是：正常运行时，保护安装处测量到的电压是正常的额定电压，电流是负荷电流，式（4-13）不等式不成立，全阻抗继电器不动作；在保护区内发生短路故障时，保护测量到的电压为残余电压，电流是短路电流，式（4-13）成立，全阻抗继电器动作。

2. 方向阻抗继电器

方向阻抗继电器的特性是以整定阻抗 Z_{set} 为直径作通过坐标原点的圆，如图4-8所示，圆内为动作区，圆外为制动区。当保护正方向发生故障时，测量阻抗位于第Ⅰ象限，只要落在圆内，继电器即动作，而保护反方向短路时，测量阻抗位于第Ⅲ象限，不可能落在圆内，继电器不动作，故该继电器具有方向性。

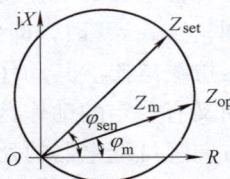

图4-8　方向阻抗继电器特性圆

方向阻抗继电器的整定阻抗一经确定，其特性圆便确定了。当加入方向阻抗继电器的 $\dot{U}_m$ 和 $\dot{I}_m$ 之间的相位差（测量阻抗角）φ_m 为不同数值时，此种继电器的动作阻抗 Z_{op} 也将随之改变。当 $\varphi_m = \varphi_{set}$ 时，方向阻抗继电器的动作阻抗值达到最大（等于圆的直径），此时，方向阻抗继电器的保护范围最大，保护处于最灵敏状态。因此，这个角度称为方向阻抗继电器的最灵敏角，通常用 φ_{sen} 表示。当被保护线路范围内故障时，测量阻抗角 $\varphi_m = \varphi_K$（线路短路阻抗角），为了使方向阻抗继电器工作在最灵敏条件下，应选择整定阻抗角 $\varphi_{set} = \varphi_K$。若 $\varphi_K \neq \varphi_{set}$，则动作阻抗 Z_{op} 将小于整定阻抗 Z_{set}，这时方向阻抗继电器的动作条件是 $Z_m < Z_{op}$，而不是 $Z_m < Z_{set}$。

方向阻抗继电器的动作特性如图4-9所示，阻抗继电器起动（即测量阻抗 Z_m 位于圆内）的条件是

$$\left| Z_m - \frac{1}{2} Z_{set} \right| \leqslant \left| \frac{1}{2} Z_{set} \right| \tag{4-14}$$

式（4-14）两边乘以电流 $\dot{I}_m$，得到比较两个电压的幅值动作方程为

$$\left| \dot{U}_m - \frac{1}{2} \dot{I}_m Z_{set} \right| \leqslant \left| \frac{1}{2} \dot{I}_m Z_{set} \right| \tag{4-15}$$

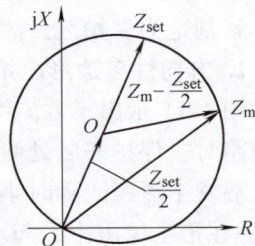

图4-9　方向阻抗继电器的动作特性

将整定阻抗与变换系数的关系代入式(4-15)，得

$$\left| \dot{K}_{uv} \dot{U}_m - \frac{1}{2} \dot{K}_{ur} \dot{I}_m \right| \leqslant \left| \frac{1}{2} \dot{K}_{ur} \dot{I}_m \right| \tag{4-16}$$

3. 偏移特性阻抗继电器

由式(4-15)、式(4-16)可知，当加入阻抗继电器的测量电压 $\dot{U}_m = 0$ 时，方向阻抗继电器处于动作边缘，实际上由于执行元件总是需要动作功率的，故方向阻抗继电器将不起动。显然，在保护安装出口处发生三相短路故障时，方向阻抗继电器测量电压 $\dot{U}_m = 0$，保护将无法反映保护安装处三相短路故障，即出现所谓"动作死区"。

偏移特性阻抗继电器的特性是将方向阻抗继电器特性向第 III 象限偏移，正方向的整定阻抗为 Z_{set}，同时反方向整定阻抗为 $-\alpha Z_{set}$，称 α 为偏移度，其值为 0~1。偏移特性阻抗继电器的动作特性如图 4-10 所示，圆内为动作区，圆外为不动作区。偏移特性阻抗继电器的特性圆使坐标原点落入圆内，故母线附近的故障也在保护范围之内，因而电压死区不存在了。由图 4-10 可见，圆的直径为 $|Z_{set} + \alpha Z_{set}|$，圆的半径为 $|Z_{set} - Z_0|$。

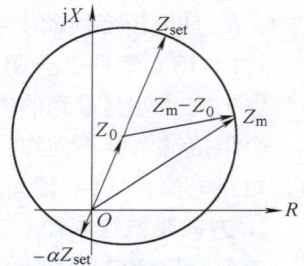

图 4-10 偏移特性阻抗继电器的动作特性

这种继电器的动作特性介于方向阻抗继电器和全阻抗继电器之间，当 $\alpha = 0$ 时，即为方向阻抗继电器，而当 $\alpha = 1$ 时，则为全阻抗继电器。其动作阻抗 Z_{op} 既与测量阻抗角 φ_m 有关，在反方向又有一定的动作区。实用上通常取 α 为 0.1~0.2，以便消除方向阻抗继电器的死区。

偏移特性阻抗继电器的起动条件为

$$|Z_m - Z_0| \leqslant |Z_{set} - Z_0| \tag{4-17}$$

将等式两端同乘以电流 $\dot{I}_m$，则比较两个电压幅值的偏移特性阻抗继电器动作方程为

$$|\dot{U}_m - \dot{I}_m Z_0| \leqslant |\dot{I}_m Z_{set} - \dot{I}_m Z_0| \tag{4-18}$$

或

$$\left| \dot{K}_{uv} \dot{U}_m - \frac{1}{2}(1-\alpha) \dot{K}_{ur} \dot{I}_m \right| \leqslant \left| \frac{1}{2}(1+\alpha) \dot{K}_{ur} \dot{I}_m \right| \tag{4-19}$$

4.2.2 多边形阻抗继电器

多边形阻抗继电器在微机保护中容易实现，且多边形阻抗继电器反映故障点过渡电阻能力强、躲过负荷阻抗能力好，所以多边形阻抗继电器在微机保护中应用得相当广泛。若测量阻抗落在多边形阻抗特性内部，就判定为保护区内故障；若测量阻抗落在多边形阻抗特性外部，就判定为保护区外故障。

1. 方向性多边形阻抗继电器

图 4-11 示出了方向性多边形阻抗继电器的特性，在双侧电源线路上，考虑到经过渡电阻短路时，保护安装处测量阻抗受过渡电阻的影响，且始端发生短路故障时的附加测量阻抗比末端发生短路故障时小，所以取 α_1 小于线路阻抗角，如取 60°（为了提高躲负荷阻抗能力）；在第 I 象限中，与水平线成 α 夹角的下偏边界，是为了防止被保护线路末端经过渡电阻短路故障时可能出现的超越范围动作而设计的，α 可取 7°~10°；为保证正方向出口经过渡电阻短路时的阻抗继电器能可靠起动，α_2 应有一定的大小（其取值视是否采取了抑制负

荷电流影响的措施而定）；为保证被保护线路发生金属性短路故障时工作的可靠性，α_3 可取 $15° \sim 30°$（为实现方便，α_2、α_3 取 $14°$，因为 $\tan14° \approx 0.25$）；如果采取了抑制负荷电流影响的措施后，顶边也可以平行于 R 轴。对于方向性四边形特性阻抗继电器，还应设置方向判别元件，保证正方向出口短路故障时保护可靠动作，反方向出口短路故障时保护可靠不动作。整定参数仅有 R_{set} 和 X_{set}。当测量得到的阻抗为 $Z_m = R_m + jX_m$ 时，动作判据为

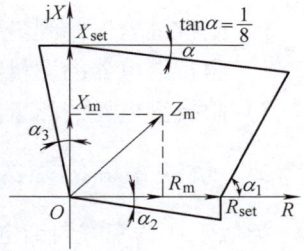
图 4-11 方向性多边形阻抗继电器特性

$$\begin{cases} -X_m\tan14° \leqslant R_m \leqslant R_{set} + X_m\cot60° \\ -R_m\tan14° \leqslant X_m \leqslant X_{set} - R_m\tan\alpha \end{cases} \qquad (4\text{-}20)$$

方向判别的动作方程为

$$-14° \leqslant \arg\frac{\dot{U}_r}{\dot{I}_r} \leqslant 90° + 14° \qquad (4\text{-}21)$$

式中，$\dot{U}_r$、$\dot{I}_r$ 是加入阻抗继电器的电压、电流，相别根据阻抗继电器接线方式而定。

2. 零序电抗继电器

为克服单相接地时过渡电阻对保护区的影响，应使阻抗继电器动作特性适应附加测量阻抗的变化。使保护区稳定不变，零序电抗继电器是广泛采用的一种继电器。

由图 4-12 可见，其动作方程为

$$180° + \beta \leqslant \arg(Z_m - Z_{set}) \leqslant 360° + \beta \qquad (4\text{-}22)$$

式中，β 是测量附加阻抗角。

其动作特性是过 Z_{set} 端点倾角为 β 的直线 ab，带阴影线一侧是测量阻抗动作区。当继电器位于送电侧时，ab 特性下倾；当继电器位于受电侧时，ab 特性上翘。

若测量附加阻抗角等于 β，则动作特性与 ΔZ_m 处于平行状态。此时在保护区内发生单相接地短路故障时，不论附加电阻为何值，附加测量阻抗

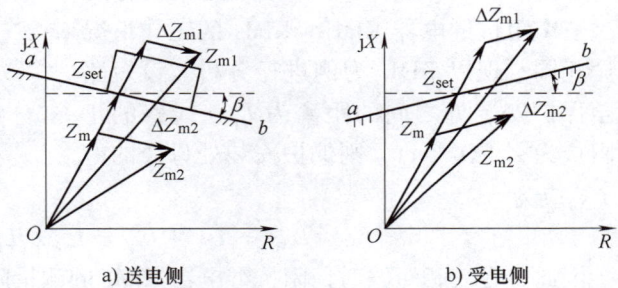
图 4-12 零序电抗继电器特性

有多大，继电器的测量阻抗总是在动作特性区内，继电器能可靠动作。当在保护区外发生单相接地短路故障时，继电器测量阻抗总是落在动作特性区外，继电器可靠不起动。由此可见，零序电抗继电器的保护区不受过渡电阻的影响，有稳定的保护区。因此，零序电抗继电器在接地距离保护中获得了广泛应用。

4.3　阻抗继电器的接线方式

4.3.1　对阻抗继电器接线的要求

根据距离保护的工作原理，加入继电器的电压 $\dot{U}_r$ 和电流 $\dot{I}_r$ 应满足以下要求：

1）阻抗继电器的测量阻抗应正比于短路点到保护安装处之间的距离。

2）阻抗继电器的测量阻抗应与故障类型无关，也就是保护范围不随故障类型而变化。

3）阻抗继电器的测量阻抗应不受短路故障点过渡电阻的影响。

4.3.2 反映相间故障的阻抗继电器的0°接线方式

类似于在功率方向继电器接线方式中的定义，当功率因数 $\cos\varphi = 1$ 时，加在继电器端子上的电压 $\dot{U}_r$ 与电流 $\dot{I}_r$ 的相位差为0°，这种接线方式称为 **0°接线**。当然，若加入阻抗继电器的电压为相电压，电流为同相电流，虽然也满足0°接线的定义，但是，当被保护线路发生两相短路故障时，短路点的相电压不等于零，保护安装处测量阻抗将增大，不满足阻抗继电器的接线要求。因此，加入阻抗继电器的电压必须采用相间电压，电流采用与电压同名相的两相电流差。同时，为了使保护能反映各种不同的相间短路故障，需要三个阻抗继电器，其接线见表4-1。现分析采用这种接线方式的阻抗继电器在发生各种相间故障时的测量阻抗。

表4-1　相间故障阻抗继电器接线

继电器编号	加入继电器电压 $\dot{U}_r$	加入继电器电流 $\dot{I}_r$
KIM$_1$	$\dot{U}_A - \dot{U}_B$	$\dot{I}_A - \dot{I}_B$
KIM$_2$	$\dot{U}_B - \dot{U}_C$	$\dot{I}_B - \dot{I}_C$
KIM$_3$	$\dot{U}_C - \dot{U}_A$	$\dot{I}_C - \dot{I}_A$

1. 三相短路

如图4-13所示，由于三相短路是对称短路，三个阻抗继电器 KIM$_1$ ~ KIM$_3$ 的工作情况完全相同，现以 KIM$_1$ 为例进行分析。设短路点至保护安装处之间的距离为 L_K，线路的正序阻抗为 $Z_1(\Omega/\text{km})$，则保护安装处母线的电压 $\dot{U}_{AB}$ 应为

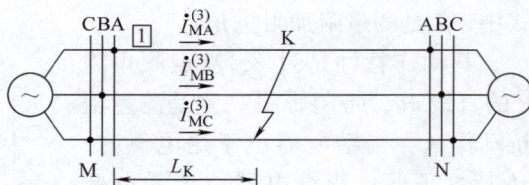

图4-13　三相短路故障时测量阻抗的分析

$$\dot{U}_{AB} = \dot{U}_A - \dot{U}_B = \dot{I}_{MA}^{(3)} Z_1 L_K - \dot{I}_{MB}^{(3)} Z_1 L_K \qquad (4-23)$$

因此，在三相短路时，阻抗继电器 KIM$_1$ 的测量阻抗为

$$Z_m = \frac{\dot{U}_A - \dot{U}_B}{\dot{I}_{MA}^{(3)} - \dot{I}_{MB}^{(3)}} = Z_1 L_K \qquad (4-24)$$

显然，当被保护线路发生三相金属性短路故障时，三个阻抗继电器的测量阻抗均等于短路点到保护安装处的阻抗。

2. 两相短路

如图4-14所示，以 BC 两相金属性短路为例，保护安装处故障相间的电压 $\dot{U}_{BC}$ 为

$$\dot{U}_{BC} = \dot{U}_B - \dot{U}_C = \dot{I}_{MB}^{(2)} Z_1 L_K - \dot{I}_{MC}^{(2)} Z_1 L_K$$

因此，故障相阻抗继电器 KIM$_2$ 的测量阻抗为

$$Z_m = \frac{\dot{U}_B - \dot{U}_C}{\dot{I}_{MB}^{(2)} - \dot{I}_{MC}^{(2)}} = Z_1 L_K \qquad (4-25)$$

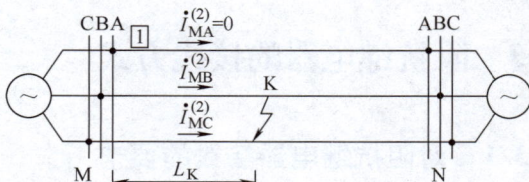

图4-14　两相短路故障时测量阻抗的分析

在 BC 两相短路故障的情况下，对继电器 KIM_1 和 KIM_3 而言，由于所加电压有一相为非故障相的电压，数值较 $\dot{U}_{BC}$ 高，而电流只有一相为故障相的电流，数值较小。因此，其测量阻抗必然大于式(4-25) 的数值，也就是说它们不能准确地测量保护安装处到短路点的阻抗。

由此可见，保护区内 BC 两相短路时，只有 KIM_2 能正确地测量短路阻抗。同理，分析 AB 和 CA 两相短路可知，相应地只有 KIM_1 和 KIM_3 能准确地测量保护安装处到短路点间的阻抗。这就是为什么要用三个阻抗继电器并分别接于不同相别的原因。

3. 两相接地短路

如图 4-15 所示，仍以 BC 两相接地短路为例，它与两相短路不同之处是地中有电流回路，因此，$\dot{I}_{MB}^{(1.1)} \neq \dot{I}_{MC}^{(1.1)}$。此时，若把 B 相和 C 相看成两个"导线-地"的送电线路并有互感耦合在一起，设用 Z_L 表示输电线路单位距离的自感阻抗，Z_M 表示单位距离的互感阻抗，则保护安装点的故障相电压为

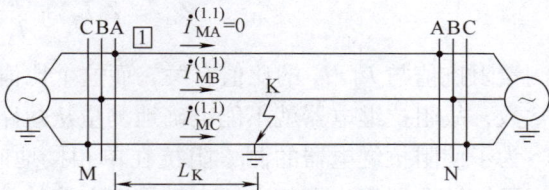

图 4-15 BC 两相接地短路时测量阻抗的分析

$$\begin{cases} \dot{U}_B = \dot{I}_{MB}^{(1.1)} Z_L L_K + \dot{I}_{MC}^{(1.1)} Z_M L_K \\ \dot{U}_C = \dot{I}_{MC}^{(1.1)} Z_L L_K + \dot{I}_{MB}^{(1.1)} Z_M L_K \end{cases}$$

阻抗继电器 KIM_2 的测量阻抗为

$$Z_m = \frac{\dot{U}_B - \dot{U}_C}{\dot{I}_B - \dot{I}_C} = \frac{(\dot{I}_{MB}^{(1.1)} - \dot{I}_{MC}^{(1.1)})(Z_L - Z_M) L_K}{\dot{I}_{MB}^{(1.1)} - \dot{I}_{MC}^{(1.1)}} = Z_1 L_K \tag{4-26}$$

由此可见，当发生 BC 两相接地短路时，KIM_2 的测量阻抗与三相短路时相同，保护能够正确动作。

4.3.3 反映接地短路故障的阻抗继电器接线方式

在中性点直接接地电网中，当采用零序电流保护不能满足要求时，一般考虑采用接地距离保护。由于接地距离保护的任务是反映接地短路，故需对阻抗继电器接线方式作进一步讨论。

当发生单相金属性接地短路时，只有故障相的电压降低，电流增大，而非故障相电压及相间电压仍然很高。因此，从原则上看，阻抗继电器应接入故障相的电压和相电流。下面以 A 相阻抗继电器为例进行讨论。若加入 A 相阻抗继电器的电压、电流为

$$\dot{U}_r = \dot{U}_A, \dot{I}_r = \dot{I}_A$$

将故障点电压 $\dot{U}_{KA}$ 和电流 $\dot{I}_{KA}^{(1)}$ 分解为对称分量，则

$$\begin{cases} \dot{U}_{KA} = \dot{U}_{KA1} + \dot{U}_{KA2} + \dot{U}_{KA0} \\ \dot{I}_{KA}^{(1)} = \dot{I}_{KA1}^{(1)} + \dot{I}_{KA2}^{(1)} + \dot{I}_{KA0}^{(1)} \end{cases}$$

按照各序的等效网络，在保护安装处母线上各对称分量的电压与短路点的对称分量电压之间，应具有如下的关系：

$$\begin{cases} \dot{U}_{A1} = \dot{U}_{KA1} + \dot{I}_{A1} Z_1 L_K \\ \dot{U}_{A2} = \dot{U}_{KA2} + \dot{I}_{A2} Z_1 L_K \\ \dot{U}_{A0} = \dot{U}_{KA0} + \dot{I}_{A0} Z_0 L_K \end{cases} \tag{4-27}$$

式中，$\dot{I}_{A1}$、$\dot{I}_{A2}$、$\dot{I}_{A0}$ 指保护安装处测量到的正、负、零序电流。

因此，保护安装处母线上的 A 相电压应为

$$\dot{U}_A = \dot{U}_{A1} + \dot{U}_{A2} + \dot{U}_{A0} = (\dot{U}_{KA1} + \dot{U}_{KA2} + \dot{U}_{KA0}) + (\dot{I}_{A1}Z_1 + \dot{I}_{A2}Z_1 + \dot{I}_{A0}Z_0)L_K$$

$$= Z_1 L_K \left(\dot{I}_{A1} + \dot{I}_{A2} + \dot{I}_{A0} \frac{Z_0}{Z_1} \right) = Z_1 L_K \left(\dot{I}_A + \dot{I}_{A0} \frac{Z_0 - Z_1}{Z_1} \right) \tag{4-28}$$

当采用 $\dot{U}_r = \dot{U}_A$ 和 $\dot{I}_r = \dot{I}_A$ 的接线方式时，则继电器的测量阻抗为

$$Z_m = Z_1 L_K + \frac{\dot{I}_{A0}}{\dot{I}_A} (Z_0 - Z_1) L_K \tag{4-29}$$

此测量阻抗值与 $\dot{I}_{A0}/\dot{I}_A$ 的比值有关，而这个比值因受中性点接地数目与分布的影响，并不等于常数，故阻抗继电器就不能准确地测量从短路点到保护安装处的阻抗。

为了使阻抗继电器的测量阻抗在单相接地时不受零序电流的影响，根据以上分析结果知，阻抗继电器应加入相电压和带零序电流补偿的相电流，即

$$\begin{cases} \dot{U}_r = \dot{U}_A \\ \dot{I}_r = \dot{I}_A + 3K\dot{I}_{A0} \end{cases} \tag{4-30}$$

式中，$K = \dfrac{Z_0 - Z_1}{3Z_1}$。一般可近似认为零序阻抗角和正序阻抗角相等，$K$ 为实常数。根据式(4-28)、式(4-29) 和式(4-30) 可得，阻抗继电器的测量阻抗为

$$Z_m = \frac{(\dot{I}_A + 3K\dot{I}_{A0})Z_1 L_K}{\dot{I}_A + 3K\dot{I}_{A0}} = Z_1 L_K \tag{4-31}$$

显然，加入阻抗继电器的电压采用相电压，电流采用带零序电流补偿的相电流后，阻抗继电器就能正确地测量到保护安装处至短路点间的阻抗，并与相间短路的阻抗继电器所测量的阻抗为同一数值。这种接线同样也能够反映两相接地短路和三相短路故障。

为了反映任一相的接地短路故障，接地距离保护也必须采用三个阻抗继电器，每个继电器所加的电压与电流见表4-2。

表 4-2　反映接地短路故障的阻抗继电器接线

阻抗继电器编号	加入继电器的电压 $\dot{U}_r$	加入继电器的电流 $\dot{I}_r$
KIM$_1$	$\dot{U}_A$	$\dot{I}_A + 3K\dot{I}_{A0}$
KIM$_2$	$\dot{U}_B$	$\dot{I}_B + 3K\dot{I}_{B0}$
KIM$_3$	$\dot{U}_C$	$\dot{I}_C + 3K\dot{I}_{C0}$

4.4　选相原理

微机保护如果采用一个 CPU 反映各种故障和故障相别，则有 10 种故障类型和相别需要判断，即要进行 10 次故障判别计算，耗时很长。为了充分发挥 CPU 的功能，减少设备费用和硬件的复杂性，一般希望尽量用一个 CPU 反映各种故障。这就要求在故障处理之前，预先进行故障类型和相别的判断。在识别出故障相别后，将相应的电压、电流量取出，送至故障判别处理程序，这样可以节约大量的计算时间，但是对预先进行故障类型和相别判断准确

性的要求就要提高。如果选相错误，则不可避免地使后面的计算完全出错，后果是很严重的。

为了实现单相重合闸和综合重合闸的需要，当线路上发生短路故障时，必须正确选择出故障相。同时，选相元件只承担选相任务，不承担测量故障点距离和故障方向的任务，因此对选相元件的要求为：

1）在保护区内发生任何形式的短路故障时，能判别出故障相别，或判别出是单相故障还是多相故障。

2）单相接地故障时，非故障相选相元件可靠不动作。

3）在正常运行时，选相元件不动作。

4）动作速度快。

在微机保护中，要完成选相任务，不需要增加任何硬件。有些微机距离保护，线路故障发生后首先判别故障相别，然后计算故障点的距离和方向。

相电流、相电压可以用来选相，虽然实现简单，但相电流选相元件仅适用于电源侧，且灵敏度较低，容易受负载电流和系统运行方式的影响。相电压选相元件仅适用于短路时容量小的线路一侧以及单侧电源线路的受电侧，应用场合受到限制。

故障选相判断的主要流程如图4-16所示，其步骤是：

1）判断是接地短路还是相间短路。

2）如果是接地短路，先判断是否为单相接地。

3）如果不是单相接地，则判断哪两相接地。

4）如果不是接地短路，则先判断是否三相短路。

5）如果不是三相短路，则判断是哪两相短路。

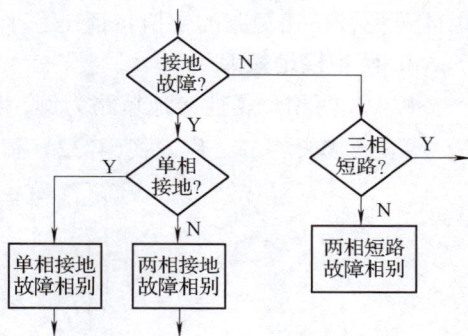

图4-16　故障选相判断流程

4.4.1　相电流差工频变化量选相

相电流差工频变化量选相元件是在系统发生故障时利用两相电流差的变化量的幅值特征来区分各种故障类型。

若将接入选相元件的两电流差的变化量分别以$(\dot{I}_A - \dot{I}_B)_F$、$(\dot{I}_B - \dot{I}_C)_F$、$(\dot{I}_C - \dot{I}_A)_F$表示，利用对称分量法可得

$$\begin{cases} \dot{I}_{ABF} = (\dot{I}_A - \dot{I}_B)_F = (1 - a^2)C_1\dot{I}_{1F} + (1 - a)C_2\dot{I}_{2F} \\ \dot{I}_{BCF} = (\dot{I}_B - \dot{I}_C)_F = (a^2 - a)C_1\dot{I}_{1F} + (a - a^2)C_2\dot{I}_{2F} \\ \dot{I}_{CAF} = (\dot{I}_C - \dot{I}_A)_F = (a - 1)C_1\dot{I}_{1F} + (a^2 - 1)C_2\dot{I}_{2F} \end{cases} \tag{4-32}$$

式中，$\dot{I}_{1F}$、$\dot{I}_{2F}$为故障点的正、负序故障分量电流；C_1、C_2为保护端的正、负序电流分布系数；算子$a = e^{j120°}$。

为分析方便，可假设$C_1 = C_2$。

1. 单相接地短路故障

以A相接地短路故障为例，则有$\dot{I}_{1F} = \dot{I}_{2F}$，代入式（4-32）可得

$$\begin{cases} |\dot{I}_{ABF}| = 3|C_1 \dot{I}_{1F}| \\ |\dot{I}_{BCF}| = 0 \\ |\dot{I}_{CAF}| = 3|C_1 \dot{I}_{1F}| \end{cases} \tag{4-33}$$

由此可见，单相接地短路故障时两非故障相的电流差等于零。

2. 两相短路

以 BC 两相短路为例，则有 $\dot{I}_{1F} = -\dot{I}_{2F}$，代入式（4-32）得

$$\begin{cases} |\dot{I}_{ABF}| = \sqrt{3}|C_1 \dot{I}_{1F}| \\ |\dot{I}_{BCF}| = 2\sqrt{3}|C_1 \dot{I}_{1F}| \\ |\dot{I}_{CAF}| = \sqrt{3}|C_1 \dot{I}_{1F}| \end{cases} \tag{4-34}$$

由上式可知，两相短路的幅值特征是两故障相电流差值最大。

3. 三相短路

三相短路有 $\dot{I}_{2F} = 0$，代入式（4-32）得

$$|\dot{I}_{ABF}| = |\dot{I}_{BCF}| = |\dot{I}_{CAF}| \tag{4-35}$$

由此可见，三相短路的幅值特征是三个相电流差故障分量相等。

4. 两相接地短路

以 BC 两相金属性接地短路为例，则有 $\dot{I}_{2F} = -k\dot{I}_{1F}$，假设为金属性接地短路故障，则 k 为一实数，$0 < k < 1$，代入式（4-32）得

$$\begin{cases} |\dot{I}_{BCF}| = \sqrt{3}|C_1(1+k)\dot{I}_{1F}| \\ |\dot{I}_{ABF}| = \sqrt{3}|C_1(1-k+a)\dot{I}_{1F}| \\ |\dot{I}_{CAF}| = \sqrt{3}|C_1(1-k-ak)\dot{I}_{1F}| \end{cases} \tag{4-36}$$

由此可见，一般情况下，两相接地短路的幅值特征与两相短路相同，即两故障相电流差最大。为了进一步区分是否为两相接地短路，通常采用以下附加措施，以判别是否为接地故障。

判别接地故障的最简单的方法是检查是否有零序电流或零序电压存在。由于三相不平衡或其他原因，在正常情况下就有零序电流或零序电压存在，为了可靠地检测出接地故障，也可采用零序变化量的方法。考虑到相间短路时由于电流互感器暂态过程的影响可能短时出现零序电流，因此可用零序电压。当零序电压取自电压互感器开口三角形侧时，可防止电压回路断线的影响。

4.4.2 对称分量选相

突变量选相元件在故障的初始阶段有较高的灵敏度和准确性，但是，突变量仅存在 $20 \sim 40\text{ms}$，超过此时刻，由于无法得到变量，突变量选相元件便无法工作。除了突变量选相外，常用的还有阻抗选相、电压选相及对称分量选相等，其中对称分量选相是一种较好的选相方法。

当输电线路上发生单相接地短路和两相接地短路时才出现零序分量和负序分量，而三相短路和两相短路时均不会出现稳态的零序电流。因此，可以考虑先判断是否存在零序分量，排除三相短路和两相短路，再用零序电流 $\dot{I}_0$ 和负序电流 $\dot{I}_2$ 进行比较，分析单相接地短路和

两相接地短路的区别。

1. 单相接地短路

单相接地短路时，故障相的复合序网如图4-17所示。无论是金属性接地短路还是经过渡电阻接地短路，故障相故障处有 $\dot{I}_{1\Sigma} = \dot{I}_{2\Sigma} = \dot{I}_{0\Sigma}$，在保护安装处有

$$\varphi = \arg\frac{\dot{I}_2}{\dot{I}_0} = \arg\frac{\dot{C}_{2m}\dot{I}_{2\Sigma}}{\dot{C}_{0m}\dot{I}_{0\Sigma}} = \arg\frac{\dot{C}_{2m}}{\dot{C}_{0m}} \tag{4-37}$$

式中，$\dot{C}_{2m}$ 是保护安装处负序电流分配系数，$\dot{C}_{2m} = Z_{2n}/(Z_{2n}+Z_{2m})$；$\dot{C}_{0m}$ 是保护安装处零序电流分配系数，$\dot{C}_{0m} = Z_{0n}/(Z_{0n}+Z_{0m})$；$\dot{I}_2$、$\dot{I}_0$ 是保护安装处的负序电流和零序电流。

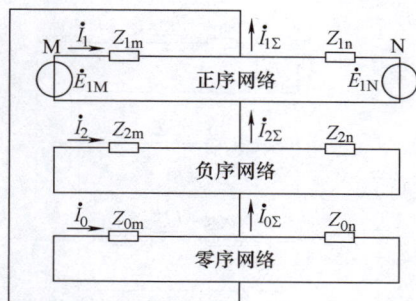

图4-17　单相接地短路的复合序网

φ 值与负序电流分配系数和零序电流分配系数的相位有关，假设两侧系统的零序阻抗与线路的零序阻抗相等，则 $\varphi = 0°$。实际上 φ 的最大值在 $\pm20°$ 左右，要通过计算确定。定性分析时，设 $\varphi = 0°$，则有

1）A相接地时，$\varphi = \arg\dfrac{\dot{I}_{2A}}{\dot{I}_0} \approx 0°$。

2）B相接地时，$\varphi = \arg\dfrac{\dot{I}_{2B}}{\dot{I}_0} \approx 0°$，$\arg\dfrac{\dot{I}_{2A}}{\dot{I}_0} \approx -120°$。

3）C相接地时，$\varphi = \arg\dfrac{\dot{I}_{2C}}{\dot{I}_0} \approx 0°$，$\arg\dfrac{\dot{I}_{2A}}{\dot{I}_0} \approx 120°$。

2. 两相接地短路

两相经过渡电阻接地时的复合序网如图4-18所示，特殊相故障点处有

$$\begin{cases} \dot{I}_{2\Sigma} = -\dfrac{Z_{0\Sigma}+3R_F}{Z_{2\Sigma}+Z_{0\Sigma}+3R_F}\dot{I}_{1\Sigma} \\[3mm] \dot{I}_{0\Sigma} = -\dfrac{Z_{2\Sigma}}{Z_{2\Sigma}+Z_{0\Sigma}+3R_F}\dot{I}_{1\Sigma} \end{cases} \tag{4-38}$$

$$\varphi = \arg\frac{\dot{I}_{2\Sigma}}{\dot{I}_{0\Sigma}} = \arg\frac{Z_{0\Sigma}+3R_F}{Z_{2\Sigma}} = 0° \sim -90° \tag{4-39}$$

在式(4-39)中，若假设 $Z_{0\Sigma}$ 和 $Z_{2\Sigma}$ 为纯电抗，当 $R_F = 0$ 时，$\varphi = 0°$；当 $R_F = \infty$ 时，$\varphi = -90°$。

计及各种对称分量两侧的分配系数后，保护安装处的非故障相负序电流 $\dot{I}_2$ 与零序电流 $\dot{I}_0$ 基本上满足式(4-39)的关系，即 $\varphi = 0° \sim -90°$。当 $R_F = 0$ 时，$\varphi = 0°$，此时相量关系与单相接地短路一致，$\varphi = 0°$；当 $R_F = \infty$ 时，$\varphi = -90°$。以BC两相接地短路为例，保护安装处A相负序电流 $\dot{I}_{2A}$ 与零序电流 $\dot{I}_0$ 的相量关系如图4-19所示。图中虚线为不同接地电阻情况下的 $\dot{I}_0$ 相量变化轨迹。

3. 选相方法

由以上分析的各种接地短路的相量关系可以得出，如果不计分配系数之间的相位差，保护安装处的A相负序电流与零序电流之间的相位关系见表4-3。以 $\dot{I}_0$ 为基准选相区域，$\dot{I}_{2A}$ 落在不同相位区，对应了不同的接地故障类型和相别，如图4-20a所示。再考虑各种对称分量

两侧的分配系数的相位差后，实际应用的对称分量选相区域如图 4-20b 所示。

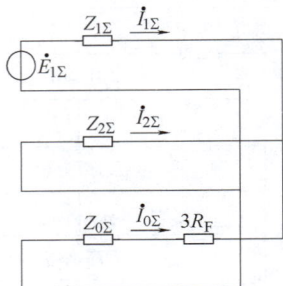

图 4-18　两相接地短路的复合序网

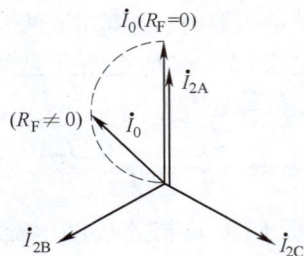

图 4-19　BC 两相接地时相量关系

表 4-3　各种接地短路时，A 相负序电流与零序电流的相位关系

故障类型	K_A^1	K_B^1	K_C^1	$K_{AB}^{(1.1)}$	$K_{BC}^{(1.1)}$	$K_{CA}^{(1.1)}$
$\arg(\dot{I}_2/\dot{I}_0)$	0°	240°	120°	30°~120°	−90°~0°	150°~240°

a) 序分量选相区域

b) 实际应用序分量选相区域

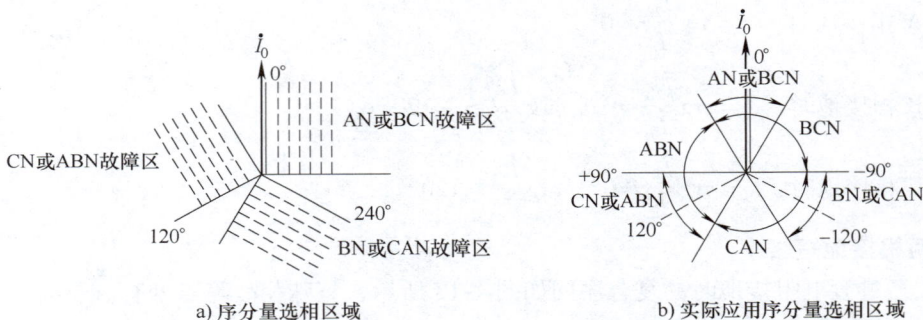

图 4-20　对称分量选相区域图

图 4-20a 是 $\arg\dfrac{\dot{C}_{2m}}{\dot{C}_{0m}}=0°$ 的序分量选相区域，图 4-20b 是实际应用的序分量选相区域。图中 AN 表示 A 相接地短路，BCN 表示 BC 两相接地短路。由于在对称分量选相区域内有单相接地短路和两相接地短路重叠部分，在重叠区需要进一步判别是单相接地短路还是两相接地短路。虽然可以用电流大小来区别两种故障，但是测量电流受负载电流的影响，不能实现准确判别，特别是在接地电阻较大时。以 $-30°\leqslant\arg\dfrac{\dot{I}_{2A}}{\dot{I}_0}\leqslant30°$ 的区域为例，如果是 A 相接地短路故障，则 BC 的相间阻抗基本上是负荷阻抗，测量阻抗应在 III 段阻抗 Z_m^{III} 之外；如果是 BC 两相接地短路故障，则 BC 的相间阻抗应在 III 段阻抗 Z_m^{III} 之内。区分 A 相接地短路故障与 BC 两相接地短路故障的规则如下：

1）当 $-30°\leqslant\arg\dfrac{\dot{I}_{2A}}{\dot{I}_0}\leqslant30°$ 时，若 Z_{BC} 在 Z_m^{III} 内，则判为 BC 两相接地短路故障。

2）当 $-30°\leqslant\arg\dfrac{\dot{I}_{2A}}{\dot{I}_0}\leqslant30°$ 时，若 Z_{BC} 在 Z_m^{III} 外，则判为 A 相接地短路故障。

当发生保护区外 BC 两相接地短路故障时，即使按 A 相接地短路故障处理也不会误动作，因为这种情况下 A 相测量阻抗 Z_{mA} 较大。对称分量选相流程如图 4-21 所示。

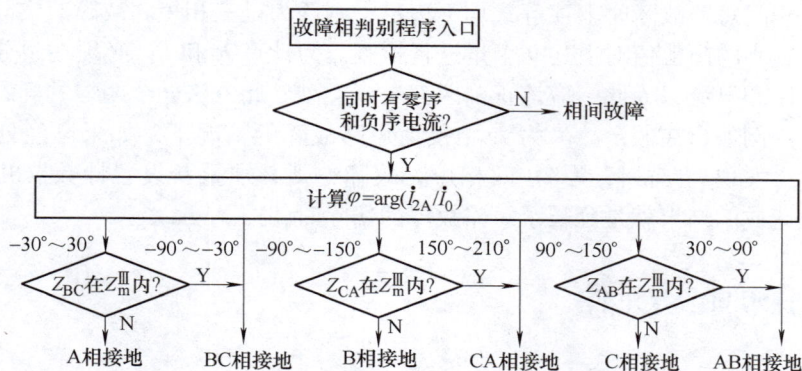

图 4-21　对称分量选相流程图

电力系统继电保护的各种保护原理、选相方法和判据各有特点，不少判据又有一定局限性。微机继电保护可以灵活地针对不同情况、不同时段，选择不同的算法和判据。采用电流突变量选相仅在短路初始阶段有效，可以用于瞬时速断保护。而对称分量选相可以用在整个故障存在的过程中，但精确计算需要约一个周期，只有接地短路故障时才有效，可以用于保护的Ⅱ、Ⅲ段和转换性故障的选相。

4.4.3　用 Clarke 分量的故障判别

对于微分方程算法，Clarke 分量可以提供另一种选相方法。以 A 相作为参考相的 Clarke 分量，可由下式矩阵与三相量相乘获得。

$$\begin{bmatrix} \dot{I}_0 \\ \dot{I}_\alpha \\ \dot{I}_\beta \end{bmatrix} = \frac{1}{3}\begin{bmatrix} 1 & 1 & 1 \\ 2 & -1 & -1 \\ 0 & \sqrt{3} & -\sqrt{3} \end{bmatrix}\begin{bmatrix} \dot{I}_A \\ \dot{I}_B \\ \dot{I}_C \end{bmatrix} \tag{4-40}$$

式（4-40）中变换矩阵若用 T_c 表示，可以证明乘积 $T_c^T T_c$ 是一个对角矩阵，但不是一个标准化的对角矩阵，故这一矩阵不是一个单位矩阵。可分别称 Clarke 分量为 0、α 及 β 分量，有如下关系：

1）A 相接地短路故障时，边界条件为 $\dot{I}_B = \dot{I}_C$，则 $I_\alpha = 2I_0$，$I_\beta = 0$。

2）BC 两相接地短路故障时，$I_\alpha = -I_0$。

3）BC 相间短路故障时，$I_\alpha = 0$，$I_0 = 0$。

4）三相对称短路故障时，$I_0 = 0$。

如果可以测到中性点电流 I_n，则可以根据 I_n 是否为 0 的情况将上述条件转化为下述两大类：

（1）$I_n \neq 0$（接地短路故障）　若 $\dot{I}_B - \dot{I}_C = 0$，则 A 相对地短路故障；若 $\dot{I}_A - \dot{I}_C = 0$，则 B 相对地短路故障；若 $\dot{I}_B - \dot{I}_A = 0$，则 C 相对地短路故障；若 $2\dot{I}_A - \dot{I}_B - \dot{I}_C + \dot{I}_n = 0$ 成立，则 BC 两相对地短路故障；$2\dot{I}_B - \dot{I}_C - \dot{I}_A + \dot{I}_n = 0$ 成立，则 CA 两相对地短路故障；$2\dot{I}_C - \dot{I}_A - \dot{I}_B + \dot{I}_n = 0$ 成立，则 AB 两相对地短路故障。

（2）$I_n = 0$（相间短路故障） 若 $2\dot{i}_A - \dot{i}_B - \dot{i}_C = 0$ 成立，则 BC 两相短路故障；若 $2\dot{i}_B - \dot{i}_C - \dot{i}_A = 0$ 成立，则 CA 两相短路故障；若 $2\dot{i}_C - \dot{i}_A - \dot{i}_B = 0$ 成立，则 AB 两相短路故障。

如果发生相间短路故障时上述等式均不满足，则认为是三相短路故障。实际上是通过一个不等于零的较小的门槛值对上述 9 个量进行检查。为计算 R 和 L，必须在微分方程算法中使用正确的电压和电流，为此，应该正确区分故障类型。此方法一个明显的问题就是误分类或发展性故障。例如，在假定故障为 A 相接地短路故障的情况下，如果已经处理了一些采样值，而实际上发现短路故障是 AB 两相短路故障，则必须重新设置计数器并重新处理数据。这种情况造成的结果就是延长了短路故障的切除时间。

4.5 距离保护起动元件

4.5.1 起动元件的作用

距离保护装置的起动元件的主要任务是当输电线路上发生短路故障时起动保护装置或进入计算程序，其作用如下：

1）闭锁作用。因起动元件动作后才接通保护装置的电源，所以装置在正常运行发生异常情况时是不会误动作的，此时起动元件起到了闭锁作用，提高了装置工作的可靠性。

2）在某些距离保护中，起动元件与振荡闭锁起动元件为同一个元件，因此起动元件起到了振荡闭锁的作用。

3）如果保护装置中 Ⅰ 段和 Ⅱ 段采用同一阻抗测量元件，则起动元件动作后按要求自动将阻抗定值由 Ⅰ 段切换到 Ⅱ 段。当保护装置采用 Ⅱ、Ⅲ 段切换时，同样按要求能自动将阻抗定值由 Ⅱ 段切换到 Ⅲ 段。

4）当保护装置只用一个阻抗测量元件来反映不同的短路故障时，则起动元件应能按故障类型将适当的电压、电流组合加于测量元件上。

4.5.2 对起动元件的要求

1）能反映各种类型的短路故障，即使是三相对称短路故障，起动元件也应能可靠起动。

2）在保护范围内发生短路故障时，即使故障点存在过渡电阻，起动元件也应有足够的灵敏度，动作可靠、快速，在故障切除后尽快返回。

3）被保护线路通过最大负载电流时，起动元件应可靠不动作，电力系统振荡时起动元件不允许动作。

4）当电压回路异常时，阻抗继电器可能发生误动作，此时起动元件不应动作，因此起动元件应采用电流量，而不应采用电压量来构成。

5）为了能发挥起动元件的闭锁作用，构成起动元件的数据采集、CPU 等部分最好完全独立，不应与保护部分共用。

4.5.3 负序、零序电流起动元件

距离保护中的起动元件有电流起动元件、阻抗起动元件、负序和零序电流起动元件、电

流突变量起动元件等。电流起动元件具有简单可靠和二次电压回路断线失电压不误起动的优点，但是在较高电压等级的网络中，灵敏度难以满足要求，且振荡时会误起动，因而只适用于 35kV 及以下电压等级网络的距离保护中。阻抗起动元件虽然灵敏度不受系统运行方式变化的影响，且灵敏度较高，但在长距离重负载线路上有时灵敏度仍不能满足要求，二次电压回路失电压、电力系统振荡时会误动作。

根据故障电流分析，当电力系统发生不对称短路故障时，总会出现负序电流，考虑到一般三相短路故障是由不对称短路故障发展而成的，所以在三相短路故障的初始瞬间也有负序电流出现。因此，负序电流可用于构成距离保护装置的起动元件，基本能满足距离保护装置对起动元件的要求。当发生不对称接地短路故障时，会出现零序电流，为提高起动元件的灵敏度，它与负序电流共同构成起动元件。

4.5.4　序分量滤过器算法

因为负序分量和零序分量只有在发生故障时才产生，它具有不受负载电流影响、灵敏度高等优点，因此在微机保护中被广泛应用。

为了获取负序、零序分量，可以采用负序、零序分量滤过器来实现。在微机保护中是通过算法来实现的。下面以直接移相原理的序分量滤过器和增量元件算法为例进行讲述。

1. 直接移相原理的序分量滤过器

直接移相原理的序分量滤过器是基于以下对称分量的基本公式（以电压为例）：

$$\begin{cases} 3\dot{U}_1 = \dot{U}_A + a\dot{U}_B + a^2\dot{U}_C \\ 3\dot{U}_2 = \dot{U}_A + a^2\dot{U}_B + a\dot{U}_C \\ 3\dot{U}_0 = \dot{U}_A + \dot{U}_B + \dot{U}_C \end{cases} \tag{4-41}$$

对于序列 $3u_1$、$3u_2$、$3u_0$，相应的公式为

$$\begin{cases} 3u_1(n) = u_A(n) + au_B(n) + a^2u_C(n) \\ 3u_2(n) = u_A(n) + a^2u_B(n) + au_C(n) \\ 3u_0(n) = u_A(n) + u_B(n) + u_C(n) \end{cases} \tag{4-42}$$

只要知道了 A、B、C 三相的采样序列，经过移相 $\pm120°$ 后，用式（4-42）运算即可得到正序、负序和零序分量的序列，相当于各序分量的采样值。设每周采样 12 点，即 $N=12$，$\omega T_s = 30°$，根据移相时的数据窗不同，可有几种不同的算法。

电压相量 $\dot{U}$ 的相位由 $0° \sim 360°$ 呈周期性变化，这相当于电压相量 $\dot{U}$ 在复平面上周而复始地旋转。设 $t = nT_s$ 时，$\dot{U}$ 的相位为 $0°$，此时采样得到 $\dot{U}$ 的瞬时值为 $u(n)$。当 $t = (n-k)T_s$ 时，$\dot{U}$ 的相位相对于 $t = nT_s$ 时滞后 $k\omega T_s$ 角度，对应此时的采样值为 $u(n-k)$。显然，若取 $\omega T_s = 30°$，当 k 分别为 8 和 4 时，电压相量 $\dot{U}$ 已旋转了 $240°$ 和 $120°$，其对应的采样值分别为 $u(n-8)$ 和 $u(n-4)$，如图 4-22 所示。

（1）数据窗 $k=8$ 时　由图 4-22 可以看出：

$$au(n) = u(n-8)$$
$$a^2u(n) = u(n-4)$$

于是有

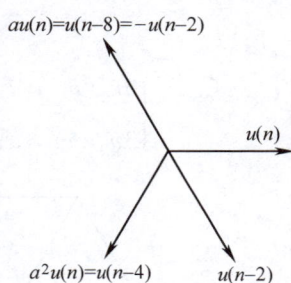

$$au(n) = u(n-8) = -u(n-2)$$

图 4-22　电压相量 $\dot{U}$ 相位变化说明

$$\begin{cases} 3u_1(n) = u_A(n) + u_B(n-8) + u_C(n-4) \\ 3u_2(n) = u_A(n) + u_B(n-4) + u_C(n-8) \\ 3u_0(n) = u_A(n) + u_B(n) + u_C(n) \end{cases} \tag{4-43}$$

式(4-43)表明，只要知道了 A、B、C 三相的电压在 n、$n-4$、$n-8$ 三点的采样数据，就可以算出各序分量在 n 时刻的值。当数据窗 $k=8$ 时，$kT_s = 13.3\text{ms}$。

（2）数据窗 $k=4$ 时　由图 4-22 可见，$au(n)$ 可表示为 $-u(n-2)$，$a^2 u(n)$ 可表示为 $u(n-4)$，于是有

$$\begin{cases} 3u_1(n) = u_A(n) - u_B(n-2) + u_C(n-4) \\ 3u_2(n) = u_A(n) + u_B(n-4) - u_C(n-2) \end{cases} \tag{4-44}$$

以负序分量为例来分析其正确性。图 4-23a 是输入正序分量时的相量关系，因 $u_{A1}(n)$、$u_{B1}(n-4)$、$-u_{C1}(n-2)$ 三者对称，故 $3u_2(n)$ 输出为 0；图 4-23b 是输入负序分量时的相量关系，因 $u_{A2}(n)$、$u_{B2}(n-4)$、$-u_{C2}(n-2)$ 三者同相，故其输出值为 $3u_2(n)$。

a) 输入正序分量的相量　　　　b) 输入负序分量的相量

图 4-23　$k=4$ 时负序相量分析图

正序分量滤过器的分析方法同负序分量滤过器，在输入负序分量时输出为 0。

（3）数据窗 $k=2$ 时　由图 4-24 可得：

$$a^2 u(n) = u(n)\mathrm{e}^{-\mathrm{j}60°} - u(n) = u(n-2) - u(n)$$

$$au(n) = -u(n-2)$$

因此有

$$\begin{cases} 3u_1(n) = u_A(n) - u_B(n-2) + u_C(n-2) - u_C(n) \\ 3u_2(n) = u_A(n) + u_B(n-2) - u_B(n) - u_C(n-2) \end{cases} \tag{4-45}$$

（4）数据窗 $k=1$ 时　由图 4-25 可得：

$$a^2 = \sqrt{3}\,\mathrm{e}^{-\mathrm{j}30°} - 2; \quad a = 1 - \sqrt{3}\,\mathrm{e}^{-\mathrm{j}30°}$$

所以

$$\begin{cases} 3u_1(n) = u_A(n) + u_B(n) - \sqrt{3}\,u_B(n-1) + \sqrt{3}\,u_C(n-1) - 2u_C(n) \\ 3u_2(n) = u_A(n) + \sqrt{3}\,u_B(n-1) - 2u_B(n) + u_C(n) - \sqrt{3}\,u_C(n-1) \end{cases} \tag{4-46}$$

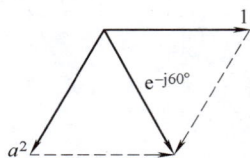

图 4-24　$k=2$ 时相量关系

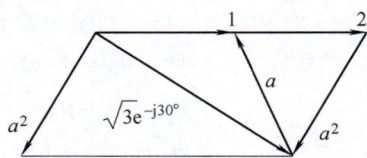

图 4-25　$k=1$ 时相量关系

由上面的分析可知，缩短时窗的途径是尽量减少计算所需的采样周期数，即设法减小 e 的指数，为此可利用图 4-26 的关系达到目的。

由式 (4-45) 可知，只要 2 个采样周期就能算出正、负序分量，由式 (4-46) 则只要 1 个采样周期就能算出正、负序分量。但式 (4-45) 只有加、减法运算，而式 (4-46) 要进行乘法运算。

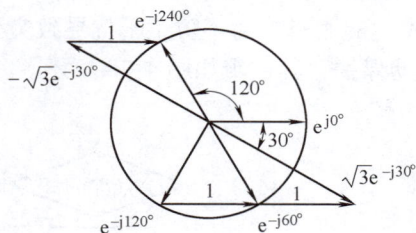

图 4-26　算子关系

2. 增量元件算法

突变量元件在微机保护中实现起来特别方便，因为保护装置中的循环寄存区有一定的记忆容量，可以很方便地取得突变量。以电流为例，其算法如下：

$$\Delta i(n) = \left| i(n) - i(n-N) \right| \tag{4-47}$$

式中，$i(n)$ 是电流在某一时刻 n 的采样值；N 是一个工频周期内的采样点数；$i(n-N)$ 是比 $i(n)$ 超前一个周期的采样值；$\Delta i(n)$ 是 n 时刻电流的突变量。

由图 4-27 可以看出，当系统正常运行时，负载电流是稳定的，或者说负载电流虽然有变化，但不会在一个工频周期这样短的时间内突然发生很大变化，因此这时 $i(n)$ 和 $i(n-N)$ 应当近似相等，突变量 $\Delta i(n)$ 等于或近似等于零。

如果在某一时刻发生短路故障，故障相电流突然增大，如图 4-27 中虚线所示，将有突变量电流产生。按式 (4-47) 计算得到的 $\Delta i(n)$ 实质是用叠加原理分析短路时的故障分量电流，负荷分量在式 (4-47) 中被减去了。显然突变量电流仅在短路故障发生后的第一周期内存在，即 $\Delta i(n)$ 的输出在故障后持续一个周期。

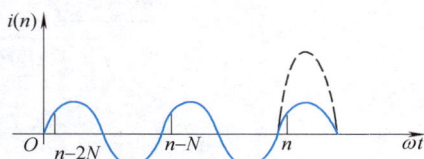

图 4-27　突变量元件原理说明图

但是按式 (4-47) 计算也存在不足，系统正常运行时 $\Delta i(n)$ 应无输出，即 $\Delta i(n)$ 应为 0，但如果电网的频率偏离 50Hz，就会产生不平衡输出。因为 $i(n)$ 和 $i(n-N)$ 的采样时刻相差 20ms，时间是由微机石英晶体控制器控制的，十分精确和稳定。电网频率变化后，$i(n)$ 和 $i(n-N)$ 对应的电流波形的电角度不再相等，二者具有一定的差值，从而产生不平衡电流，特别是当负荷电流较大时，不平衡电流较大，可能引起元件的误动作。为了消除由于电网频率的波动引起不平衡电流的影响，突变量电流按下式计算：

$$\Delta i(n) = \left| \left| i(n) - i(n-N) \right| - \left| i(n-N) - i(n-2N) \right| \right| \tag{4-48}$$

正常运行时，如果频率偏离 50Hz，造成 $\Delta i(n) = \left| i(n) - i(n-N) \right|$ 不为 0，但其输出必然与 $\Delta i(n) = \left| i(n-N) - i(n-2N) \right|$ 的输出相接近，因而式 (4-48) 右侧的两项几乎可以全部抵消，使 $\Delta i(n)$ 接近为 0，从而有效地防止误动作。

用式（4-48）计算突变量电流不仅可以补偿频率偏离产生的不平衡电流，还可以减弱由于系统静稳定被破坏而引起的不平衡电流，只有在振荡周期很小时，才会出现较大的不平衡电流，保证了静稳定被破坏时检测元件可靠地先动作。

（1）相电流突变量元件　当式 (4-48) 中各电流取相电流时，称为相电流突变量元件。以 A 相为例，式 (4-48) 可写成

$$\Delta i_A(n) = \big|\,|i_A(n) - i_A(n-N)| - |i_A(n-N) - i_A(n-2N)|\,\big| \tag{4-49}$$

对于 B 和 C 相，只需将式(4-49)中的 A 换成 B 或 C 即可。三个突变量元件一般构成"或"的逻辑。为了防止干扰导致突变量元件误动作，通常在突变量连续动作几次后才允许起动保护，其逻辑如图 4-28 所示。

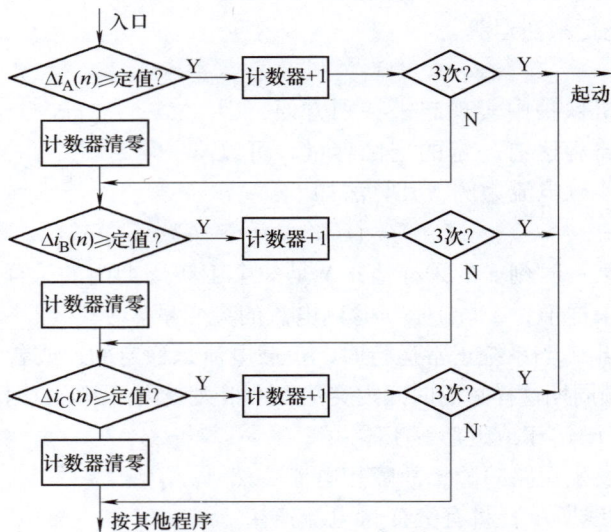

图 4-28　起动元件动作逻辑图

（2）相电流差突变量元件　当式(4-48)中各电流取相电流差时，称为**相电流差突变量元件**。其计算式为

$$\Delta i_{\phi\phi}(n) = \big|\,|i_{\phi\phi}(n) - i_{\phi\phi}(n-N)| - |i_{\phi\phi}(n-N) - i_{\phi\phi}(n-2N)|\,\big| \tag{4-50}$$

式中，$\phi\phi$ 分别取 AB、BC、CA。

该元件通常用作起动元件和选相元件。起动元件的逻辑关系与图 4-28 相似，为了更有效地躲过系统振荡，用采样间隔为 $N/2$ 的两个采样值相加。计算式为

$$\Delta i_{\phi\phi}(n) = \big|\,|i_{\phi\phi}(n) + i_{\phi\phi}(n-N/2)| - |i_{\phi\phi}(n-N/2) + i_{\phi\phi}(n-N)|\,\big| \tag{4-51}$$

由故障分析可知，当电力系统发生各类型短路故障时，各相电流差突变量的大小关系可定性地表示，见表4-4。

表 4-4　电力系统发生各类型短路故障时各相电流差突变量定性关系

	AN	BN	CN	AB	BC	CA	ABC
ΔI_{AB}	中	中	小	大	中	中	大
ΔI_{BC}	小	中	中	中	大	中	大
ΔI_{CA}	中	小	中	中	中	大	大

式(4-50)、式(4-51)的基本原理是，当在正常运行条件下电网频率偏离 50Hz 时，式中右侧两项所产生的差值有相互抵消作用，不平衡输出显著减小。

以 A 相接地短路故障为例来说明：A 相接地短路故障时，ΔI_{AB} 和 ΔI_{CA} 都有输出且相近（理想相等），而 ΔI_{BC} 输出很小（理想为 0）。即使 ΔI_{AB} 和 ΔI_{CA} 相等，但由于计算的误差，总可以将这三个值排队为大、中、小，显然按上述方式排队，大和中其实十分相近。选相元件如满足 $|$中 – 小$| \gg |$大 – 中$|$ 条件，则判为与小值无关的相为故障相，显然是 A 相。

对于两相短路故障，如 AB 两相短路故障，ΔI_{AB} 大，ΔI_{BC} 和 ΔI_{CA} 相等或相近。排队后，若不满足 $|$中 – 小$| \gg |$大 – 中$|$ 的条件，则判为 AB 两相短路故障。

3. 小电流接地系统中的序分量滤过器算法

在小电流接地系统中一般采用两相式接线方式，电流互感器只装在 A、C 两相上，要取序分量，可以采用下面的算法：

$$\begin{cases} \dot{I}_1 = \dfrac{1}{\sqrt{3}}(\dot{I}_A e^{j60°} + \dot{I}_C) \\[2mm] \dot{I}_2 = \dfrac{1}{\sqrt{3}}(\dot{I}_A + \dot{I}_C e^{j60°}) \end{cases} \tag{4-52}$$

或

$$\begin{cases} \dot{I}_1 = \dfrac{1}{\sqrt{3}}(\dot{I}_A + \dot{I}_C e^{-j60°}) \\[2mm] \dot{I}_2 = \dfrac{1}{\sqrt{3}}(\dot{I}_C + \dot{I}_A e^{-j60°}) \end{cases} \tag{4-53}$$

通过图 4-29 的相量关系对式（4-52）及式（4-53）进行分析。在正序分量作用下，正序滤过器的输出为 I_1，负序滤过器输出为 0；在负序分量作用下，正序滤过器输出为 0，负序滤过器输出为 I_2。

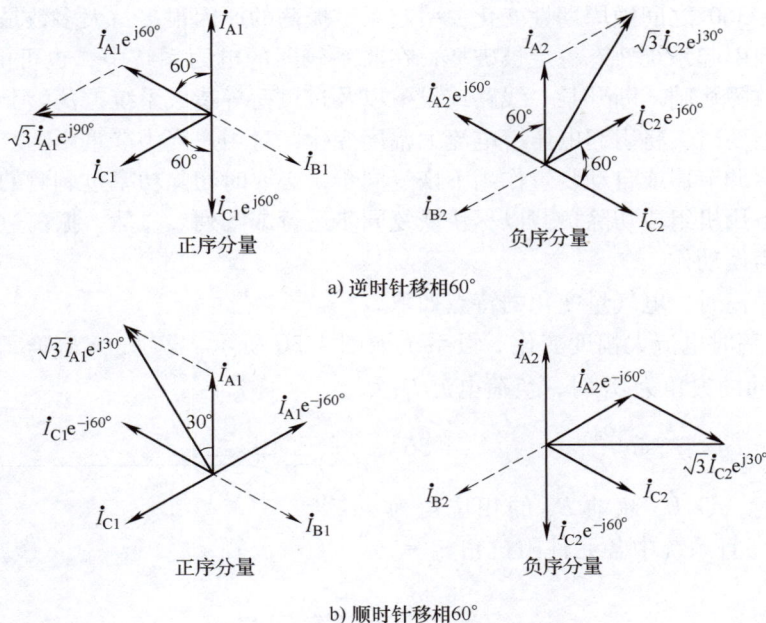

图 4-29　两相式序分量滤过器相量图

由图 4-29a 所示序分量的相量图可知，若将 A 相正序分量电流逆时针移相 60°，并与 C 相正序分量电流相量相加，正序分量有输出，负序分量无输出；若将 C 相负序分

量电流逆时针移相 $60°$，并与 A 相负序分量电流相量相加，作为负序分量输出，负序分量有输出，正序分量无输出。由图 4-29b 同样可以得到，若将 C 相正序分量顺时针移相 $60°$，并与 A 相正序分量电流相量相加，则正序分量有输出，负序分量无输出；若将 A 相负序分量顺时针移相 $60°$，并与 C 相负序分量电流相量相加，则负序分量有输出，正序分量无输出。

如果每周采样 $N=12$，则对应于式（4-52）和式（4-53）的离散形式为

$$\begin{cases} i_1(n) = \dfrac{1}{\sqrt{3}}\left[i_A(n+2) + i_C(n) \right] \\[2mm] i_2(n) = \dfrac{1}{\sqrt{3}}\left[i_C(n+2) + i_A(n) \right] \end{cases} \tag{4-54}$$

$$\begin{cases} i_1(n) = \dfrac{1}{\sqrt{3}}\left[i_A(n) + i_C(n-2) \right] \\[2mm] i_2(n) = \dfrac{1}{\sqrt{3}}\left[i_C(n) + i_A(n-2) \right] \end{cases} \tag{4-55}$$

4.6 距离保护的振荡闭锁

4.6.1 系统振荡时电气量的变化特点

并列运行的系统或发电厂失去同步的现象称为振荡，电力系统振荡时两侧等效电动势间的夹角 δ 在 $0° \sim 360°$ 之间做周期性变化。引起系统振荡的原因很多，大多数是由于切除短路故障时间过长而引起系统暂态稳定被破坏，在联系较弱的电力系统中，也可能由于误操作、发电厂失磁或故障跳闸、断开某一线路或设备以及过负荷等造成系统振荡。

电力系统振荡时，将引起电压、电流大幅度变化，对用户产生严重影响。系统发生振荡后，可能在励磁调节器或自动装置作用下恢复同步，必要时切除功率过剩侧的某些机组，功率缺额侧起动备用机组或切除负载以尽快恢复同步运行或解列。显然，振荡过程中不允许继电保护装置发生误动作。

电力系统振荡时，电气量变化的特点如下。

1）系统振荡时电流大幅度变化。设系统如图 4-30 所示，若 $E_M = E_N = E$，则当正常运行时 $\dot{E}_M$ 与 $\dot{E}_N$ 间的夹角为 δ_0 时，负荷电流 I_L 为

$$I_L = \frac{2E}{Z_{\Sigma 1}} \sin \frac{\delta_0}{2} \tag{4-56}$$

系统振荡时，设 $\dot{E}_M$ 超前 $\dot{E}_N$ 的相位角为 δ、$E_M = E_N = E$，且系统中各元件阻抗角相等，则振荡电流为

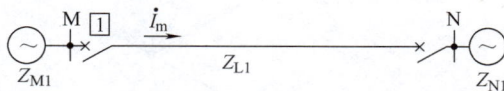

图 4-30 系统振荡等效图

$$\dot{I}_{swi} = \frac{\dot{E}_M - \dot{E}_N}{Z_{M1} + Z_{L1} + Z_{N1}} = \frac{\dot{E}_M - \dot{E}_N}{Z_{\Sigma 1}} = \frac{\dot{E}(1 - e^{-j\delta})}{Z_{\Sigma 1}} \tag{4-57}$$

式中，$\dot{E}_M$ 是 M 侧相电动势；$\dot{E}_N$ 是 N 侧相电动势；Z_{M1} 是 M 侧电源等效正序阻抗；Z_{N1} 是 N 侧电源等效正序阻抗；Z_{L1} 是线路正序阻抗；$Z_{\Sigma 1}$ 是系统正序总阻抗。

振荡电流滞后于电动势差$(\dot{E}_{\mathrm{M}} - \dot{E}_{\mathrm{N}})$的角度为（系统振荡阻抗角）

$$\varphi_\Sigma = \arctan\frac{X_{\Sigma 1}}{R_{\Sigma 1}}$$

系统中 M、N 点的电压分别为

$$\begin{cases} \dot{U}_{\mathrm{M}} = \dot{E}_{\mathrm{M}} - \dot{I}_{\mathrm{swi}}Z_{\mathrm{M1}} \\ \dot{U}_{\mathrm{N}} = \dot{E}_{\mathrm{N}} + \dot{I}_{\mathrm{swi}}Z_{\mathrm{N1}} = \dot{E}_{\mathrm{M}} - \dot{I}_{\mathrm{swi}}(Z_{\mathrm{M1}} + Z_{\mathrm{L1}}) \end{cases} \tag{4-58}$$

系统振荡时电压、电流相量图如图 4-31 所示。Z 点（系统中电压最低点）位于 $0.5Z_{\Sigma 1}$ 处，当 $\delta = 180°$ 时，$I_{\mathrm{swi.max}} = \dfrac{2E}{Z_{\Sigma 1}}$，达最大值，电压 $\dot{U}_Z = 0$，此点称为**系统振荡中心**。振荡电流幅值在 $0 \sim 2I_{\mathrm{m}}$ 间周期变化，与正常运行时负荷电流幅值保持不变的情况完全不同。

当在图 4-30 线路上发生三相短路故障时，若不计负荷电流，则流经 M 侧的短路电流 $I_{\mathrm{K.m}}^{(3)}$ 的幅值为

$$I_{\mathrm{K.m}}^{(3)} = \sqrt{2}\,\frac{E_{\mathrm{M}}}{Z_{\mathrm{M1}} + Z_{\mathrm{K}}} \tag{4-59}$$

式中，Z_{K} 是 M 侧母线至短路点的阻抗。

令 $k = \dfrac{Z_{\mathrm{M1}} + Z_{\mathrm{K}}}{Z_{\Sigma 1}}$，上式变换为

$$I_{\mathrm{K.m}}^{(3)} = \sqrt{2}\,\frac{E_{\mathrm{M}}}{kZ_{\Sigma 1}} = \frac{I_{\mathrm{m}}}{k} \tag{4-60}$$

式中，I_{m} 是振荡电流幅值。

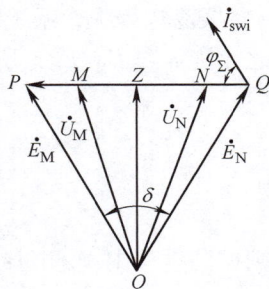

图 4-31　系统振荡时电压、电流相量图

当 $k > 0.5$ 时，短路电流的幅值 $I_{\mathrm{K.m}}^{(3)}$ 小于振荡电流的幅值；$k = 0.5$ 时，短路电流的幅值 $I_{\mathrm{K.m}}^{(3)}$ 等于振荡电流的幅值；$k < 0.5$ 时，短路电流的幅值 $I_{\mathrm{K.m}}^{(3)}$ 大于振荡电流的幅值。

可见，振荡电流的幅值随 δ 的变化而大幅度变化。

2）全相振荡时系统保持对称性，系统中不会出现负序、零序分量，只有正序分量。在短路时，一般会出现负序或零序分量。

3）系统振荡时电压大幅度变化。由图 4-31 可见，$\overline{OZ} = E\cos\dfrac{\delta}{2}$；$\overline{PQ} = 2E\sin\dfrac{\delta}{2}$；$\overline{PZ} = E\sin\dfrac{\delta}{2}$；令 $m = Z_{\mathrm{M1}}/Z_{\Sigma 1}$ 时，则有 $m = \overline{PM}/\overline{PQ}$，所以 $\overline{PM} = 2mE\sin\dfrac{\delta}{2}$，$\overline{MZ} = (1 - 2m)E\sin\dfrac{\delta}{2}$。于是

$$U_{\mathrm{M}} = \sqrt{\left(E\cos\frac{\delta}{2}\right)^2 + \left[(1 - 2m)E\sin\frac{\delta}{2}\right]^2} = E\sqrt{1 - 4m(1 - m)\sin^2\frac{\delta}{2}} \tag{4-61}$$

当 $\delta = 0°$ 时，有 $U_{\mathrm{M}} = E$，M 侧母线电压最高；当 $\delta = 180°$ 时，有 $U_{\mathrm{M}} = (2m - 1)E$，M 侧母线电压最低。若 $m = 0.5$，则 M 侧母线最低电压为零。由此可见，m 越趋近 0.5，变化幅度越大。

为了在保护安装处测得振荡中心电压 U_Z，由图 4-31 可得，M 侧测量 U_Z 的表示式为

$$U_Z = U_{\mathrm{M}}\cos(\varphi + 90° - \varphi_\Sigma) \tag{4-62}$$

式中，φ 是 M 侧母线电压与振荡电流的夹角，$\varphi = \arg(\dot{U}_{\mathrm{M}}/\dot{I}_{\mathrm{swi}})$；$\varphi_{\Sigma}$ 是系统总阻抗角，$\varphi_{\Sigma} = \arg Z_{\Sigma 1}$。

因 φ_{Σ} 可认为与线路阻抗角相等，而 U_{M}、I_{swi} 可在保护安装处测得，从而在保护安装处可测量到振荡中心电压 U_{Z}。

但是，当系统中各元件阻抗角不相等时，振荡中心随 δ 的变化而移动，有时可能移出线路，甚至进入发电机、变压器内部。

4）振荡过程中，系统各点电压和电流间的相位差是变化的。若假设图 4-30 中，两侧电动势之比为 $K_e = E_{\mathrm{M}}/E_{\mathrm{N}}$，所以 $\dot{E}_{\mathrm{M}} = K_e \dot{E}_{\mathrm{N}} \mathrm{e}^{\mathrm{j}\delta}$，于是 M 侧母线上电压 $\dot{U}_{\mathrm{M}}$ 及振荡电流 $\dot{I}_{\mathrm{swi}}$ 可表示为

$$\dot{U}_{\mathrm{M}} = K_e \dot{E}_{\mathrm{N}} \mathrm{e}^{\mathrm{j}\delta} - \dot{I}_{\mathrm{swi}} Z_{\mathrm{M1}}$$

$$\dot{I}_{\mathrm{swi}} = \frac{\dot{E}_{\mathrm{N}}}{Z_{\Sigma 1}}(K_e \mathrm{e}^{\mathrm{j}\delta} - 1)$$

则振荡过程中 M 侧母线上电压和线路电流间的相位差 φ 为

$$\varphi = \arg \frac{\dot{U}_{\mathrm{M}}}{\dot{I}_{\mathrm{swi}}} = \arg\left(\frac{Z_{\Sigma 1} K_e \mathrm{e}^{\mathrm{j}\delta}}{K_e \mathrm{e}^{\mathrm{j}\delta} - 1} - Z_{\mathrm{M1}}\right) = \varphi_{\Sigma} + \arg\left(\frac{1}{1 - \mathrm{e}^{-\mathrm{j}\delta}/K_e} - m\right) \tag{4-63}$$

可见，φ 随 δ 的变化而变化，且与两侧电动势比值 K_e、m 值有关。若 $K_e = 1$，则上式可简化为

$$\varphi = \varphi_{\Sigma} - \arctan\left(\frac{\cot \dfrac{\delta}{2}}{1 - 2m}\right) \tag{4-64}$$

由式（4-64）可求得系统振荡时 φ 的变化率为

$$\frac{\mathrm{d}\varphi}{\mathrm{d}t} = \frac{1 - 2m}{2} \times \frac{1}{1 - 4m(1 - m)\sin^2 \dfrac{\delta}{2}} \frac{\mathrm{d}\delta}{\mathrm{d}t} \tag{4-65}$$

若用电压标幺值 $U_{\mathrm{M}*} = U_{\mathrm{M}}/E$，计及式（4-61）和式（4-64），上式可写成

$$\frac{\mathrm{d}\varphi}{\mathrm{d}t} = \frac{1 - 2m}{2 U_{\mathrm{M}*}^2} \frac{\mathrm{d}\delta}{\mathrm{d}t} \tag{4-66}$$

或

$$\frac{\mathrm{d}\varphi}{\mathrm{d}t} = \frac{1 - 2m}{2 U_{\mathrm{M}*}^2} \omega_{\mathrm{s}} \tag{4-67}$$

式中，ω_{s} 为系统振荡的角频率。

当振荡中心离保护安装处不远或落在本线路上时，在振荡过程中 U_{M} 激烈变化必然造成 $\mathrm{d}\varphi/\mathrm{d}t$ 较大幅度变化。因母线电压很容易检测到，m 是已知的，所以检测 $\mathrm{d}\varphi/\mathrm{d}t$ 值便可检测出系统是否振荡。

5）振荡时电气量变化速度与短路故障时不同，因振荡时 δ 不可能发生突变，所以电气量不是突然变化的，而短路故障时电气量是突变的。一般情况下振荡并非突然变化，所以在振荡初始阶段特别是振荡开始的半个周期内，电气量变化是比较缓慢的，在振荡结束前也是如此。

6）在振荡过程中，当振荡中心电压为零时，相当于在该点发生三相短路故障。但是，短路故障时，故障未切除前该点三相电压一直为零；而振荡中心电压为零的情况仅在 $\delta = 180°$ 时出现，所以振荡中心电压为零是短时间的。即使振荡中心在线路上，且 $\delta = 180°$，线

路两侧仍然流过同一电流，相当于保护区外发生三相短路故障。但是，短路与振荡时流过两侧的电流方向、大小是不相同的。

4.6.2 系统振荡时测量阻抗的特性分析

电力系统振荡时，保护安装处的电压和电流在很大范围内周期性变化，因此阻抗继电器的测量阻抗也周期性变化。当测量阻抗落入继电器的动作特性内时，继电器就会误动作。

1. 系统振荡时测量阻抗的变化轨迹

电力系统发生振荡时，对于图 4-30 中 M 侧的反映相间短路故障或接地短路故障的阻抗继电器的测量阻抗为

$$Z_m = \frac{\dot{U}_M}{\dot{I}_{swi}} = \frac{\dot{E}_M - \dot{I}_{swi}Z_{M1}}{\dot{I}_{swi}}$$

$$= \frac{\dot{E}_M}{\dot{I}_{swi}} - Z_{M1} = \frac{1}{1 - K_e e^{-j\delta}}Z_{\Sigma1} - Z_{M1} \tag{4-68}$$

当系统各元件阻抗角相等时，作出振荡时电流、电压相量关系如图 4-32a 所示，其中 $\overrightarrow{OM}$、$\overrightarrow{ON}$ 为母线 M、N 上的电压 $\dot{U}_M$、$\dot{U}_N$。若将各量除以 $\dot{I}_{swi}$，则相量关系不变，从而构成了图 4-32b 所示的阻抗关系图。显然，P、M、N、Q 为四定点，由 Z_{M1}、Z_{L1}、Z_{N1} 值确定相对位置。$\overrightarrow{OM}$、$\overrightarrow{ON}$ 为母线 M、N 处阻抗继电器的测量阻抗 $\dot{U}_M/\dot{I}_{swi}$、$\dot{U}_N/\dot{I}_{swi}$。显然，O 点随 δ 变化的轨迹就是阻抗继电器测量阻抗末端端点随 δ 的变化轨迹。由图 4-32b 可知

$$\left| \frac{\overrightarrow{OP}}{\overrightarrow{OQ}} \right| = \frac{E_M}{E_N} = K_e$$

所以，当 δ 从 $0° \sim 360°$ 变化时，若 $\dot{E}_M$ 与 $\dot{E}_N$ 的比值不变，则求阻抗继电器测量阻抗的变化轨迹就是求一动点到两定点距离之比为常数的轨迹。

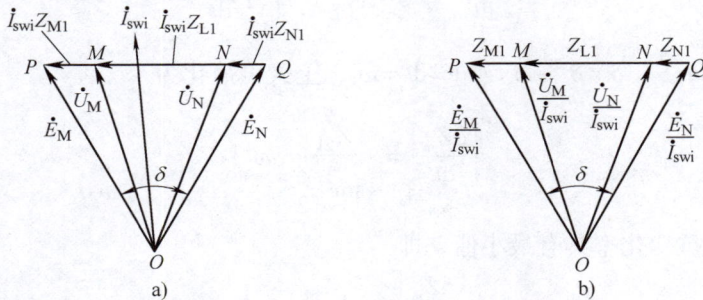

图 4-32 系统振荡时电流、电压相量关系及阻抗关系

当 $K_e = 1$ 时，O 点轨迹为一直线，测量阻抗随 δ 的变化关系为

$$Z_m = \frac{1}{1 - e^{-j\delta}}Z_{\Sigma1} - Z_M = \left(\frac{1}{2}Z_{\Sigma1} - Z_M \right) - j\frac{1}{2}Z_{\Sigma1}\cot\frac{\delta}{2}$$

$$= \left[\left(\frac{1}{2} - m \right) - j\frac{1}{2}\cot\frac{\delta}{2} \right]Z_{\Sigma1} \tag{4-69}$$

式中，$m = \dfrac{Z_{M1}}{Z_{\Sigma 1}}$，且随保护安装地点的变化而变化。

式（4-69）在 $R - X$ 复数平面上是一条直线，即测量阻抗的变化轨迹为一直线，如图4-33所示。当测量阻抗落入动作区内时，将出现误动作。

当 $K_e > 1$ 时，O 点轨迹为包含 Q 点的一个圆；当 $K_e < 1$ 时，O 点轨迹为包含 P 点的一个圆，式（4-68）的变化轨迹如图4-34所示。轨迹线与 $\overline{PQ}$ 线段交点处对应于 $\delta = 180°$，轨迹线与 $\overline{PQ}$ 线段的延长线对应于 $\delta = 0°$（或 $\delta = 360°$）。系统振荡时，O 点随 δ 变化在轨迹线上移动，安装在系统各处的阻抗继电器的测量阻抗也随着发生变化。

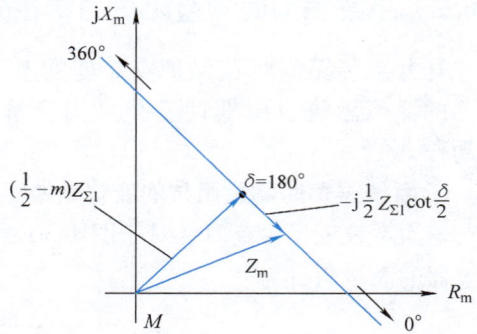

图4-33　M侧测量阻抗变化轨迹

2. 系统振荡时测量阻抗的变化率

由图4-34可知，测量阻抗随 δ 变化而变化，同时测量阻抗也随时间变化。若设 $K_e = 1$，因 M 侧母线电压 $\dot{U}_M = \dot{E}_N + \dot{I}_{swi}(Z_{N1} + Z_{L1})$、振荡电流 $\dot{I}_{swi} = (\dot{E}_M - \dot{E}_N)/Z_{\Sigma 1}$，则振荡时 M 侧的测量阻抗为

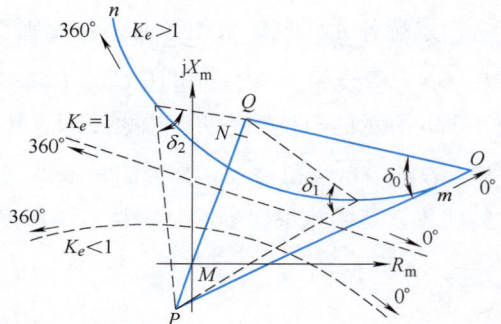

图4-34　测量阻抗的变化轨迹

$$Z_m = \frac{\dot{U}_M}{\dot{I}_{swi}} = Z_{N1} + Z_{L1} + \frac{Z_{\Sigma 1}}{e^{j\delta} - 1} \qquad (4\text{-}70)$$

得到测量阻抗变化率为

$$\frac{\mathrm{d}Z_m}{\mathrm{d}t} = -jZ_{\Sigma 1}\frac{e^{j\delta}}{(e^{j\delta} - 1)^2}\frac{\mathrm{d}\delta}{\mathrm{d}t}$$

计及 $|e^{j\delta} - 1| = 2\sin\dfrac{\delta}{2}$、$\delta = \delta_0 + \omega_s t$、$\mathrm{d}\delta/\mathrm{d}t = \omega_s$，上式可简化为

$$\left|\frac{\mathrm{d}Z_m}{\mathrm{d}t}\right| = \frac{Z_{\Sigma 1}}{4\sin^2\dfrac{\delta}{2}}|\omega_s| \qquad (4\text{-}71)$$

当 $\delta = 180°$ 时，阻抗变化率具有最小值，即

$$\left|\frac{\mathrm{d}Z_m}{\mathrm{d}t}\right|_{min} = \frac{Z_{\Sigma 1}}{4}|\omega_s| \qquad (4\text{-}72)$$

因 $|\omega_s| = \dfrac{2\pi}{T_{swi}}$，所以当振荡周期 T_{swi} 有最大值时，$|\omega_s|$ 有最小值。根据统计资料，可取 T_{swi} 最大值为 $3\mathrm{s}$，将 $|\omega_s|_{min} = \dfrac{2\pi}{3}\mathrm{rad/s}$ 代入式（4-72），可得

$$\left|\frac{\mathrm{d}Z_m}{\mathrm{d}t}\right| \geqslant \frac{\pi Z_{\Sigma 1}}{6} \qquad (4\text{-}73)$$

只要适当选取阻抗变化率的数值作为保护的开放条件，就可保证保护不误动作。

4.6.3　短路故障和振荡的区分

系统振荡时保护有可能发生误动作，为了防止距离保护误动作，一般采用振荡闭锁措施，即振荡时闭锁距离保护Ⅰ、Ⅱ段。对于工频变化量的阻抗继电器，因振荡时不会发生误动作，所以可不经闭锁控制。

距离保护的振荡闭锁装置应满足如下条件：

1）电力系统发生短路故障时，应快速开放保护。

2）电力系统发生振荡时，应可靠闭锁保护。

3）外部短路故障切除后发生振荡，保护不应误动作，即振荡闭锁不应开放。

4）振荡过程中发生短路故障时，保护应能正确动作，即振荡闭锁装置仍要快速开放。

5）振荡闭锁起动后，应在振荡平息后自动复归。

1. 采用电流突变量区分短路故障和振荡

电流突变量通常采用相电流差突变量、相电流突变量及综合突变量。为了解决在频率偏差、系统振荡时有较大的不平衡输出，可采用浮动门槛，即系统振荡或频率偏差时，浮动门槛随系统振荡的激烈程度、频率偏差大小自动变化，起动元件的动作方程为

$$|\Delta I_{\phi\phi}| > k_1 I_{T\phi\phi} + k_2 I_N \tag{4-74}$$

式中，k_1、k_2 是可靠系数，可取 $k_1 = 1.25$、$k_2 = 0.2$；$\Delta I_{\phi\phi}$ 是浮动门槛值。

当动作方程采用式（4-74）时，可有效区分短路故障和振荡。发生各种形式的短路故障时，满足式（7-74）的条件，开放保护且有足够的灵敏度。

2. 利用电气量变化速度的不同区分短路故障和振荡

图 4-35 中，Z_1、Z_2 为两只四边形特性阻抗继电器，Z_2 整定值比 Z_1 整定值大 25%。正常运行时的负荷阻抗为 $\overline{MO}$，当在保护区内发生短路故障时，Z_1、Z_2 几乎同时动作；当系统振荡时，测量阻抗沿轨迹线 mn 变动，Z_1、Z_2 先后动作，存在动作时间差 Δt。一般动作时间差为 $40 \sim 50ms$。

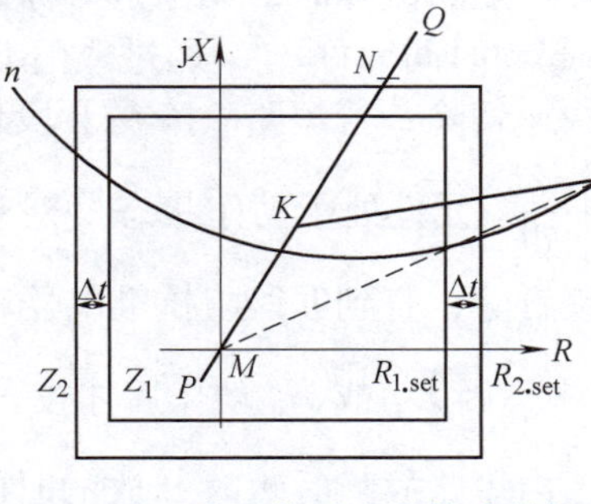

图 4-35　由两个阻抗继电器构成的振荡闭锁

因此，Z_1、Z_2 动作时间差大于 40ms 时，判为系统振荡；动作时间差小于 40ms 时，判为短路故障。为保证振荡闭锁的功能，最小负荷阻抗不能落入 Z_2 的动作特性内，应满足

$$R_{2.set} \leqslant \frac{0.8}{1.25} Z_{L.min} \tag{4-75}$$

式中，$Z_{L.min}$ 是最小负荷阻抗。

当然，Z_1、Z_2 也可用圆特性阻抗继电器或者其他特性阻抗继电器。

3. 通过判别测量阻抗变化率检测系统振荡

由式（4-73）可知，系统振荡时 Z_m 的变化率必大于 $\pi Z_{\Sigma1}/6$；而系统正常时，测量阻抗等于负荷阻抗，为一定值，其变化率自然为零。设当前的测量阻抗为 $R_m + jX_m$，上一点的测量阻抗为 $R_{m0} + jX_{m0}$，两点时间间隔为 Δt_m 时，则式（4-73）可写成

$$\frac{\sqrt{(R_m - R_{m0})^2 + (X_m - X_{m0})^2}}{\Delta t_m} > \pi Z_{\Sigma1}/6 \qquad (4-76)$$

满足式（4-76）时，判定系统发生了振荡；不满足式（4-76）时，则判定系统未发生振荡，不应闭锁保护。

4.6.4 振荡闭锁装置

正确区分短路故障和振荡、正确识别振荡过程中发生的短路故障，是构成振荡闭锁的基本原理。

1. 反映突变量的闭锁装置

图 4-36 为微机距离保护振荡闭锁装置的逻辑框图。其中 Δi_ϕ 为相电流突变量元件；$3I_0$ 为零序电流元件，该元件在零序电流大于整定值并持续 30ms 后动作；Z_{swi} 为静稳定被破坏检测元件，任一相间测量阻抗在设定的全阻抗元件内持续 30ms，并且检测到振荡中心电压小于 $0.5U_N$ 时，该元件动作；$\left|\dfrac{dZ_m}{dt}\right|$ 为测量阻抗变化率检测元件。

2. 工作原理

电力系统振荡时，Δi_ϕ 元件、$\left|\dfrac{dZ_m}{dt}\right|$ 元件、γ 元件（$\gamma = \dfrac{|\dot{I}_2| + |\dot{I}_0|}{|\dot{I}_1|}$，为负序、零序电流幅值之和与正序电流幅值的比）、$3I_0$ 元件不动作，或门 DO″ 不动作，Ⅰ、Ⅱ 段距离保护不开放。

当系统发生短路故障时，无论是对称短路故障还是不对称短路故障，在故障发生时起动禁止门 JZ′，起动时间元件 T″，通过或门 DO″ 迅速开放保护 150ms。若短路故障在 Ⅰ 段保护区内，则可快速切除；若短路故障在 Ⅱ 段保护区内，因 γ 元件处于动作状态（不对称短路故障）或者 $\left|\dfrac{dZ_m}{dt}\right|$ 元件处于动作状态（对称短路故障），所以或门 DO′、DO″ 一直有输出信号，振荡闭锁解除，直到 Ⅱ 段阻抗继电器动作将短路故障切除。

图 4-36 中，因 Z_{swi} 或 $3I_0$ 动作后才投入振荡过程中短路故障的识别元件 γ 和 $\left|\dfrac{dZ_m}{dt}\right|$ 元件，为防止保护区内短路故障时短时开放的时间元件 T″ 返回而导致振荡闭锁的关闭，增设了由或门 DO₂、与门 DA 组成的固定逻辑回路。

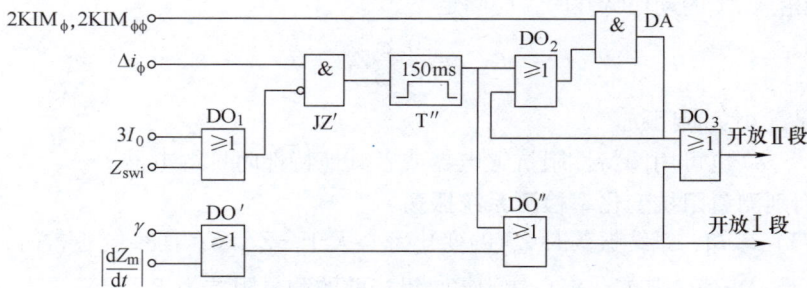

图 4-36 微机距离保护振荡闭锁装置逻辑框图

4.7 断线闭锁装置

4.7.1 断线失电压时阻抗继电器的动作行为

距离保护在运行中，可能会发生电压互感器二次侧短路、二次侧熔断器熔断、二次侧快速断路器断开等引起的失电压现象。所有这些现象，都会使保护装置的电压下降或消失，或发生相位变化，从而导致阻抗继电器失电压误动作。

图 4-37a 所示为电压互感器二次侧 A 相断线的示意图，图中 Z_1、Z_2、Z_3 为电压互感器二次侧的相负荷阻抗；Z_{AB}、Z_{BC}、Z_{CA} 为相间负荷阻抗。当电压互感器二次侧 A 相断线时，由叠加原理求得 $\dot{U}_A$ 的表达式为

$$\dot{U}_A = \dot{C}_1\dot{E}_B + \dot{C}_2\dot{E}_C \tag{4-77}$$

式中，$\dot{E}_B$、$\dot{E}_C$ 是电压互感器二次侧 B 相、C 相的感应电动势；$\dot{C}_1$、$\dot{C}_2$ 是分压系数，其中 $\dot{C}_1 = \dfrac{Z_1 /\!/ Z_{AC}}{Z_{AB} + (Z_1 /\!/ Z_{AC})}$、$\dot{C}_2 = \dfrac{Z_1 /\!/ Z_{AB}}{Z_{AC} + (Z_1 /\!/ Z_{AB})}$，一般情况下负荷阻抗角基本相同，则分压系数为实数。

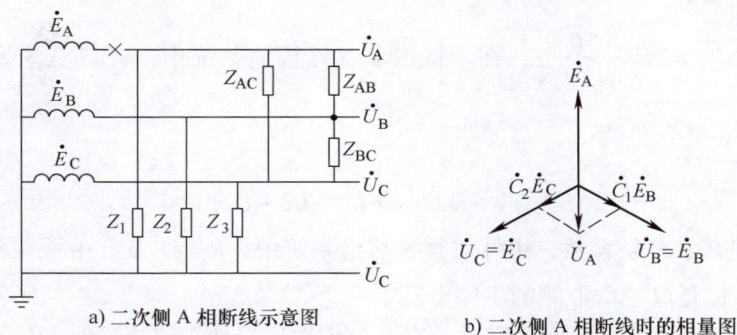

a) 二次侧 A 相断线示意图　　　　b) 二次侧 A 相断线时的相量图

图 4-37　电压互感器二次侧 A 相断线示意图及相量图

根据式（4-77）作出 $\dot{U}_A$ 相量图如图 4-37b 所示。由图 4-37b 可见，与断线前的电压相比，$\dot{U}_A$ 幅值下降、相位变化近 180°，$\dot{U}_{AB}$、$\dot{U}_{CA}$ 幅值降低，相位也发生了近 60° 变化，加到阻抗测量元件端子上的电压幅值、相位都发生了变化，将可能导致阻抗测量元件误动作。

4.7.2 断线闭锁元件

一般情况下，断线失电压闭锁元件根据断线失电压时出现的特征构成，如出现零序电压、负序电压，电压幅值降低，相位变化以及二次电压回路短路时电流增大等。

1. 对断线失电压闭锁元件的要求

1）二次电压回路断线失电压时，构成的闭锁元件的灵敏度要满足要求。

2）一次系统短路故障时，不应闭锁保护或发出断线信号。

3）断线失电压闭锁元件应有一定的动作速度，以便在保护误动作前实现闭锁。

4）断线失电压闭锁元件动作后应固定动作状态，可靠将保护闭锁，解除闭锁应由运行人

员进行，保证在处理断线故障过程中区外发生短路故障或系统操作时，保护不误动作。

2. 三相电压求和闭锁元件及断线判据

（1）三相电压求和闭锁元件　电压互感器二次回路完好时，三相电压对称，$\dot{U}_a + \dot{U}_b + \dot{U}_c \approx 0$，即使出现不平衡电压，数值也很小。当电压互感器二次侧出现一相或两相断线时，三相电压的对称性被破坏，会出现较大的零序电压。当一相断线时，零序电压为

$$3\dot{U}_0 = (1 + \dot{C}_1)\dot{E}_B + (1 + \dot{C}_2)\dot{E}_C \tag{4-78}$$

当电压互感器出现三相断线时，三相电压数值之和为

$$|\dot{U}_a| + |\dot{U}_b| + |\dot{U}_c| = 0 \tag{4-79}$$

而在一相或两相断线时，有

$$|\dot{U}_a| + |\dot{U}_b| + |\dot{U}_c| \geq U_{2n} \tag{4-80}$$

式中，U_{2n} 是电压互感器的二次额定相电压。

由上面分析可知，判别三相电压相量和大小可识别出一相断线或两相断线；判别三相电压数值和大小可识别出三相断线。

实际上，通过检查三相相量和与电压互感器开口三角形绕组的差电压的大小，也可判别出二次电压回路的一相断线或两相断线。当一次系统中存在零序电压 $\dot{U}_{10}$ 时，在中性点直接接地系统中，有 $\dot{U}_a + \dot{U}_b + \dot{U}_c = 3\dot{U}_{10}\dfrac{100}{U_{1N}}$（$U_{1N}$ 为电压互感器高压侧额定相间电压），开口三角形侧零序电压为 $\dot{U}_\Delta = 3\dot{U}_{10}\dfrac{100}{U_{1N}/\sqrt{3}}$；在中性点非直接接地系统中，开口三角形侧零序电压为 $\dot{U}_\Delta = 3\dot{U}_{10}\dfrac{100/3}{U_{1N}/\sqrt{3}}$，其条件为

$$U_{dif} = |K\dot{U}_\Delta - (\dot{U}_a + \dot{U}_b + \dot{U}_c)| \tag{4-81}$$

式中，U_{dif} 是差电压；K 是系数，中性点直接接地系统中，$K = 1/\sqrt{3}$，中性点不直接接地系统中，$K = \sqrt{3}$；$\dot{U}_\Delta$ 是开口三角形侧的零序电压。

显然，电压互感器二次回路完好或一次系统中发生接地短路故障时，$U_{dif} \approx 0$；二次侧一相或两相断线时，差电压 U_{dif} 有一定的数值。用差电压方法判别电压二次回路断线，还可反映微机保护装置内部采集系统的异常。当然，开口三角形侧断线时，正常情况下检测不到，当中性点直接接地系统中发生接地短路故障时，差电压可能很大，而此时并没有断线。

当三相电压的有效值均很低时，同样可以识别出三相断线；当正序电压很小时，也可以反映三相断线。

（2）断线判据　根据以上断线失电压工作原理的分析，电压互感器二次侧一相或两相断线的判据是：微机保护起动元件没有起动，同时满足

$$|\dot{U}_a + \dot{U}_b + \dot{U}_c| > 8V \tag{4-82}$$

式（4-81）也可采用如下判据：

$$|K\dot{U}_\Delta - (\dot{U}_a + \dot{U}_b + \dot{U}_c)| > 8V \tag{4-83}$$

用以上两式判别一相或两相断线失电压，有很高的动作灵敏度。当判别断线后，可经短延时闭锁距离保护，经较长延时发出断线信号。

判别三相断线，若电压互感器接在线路侧而仅用电压判据时，当断路器未闭合前会出现断线告警信号。为此，对三相断线还需要增加断路器合闸的位置信号和线路有电流信号。所

以，三相断线判据如下。

微机保护装置起动元件没有起动，断路器在合闸位置，或者有一相电流大于 I_{set}（I_{set} 无电流门槛，可取 $0.04I_n$ 或 $0.08I_n$，I_n 为电流互感器二次额定电流），同时满足

$$|\dot{U}_a| + |\dot{U}_b| + |\dot{U}_c| \leqslant 0.5U_{2n} \tag{4-84}$$

也可采用如下判据：

$$U_a < 8V、U_b < 8V、U_c < 8V \tag{4-85}$$

或者采用

$$U_1 < 0.1U_{2n} \tag{4-86}$$

式中，U_1 是三相电压的正序分量。

当检测出三相断线后，应闭锁保护、发出断线信号。若不引入断路器合闸位置信号而仅用电流信号，则当实际电流小于 I_{set} 时，断线闭锁将起不到预期作用。

3. 检测零序电压、零序电流的断线闭锁元件

若只应用式（4-82）来判别断线失电压，则当一次系统发生接地短路故障时断线闭锁元件会出现误动作。通常采用的闭锁措施是采用开口三角形绕组上的电压进行平衡，如式（4-83）；也可以采用检测零序电流进行闭锁。因此，断线失电压的判据除满足式（4-82）外，还要满足

$$3I_0 < 3I_{0.set} \tag{4-87}$$

零序电流闭锁元件的整定值为

$$3I_{0.set} = K_{rel} \cdot 3I_{0.unb.max}$$

式中，K_{rel} 是可靠系数，取 1.15；$3I_{0.unb.max}$ 是正常运行时最大不平衡零序电流，一般可取电流互感器二次额定电流的 10%。

与检测零序电压、零序电流判别断线相似，通过检测负序电压、负序电流也可判别断线失电压。用这种判别方法，在中性点不接地系统中尤为适合，因为中性点不接地系统中发生单相接地不会出现负序电压。

4.8　影响距离保护正常工作的因素

4.8.1　保护安装处和故障点间分支线的影响

在高压电网中，在线路末端母线上接有电源线路或平行线路以及环形线路等，形成分支线。

1. 助增电源

图 4-38 所示为具有助增电源的网络，当线路 NP 上 K 点发生短路故障时，MN 线路 M 侧的距离保护安装处母线上的电压为

$$\dot{U}_M = \dot{I}_{MN}Z_{MN} + \dot{I}_KZ_1L_K$$

测量阻抗为

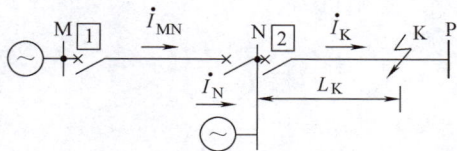

图 4-38　具有助增电源的网络

$$Z_m = \frac{\dot{U}_M}{\dot{I}_{MN}} = Z_{MN} + \frac{\dot{I}_K}{\dot{I}_{MN}}Z_1L_K = Z_{MN} + \dot{K}_bZ_1L_K \tag{4-88}$$

式中，Z_1 是线路单位距离的正序阻抗；$\dot{K}_b$ 是分支系数（助增系数），一般情况下可认为分支系数是实数，显然 $K_b = \dfrac{I_K}{I_{MN}} \geqslant 1$。

由式(4-88) 可见，由于助增电源的影响，M 侧阻抗继电器测量阻抗增大，保护区缩短。图 4-38 所示网络的分支系数可表示为

$$K_b = \frac{Z_{sM} + Z_{MN} + Z_{sN}}{Z_{sN}} \tag{4-89}$$

式中，Z_{sM} 是 M 侧母线电源等效阻抗；Z_{sN} 是 N 侧母线电源等效阻抗；Z_{MN} 是 MN 线路阻抗。

由式(4-89) 可以看出，**分支系数与系统运行方式有关，在整定计算时应取较小的分支系数，以保证保护的选择性**。因为出现较大的分支系数时，只会使测量阻抗增大，保护区缩短，不会造成非选择性动作。如果整定计算取用较大的分支系数，若在运行方式改变时出现较小的分支系数，则将造成测量阻抗减小，导致保护区伸长，可能使保护失去选择性。

2. 汲出分支线

图 4-39 所示为具有汲出分支线的网络，当 K 点发生短路故障时，MN 线路上 M 侧母线上的电压为

$$\dot{U}_M = \dot{I}_{MN} Z_{MN} + \dot{I}_{K1} Z_1 L_K$$

测量阻抗为

$$Z_m = \frac{\dot{U}_M}{\dot{I}_{MN}} = Z_{MN} + \frac{\dot{I}_{K1}}{\dot{I}_{MN}} Z_1 L_K = Z_{MN} + \dot{K}_b Z_1 L_K \tag{4-90}$$

式中，$\dot{K}_b$ 是分支系数（汲出系数），一般情况下取实数 $K_b = \dfrac{I_{K1}}{I_{MN}} \leqslant 1$。

显然，由于汲出电流的影响，导致 M 侧测量阻抗减小，保护区伸长，可能引起非选择性动作。图 4-39 所示网络中，汲出系数可表示为

$$K_b = \frac{Z_{NP1} - Z_{set} + Z_{NP2}}{Z_{NP1} + Z_{NP2}} \tag{4-91}$$

式中，Z_{NP1}、Z_{NP2} 分别为平行线路两回线阻抗，一般情况下数值相等；Z_{set} 是距离 I 段保护的整定阻抗。

3. 助增电源、汲出分支线同时存在

如图 4-40 所示，在相邻线路上 K 点发生短路故障时，M 侧母线电压为

$$\dot{U}_M = \dot{I}_{MN} Z_{MN} + \dot{I}_{K1} Z_1 L_K$$

测量阻抗为

$$Z_m = \frac{\dot{U}_M}{\dot{I}_{MN}} = Z_{MN} + \frac{\dot{I}_{K1}}{\dot{I}_{MN}} Z_1 L_K = Z_{MN} + \dot{K}_{b\Sigma} Z_1 L_K$$

$$\tag{4-92}$$

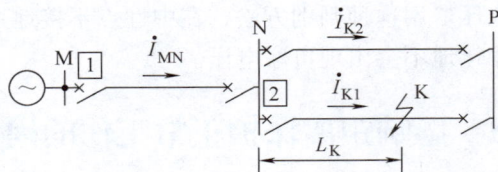

图 4-39 具有汲出分支线的网络

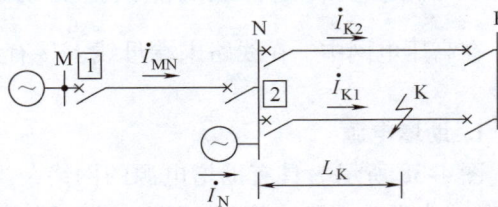

图 4-40 助增电源、汲出分支线同时存在的网络

式中，$\dot{K}_{b\Sigma}$ 是总分支系数。

若 $\dot{I}_\Sigma = \dot{I}_{MN} + \dot{I}_N$，则 $\dot{I}_{K1} = \dot{I}_\Sigma \dfrac{Z_{NP2} + Z_{NP1} - Z_{set}}{Z_{NP1} + Z_{NP2}}$，$\dot{I}_{MN} = \dot{I}_\Sigma \dfrac{Z_{sN}}{Z_{sN} + Z_{MN} + Z_{sM}}$。代入式(4-92)，则测量阻抗为

$$Z_{m} = Z_{MN} + \frac{Z_{sN} + Z_{MN} + Z_{sM}}{Z_{sN}} \times \frac{Z_{NP1} + Z_{NP2} - Z_{set}}{Z_{NP1} + Z_{NP2}} Z_{1} L_{K} \tag{4-93}$$

由式（4-93）可见，**在既有助增电源、又有汲出分支线的网络中，其分支系数为助增系数与汲出系数的乘积。**也就是说，可分别计算助增系数与汲出系数，相乘后就为总的分支系数。同理，在计算整定阻抗时，应取较小的分支系数；而在灵敏度校验时，应取较大的分支系数。

4. 算例

【例4-1】 网络如图 4-40 所示，已知线路正序阻抗 $Z_{1} = 0.45\Omega/\mathrm{km}$，平行线路长为 70km，MN 线路长为 40km，距离 I 段保护可靠系数取 0.85。M 侧电源最大、最小等效阻抗分别为 $Z_{sM.\,max} = 25\Omega$、$Z_{sM.\,min} = 20\Omega$；N 侧电源最大、最小等效阻抗分别为 $Z_{sN.\,max} = 25\Omega$、$Z_{sN.\,min} = 15\Omega$，试求 MN 线路上 M 侧距离保护的最大、最小分支系数。

解：

1）最大助增系数。由式（4-89）可得

$$K_{b助.\,max} = \frac{Z_{sM.\,max} + Z_{MN} + Z_{sN.\,min}}{Z_{sN.\,min}} = \frac{25 + 40 \times 0.45 + 15}{15} = 3.87$$

2）最大汲出系数。显然，当平行线路只有一回路在运行时，汲出系数最大，$K_{b汲.\,max}$ 为 1。总的最大分支系数为 $K_{b\Sigma.\,max} = K_{b助.\,max} K_{b汲.\,max} = 3.87 \times 1 = 3.87$。

3）最小助增系数。由式（4-89）可得

$$K_{b助.\,min} = \frac{Z_{sM.\,min} + Z_{MN} + Z_{sN.\,max}}{Z_{sN.\,max}} = \frac{20 + 40 \times 0.45 + 25}{25} = 2.52$$

4）最小汲出系数。由式（4-91）可知，平行线路的阻抗可化为长度进行计算，则

$$K_{b汲.\,min} = \frac{Z_{NP1} - Z_{set} + Z_{NP2}}{Z_{NP1} + Z_{NP2}} = \frac{140 - 0.85 \times 70}{140} = 0.575$$

总的最小分支系数为 $K_{b\Sigma.\,min} = K_{b助.\,min} K_{b汲.\,min} = 2.52 \times 0.575 = 1.45$。

4.8.2 过渡电阻的影响

前面在分析过程中，都是假设发生金属性短路故障。而事实上，短路点通常是经过过渡电阻短路的。短路点的**过渡电阻 R_{F}** 是指当相间短路或接地短路时，短路电流从一相流到另一相或从相导线流入地的回路中所通过的物质的电阻。**过渡电阻包括电弧电阻、中间物质的电阻、相导线与地之间的接触电阻、金属杆塔的接地电阻等。**

在相间短路时，过渡电阻主要由电弧电阻构成，其值可按经验公式估计。在导线对铁塔放电的接地短路中，铁塔及其接地电阻构成过渡电阻的主要部分。铁塔的接地电阻与大地电导率有关。对于跨越山区的高压线路，铁塔的接地电阻可达数十欧。此外，当导线通过树木或其他物体对地短路时，过渡电阻更高，难以准确计算。

1. 过渡电阻对接地阻抗继电器的影响

如图 4-41 所示，设距离保护 M 侧母线 L_{K} 处的 K 点 A 相经过渡电阻 R_{F} 发生了单相接地短路故障，按对称分量法可求得 M 侧母线上 A 相的电压为

$$\dot{U}_{A} = \dot{U}_{KA} + \dot{I}_{A1} Z_{1} L_{K} + \dot{I}_{A2} Z_{2} L_{K} + \dot{I}_{A0} Z_{0} L_{K} = \dot{U}_{KA} + \left[(\dot{I}_{A1} + \dot{I}_{A2} + \dot{I}_{A0}) + 3\dot{I}_{A0} \frac{Z_{0} - Z_{1}}{3 Z_{1}} \right] Z_{1} L_{K}$$

$$= \dot{I}_{KA}^{(1)} R_{F} + (\dot{I}_{A} + 3\dot{K}\dot{I}_{0}) \, Z_{1} L_{K}$$

则安装在线路 M 侧的 A 相接地阻抗继电器的测量阻抗为

$$Z_{mA} = Z_1 L_K + \frac{\dot{I}_{KA}^{(1)}}{\dot{I}_A + 3\dot{K}\dot{I}_0} R_F \tag{4-94}$$

由式（4-94）可见，只有 $R_F = 0$，即金属性单相接地短路故障时，故障相阻抗继电器才能正确测量阻抗；而当 $R_F \neq 0$ 时，即非金属性单相接地时，测量阻抗中出现附加测量阻抗 ΔZ_A，附加测量阻抗为

图 4-41 单相接地短路故障的网络图

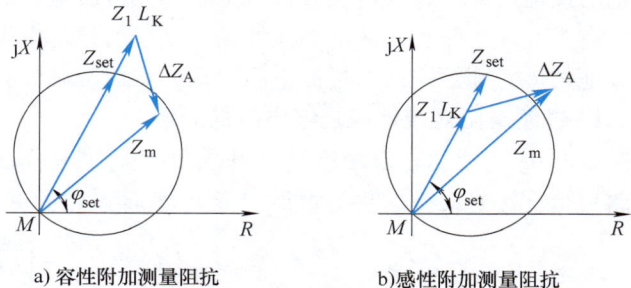

$$\Delta Z_A = \frac{\dot{I}_{KA}^{(1)}}{\dot{I}_A + 3\dot{K}\dot{I}_0} R_F \tag{4-95}$$

由于 ΔZ_A 的存在，测量阻抗与故障点距离成正比的关系不成立。对于非故障相阻抗继电器的测量阻抗，因故障点非故障相电压 $\dot{U}_{KB}$、$\dot{U}_{KC}$ 较高，非故障相电流 $(\dot{I}_B + 3\dot{K}\dot{I}_0)$、$(\dot{I}_C + 3\dot{K}\dot{I}_0)$ 较小，所以非故障相阻抗继电器的测量阻抗较大，不能正确测量故障点距离。

2. 单相接地时的附加测量阻抗分析

图 4-41 中正方向经过渡电阻 R_F 接地时，附加测量阻抗 ΔZ_A 见式（4-95），计及 $\dot{I}_{KA}^{(1)} = 3\dot{I}_{KA0}^{(1)}$，式（4-95）可写为

$$\Delta Z_A = \frac{3\dot{I}_{KA0}^{(1)}}{\dot{I}_A + 3\dot{K}\dot{I}_0} R_F \tag{4-96}$$

因为

$$\dot{I}_A = \dot{I}_{L.A} + C_1 \dot{I}_{KA1}^{(1)} + C_2 \dot{I}_{KA2}^{(1)} + C_0 \dot{I}_{KA0}^{(1)}$$

$$\dot{I}_0 = C_0 \dot{I}_{KA0}^{(1)}$$

计及 $\dot{I}_{KA1}^{(1)} = \dot{I}_{KA2}^{(1)} = \dot{I}_{KA0}^{(1)}$，所以上式可简化为（$\dot{K}$ 取实数）

$$\Delta Z_A = \frac{3R_F}{\left[2C_1 + (1 + 3K)C_0 \right] + \dfrac{\dot{I}_{L.A}}{\dot{I}_{KA0}^{(1)}}} \tag{4-97}$$

式中，$\dot{I}_{L.A}$ 是 A 相负荷电流；C_1、C_2、C_0 是分别为正、负、零序分流系数。

若只有 M 侧有电源，则附加测量阻抗 ΔZ_A 呈电阻性；在两侧都有电源时，如果负荷电流为零，且分流系数为实数，则附加测量阻抗 ΔZ_A 呈电阻性；如果阻抗继电器安装在送电侧，负荷电流 $\dot{I}_{L.A}$ 超前 $\dot{I}_{KA0}^{(1)}$（$\dot{I}_{KA0}^{(1)} = \dot{I}_{KA1}^{(1)}$），则 ΔZ_A 呈容性，如图 4-42a 所示；如果继电器安装在受电侧，负荷电流 $\dot{I}_{L.A}$ 滞后 $\dot{I}_{KA0}^{(1)}$，则 ΔZ_A 呈感性，如图 4-42b 所示。

由于单相接地时附加测量阻抗的存在，将引起接地阻抗继电器保护区的变化。保护区的伸长或缩短，将随负荷电流的增大、过渡电阻 R_F 的增大而加剧。为克服单相接地时过渡电阻对保护区的影响，应设法使继电器的动作特性适应附加测量阻抗的变化，使其保护区稳定不变。

a) 容性附加测量阻抗 b) 感性附加测量阻抗

图 4-42 过渡电阻对保护区的影响

由零序电抗继电器分析可知，零序电抗继电器能满足这一要求。

3. 过渡电阻对相间短路保护阻抗继电器的影响

若在图4-15中K点发生相间短路故障，则三个相间短路保护阻抗继电器的测量阻抗分别为

$$\begin{cases} Z_{mAB} = Z_1 L_K + \dfrac{\dot{U}_{KAB}}{\dot{I}_A - \dot{I}_B} \\[2mm] Z_{mBC} = Z_1 L_K + \dfrac{\dot{U}_{KBC}}{\dot{I}_B - \dot{I}_C} \\[2mm] Z_{mCA} = Z_1 L_K + \dfrac{\dot{U}_{KCA}}{\dot{I}_C - \dot{I}_A} \end{cases} \tag{4-98}$$

式中，$\dot{U}_{KAB}$、$\dot{U}_{KBC}$、$\dot{U}_{KCA}$是故障点的相间电压。

显然，只有发生金属性相间短路故障时，故障点的相间电压才为零，故障相的测量阻抗才能正确反映保护安装处到短路点的距离。当故障点存在过渡电阻时，因为故障点相间电压不为零，所以阻抗继电器就不能正确测量保护安装处到故障点的距离。

但是，相间短路故障的过渡电阻主要是电弧电阻，与接地短路故障相比要小得多，所以对附加测量阻抗的影响也较小。

为了减小过渡电阻对保护的影响，可采用承受过渡电阻能力强的阻抗继电器，如四边形特性阻抗继电器等。

4.9　相间距离保护的整定计算原则

目前相间距离保护多采用阶段式保护，三段式距离保护（包括接地距离保护）的整定计算原则与三段式电流保护的整定计算原则基本相同。下面介绍三段式相间距离保护的整定计算原则。

4.9.1　相间距离保护Ⅰ段的整定

相间距离保护Ⅰ段的整定值主要是按躲过本线路末端相间短路故障的条件来选择的。在图4-43所示的网络中，线路MN的M侧保护1间相间距离保护Ⅰ段的动作阻抗为

$$Z_{op1}^{I} = K_{rel}^{I} Z_{MN} \tag{4-99}$$

式中，K_{rel}^{I}是距离保护Ⅰ段的可靠系数，取$0.8 \sim 0.85$；Z_{MN}是线路MN的正序阻抗。

若被保护对象为线路-变压器组，则送电侧线路距离保护Ⅰ段可按保护范围伸入变压器内部整定，即

$$Z_{op1}^{I} = K_{rel}^{I} Z_L + K_{rel}' Z_T \tag{4-100}$$

式中，K_{rel}^{I}是距离保护Ⅰ段的可靠系数，取$0.8 \sim 0.85$；K_{rel}'是伸入变压器部分Ⅰ段的可靠系数，取0.75；Z_L是被保护线路的正序阻抗；Z_T是线路末端变压器的阻抗。

图 4-43　距离保护整定计算系统图

距离保护Ⅰ段动作时间为固有动作时间，若整定阻抗角与线路阻抗角相等，则保护区为被保护线路全长的$80\% \sim 85\%$。

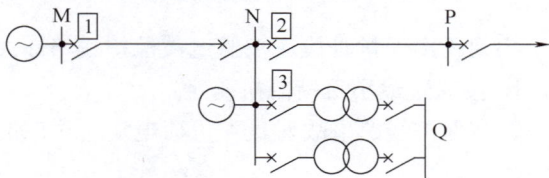

4.9.2 相间距离保护 II 段的整定

相间距离保护 II 段应与相邻线路相间距离保护 I 段或与相邻元件（变压器）速动保护配合，以图 4-43 为例，保护 1 距离保护 II 段整定值应满足以下条件。

1. 与相邻线路相间距离保护 I 段配合

与相邻线路相间距离保护 I 段配合，其动作阻抗为

$$Z_{op1}^{II} = K_{rel}^{II} Z_{MN} + K_{rel}'' K_{b.min} Z_{op2}^{I} \tag{4-101}$$

式中，K_{rel}^{II} 是距离保护 II 段的可靠系数，取 $0.8 \sim 0.85$；K_{rel}'' 是距离保护 II 段与相邻线路 I 段配合的可靠系数，取 $K_{rel}'' \leq 0.8$；$K_{b.min}$ 是最小分支系数。

2. 与相邻变压器速动保护配合

与相邻变压器速动保护配合，若变压器速动保护区为变压器全部，则动作阻抗为

$$Z_{op1}^{II} = K_{rel}^{II} Z_{MN} + K_{rel}'' K_{b.min} Z_{T.min} \tag{4-102}$$

式中，K_{rel}^{II} 是距离保护 II 段的可靠系数，取 $0.8 \sim 0.85$；K_{rel}'' 是距离保护 II 段相邻变压器速动保护配合的可靠系数，取 $K_{rel}'' \leq 0.7$；$K_{b.min}$ 是最小分支系数；$Z_{T.min}$ 是相邻变压器的正序最小阻抗（应计及调压、并联运行等因素）。

动作阻抗应取式（4-101）和式（4-102）中较小值为整定值。若相邻线路有多回路时，则取所有线路相间距离保护 I 段的最小整定值代入式（4-101）进行计算。

相间距离保护 II 段的动作时间为 $t_{op1}^{II} = \Delta t$

相间距离保护 II 段的灵敏度按下式校验：

$$K_{sen}^{II} = \frac{Z_{op1}^{II}}{Z_{MN}} \geq 1.3 \sim 1.5$$

当灵敏度不满足要求时，可与相邻线路相间距离保护 II 段配合，其动作阻抗为

$$Z_{op1}^{II} = K_{rel}^{II} Z_{MN} + K_{rel}'' K_{b.min} Z_{op2}^{II} \tag{4-103}$$

式中，K_{rel}^{II} 是距离保护 II 段的可靠系数，取 $0.8 \sim 0.85$；K_{rel}'' 是距离保护 II 段与相邻线路 II 段配合的可靠系数，取 $K_{rel}'' \leq 0.8$；Z_{op2}^{II} 是相邻线路相间距离保护 II 段的整定值。

此时，相间距离保护的动作时间为

$$t_{op1}^{II} = t_{op2}^{II} + \Delta t \tag{4-104}$$

式中，t_{op2}^{II} 是相邻线路相间距离保护 II 段的动作时间。

4.9.3 相间距离保护 III 段的整定

相间距离保护 III 段应按躲过被保护线路最大负荷电流所对应的最小阻抗整定。

1. 按躲过最小负荷阻抗整定

若被保护线路事故时最大负荷电流所对应的最小阻抗为 $Z_{L.min}$，则

$$Z_{L.min} = \frac{U_{w.min}}{I_{L.max}} \tag{4-105}$$

式中，$U_{w.min}$ 是最小工作电压，其值为 $U_{w.min} = (0.9 \sim 0.95) U_N / \sqrt{3}$，$U_N$ 是被保护线路电网的额定相间电压；$I_{L.max}$ 是被保护线路事故时的最大负荷电流。

当采用全阻抗继电器作为测量元件时，整定阻抗为

$$Z_{\text{set1}}^{\text{III}} = K_{\text{rel}}^{\text{III}} Z_{\text{L.min}} \tag{4-106}$$

当采用方向阻抗继电器作为测量元件时，整定阻抗为

$$Z_{\text{set1}}^{\text{III}} = \frac{K_{\text{rel}}^{\text{III}} Z_{\text{L.min}}}{\cos\left(\varphi_{\text{set}} - \varphi\right)} \tag{4-107}$$

式中，φ_{set} 是整定阻抗角；φ 是线路的负荷功率因数角。

距离保护Ⅲ段的动作时间应大于系统振荡时的最大振荡周期，且与相邻元件、线路Ⅲ段保护的动作时间按阶梯原则相互配合。

2. 与相邻线路距离保护Ⅱ段配合

为了缩短保护切除故障的时间，可与相邻线路相间距离保护Ⅱ段配合，则

$$Z_{\text{op1}}^{\text{III}} = K_{\text{rel}}^{\text{III}} Z_{\text{MN}} + K_{\text{rel}}^{\prime\prime\prime} K_{\text{b.min}} Z_{\text{op2}}^{\text{II}} \tag{4-108}$$

式中，$K_{\text{rel}}^{\text{III}}$ 是距离保护Ⅲ段的可靠系数，取 $0.8 \sim 0.85$；$K_{\text{rel}}^{\prime\prime\prime}$ 是距离保护Ⅲ段与相邻线路Ⅱ段配合的可靠系数，取 $K_{\text{rel}}^{\prime\prime\prime} \leqslant 0.8$；$Z_{\text{op2}}^{\text{II}}$ 是相邻线路相间距离保护Ⅱ段的整定值。

当距离保护Ⅲ段的动作范围未伸出相邻变压器的另一侧时，应与相邻线路不经振荡闭锁的距离保护Ⅱ段的动作时间配合，即

$$t_{\text{op1}}^{\text{III}} = t_{\text{op2}}^{\text{II}} + \Delta t \tag{4-109}$$

式中，$t_{\text{op2}}^{\text{II}}$ 是相邻线路不经振荡闭锁的距离保护Ⅱ段的动作时间。

当距离保护Ⅲ段的动作范围伸出相邻变压器的另一侧时，应与相邻变压器的相间后备保护配合，即

$$t_{\text{op1}}^{\text{III}} = t_{\text{op.T}}^{\text{III}} + \Delta t$$

式中，$t_{\text{op.T}}^{\text{III}}$ 是相邻变压器相间短路后备保护的动作时间。

相间距离保护Ⅲ段的灵敏度校验用下式计算：

1）当作为近后备保护时，有 $K_{\text{sen}}^{\text{III}} = \dfrac{Z_{\text{op1}}^{\text{III}}}{Z_{\text{MN}}} \geqslant 1.3 \sim 1.5$。

2）当作为远后备保护时，有 $K_{\text{sen}}^{\text{III}} = \dfrac{Z_{\text{op1}}^{\text{III}}}{Z_{\text{MN}} + K_{\text{b.max}} Z_{\text{NP}}} \geqslant 1.2$。

式中，$K_{\text{b.max}}$ 是最大分支系数。

当灵敏度不满足要求时，可与相邻线路相间距离保护Ⅲ段配合，即

$$Z_{\text{op1}}^{\text{III}} = K_{\text{rel}}^{\text{III}} Z_{\text{MN}} + K_{\text{rel}}^{\prime\prime\prime} K_{\text{b.min}} Z_{\text{op2}}^{\text{III}} \tag{4-110}$$

式中，$K_{\text{rel}}^{\text{III}}$ 是距离保护Ⅲ段可靠系数，取 $0.8 \sim 0.85$；$K_{\text{rel}}^{\prime\prime\prime}$ 是与相邻线路距离保护Ⅲ段配合的可靠系数，取 $K_{\text{rel}}^{\prime\prime\prime} \leqslant 0.8$；$Z_{\text{op2}}^{\text{III}}$ 是相邻线路距离保护Ⅲ段的整定值。

相间距离保护Ⅲ段的动作时间为　　$t_{\text{op1}}^{\text{III}} = t_{\text{op2}}^{\text{III}} + \Delta t$

若相邻元件为变压器，则与变压器相间短路后备保护配合，Ⅲ段距离保护阻抗元件的动作值为

$$Z_{\text{op1}}^{\text{III}} = K_{\text{rel}}^{\text{III}} Z_{\text{MN}} + K_{\text{rel}}^{\text{III}\prime} K_{\text{b.min}} Z_{\text{op.T}}^{\text{III}} \tag{4-111}$$

式中，$K_{\text{rel}}^{\text{III}}$ 是距离保护Ⅲ段的可靠系数，取 $0.8 \sim 0.85$；可靠系数 $K_{\text{rel}}^{\text{III}\prime} \leqslant 0.8$；$Z_{\text{op.T}}^{\text{III}}$ 是变压器相间短路后备保护最小保护范围所对应的阻抗值，应根据后备保护类型进行确定。

【例4-2】　网络如图 4-44 所示，已知网络的正序阻抗 $Z_1 = 0.4\,\Omega/\text{km}$，线路阻抗角 $\varphi_{\text{L}} = 65°$，线路 MN 和 NP 上装有反映相间短路的两段式距离保护，它的Ⅰ、Ⅱ段测量元件均采用圆特性方向阻抗继电器。试求线路 MN 的距离保护动作值（Ⅰ、Ⅱ段可靠系数取

0.8）。并分析：

（1）当在线路 MN 的 55km 和 65km 处发生相间金属性短路时，距离保护各段保护的动作情况。

（2）当在距 M 母线 30km 处发生 $R=12\Omega$ 的相间弧光短路时，距离保护的各段保护的动作情况。

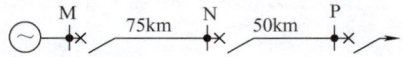

图 4-44　例 4-2 系统接线网络

（3）若 M 母线的电压为 115kV，通过线路的负荷功率因数为 0.9，问送多少负荷电流时，线路 MN 的 Ⅱ 段距离保护才会误动作？

分析：在被保护线路的不同地点发生短路时，阶段式距离保护是否动作与保护安装处测量阻抗、动作阻抗有关；应注意经过渡电阻短路时测量阻抗与过渡电阻间的关系。

解：取整定阻抗角为 $\varphi_{set}=65°$

线路 MN 距离保护 M 侧的 Ⅰ 段整定值为

$$Z_{op.MN}^{I}=0.8\times0.4\times75\Omega=24\Omega$$

相邻线路距离 Ⅰ 段保护的整定值为

$$Z_{op.NP}^{I}=0.8\times0.4\times50\Omega=16\Omega$$

线路 MN 距离保护的 Ⅱ 段整定值为

$$Z_{op.MN}^{II}=0.8\times（0.4\times75+16）\Omega=36.8\Omega$$

（1）在 55km 处短路测量阻抗为 $Z_m=0.4\times55\Omega=22\Omega$，线路 MN 距离保护的 Ⅰ、Ⅱ 段均会动作。

在 65km 处短路测量阻抗为 $Z_m=0.4\times65\Omega=26\Omega$，线路 MN 距离保护的 Ⅰ 段不会动作，Ⅱ 段会动作。

（2）在 30km 处经过渡电阻 $R=12\Omega$ 的弧光短路的测量电压为

$$U_m^{(2)}=2I_k^{(2)}Z_1L+I_k^{(2)}R$$

测量电流为

$$I_m^{(2)}=2I_k^{(2)}$$

故测量阻抗为

$$Z_m=Z_1L+0.5R^{\ominus}$$
$$=（30\times0.4e^{j65°}+0.5\times12）\Omega=15.55e^{j44.6°}\Omega$$

线路 MN 距离保护 Ⅰ 段动作值为

$$Z_{op}^{I}=24\cos（65°-44.6°）\Omega=22.5\Omega>15.55\Omega$$

线路 MN 距离保护 Ⅱ 段动作值为

$$Z_{op}^{II}=36.8\cos（65°-44.6°）\Omega=34.5\Omega>15.55\Omega$$

故线路 MN 距离保护 M 侧的 Ⅰ、Ⅱ 段均会动作。

（3）求使 Ⅱ 段误动的负荷电流　负荷功率因数角为

$$\varphi=\arccos0.9=25.8°$$

由整定阻抗角求出的负荷阻抗为 $36.8\cos（65°-25.8°）\Omega=28.5\Omega$ 时，方向阻抗继电器就会误动。

　⊖　相间短路，过渡电阻值每相取一半。

误动时的负荷电流为

$$I_{\mathrm{L}} = \frac{110/\sqrt{3}}{28.5}\mathrm{kA} = 2.23\mathrm{kA}$$

4.10　工频故障分量距离保护

传统的继电保护原理是建立在工频电气量的基础上的。随着微机技术在继电保护中的应用，反映故障分量的保护在微机保护装置中得到广泛应用。

故障分量在非故障状态下不存在，只在被保护对象发生故障时才出现，所以可根据叠加原理来分析故障分量的特征。**将电力系统发生的故障视为非故障状态和故障附加状态的叠加，利用计算机技术可以方便地提取故障状态下的故障分量。**

4.10.1　工频故障分量保护原理

1. 故障信息和故障分量

从继电保护技术的特点出发，故障信息可分为内部故障信息和外部故障信息两类。故障信息是继电保护原理的根本依据，既可单独使用一类信息，也可联合使用两类信息。内部故障信息用于切除故障设备，外部故障信息用于防止切除非故障设备。**利用内部故障信息或外部故障信息的特征来区分故障和非故障设备一直是对继电保护原理与装置提出的根本要求。**

根据故障信息在非故障状态下不存在、只在系统发生故障时才出现的特点，可用叠加原理来研究故障信息的特征。在线性电路的假设前提下，可以把网络内发生的故障视为非故障状态与故障附加状态的叠加，如图4-45所示。

图4-46表示出网络内某点发生单相接地短路故障的叠加原理。发生故障的网络所处的状态称为故障状态。短路时，可对电气变化量进行分解。如图4-47a所示，当线路上K点发生金属性短路时，故障点的电压为0，此时系统的状态可用图4-47b所示的等效网络来代替，图中附加电源的电压大小相等、方向相反。假定电力系统为线性系统，则根据叠加原理，图4-47b所示的运

图4-45　利用叠加原理分析短路故障

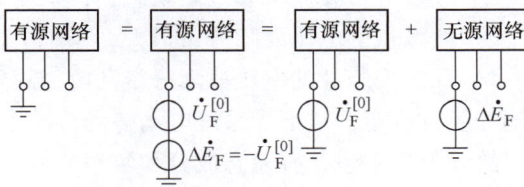

图4-46　单相接地短路故障

行状态又可分解为非故障状态和故障附加状态，如图4-47c和图4-47d所示。若故障时附加电源的电压等于故障前状态下故障点处的电压，则各点处的电压、电流均与故障前的情况一致。故障附加状态系统中各点的电压、电流称为电压、电流的故障分量或故障变化量（突变量）。

系统故障时，$i_{\mathrm{m.F}}$和$u_{\mathrm{m.F}}$就是保护安装处测量到的故障分量。由图可见，电压、电流的故障分量相当于图4-47d所示的无源系统对于故障点突然加上的附加电压源的响应。

由图4-47可知，在任何运行方式、运行状态下，系统故障时，保护安装处测量到的电压u_{m}和电流i_{m}都可以看作是故障前状态下非故障分量电压$u_{\mathrm{m.unF}}$、电流$i_{\mathrm{m.unF}}$与故障分量电压$u_{\mathrm{m.F}}$、电流$i_{\mathrm{m.F}}$的叠加，即

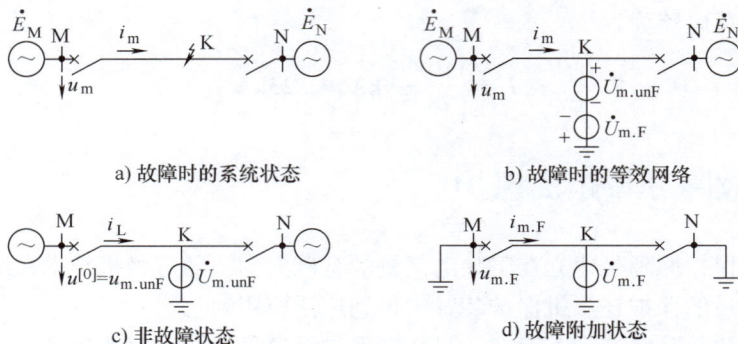

a) 故障时的系统状态　　　　　　　　　b) 故障时的等效网络

c) 非故障状态　　　　　　　　　　　　d) 故障附加状态

图 4-47　短路故障时电气变化量的分解

$$\begin{cases} u_m = u_{m.unF} + u_{m.F} \\ i_m = i_{m.unF} + i_{m.F} \end{cases} \tag{4-112}$$

式中，u_m、i_m 是发生短路后 M 点的实测电压、电流；$u_{m.unF}$、$i_{m.unF}$ 是非故障状态下 M 点的电压、电流；$u_{m.F}$、$i_{m.F}$ 是故障状态下 M 点的电压、电流。

根据式（4-112）可以导出故障分量的计算方法，即

$$\begin{cases} u_{m.F} = u_m - u_{m.unF} \\ i_{m.F} = i_m - i_{m.unF} \end{cases} \tag{4-113}$$

式（4-113）表明，故障附加状态下所出现的故障分量 $u_{m.F}$、$i_{m.F}$ 中包含的只是故障信息。因此故障附加状态可作为分析、研究故障信息的依据。**故障附加状态是在短路点加上与该点非故障状态下大小相等、方向相反的电压，并令网络内所有电动势为零的条件下得到的。**由此可以得出有关故障分量的主要特征：

1）非故障状态下不存在故障分量电压、电流，故障分量只有在故障状态下才出现。

2）故障分量独立于非故障状态，但仍受系统运行方式的影响。

3）故障点的电压故障分量最大，系统中性点的电压为零。

4）保护安装处的电压故障分量和电流故障分量间的相位关系由保护安装处到系统中性点间的阻抗决定，且不受系统电动势和短路点过渡电阻的影响。

故障分量中包含有稳态成分和暂态成分，两种成分都是可以利用的。

2. 故障信息的识别和处理

继电保护技术的关键在于正确区分故障信息与非故障信息，以及正确获得内部故障信息和外部故障信息。

获得故障分量的理论依据是叠加原理。由式（4-112）和式（4-113）可知，在发生短路故障时，由保护安装处的实测电压、电流减去非故障状态下的电压、电流就可得到电压、电流的故障分量。应指出的是，非故障状态下的电压、电流的准确获得是一个复杂的问题，因为严格地说，在故障附加状态下，加在故障点的电压并不是该点在故障前的电压的负值，而是故障发生后假设故障点不存在时的电压的负值。

对于快速动作的保护，可以认为电压、电流中的非故障分量等于故障前的分量，这一假设与实际情况相符。因此，可以将故障前的电压、电流记忆起来，然后从故障时测量到的相应量中减去记忆量，就得到故障分量，这既可以用模拟量实现，也可用数字量实现。

正常工作状态下的电压、电流基本上是正序分量的电压、电流，在不对称接地短路时出现零序分量的电压、电流，在三相系统中发生不对称短路时出现负序分量的电压、电流。因此，负序分量和零序分量包含有故障信息，可以利用负序分量或零序分量检测出故障。负序分量和零序分量在保护技术中得到了广泛应用，但其缺点是不能检测出三相对称短路。

由于正常运行时也有正序分量存在，基于这点，传统继电保护利用正序分量检测故障应用得远不如负序分量或零序分量那么广泛。但经消除非故障分量的方法提取出的正序故障分量却包含着比负序或零序分量更丰富的故障信息，由对称分量法的基本原理可知，只有正序故障分量在各种类型故障中都存在。正序分量的这一独特的性能为简化和完善继电保护开辟了新的途径，受到了广泛的关注。

4.10.2　工作原理和动作方程

图4-48a所示电力系统中，M侧保护正方向K点发生金属性短路故障时，由叠加原理可知

$$i_F(t) = i_M(t) - i_{ML}(t) \tag{4-114}$$

式中，$i_M(t)$ 是 t 时刻 M 侧的电流；$i_{ML}(t)$ 是 t 时刻 M 侧电流的负荷电流分量，由于 $\dot{U}_F$ 是该点的开路电压，所以负荷电流不会产生变化，即 $i_{ML}(t) = i_{ML}(t-kT)$；$i_{ML}(t-kT)$ 是比故障时刻 t 提前 k 个周期的负荷电流，即故障前的负荷电流。

因此可求得 t 时刻的故障分量电流 $i_F(t)$，用同样的方法可以计算出故障分量电压。为了与习惯分析方法一致，重画 M 侧保护正方向短路时的附加状态，如图4-48b所示。设阻抗保护装设在线路 MN 的 M 侧，加在阻抗继电器的电压、电流见表4-5。根据图4-48b所示的参考方向，可以得到保护区末端 Z 点（整定点）的工作电压为

$$\Delta\dot{U}_{op} = \Delta\dot{U} - \Delta\dot{I}_m Z_{set} \tag{4-115}$$

式中，$\Delta\dot{U}_{op}$ 是补偿到 Z 点的电压；Z_{set} 是阻抗继电器的整定阻抗；$\Delta\dot{U}$、$\Delta\dot{I}_m$ 是故障时保护安装处的电压和电流的故障分量。

$\Delta\dot{U}$、$\Delta\dot{I}_m$ 可以通过测量和计算求得，Z_{sM} 是系统阻抗，为未知量，有 $\Delta\dot{U} = -\Delta\dot{I}_m Z_{sM}$。

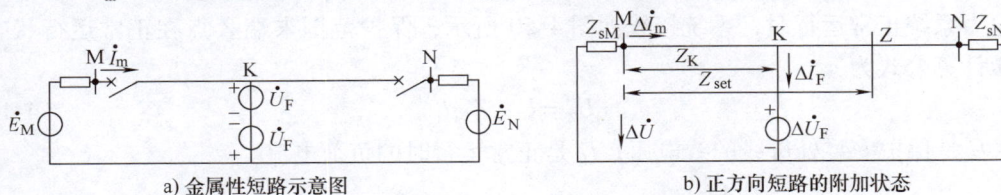

a) 金属性短路示意图　　　　　　　　b) 正方向短路的附加状态

图4-48　电力系统短路故障时的故障分量分解图

表4-5　突变量阻抗继电器的计算量

故障相别	AB	BC	CA	AN	BN	CN
电压	$\Delta\dot{U}_{AB}$	$\Delta\dot{U}_{BC}$	$\Delta\dot{U}_{CA}$	$\Delta\dot{U}_A$	$\Delta\dot{U}_B$	$\Delta\dot{U}_C$
电流	$\Delta\dot{I}_{AB}$	$\Delta\dot{I}_{BC}$	$\Delta\dot{I}_{CA}$	$\Delta\dot{I}_A + 3K\dot{I}_0$	$\Delta\dot{I}_B + 3K\dot{I}_0$	$\Delta\dot{I}_C + 3K\dot{I}_0$

4.10.3　保护区内、外短路故障的分析

假设各阻抗角相等，现在来讨论保护区内、外短路故障时的动作行为。

1. 故障点在保护区内

由图 4-47b 可知，在 K 点发生短路故障时，短路点的电压故障分量为

$$\Delta \dot{U}_F = \Delta \dot{U} - Z_K \Delta \dot{I}_m = -(Z_{sM} + Z_K)\Delta \dot{I}_m \tag{4-116}$$

式中，Z_K 是故障点到保护安装处的线路阻抗。因为 $Z_K < Z_{set}$，则有 $|\Delta \dot{U}_F| < |\Delta \dot{U}_{op}|$。

2. 故障点在保护区外

若故障点在保护范围外，因为 $Z_K > Z_{set}$，则有 $|\Delta \dot{U}_F| > |\Delta \dot{U}_{op}|$。

3. 故障点在保护的反方向

故障点 K 在保护的反方向时，短路附加状态如图 4-49 所示。保护安装处的母线电压故障分量为

$$\Delta \dot{U} = \Delta \dot{I}_m (Z_L + Z_{sN}) \tag{4-117}$$

$$\Delta \dot{U}_F = \Delta \dot{U} + Z_K \Delta \dot{I}_m = (Z_K + Z_L + Z_{sN})\Delta \dot{I}_m \tag{4-118}$$

式中，Z_L 是被保护线路的阻抗；Z_{sN} 是 N 侧系统的阻抗。

$$\Delta \dot{U}_{op} = \Delta \dot{U} - Z_{set}\Delta \dot{I}_m = (Z_L + Z_{sN} - Z_{set})\Delta \dot{I}_m \tag{4-119}$$

因为 $(Z_L + Z_{sN}) > Z_{set}$，则有 $|\Delta \dot{U}_F| > |\Delta \dot{U}_{op}|$。

综合上述分析可得，保护区内（包括保护区末端）故障时有

$$|\Delta \dot{U}_F| \leqslant |\Delta \dot{U}_{op}| \tag{4-120}$$

式中，$\Delta \dot{U}_F$ 是短路点故障前电压相量的负值。由于 Z_K 是未知数，因此 $\Delta \dot{U}_F$ 无法得到。

图 4-49　反方向短路时的附加状态

为了构成可实现的动作方程，常用的代替 $\Delta \dot{U}_F$ 的方法有：

1）用短路前保护安装处的实测电压相量的负值代替 $\Delta \dot{U}_F$。

2）用计算得到的短路前保护范围末端 Z 点的电压相量 $\dot{U}_Z$ 的负值代替 $\Delta \dot{U}_F$。

电力系统正常运行时，系统接线如图 4-50 所示，保护范围末端 Z 点在正常运行状态下的电压计算公式为

$$\dot{U}_Z = \dot{U} - Z_{set}\dot{I}_L \tag{4-121}$$

式中，$\dot{U}$ 是保护安装处母线的线电压；$\dot{I}_L$ 是正常运行时的负荷电流。

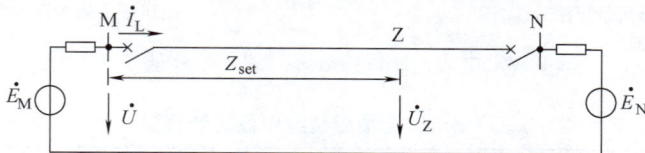

图 4-50　系统正常运行示意图

由于式（4-121）反映的是保护区末端 Z 点故障前的电压，故称 $\dot{U}_Z$ 为**记忆电压**。如果短路点 K 正好在保护区末端 Z 处，则故障点 K 在短路前的电压见式（4-121），于是有 $|\Delta \dot{U}_F| = |\dot{U}_Z|$，所以用第二种方法替代是准确的，不会对保护范围和灵敏度产生影响。

如果故障点 K 在保护区范围内，则保护范围、灵敏度均与系统参数以及保护的安装地点有关。

由图 4-51a 可知，$|\Delta \dot{U}_{F}| > |\dot{U}_{Z}|$，有利于保护动作，使保护灵敏度增加；图 4-51b 中，有 $|\Delta \dot{U}_{F}| < |\dot{U}_{Z}|$，不利于保护动作，使保护灵敏度降低。在实际应用中突变量阻抗继电器的动作方程为

$$|\dot{U}_{Z}| \leqslant |\Delta \dot{U}_{op}| \qquad (4\text{-}122)$$

式中，$\Delta \dot{U}_{op}$ 是工作电压，即补偿电压；$\dot{U}_{Z}$ 是由式(4-121) 计算出的保护范围末端 Z 点短路前的电压，或短路前保护安装处实测的电压相量。

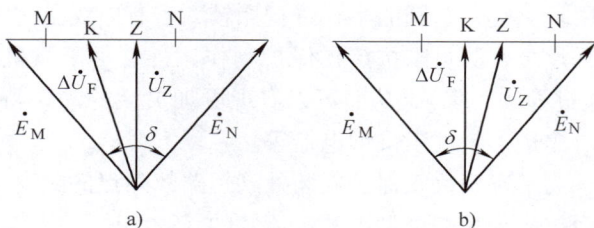

图 4-51　不同地点短路时 $|\Delta \dot{U}_{F}|$ 与 $|\dot{U}_{Z}|$ 的比较

4.10.4　距离保护动作逻辑

阶段式距离保护动作逻辑如图 4-52 所示。动作逻辑由三段式相间距离和三段式接地距离构成，相间距离和接地距离投入与退出由控制字控制，手动合闸在线路故障时，以 25ms 延时加速动作，重合闸动作后加速相间距离、接地距离Ⅱ段或Ⅲ段可经控制字选择。电力系统发生振荡时将相间距离和接地距离Ⅰ段、Ⅱ段保护闭锁。

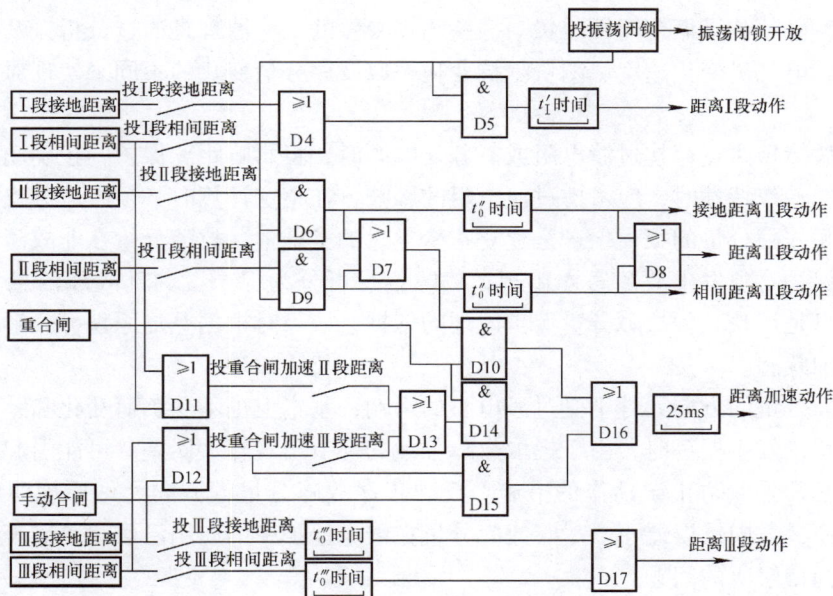

图 4-52　阶段式距离保护动作逻辑

小　　结

本章分析了距离保护的基本工作原理，距离保护与电流保护相比，受系统运行方式的影响较小（有分支电源时，保护区有影响），其保护区较长且稳定，在高压输电线路中被广泛应用。

由于传统距离保护（相对于微机保护而言）的圆特性阻抗继电器实现比较简单，因而被广泛应用。建立圆特性阻抗继电器动作方程的基本方法是：从圆的圆心作一有向线段至测量阻抗末端，与圆的半径进行比较，若有向线段比圆的半径短，则测量阻抗落在保护动作区内；反之，测量阻抗落在保护动作区外。由于微机保护的出现，测量继电器被软件所取代（通过算法实现），从而可以实现更加灵活的动作特性，如带自适应原理的电抗式阻抗继电器、多边形特性阻抗继电器等。

为了正确反映保护安装处到短路故障点的距离，在同一点发生不同类型短路故障时，测量阻抗应与短路类型无关。遗憾的是，无论采用哪一种接线都不能满足要求。因此，在实用中将相间短路保护与接地短路保护分开，即采用不同的接线方式。

选相是为了充分发挥 CPU 的性能，在处理故障之前，预先进行故障类型的判断，以节约计算时间。

序分量起动元件是能区分电力系统振荡和短路故障的起动元件，具有在系统振荡条件下不动作，在正常运行状态下发生短路故障或在振荡过程中发生短路故障时都能迅速动作的优越性能。反映故障分量的起动元件可判别系统是否振荡，也可以与距离保护配合使用，以满足振荡时不误动作，发生短路故障时迅速起动保护的要求。

电力系统发生振荡时，将引起电压、电流大幅度的变化，由此造成距离保护的误动作。电力系统发生振荡时，可以通过其他措施或装置使系统恢复同步，而不允许继电保护发生误动作，因此，必须装设振荡闭锁装置。振荡闭锁装置的工作原理是通过分析振荡与短路故障电流突变量、电气量变化速度、测量阻抗变化率以及序分量变化的不同来实现对距离保护的闭锁。

当短路故障短路点存在过渡电阻或有分支电源时，将影响距离保护的正确动作。在选择阻抗继电器的动作特性时，应考虑过渡电阻的影响，在整定计算时必须考虑分支系数。

反映工频故障分量的距离保护是建立在变化量的基础上，故障分量在非故障状态下不存在，只在被保护对象发生故障时才出现，故障信息可分为保护区内部故障信息和外故障信息。故障信息是反映工频故障分量保护原理的依据，故障时根据叠加原理可分解为非故障状态和故障附加状态。

反映故障分量的方向元件不受过渡电阻的影响，基本上也不受负荷变化和系统频率变化的影响。在系统发生振荡时，由于提取故障分量的环节出现较大误差，可能引起方向元件误动作，因此必须采取防止误动作的措施。反映正序故障分量的方向元件原理明确，判据简单，分析方便，方向性误差小。尽管故障分量在继电保护中的应用已取得了显著成绩，但是仍存在一些尚待解决的问题。

习　　题

4-1　如图 4-53 所示，网络中 M 处电源电抗分别为：$X_{sM.\,min} = 20\Omega$，$X_{sM.\,max} = 25\Omega$；N 处电源电抗分别为：$X_{sN.\,min} = 25\Omega$，$X_{sN.\,max} = 30\Omega$；电源相电动势为：$E_s = 115/\sqrt{3}\,kV$；MN 线路最大负荷电流为 350A，负荷功率因数为 0.9。线路电抗为 0.4Ω/km，电源、线路阻抗角为 70°。归算至电源侧的变压器电抗为 $X_T = 44\Omega$。保护 6 的后备保护动作时间为 1.5s，保护 8 的后备保护动作时间为 0.5s。母线最小工作电压 $U_{w.\,min} =$

$0.9U_N$；可靠系数分别为：$K_{rel}^{I} = K_{rel}^{II} = 0.8$，$K_{rel}^{III} = 0.7$。若线路装有三段式相间距离保护，且测量元件为方向特性阻抗继电器，问：

1）线路 MN 的 M 侧保护 1 的各段阻抗保护的动作阻抗为多少？整定阻抗又为多少？

2）线路 MN 的 M 侧保护 1 的三段式相间距离保护的灵敏度为多少？

3）系统在最大运行方式下发生振荡时，哪些测量元件将会误起动？为什么？

4）离线路 M 侧保护 12km 处发生带过渡电阻 $R_F = 8\Omega$ 的相间短路故障时，该保护 II、III 段阻抗元件是否起动？为什么？

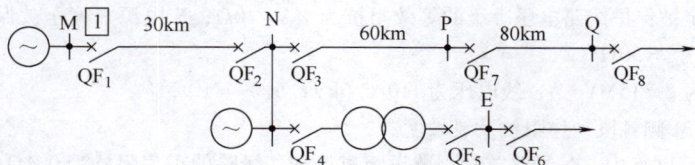

图 4-53 习题 4-1 的系统接线图

4-2 如图 4-54 所示，已知：线路的正序阻抗为 $0.4\Omega/km$，阻抗角为 $65°$，M、N 变电所装有反映相间短路的两段式距离保护，其测量元件采用方向阻抗继电器，灵敏角 $\varphi_{sen} = 65°$，可靠系数 $K_{rel}^{I} = K_{rel}^{II} = 0.8$。

1）当线路 MN、NP 的长度分别为 100km 和 20km 时，计算线路 MN 的 M 侧距离保护 I、II 段的整定值，并校验灵敏度。

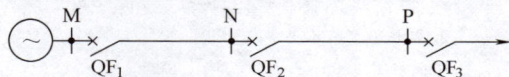

图 4-54 习题 4-2 网络接线图

2）当线路 MN、NP 的长度分别为 20km 和 100km 时，计算线路 MN 的 M 侧距离保护 I、II 段的整定值，并校验灵敏度。

3）分析比较上述两种情况，距离保护在什么情况下使用较理想？

4-3 图 4-55 所示网络中，已知 M 侧电源的等效阻抗为：$Z_{sM.min} = 10\Omega$，$Z_{sM.max} = 15\Omega$；N 侧电源等效阻抗为：$Z_{sN.min} = 15\Omega$，$Z_{sN.max} = 25\Omega$；E 侧电源等效阻抗为 $Z_{sE.min} = 12\Omega$，$Z_{sE.max} = 40\Omega$；MN、NP、NE 线路阻抗分别为 20Ω、15Ω、10Ω。计算线路 MN 的 M 侧距离保护的最大、最小分支系数。可靠系数取 0.8。

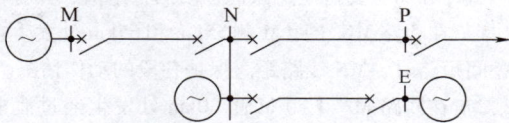

图 4-55 习题 4-3 系统接线图

4-4 图 4-56 所示网络中，已知：线路的正序阻抗为 $0.45\Omega/km$，在平行线路上装设距离保护作为主保护，可靠系数 I 段、II 段取 0.85，试确定距离保护 MN 线路 M 侧、NP 线路 N 侧的 I 段和 II 段动作阻抗和灵敏度。其中：电源相间电动势为 115kV，$Z_{sM.min} = 20\Omega$，$Z_{sM.max} = Z_{sN.max} = 25\Omega$，$Z_{sN.min} = 15\Omega$。

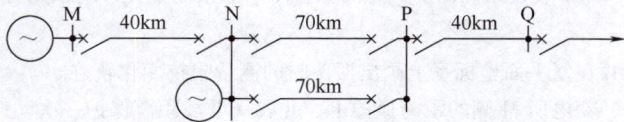

图 4-56 习题 4-4 系统接线图

4-5 图 4-57 所示网络中，已知：

1）网络的距离正序阻抗为 $0.45\Omega/km$，阻抗角为 $65°$。

2）线路上采用三段式距离保护，阻抗元件采用方向阻抗继电器，阻抗继电器灵敏角为 $65°$，阻抗继电器采用 $0°$ 接线。

3）线路 MN、NP 的最大负荷电流为 400A，III 段可靠系数为 0.7，$\cos\varphi = 0.9$。

4）变压器采用差动保护，电源相间电动势为 115kV。

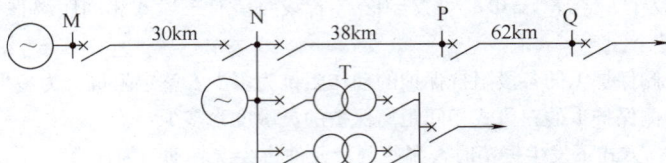

图 4-57 习题 4-5 系统接线图

5）M 电源归算至被保护线路电压等级的等效阻抗为 $Z_M = 10\Omega$；N 电源归算至被保护线路电压等级的等效阻抗分别为：$Z_{N.min} = 30\Omega$，$Z_{N.max} = \infty$。

6）变压器容量为 $2 \times 15MV \cdot A$，线电压为 $110/6.6kV$，$U_K\% = 10.5\%$。

试求线路 MN 的 M 侧各段动作阻抗及灵敏度。

4-6 图 4-58 所示网络中，各线路首端均装设距离保护，线路的正序阻抗为 $0.4\Omega/km$。试求 MN 线路距离保护Ⅰ、Ⅱ段动作阻抗及距离保护Ⅱ段的灵敏度。

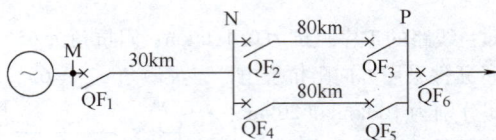

图 4-58 习题 4-6 系统接线图

4-7 图 4-59 所示网络中，已知：网络的正序阻抗为 $0.4\Omega/km$，线路阻抗角 $\varphi_K = 70°$；M、N 变电所装设反映相间短路的两段式距离保护，其距离Ⅰ、Ⅱ段的测量元件均采用方向阻抗继电器和 0° 接线方式。

试计算 MN 线路距离保护各段的整定值，并分析：

1）在线路 MN 上距 M 侧 55km 和 65km 处发生金属性相间短路时，MN 线路距离保护各段的动作情况。

2）在线路 MN 上距 M 侧 30km 处发生经过渡电阻 $R_F = 16\Omega$ 的相间弧光短路时，MN 线路距离保护各段的动作情况。

图 4-59 习题 4-7 系统接线图

3）若 M 变电所的相间电压为 115kV，通过变电所的负荷功率因数为 $\cos\varphi = 0.8$，为使 MN 线路距离保护Ⅱ段不误动作，最大允许输送的负荷电流为多少？

4-8 图 4-60 所示双侧电源电网中，已知：线路的正序阻抗为 $0.4\Omega/km$，$\varphi_K = 75°$；电源 M 的等效相电动势 $E_M = 115/\sqrt{3}kV$、阻抗 $Z_M = 20\underline{/75°}\Omega$；电源 N 的等效相电动势 $E_N = 115/\sqrt{3}kV$，阻抗 $Z_N = 10\underline{/75°}\Omega$；在变电所 M、N 都装设距离保护，距离保护Ⅰ、Ⅱ段测量元件均采用方向阻抗继电器。

试求：

1）振荡中心位置，并在复平面坐标系上画出振荡时的测量阻抗变化轨迹。

2）分析系统振荡时，变电所 M 侧的距离保护Ⅰ、Ⅱ段（Ⅱ段距离保护一次动作整定阻抗为 160Ω，整定阻抗角为 $75°$）误动作的可能性及应采取的措施。

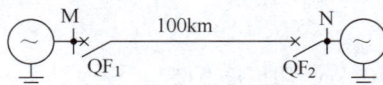

图 4-60 习题 4-8 系统接线图

第5章

输电线路的全线快速保护

教学要求:

通过本章学习,掌握输电线路纵联差动保护的主要类型及工作原理;掌握输电线路纵联差动保护的基本原理及应用条件;熟悉自适应纵联差动保护原理;熟悉平行线路横联差动保护及电流平衡保护的工作原理;掌握电力线载波高频保护通信的构成及通道工作方式;掌握高频方向保护和高频相差保护原理;熟悉光纤差动保护原理。

知识点:

输电线路纵联差动保护基本原理;平行线路横联差动保护基本原理;高频闭锁方向保护原理分析;相差高频保护原理分析;光纤差动保护原理分析。

技能点:

会进行差动保护装置维护及调试;会熟练阅读线路差动保护二次展开图。

利用电流、电压、阻抗原理构成的保护,是将被保护线路一端的电气量引入保护装置,这种单端测量的保护不可能快速区分本线路末端和对端母线(或相邻线路始端)的故障,为了保证保护的选择性,Ⅰ段保护不能保护线路全程,如距离保护的Ⅰ段,最多也只能瞬时切除被保护线路全长的80%~85%以内的故障,对于线路其余部分发生的短路,则要靠带时限的保护来切除,保护不能实现全线速动,在220kV及以上电压等级的电力系统中难以满足系统稳定性对快速切除故障的要求。

5.1 输电线路纵联差动保护的原理及分类

输电线路的纵联差动保护是利用某种通信通道将输电线路两端的继电保护装置纵向连接起来,将各端的电气量(电流、功率的方向等)传送到对端,并将两端的电气量进行比较,以判断故障在本线路范围内还是在本线路范围之外,从而决定是否断开被保护线路。该保护是一种快速保护,其保护范围是本线路的全长。

5.1.1 输电线路纵联差动保护的基本原理

将被保护线路一端的电气量或其用于被比较的特征传送到对端,根据不同的信息传送通道条件,采用不同的传输技术。比较被保护线路两端不同电气量的差别构成不同原理的纵联差动保护。以两端输电线路为例,一套完整的纵联差动保护的结构框图如图5-1所示。

图5-1中,继电保护装置通过电压互感器 TV、电流互感器 TA 获取本端的电压、电流,

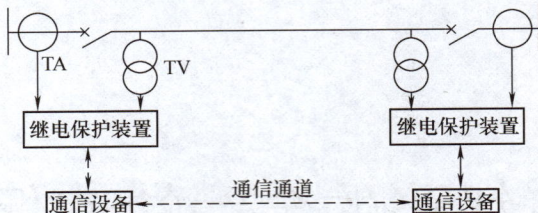

图 5-1　输电线路纵联差动保护的结构框图

根据不同的保护原理，形成或提取两端被比较的电气量特征，一方面通过通信设备将本端的电气量特征传送到对端，另一方面通过通信设备接收对端发送过来的电气量特征，并将两端的电气量特征进行比较，若符合动作条件则跳开本端断路器并告知对端，若不符合动作条件则不动作。可见，**一套完整的纵联差动保护包括两端的继电保护装置、通信设备和通信通道**。

5.1.2　输电线路纵联差动保护的分类

1. 按照所利用通道的类型分类

纵联差动保护中采用的传输通道不同，其传输原理也不同。纵联差动保护应用的主要通道有：

（1）导引线通道　这种通道需要敷设导引线电缆来传送电气量信息，其投资随线路长短而定，当线路较长（超过 10km 以上）时就不经济了，而且导引线越长，其自身的运行安全性越低。

（2）电力线载波通道　不需要专门架设通道，而是利用输电线路构成通道。电力线载波通道由输电线路及其信息加工和连接设备（阻波器、结合电容器及高频收、发信机）等组成。

（3）光纤通道　采用光纤或复合光纤作为传输通道。光纤通道与微波通道具有相同的优点，广泛采用脉冲编码调制（PCM）方式。保护使用的光纤通道一般与电力信息系统综合考虑。

纵联差动保护按照其所利用信息通道相应的命名是：①导引线纵联差动保护（简称导引线保护）；②电力线载波纵联差动保护（简称载波保护）；③光纤纵联差动保护（简称光纤保护）。

2. 按照保护动作原理分类

（1）方向比较式纵联差动保护　两侧保护装置将本侧的功率方向、测量阻抗是否在规定方向的区段内的判别结果传送到对侧，每侧保护装置根据两侧的判别结果，区分是区内故障还是区外故障。这类保护在通道中传送的是逻辑信号，而不是电气量本身，传送的信息量较少，但对信息的可靠性要求很高。**按照保护判别方向所用的原理分为方向纵联差动保护和距离纵联差动保护**。

（2）纵联电流差动保护　这类保护利用通道将本侧电流的波形或代表电流相位的信号传送到对侧，每侧保护根据对两侧电流的幅值和相位比较的结果区分是区内故障还是区外故障。这类保护在每侧都直接比较两侧的电气量，称为**纵联电流差动保护**。这类保护的信息传输量大，并且要求两侧信息同步采集，技术要求较高。

5.2　输电线路的纵联差动保护

5.2.1　输电线路的导引线保护

1. 线路导引线保护的基本原理

利用敷设在输电线路两侧变电所之间的二次电缆传递被保护线路两侧信息的通信方式称为**导引线通信，以导引线为通道的纵联差动保护称为导引线纵联差动保护**。导引线纵联差动保护常采用电流差动原理，可分为**环流式**和**均压式**两种。下面介绍环流式电流差动保护的原理。

导引线保护的单相原理图如图 5-2 所示，在线路的两侧装设的电流互感器型号、电流比完全相同，性能完全一致。辅助导引线将两侧电流互感器的二次侧按环流法连接成回路，差动继电器接入差动回路。两侧电流互感器一次回路的正极性均接于靠近母线的一侧，二次回路的同极性端子相连接（标 "·" 者为正极性），差动继电器则并联在电流互感器的二次端子上。当线路正常运行或外部故障时，流入差动继电器的电流是两侧电流互感器的二次电流相量差，近似为零，相当于差动继电器中没有电流流过；当被保护线路内部故障时，流入差动继电器的电流是两侧电流互感器的二次电流相量和。

1）线路正常运行或外部短路故障时，由图 5-2a 不难得出，流入差动继电器 K 的电流为

$$\dot I_r = \dot I_{M2} - \dot I_{N2} = \frac{1}{n_{TA}}\ (\dot I_M - \dot I_N) \tag{5-1}$$

在理想情况下，$n_{TA1} = n_{TA2} = n_{TA}$，且电流互感器的其他性能完全一致，则有：$I_r = 0$。

但实际上两侧电流互感器的性能不可能完全相同，电流差也不等于零，因此会有一个不平衡电流 I_{unb} 流入差动继电器。

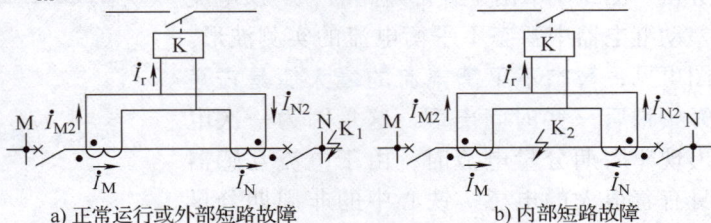

2）线路内部短路故障时，由图 5-2b 得出：$\dot I_r = \dot I_{M2}$

a) 正常运行或外部短路故障　　　　b) 内部短路故障

图 5-2　导引线保护的单相原理图

$+ \dot I_{N2} \neq 0$，$\dot I_r$ 流入差动继电器，达到继电器动作条件时，差动继电器动作，跳开线路两侧的断路器，切除短路故障。

2. 导引线保护的不平衡电流

（1）稳态不平衡电流　在导引线保护中，若电流互感器具有理想的特性，则在系统正常运行和外部短路时，差动继电器 K 中不会有电流流过。但实际上，线路两侧电流互感器的励磁特性不可能完全相同，如图 5-3 所示。当电流互感器 TA 的一次电流较小时，铁心未饱和，两侧电流互感器的特性曲线接近理想状态，相差很小。当电流互感器的一次电流较大时，铁心开始饱和，由于线路两侧电流互感器铁心的饱和点不同，励磁电流差别增大，导致线路两侧电流互感器的二次电流有一个很大的差值，此电流差值称为**不平衡电流 I_{unb}**，该电流将流过差

图 5-3　电流互感器 $I_2 = f(I_1)$
的特性与不平衡电流

动继电器。

$$\dot{I}_{M2} = \frac{1}{n_{TA}}(\dot{I}_M - \dot{I}_{M.ex})$$

$$\dot{I}_{N2} = \frac{1}{n_{TA}}(\dot{I}_N - \dot{I}_{N.ex}) \tag{5-2}$$

式中，$\dot{I}_{M.ex}$、$\dot{I}_{N.ex}$ 分别为两侧电流互感器的励磁电流。

由上可知，正常运行或保护范围外部故障时，流入差动继电器的电流为

$$\dot{I}_r = \dot{I}_{M2} - \dot{I}_{N2} = \frac{1}{n_{TA}}(\dot{I}_M - \dot{I}_{M.ex}) - \frac{1}{n_{TA}}(\dot{I}_N - \dot{I}_{N.ex}) = \frac{1}{n_{TA}}(\dot{I}_{N.ex} - \dot{I}_{M.ex}) \tag{5-3}$$

（2）暂态不平衡电流 由于差动保护是瞬时动作的，故应考虑在保护区外短路时的暂态过程中，流入差动继电器的不平衡电流。此时，流过电流互感器一次侧的短路电流中，包含有周期分量和非周期分量，由于非周期分量对时间的变化率远远小于周期分量的变化率，因而很难传变到二次侧，大部分非周期分量作为励磁电流进入励磁回路而使电流互感器的铁心严重饱和，导致励磁阻抗急剧下降，励磁电流急剧增加，从而导致二次电流的误差增大。因此，暂态不平衡电流要比稳态不平衡电流大得多，并且含有很大的非周期分量。图 5-4 示出了外部短路时，一次电流和差动继电器中暂态不平衡电流的实测波形。由图可见，**暂态不平衡电流的最大值是在短路开始稍后一些时间出现**，这是因为一次电流出现非周期分量电流时，由于电流互感器本身有着很大的电感，铁心中的非周期分量磁通不能突变，故铁心最严重的饱和时刻不是出现在短路的最初瞬间，而是出现在短路开始稍后一段时间，从而有这样的波形。

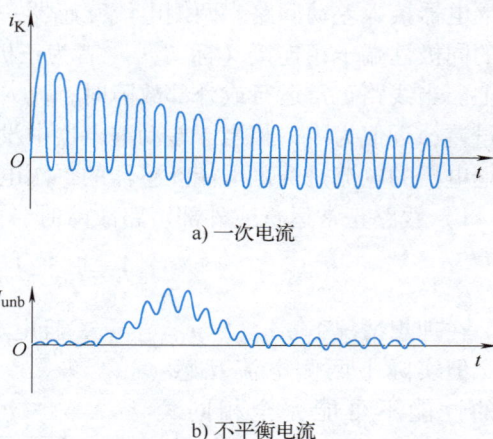

a) 一次电流

b) 不平衡电流

图 5-4　外部短路暂态过程中的一次电流和不平衡电流

正常运行或外部故障时，纵联差动（简称纵差）保护中总会有不平衡电流 I_{unb} 流过，而且在外部短路暂态过程中，I_{unb} 可能很大。为了防止外部短路时纵联差动保护误动作，应设法减小 I_{unb} 对保护的影响，从而提高纵联差动保护的灵敏度。采用带制动特性的纵联差动保护，是一种减小 I_{unb} 影响、提高保护灵敏度的有效方法。

3. 导引线保护的整定计算

（1）不带制动特性的差动继电器特性 其动作方程为

$$I_r = |\dot{I}_{M2} + \dot{I}_{N2}| \geq I_{set} \tag{5-4}$$

式中，I_r 是流入差动继电器的电流；I_{set} 是差动继电器的动作电流整定值，其值为下列两个整定值中较大的一个。

1）按躲过区外短路故障时的最大不平衡电流整定，其动作电流为

$$I_{op} = K_{rel}\frac{K_{st}K_{unp}f_{er}I_{K.max}}{n_{TA}} \tag{5-5}$$

式中，K_{rel}是可靠系数，取 1.2 ～ 1.3；K_{unp}是非周期分量系数，其值取 1.3；K_{st}是电流互感器的同型系数，当两侧电流互感器同型时取 0.5，不同型时取 1；f_{er}是电流互感器的误差，取 0.1；$I_{K.max}$是外部短路故障时流过本线路的最大短路电流；n_{TA}是电流互感器的电流比。

2）按躲过电流互感器二次回路断线时整定，其动作电流为

$$I_{op} = K_{rel} \frac{I_{L.max}}{n_{TA}} \tag{5-6}$$

式中，K_{rel}是可靠系数，取 1.2 ～ 1.3；$I_{L.max}$为最大负荷电流。

保护装置的灵敏系数为

$$K_{sen} = \frac{I_{K.min}}{I_{set}} \tag{5-7}$$

式中，$I_{K.min}$是单侧电源供电情况下被保护线路末端短路时流过保护安装处差动继电器的最小短路电流。要求 $K_{sen} \geqslant 1.5 \sim 2$，当灵敏系数不满足要求时，可采用带制动特性的差动继电器。

（2）比率制动特性的差动继电器特性　这种原理的差动保护制动量为流过两侧互感器的循环电流$|\dot{I}_{M2} - \dot{I}_{N2}|$，电流的正方向为母线指向线路，在正常运行和外部短路时制动作用增强；差动保护动作量为流过两侧互感器的和电流$|\dot{I}_{M2} + \dot{I}_{N2}|$，在内部短路时制动作用减弱（相当于无制动作用），而动作量增强。图 5-5 为比率制动特性的差动保护的动作特性。

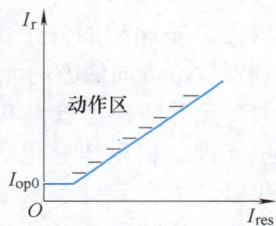

图 5-5　比率制动特性的差动保护的动作特性

差动保护的动作方程为

$$|\dot{I}_{M2} + \dot{I}_{N2}| - K|\dot{I}_{M2} - \dot{I}_{N2}| \geqslant I_{op0} \tag{5-8}$$

式中，K 是制动系数，可在 0 ～ 1 之间选择；I_{op0}是门槛值，其值较小。

带制动特性的差动保护的动作电流$|\dot{I}_{M2} + \dot{I}_{N2}|$不是定值，而是随制动电流$|\dot{I}_{M2} - \dot{I}_{N2}|$变化的。带制动特性的差动保护不仅提高了内部短路时的灵敏性，而且提高了外部短路时不误动的可靠性，因而在电流差动保护中得到了广泛应用。

4. 对导引线保护的评价

导引线保护是测量两侧电气量的保护，能快速切除被保护线路全线范围内的故障，不受过负荷及系统振荡的影响，灵敏度较高。它的主要缺点是需要装设与被保护线路一样长的辅助导线，成本较高。同时为了增强保护装置的可靠性，要装设专门的监视辅助导线是否完好的装置，以防当辅助导线发生断线或短路时，保护误动作或拒动。输电线路上只有当其他保护不能满足要求，且在线路长度小于 10km 时才考虑采用普通导线做导引线的纵差保护。一般导引线中直接传输交流二次电气量波形，故导引线保护广泛采用差动保护原理，但导引线的参数（电阻和分布电容）直接影响保护的性能，从而在技术上也限制了导引线保护用于较长的线路。

5.2.2　自适应纵联差动保护

对纵差保护的总要求是在所有可能出现的正常运行和故障情况下，保护不误动作，也不拒动。而通常采用的方向比较式和电流相位比较式纵联差动保护原理各有优缺点，为了达到取长补短的目的，就要求纵联差动保护能根据系统运行情况的变化，自动地改变保护原理或

整定值，退出一种保护并投入另一种保护，这就是微机保护系统中采用的自适应纵差保护。

方向比较式纵差保护只需取线路一侧的电压、电流就能独立判定故障方向，具有简单可靠、动作迅速、占用通道频带较窄及抗干扰性能较强等优点。它的主要缺点是在电压回路断线时必须将保护退出运行。此外，按不同原理构成的方向元件还存在系统振荡或非全相运行时可能误动作或拒动的问题。

电流相位比较式纵差保护可只用电流量构成，因此与电压回路无关，保护原理简单。由于是比较线路两侧电流的相位，因此不受电力系统振荡的影响，在非全相运行条件下故障时也能正确动作。它的主要缺点是动作速度慢，占用通道频带较宽，抗干扰性能差，保护调试比较复杂。

把两种原理结合起来构成一种由自动控制部分控制自动切换的纵差保护，称为**自适应纵联差动保护**。自适应性表现在可以根据系统运行情况的变化，自动地改变保护的动作原理。**自适应纵联差动保护主要由方向比较、相位比较和自适应控制三部分组成**，如图5-6所示。

（1）方向比较部分　方向比较部分包括方向比较式纵差保护的各个主要环节，其核心元件是判别故障方向的方向元件。

方向元件的类型有负序功率方向元件、方向阻抗元件、相电压补偿式方向元件、反映工频变化量的方向元件和反映正序故障分量的方向元件等。从速动性、选择性、灵敏性和可靠

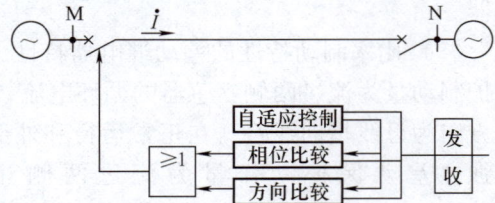

图5-6　自适应纵联差动保护组成框图

性各种指标综合比较，同时考虑发挥微机的智能作用，自适应纵差保护中采用反映正序故障分量的方向元件。反映正序故障分量的方向元件简单可靠，灵敏度高，能反映各种对称和不对称短路故障，但它在系统振荡时可能误动作，在电压回路断线时也必须退出。因此，方向比较式纵差保护只在正常运行情况下发生短路故障时起作用。

（2）相位比较部分　相位比较部分包括相位比较式纵差保护的各个主要环节，其**核心元件是相位比较元件。**

在相位比较元件中，为了能反映各种短路故障，同时只使用一个通道，广泛采用的是比较两侧的复合电流（$\dot{I}_1 + K\dot{I}_2$）的相位。由于采用复合电流（$\dot{I}_1 + K\dot{I}_2$）的主要缺点是三相对称短路故障和两相运行短路故障时的灵敏度不高，且计算分析比较复杂，因此，**自适应纵差保护中采用正序故障分量的电流 $\dot{I}_{1F}$ 或（$K\dot{I}_{1F} + \dot{I}_2$）进行比较。**在保护区内故障时，线路两侧电流故障分量的相位关系只由故障点两侧的综合阻抗角决定且不受负荷电流的影响，这就为加大相位比较元件的闭锁角创造了有利条件。在闭锁角增大到90°或以上时，相位比较部分的选择性将得到显著提高。

相位比较部分只用电流量，起动元件设高、低两个定值并均以 $\dot{I}_{1F}$ 或（$K\dot{I}_{1F} + \dot{I}_2$）为起动量，从而使起动、操作和相位比较各环节的灵敏度配合得到充分保证。但应指出，由于相位比较式纵差保护动作速度较慢，所以只在方向比较部分退出的条件下才投入使用。

（3）自适应控制部分　自适应控制部分是自适应纵差保护的关键，为了达到自适应目的，先要判断系统的运行状态，从而解决方向比较和相位比较两种原理的配合问题。由于纵差保护需要线路两侧的参数，因此要求任何条件下，两侧的保护原理必须一致，否则将导致严重的不良后果。

保护的自适应控制部分包括电压回路断线的自适应控制、系统振荡时的自适应控制、两相运行时的自适应控制及手动或自动合闸的自适应控制。

1）电压回路断线的自适应控制是通过电压回路断线的判据 $\dot{U}_A + \dot{U}_B + \dot{U}_C \neq 3\dot{U}_0$ 实现的。在检测出电压回路断线后，立即退出方向比较部分。此时若发生保护区内、外短路故障，保护按相位比较原理工作。

2）系统振荡时的自适应控制从继电保护技术观点出发，必须考虑两种系统振荡情况：一是先振荡后故障（由系统静态稳定被破坏引起），二是先故障后振荡（由故障引起）。当确认系统在振荡状态下，应立即退出方向比较部分并投入相位比较部分。

为实现在振荡时的自适应控制，首先要检测出振荡的状态，而且要线路两侧同时检测，才能保证两侧保护工作在同一原理之下。静态稳定被破坏时，通常可用相电流增大的方法或测量阻抗的方法检测出。

在系统振荡时，为了防止只有一侧检测出振荡的状态，可设置灵敏度不同的两套起动元件。灵敏的一套控制切换保护原理，不灵敏的一套控制保护的跳闸回路。

3）两相运行时的自适应控制是根据一相无电流，其他两相有电流来判定。当确认为两相运行状态后，立即退出方向比较部分，投入相位比较部分。也可以在线路保护发出单相跳闸命令时，立即将方向比较部分切换为相位比较部分。

4）手动或自动合闸的自适应控制是在单相自动重合闸的过程中，两侧故障相断开后立即切换到相位比较部分。若线路为永久性故障，单相自动重合闸到故障线路时，相位比较部分应该能快速切除故障；在手动合闸到故障线路时，相位比较部分能动作于跳闸。如线路上无故障，则起动元件不起动，保护不动作。

5.3 平行线路差动保护

在 35～110kV 电压等级的平行线路上，普遍采用横联差动保护作为主保护。横联差动保护主要包括横联差动方向保护和电流平衡保护，与导引线纵联差动保护相比，它不需要辅助导线，故保护装置结构比较简单，运行维护方便，性能较好。

所谓平行线路，是指线路长度、导电材料等都相同的两条并列连接的线路，在正常情况下，两条线路并联运行，只有在其中一条线路上发生故障时，另一条线路才单独运行。这就要求保护在平行线路同时运行时能有选择性地切除故障线路，保证无故障线路正常运行。

5.3.1 平行线路内部故障的特点

图 5-7 所示的平行线路供电网中，其故障特点是在单侧电源和双侧电源时相同，下面以双侧电源为例进行分析。

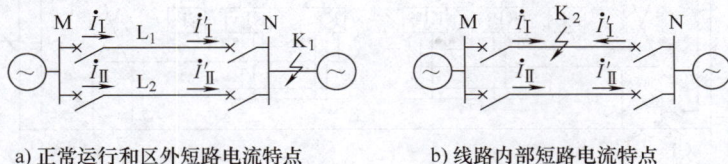

a) 正常运行和区外短路电流特点   b) 线路内部短路电流特点

图 5-7 平行线路供电网

如图 5-7a 所示，线路在正常运行和区外 K_1 点短路时，$\dot{I}_\mathrm{I} - \dot{I}_\mathrm{II} = 0$ 或 $\dot{I}_\mathrm{I}' - \dot{I}_\mathrm{II}' = 0$；图5-7b所示线路内部 K_2 点短路时，$\dot{I}_\mathrm{I} - \dot{I}_\mathrm{II} \neq 0$ 或 $\dot{I}_\mathrm{I}' - \dot{I}_\mathrm{II}' \neq 0$。对于图 5-7b 有：①第一条线路 K_2 点短路时，$\dot{I}_\mathrm{I} - \dot{I}_\mathrm{II} \geqslant 0$ 或 $\dot{I}_\mathrm{I}' - \dot{I}_\mathrm{II}' \geqslant 0$；②第二条线路短路时，$\dot{I}_\mathrm{I} - \dot{I}_\mathrm{II} \leqslant 0$ 或 $\dot{I}_\mathrm{I}' - \dot{I}_\mathrm{II}' \leqslant 0$。

由以上分析可见，电流差（$\dot{I}_\mathrm{I} - \dot{I}_\mathrm{II}$）或（$\dot{I}_\mathrm{I}' - \dot{I}_\mathrm{II}'$）是否为 0 可作为平行线路有无故障的依据，而要判断哪条线路短路，则需要判断电流差（$\dot{I}_\mathrm{I} - \dot{I}_\mathrm{II}$）或（$\dot{I}_\mathrm{I}' - \dot{I}_\mathrm{II}'$）的方向，根据这一原理去实现的差动保护称为横联差动方向保护，简称横差保护。

平行线路内部短路时，利用母线电压降低、平行线路电流不等的特点，同样也可判别故障线路，图 5-7b 的 M 侧母线上电压降低时，若 $I_\mathrm{I} > I_\mathrm{II}$（或 $-90° \leqslant \arg \dfrac{\dot{I}_\mathrm{I} - \dot{I}_\mathrm{II}}{\dot{I}_\mathrm{I} + \dot{I}_\mathrm{II}} \leqslant 90°$），则判定 L_1 上发生了短路故障；若 $I_\mathrm{II} > I_\mathrm{I}$（或 $-90° \leqslant \arg \dfrac{\dot{I}_\mathrm{II} - \dot{I}_\mathrm{I}}{\dot{I}_\mathrm{II} + \dot{I}_\mathrm{I}} \leqslant 90°$），则判定 L_2 上发生了短路故障。N 侧母线上电压降低时，也同样可以判定出故障线路。以此原理构成的平行线路保护称为电流平衡保护。

5.3.2 横联差动方向保护

1. 单相横联差动方向保护的构成

单相横联差动方向保护的构成如图 5-8 所示，平行线路同侧两个电流互感器的型号、电流比相同，二次侧按环流法接线；电流继电器 KI_1 按平行线路电流差接入，作为起动元件；功率方向继电器 KP_1、KP_2 按 90°接线方式接线，作为判断元件。

2. 横联差动方向保护的工作原理

1）当平行线路正常运行或保护区外短路时，线路同侧两电流大小、相位相等，即 $\dot{I}_\mathrm{I} = \dot{I}_\mathrm{II}$，差动回路电流为不平衡电流。$KI_1$（$KI_2$），$KP_1$、$KP_2$（$KP_3$、$KP_4$）均不动作。

2）当平行线路内部短路时，如 L_1 中 K_2 点短路，则 $I_\mathrm{I} > I_\mathrm{II}$、$I_r > 0$，$KI_1$ 起动，KP_1 起动、KP_2 不起动（电流方向相反），保护动作切除 QF_1，闭锁 QF_3；对侧同理有 KI_2、KP_3 动作切除 QF_2，闭锁 QF_4；同理有 L_2 内短路，保护切除 QF_3、QF_4，闭锁 QF_1、QF_2。

由以上分析得知：横联差动方向保护只在两条线路共同运行时起到保护作用，而当一条线路故障时，保护切除该故障线路后为使保护不出现误动作而使横联差动保护退出运行，也就是说单条线路运行横联差动方向保护是不起作用的。

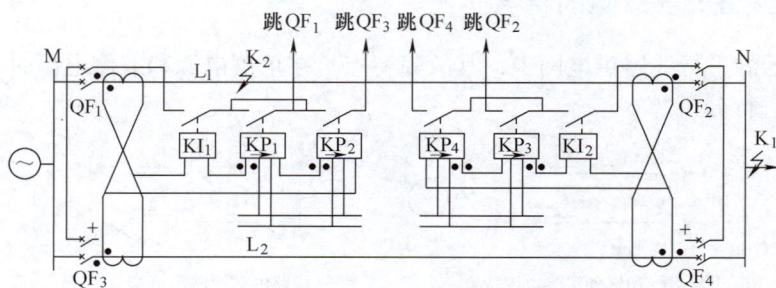

图 5-8　单相横联差动方向保护的构成

3. 横联差动方向保护的相继动作区

如图 5-9 所示，当 L_1 上 K 点短路时，$I_I \approx I_{II}$、$I_r \approx 0$，KI_1 不起动，而对侧 I'_I 与 I'_{II} 方向相反，I'_r 很大，KI_2 起动并切除 QF_2。当 QF_2 切除后，短路电流重新分配，KI_1 才会起动，切除 QF_1，即 L_1 两侧断路器是相继动作的，这种短路点靠近母线侧区域存在的断路器相继动作的现象，称之为相继动作区。因相继动作使得保护动作的时间加长，故要求相继动作区小于线路全长的 50%。

4. 横联差动方向保护的整定

起动元件的动作值根据下列三个条件整定，取最大值。

1）躲过单回线路运行时的最大负荷电流。考虑到单回线路运行时外部故障切除后，在最大负荷电流情况下起动元件可靠返回，则动作电流为

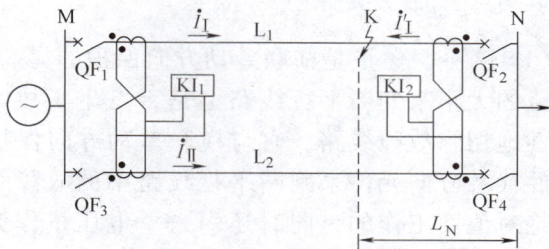

图 5-9 横联差动方向保护相继动作区示意图

$$I_{op} = \frac{K_{rel}}{K_{re} n_{TA}} I_{L.max} \qquad (5-9)$$

式中，K_{rel} 是可靠系数，取 1.2；K_{re} 是返回系数，其大小由保护的具体类型而定；$I_{L.max}$ 是单回线路运行时的最大负荷电流。

2）躲过平行线路外部短路时流过保护的最大不平衡电流。不平衡电流由电流互感器特性不一致、平行线路参数不完全相等所引起。动作电流为

$$I_{op} = \frac{K_{rel}}{n_{TA}} I_{unb.max} = \frac{K_{rel}}{n_{TA}} \left(I'_{unb} + I''_{unb} \right) \qquad (5-10)$$

其中

$$I'_{unb} = f_{er} K_{st} K_{unp} \frac{I_{K.max}}{2}$$

$$I''_{unb} = \eta K_{unp} I_{K.max}$$

式中，K_{rel} 是可靠系数，取 $1.3 \sim 1.5$；$I_{unb.max}$ 是外部短路故障时产生的最大不平衡电流；I'_{unb} 是由电流互感器特性不同而引起的不平衡电流；I''_{unb} 是由平行线路阻抗不等而引起的不平衡电流；K_{st} 是电流互感器的同型系数，同型取 0.5，不同型取 1；K_{unp} 是非周期分量系数，一般电流继电器取 $1.5 \sim 2$，对能躲过非周期分量的继电器取 $1 \sim 1.3$；f_{er} 是电流互感器的误差，取 0.1；η 是平行线路的正序差电流系数；$I_{K.max}$ 是平行线路外部短路故障时流过保护的最大短路电流。

3）躲过在相继动作区内发生接地短路故障时，流过本侧非故障相最大负荷的电流，其动作电流为

$$I_{op} = \frac{K_{rel}}{n_{TA}} I_{unF.max} \qquad (5-11)$$

式中，K_{rel} 是可靠系数，取 1.3；$I_{unF.max}$ 是对侧断路器断开后流过本侧非故障相线路的最大负荷电流。

选取上述三种计算结果中的最大值作为起动元件的整定值。

5. 灵敏度校验

要求平行线路中的一回线中点短路时，在两侧断路器均未跳开之前，其中一侧保护的

灵敏系数不应小于 2；而在任何一侧跳开之后，线路末端短路时的灵敏度不应小于 1.5。

$$K_{sen} = \frac{I_{K.min}}{I_{op}} \tag{5-12}$$

式中，$I_{K.min}$ 是平行线路内部故障时流过横联差动方向保护的最小短路电流，其短路点选在一回线路的中点或末端。

5.3.3　电流平衡保护

电流平衡保护是横联差动方向保护的另一种形式，其工作原理是通过比较平行线路电流的大小来判断平行线路上是否发生了故障和故障发生在哪一回线路上，从而有选择性地切除故障线路。它与横联差动方向保护的不同之处在于电流平衡保护是用电流元件代替方向元件来判断平行线路中的故障线路。电流元件是按比较平行线路中的电流绝对值而工作的，同时还引入了电压量作为制动量。电压量的大小将影响保护的动作灵敏度，电压降低时保护的灵敏度将提高，所以在线路发生短路故障时，保护会有较高的灵敏度。

电流平衡保护的主要优点是：与横联差动方向保护相比，只有电流相继动作区而没有死区，而且相继动作区比横联差动方向保护小。此外，它动作迅速、灵敏度高并且接线简单，通常用于 35kV 以上的电网中。

5.4　输电线路的高频保护

导引线纵联差动保护虽然能保护线路全长，且快速动作，但它只适用于做短线路的主保护。对于高电压、大容量、长距离输电线路而言，不能采用导引线纵联差动保护。导引线纵联差动保护是靠辅助导引线来实现线路两侧电流信息（大小、相位）比较的，这对远距离输电线路既不可靠，又不经济。

高频保护解决了导引线纵差保护存在的问题，目前其常用的通信方式有：电力线载波通信、微波通信及光纤通信等。

高频保护的工作原理是将线路两侧的电流相位或功率方向转换成高频信号（高频保护信号频率为 50～400kHz、微波保护信号频率为 300～30000MHz、光纤频率高达 10^6GHz），利用线路、空间或光纤通道传送到对侧，解调出电流相位或功率方向信号，比较两侧电流相位或功率方向，从而决定保护是否动作。

目前，这类保护被广泛地应用于我国 220～500kV 的输电线路中做主保护。

5.4.1　电力线载波高频保护

将线路两侧的电流相位或功率方向信息转变为高频信号，经过高频耦合设备将高频信号加载到输电线路上，输电线路本身作为高频信号的通道将高频载波信号传输到对侧，对侧再经过高频耦合设备将高频信号接收，从而实现各侧电流相位或功率方向的比较，这就是高频保护或载波保护名称的由来。

1. 电力线载波通信的构成

按照通道的构成，电力线载波通信又可分为使用两相线路的"相－相"式和使用一相一地的"相－地"式两种，其中"相－相"式高频信号传输的衰减小，而"相－地"式则比较经济。"相－地"式载波通道如图5-10所示，现将各组成部分的功能介绍如下。

（1）输电线路 三相输电线路都可以用来传递高频信号，任意一相与大地间都可以组成"相－地"回路。

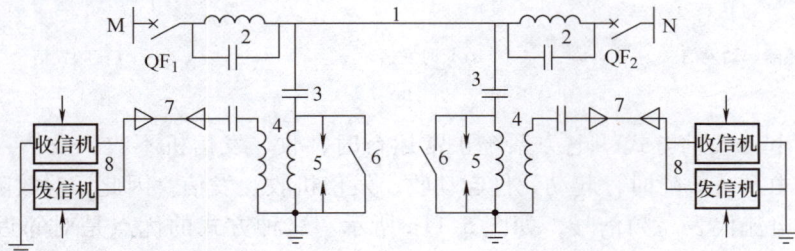

图5-10 输电线路高频通道的构成框图

1—线路 2—高频阻波器 3—耦合电容器 4—连接滤波器
5—放电间隙 6—接地开关 7—高频电缆 8—收、发信机

（2）高频阻波器 高频阻波器是一个由电感器和电容器构成的并联谐振回路，其参数选择的原则是使该回路对高频设备的工作频率发生并联谐振，因此高频阻波器呈现很大的阻抗。高频阻波器串联在线路两侧，从而将高频信号限制在被保护线路上传递，而不致分流到其他线路上去。高频阻波器对50Hz的工频信号呈现的阻抗值很小，约为0.04Ω，所以工频电流能顺利通过。

（3）耦合电容器 为使工频信号对地泄漏电流减到极小，采用耦合电容器，它的电容量极小，对工频信号呈现非常大的阻抗，同时可以防止工频电压侵入高频收、发信机。耦合电容器对高频载波电流呈现的阻抗很小，与连接滤波器共同组成带通滤波器，只允许此通带频率内的高频电流通过。

（4）连接滤波器 它由一个可调电感的空心变压器和一个接在二次侧的电容器组成。连接滤波器与耦合电容器共同组成一个"四端口网络"带通滤波器，使所需频带的电流能够顺利通过。此外，连接滤波器在线路侧的阻抗应与输电线路的波阻抗（约400Ω）相匹配，而在高频电缆侧的阻抗则应与高频电缆的波阻抗（约100Ω）相匹配。这样就可以避免高频信号的电磁波在传输过程中产生反射，从而减小高频能量的附加损耗，提高传输效率。

（5）高频收、发信机 高频收、发信机由继电保护部分控制发出预定频率（可设定）的高频信号，通常是在电力系统发生故障时，保护起动后发出信号，但也有采用长时发信、发生故障时保护起动后停信或改变信号频率的工作方式。发信机发出的高频信号经载波通道传送到对侧，被对侧和本侧的收信机所接收，两侧的收信机既接收来自本侧的高频信号又接收来自对侧的高频信号，两个信号经比较判断后，作用于继电保护的输出部分。

（6）高频电缆 高频电缆用来连接高频收、发信机与连接滤波器。由于其工作频率高，因此通常采用单芯同轴电缆。

（7）接地开关与放电间隙 在检查和调试高频保护时，应将接地开关合上，以保证人身安全。放电间隙用以防止过电压对收、发信机的损害。

2. 电力线载波通道的工作方式

电力线载波通道的工作方式可分为三大类：故障起动发信方式、长时发信方式及移频发信方式。根据高频保护对动作可靠性要求的不同，可以选用任意的工作方式。高频信号的发信方式如图 5-11 所示。

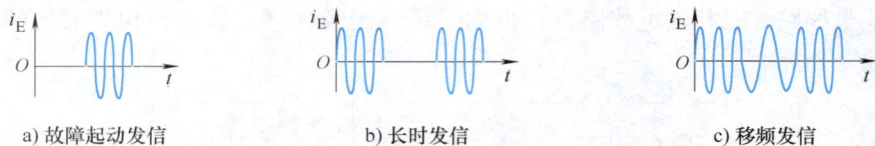

a) 故障起动发信　　　　b) 长时发信　　　　c) 移频发信

图 5-11　高频信号的发信方式

（1）故障起动发信方式　电力系统正常运行时，收、发信机不收、发信，通道中无高频电流。当电力系统故障时，起动元件起动收、发信机收、发信。因此，对故障起动发信方式而言，高频电流代表高频信号，如图 5-11a 所示。这种方式的优点是对邻近通道的影响小，可以延长收、发信机的寿命；缺点是必须有起动元件，且需要定时检查通道是否良好。

（2）长时发信方式　电力系统正常运行时，收、发信机连续收、发信，高频电流持续存在，用于监视通道是否完好。高频电流的消失代表高频信号，如图 5-11b 所示。这种方式的优点是通道的工作状态受到监视，可靠性高；缺点是增大了通道间的干扰，并降低了收、发信机的使用寿命。

（3）移频发信方式　电力系统正常运行时，发信机发出频率为 f_1 的高频电流，用于监视通道。当电力系统故障时，发信机发出频率为 f_2 的高频电流，频率为 f_2 的高频电流代表高频信号，如图 5-11c 所示。这种方式的优点是提高了通道工作的可靠性，加强了保护的抗干扰能力。

目前，我国电力系统高频保护装置多数采用故障起动发信方式，一般认为存在高频电流就存在高频信号。

3. 高频信号的种类

按照高频载波通道传送的信号在纵联保护中的作用的不同，将电力线载波信号分为：闭锁信号、允许信号和跳闸信号。逻辑框图如图 5-12 所示。

（1）闭锁信号　闭锁信号是阻止保护动作于跳闸的信号。换句话说，无闭锁信号是保护作用于跳闸的必要条件。只有同时满足以下两条件时保护才作用于跳闸：本侧保护元件动作；无闭锁信号。闭锁信号的逻辑框图如图 5-12a 所示。

在闭锁式方向比较高频保护中，当外部故障时，闭锁信号自线路近故障点的一侧发出，当线路另一侧收到闭锁信号时，其保护元件虽然动作，但不作用于跳闸；当内部故障时，任何一侧都不发送闭锁信号，两侧保护都收不到闭锁信号，保护元件动作后作用于跳闸。

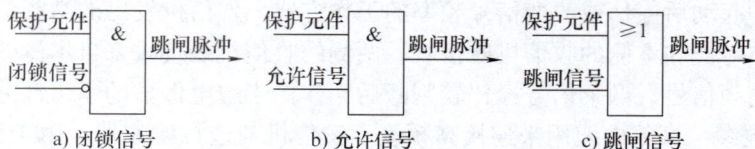

a) 闭锁信号　　　　b) 允许信号　　　　c) 跳闸信号

图 5-12　高频保护信号逻辑框图

（2）允许信号　允许信号是允许保护动作于跳闸的信号。换句话说，有允许信号是保护动作于跳闸的必要条件。只有同时满足以下两条件时，保护装置才动作于跳闸：本侧保护元件动作；有允许信号。允许信号的逻辑框图如图 5-12b 所示。

在允许式方向比较高频保护中，当区内故障时，线路两侧互送允许信号，两侧保护都收到对侧的允许信号，保护元件动作后作用于跳闸；当区外故障时，近故障侧不发出允许信号、保护元件也不动作，近故障侧保护不跳闸，远故障侧的保护元件虽动作，但收不到对侧的允许信号，保护也不动作于跳闸。

（3）跳闸信号　**跳闸信号是直接引起跳闸的信号**，换句话说，收到跳闸信号是跳闸的充要条件。跳闸的条件是：本侧保护元件动作，或者对侧传来跳闸信号。跳闸信号的逻辑框图如图5-12c所示。只要本侧保护元件动作即作用于跳闸，与有无对侧信号无关；只要收到跳闸信号即作用于跳闸，与本侧保护元件动作与否无关。

从跳闸信号的逻辑可以看出，它在不知道对侧信息的情况下就可以跳闸，所以本侧和对侧的保护元件必须具有直接区分区内故障和区外故障的能力，如距离保护Ⅰ段、零序电流保护Ⅰ段等。而阶段式保护Ⅰ段是不能保护线路的全长的，所以采用跳闸信号的纵联差动保护只能使用在两侧保护的Ⅰ段有重叠区的线路才能快速切除全线路任意点的短路。

还应指出，高频信号与高频电流是不同的，由高频电流可以组成高频信号。对于电流相位比较式纵联差动保护，有无高频信号不仅取决于是否收到高频电流，还取决于收到的高频电流与反映本侧电流相位的高频电流间的相对时序关系。

目前，国内高频保护装置大多采用的是故障起动发信方式的高频闭锁信号。

5.4.2　高频闭锁方向保护

高频闭锁方向保护利用间接比较的方式来比较被保护线路两侧短路功率的方向，以判别保护区内还是区外短路。在被保护线路两侧均装设功率方向元件，一般规定短路功率方向由母线指向线路为正方向，短路功率由线路指向母线为负方向。功率方向元件用于判断短路功率的方向：正方向时有输出，高频收、发信机停信；反方向时无输出，高频收、发信机发信，发出高频闭锁信号。

当保护区外短路时，近短路点一侧的短路功率方向是由线路指向母线，则该侧保护的方向元件反映为负方向而不动作于跳闸，且发出高频闭锁信号，送至本侧及对侧的收信机；对侧的短路功率方向则由母线指向线路，方向元件虽反映为正方向，但由于收信机收到了近短路点侧保护发来的高频闭锁信号，故这一侧的保护也不会动作于跳闸。在保护区内短路时，两侧短路功率方向都是由母线指向线路，方向元件均反映为正方向，两侧保护都不发闭锁信号，保护动作使两侧断路器立即跳闸。

图5-13所示系统中，电力系统正常运行时，起动元件不起动，高频发信机不发信，保护跳闸回路不开放。当NP线路上的K点发生短路时，线路MN、NP上的高频保护均起动发信。对于线路MN，保护1的功率方向元件判断故障为正方向，与门有输出，经t_2延时后KT_2有输出，使本侧高频发信机停止发信，另一方面经禁止门2准备跳闸；保

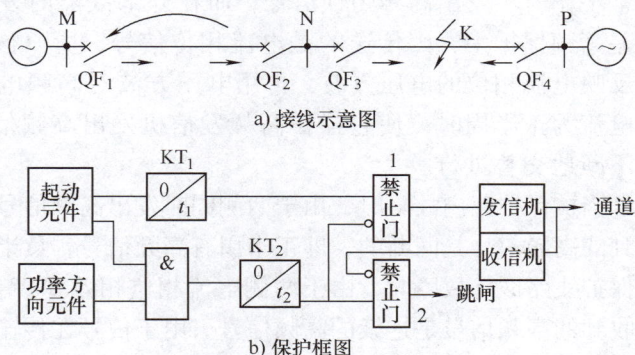

a) 接线示意图

b) 保护框图

图5-13　高频闭锁方向保护原理框图

护2的功率方向元件判断故障为负方向，与门无输出，高频发信机连续发出高频信号，闭锁本侧保护；同时保护1的收信机连续收到保护2的高频信号，保护1的收信机有连续输出，禁止门2关闭，保护1不能跳闸。线路NP的保护3、4的功率方向元件判断故障为正方向，两侧的发信机均停止发信，禁止门2开放，两侧保护分别动作于跳闸。

记忆元件KT_1的作用是防止外部故障切除后，近故障点侧的保护起动元件先返回停止发信，而远故障点侧的起动元件和功率方向元件后返回，造成保护误动作。KT_1的时间应大于本侧的起动元件返回时间与对侧起动元件与功率方向元件返回的时间之差。

延时元件KT_2的作用是等待对侧高频信号的到来，防止区外故障时保护误动作。在具有远方起动发信的高频闭锁保护中，延时时间取决于高频信号在线路上的往返传输时间与对侧发信机的发信时间之和，一般取10ms。

5.4.3 相差高频保护

相差高频保护的 **基本工作原理** 是比较被保护线路两侧电流的相位，即利用高频信号将电流的相位传送到对侧去进行比较。

假设线路两侧的电动势同相位，系统中各元件的阻抗角相等（实际上它们是有差异的）。电流的正方向仍然规定从母线流向线路为正，从线路流向母线为负。这样，当被保护线路内部故障时，两侧电流都从母线流向线路，其方向为正且相位相同，如图5-14a所示；当被保护线路外部故障时，两侧电流相位差为180°，如图5-14b所示。

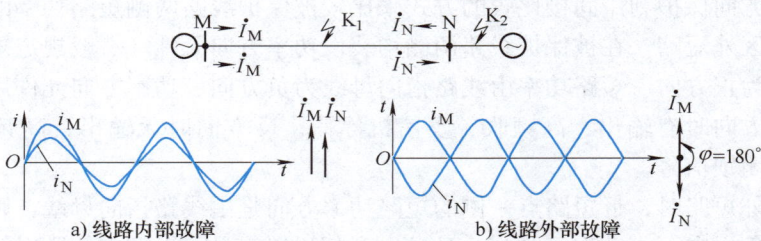

图5-14　线路两侧电流相位

为了比较被保护线路两侧电流的相位，必须将一侧的电流相位信号传送到另一侧，这样才能构成比相系统，由比相系统给出比较结果。为了满足以上要求，采用高频通道正常工作时不发出高频闭锁信号，而在外部故障时发出闭锁信号的方式来构成保护。在相差高频保护中，因传送的是电流相位信号，所以被比较的电流首先经过放大限幅，变为反映电流相位的电压方波，再用电压方波对高频电流进行调制。实际上可以做成当短路电流为正半周时，使它操作高频发信机发出高频信号，在负半周时则不发出信号，如此不断地交替进行。

当被保护区内故障时，由于两侧同时发出高频信号，也同时停止发信。此时两侧收信机收到的高频信号是间断的，即正半周有高频信号，负半周无高频信号，如图5-15a所示。当被保护线路区外故障时，由于两侧电流相位相差180°，线路两侧的发信机交替工作，收信机收到的高频信号是连续的高频信号。由于信号在传输过程中幅值有损耗，因此送到对侧的信号幅值就要小一些，如图5-15b所示。

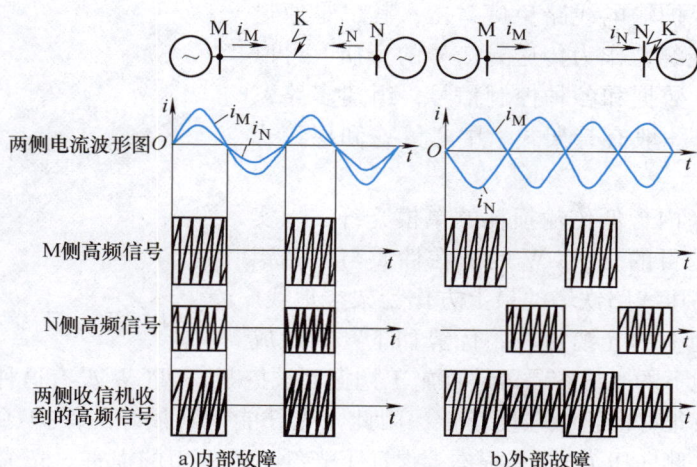

图 5-15　相差高频保护的工作情况

由以上分析可见，相位比较实际上是通过收信机所收到的高频信号来进行的。在被保护范围内部发生故障时，两侧收信机收到的高频信号重叠约 10ms，保护瞬时动作于跳闸。即使被保护线路区内故障时高频通道遭破坏，不能传送高频信号，但收信机仍能收到本侧发信机发出的间断高频信号，因而不会影响保护跳闸。在被保护线路区外故障时，两侧的收信机收到的高频信号是连续的，线路两侧的高频信号互为闭锁，使两侧保护不能跳闸。

5.5　光纤纵联差动保护

随着科学技术的发展，光纤通信技术在电力系统的应用正在逐步推广，由光纤作为通信通道得到了越来越多的应用，如电力调度自动化信息系统、光纤纵联差动保护以及配电自动化通信网等都应用光纤通信。

光纤保护是输电线路的一种理想保护。光纤通道容量大、抗腐蚀、敷设及检修方便，可以节省大量有色金属，并且可以解决纵联差动保护中导引线保护以及高频保护的通道易受电磁干扰、高频信号衰耗等问题。随着光纤通信技术的发展，纵联差动保护的辅助导引线已被光缆取代，在输电线路上采用其他原理的保护不能满足要求时，不论线路长短，均可采用光纤作导引线构成光纤数字式纵联差动保护。

5.5.1　架空地线复合光缆

1. 架空地线复合光缆的结构与特征

近年来，架空地线复合光缆在高压电力系统中得到了广泛应用。架空地线复合光缆（Optical Power Grounded Waveguide，OPGW）又称光纤架空地线，是在电力传输线路的地线中加入供通信用的光纤单元。OPGW 包含一个管状结构，内含一条或多条光缆，而外围由钢及铝组成。架空地线复合光缆如图 5-16 所示。

架空地线复合光缆架设在超高压线路铁塔的最顶端。它具有两种功能：其一是作为输电线路的避雷线，保护输电线路免遭雷击；其二是通过复合在地线中的光纤，作为传送光信号的介质，可以传送音频、视频、数据和各种控制信号，组建多路宽带通信网。OPGW 一般有骨架式、中心管式和层绞式等几种结构形式。

典型的 OPGW 内含低传输损耗的单模光纤，以实现远距高速传输的目的。OPGW 的外在性质与钢芯铝绞线类似，架于高压线路铁塔的最上方作为架空地线。OPGW 与埋设在地下的光缆比较，优势如下：架设成

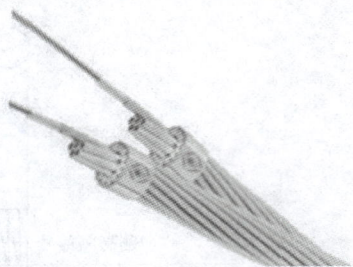

图 5-16 架空地线复合光缆

本较低；埋设在地下的光缆容易因路面施工挖掘而被挖断，OPGW 没有这种问题。

光缆铠装层有很好的机械强度特性，因此，光纤能得到最好的保护（不受磨损、不受拉伸的应力、不受侧向压力），在根本上保证了光纤不受外力的损害。光缆铠装层有很好的抗雷击放电性能和短路电流过电流能力，因此，在雷击和短路电流过电流的情况下，光纤仍可正常运行。OPGW 可直接作为架空地线安装在任意跨距的电力杆塔的地线挂点上。

特殊设计的 OPGW 可直接替换原有高压线路的架空地线，不用更换原有塔头，与新建高压线路同步建设光缆通信系统，可节省光缆施工费用，降低通信工程造价，缆径小，重量轻，不会给铁塔带来大的额外荷载，运行温度为 –40~70℃。

2. 光纤通信的特点

1）通信容量大。从理论上讲，用光纤作载波通道可以传输 100 亿个话路。实际上目前一对光纤一般可通过几百路到几千路，而一根细小的光缆又可包含几十根光纤到几百根光纤，因此光纤通信系统的通信容量是非常大的。

2）节约大量金属材料。光纤由玻璃或硅制成，其来源丰富，供应方便。光纤很细，直径约为 100μm，对于最细的单模纤维光纤，1kg 的纯玻璃可拉制几万千米长光纤；对较粗的多模纤维光纤，也可拉制 100 多千米长光纤。而 100km 长的 1800 路同轴通信电缆就需用铜 12t、铝 50t。由此可见，光纤通信的经济效果是很可观的。

3）光纤通信还有保密性好、敷设方便、不怕雷击、不受外界电磁干扰、抗腐蚀和不怕潮等优点。

4）光纤最重要的特性之一是无感应性能，因此利用光纤可以构成无电磁感应的、极为可靠的通道。这一点对继电保护来说尤为重要，在易受地电位升高、暂态过程及其他严重干扰的金属线路地段之间，光纤是一种理想的通信介质。

光纤通信美中不足的是通信距离不够长，在长距离通信时，要使用中继器及其附加设备。此外当光纤断裂时不易查找故障点或连接，不过，由于光缆中的光纤数目多，可以将断裂的光纤迅速用备用光纤替换。

5.5.2 光纤保护的组成及原理

光纤保护是将线路两侧的电气量调制后转化为光信号，以光缆作为通道传送到对侧，解调后直接比较两侧电气量的变化，然后根据特定关系，判定内部或外部故障的一种保护。

1. 光纤保护的组成

光纤保护主要由故障判别元件（继电保护部分）和信号传输系统（PCM 端机、光端机

以及光缆通道）组成，如图 5-17 所示。

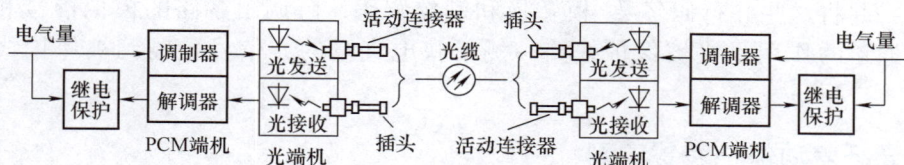

图 5-17　光纤保护的组成框图

（1）信号传输系统　信号传输系统包括两侧 PCM 端机、光端机和光缆。

1）PCM 端机。PCM 端机由 PCM 调制器和 PCM 解调器组成。PCM（Pulse Code Modulation）调制器的原理是脉冲编码调制。PCM 调制器由时序电路、模拟信号编码电路、键控信号编码电路、并/串转换电路及汇合电路组成。PCM 解调器由时序电路、串/并转换电路、同步电路、模拟解调电路及键控解码电路组成。

2）光端机。两侧装置中，每一侧的光端机都包括光发送部分和光接收部分。光信号在光纤中单向传输，两侧光端机需要两根光纤。一般采用四芯光缆，两芯运行，两芯备用。光端机与光缆经过光纤活动连接器连接。活动连接器一端为裸纤，与光缆的裸纤焊接，另一端为插头，可与光端机插接。

光发送部分主要由试验信号发生器、PCM 码放大器、驱动电路和发光管（LED）组成。其核心元件是电流驱动的 LED，驱动电流越大，输出光功率越高。PCM 码经过放大，电流驱动电路驱动 LED 工作，使输出的光脉冲与 PCM 码的电脉冲信号——对应，即输入脉冲为"1"时，输出一个光脉冲，输入"0"时，没有光信号输出。

光接收部分的核心元件是光接收管（PIN）。它将接收到的光脉冲信号转换为微弱的电流脉冲信号，经前置放大器、主放大器放大，成为电压脉冲信号，经比较整形后，还原成 PCM 码。

3）光缆。由光纤组成，光纤是一种很细的空心石英丝或玻璃丝，直径仅为 100～200μm。光在光纤中传播。

（2）继电保护部分　常用的电流差动光纤保护原理有三相电流综合比较和分相电流差动比较。数字纵联差动保护的关键是线路两侧保护之间的数据交换。其电流差动保护动作特性一般采用具有制动特性的保护完成。动作方程为

$$|\dot{I}_{M2} + \dot{I}_{N2}| > 0.75|\dot{I}_{M2} - \dot{I}_{N2}| \tag{5-13}$$

式中，$|\dot{I}_{M2} + \dot{I}_{N2}|$ 为差动电流，它是两侧电流相量和的幅值；$|\dot{I}_{M2} - \dot{I}_{N2}|$ 为制动电流，它为两侧电流相量差的幅值。

2. 光纤保护的原理

故障判别元件即继电保护装置，利用线路两侧输入电气量的变化，根据特定关系来区分正常运行、外部故障以及内部故障。光端机的作用是接收、发送光信号。光端机的光发送部分通过 PCM 端机的调制器将发送电气量的模拟信号调制成数字光信号进行发送，经光缆通道传输到线路对侧；光端机的光接收部分收到被保护线路对侧的数字光信号后，通过 PCM 端机的解调器还原成电气量的模拟信号，然后提供给保护，作为故障判别的依据。PCM 端机调制器的作用是将各路模拟信号进行采样和模-数转换、编码，与键控信号的并行编码一

同转换成适合光缆传输的串行码；PCM 端机解调器的作用是将接收到的 PCM 串行码转换成并行码，并将这些并行码经数−模转换和键控解码，解调出各路的模拟信号和键控信号。光缆通道的作用是将被保护线路一侧反映电气量的光信号传输到被保护线路的另一侧。

5.5.3 光纤差动保护装置实例

下面以 LFP−900 系列光纤差动保护装置为例加以说明。

1. 装置的整体构成

输入电流或电压首先经过电流变换器或电压变换器传送至二次侧，成为小信号电压，然后进入 VFC（压频变换器）插件，将电压信号经压频变换器转换成频率信号，供 CPU₁ 和 CPU₂ 作保护测量信号，还有一路模拟量送给管理机，由内部 A-D 转换器转换成数字信号，做起动元件。

CPU₃ 内设装置总起动元件，起动后开放出口继电器正电源。CPU₁ 内是一套完整的主保护，CPU₂ 内是一套完整的后备保护，两套保护均输出至出口继电器。同时 CPU₃ 还作为通信管理机，负责三个 CPU 之间的通信、人机对话、打印输出和对外通信。

2. 装置总起动元件

起动元件分两部分，一部分测量相电流工频变化量的幅值，其判据为

$$\Delta I_{\phi max} > 1.14\Delta I_{T} + 0.2I_{n} \tag{5-14}$$

式中，$0.2I_{n}$ 为固定门槛；ΔI_{T} 是浮动门槛，随着变化量输出增大而逐步自动增高，取 1.14 倍，可保证门槛电压始终略高于不平衡输出；$\Delta I_{\phi max}$ 是取三相中最大一相电流的半波积分值。

该判据满足时，总起动元件动作并展宽 7s，去开放出口继电器的正电源。

另一部分为零序起动元件。当零序电流大于整定值时，零序起动元件动作，同时也作为总起动元件输出去开放出口继电器的正电源。

3. 纵联差动保护原理

压频变换器输出的三相电流对应的频率信号，经计数器转换成相应的数字信号，进行数据处理后，起动发送数据中断，将本侧数据发往对侧。LFP−900 系列的差动继电器有两种：一是相差动继电器，A、B、C 三相共有三个；另一种为零序差动继电器。四个继电器并行实时计算。动作判据为

$$I_{d} = |\dot{I}_{op} + \dot{I}_{opr}| - 0.7|\dot{I}_{op} - \dot{I}_{opr}| \geqslant 0.15I_{n} \tag{5-15}$$

对于相差动继电器，有

$$\dot{I}_{op} = \dot{I}_{M} + 4\Delta\dot{I}_{M}$$
$$\dot{I}_{opr} = \dot{I}_{N} + 4\Delta\dot{I}_{N} \tag{5-16}$$

对于零序差动继电器，有

$$\dot{I}_{op} = \dot{I}_{M}$$
$$\dot{I}_{opr} = \dot{I}_{N} \tag{5-17}$$

式中，$\dot{I}_{M}$、$\dot{I}_{N}$ 是本侧、对侧相电流相量；$\Delta\dot{I}_{M}$、$\Delta\dot{I}_{N}$ 是本侧、对侧相电流的变化相量；$0.15I_{n}$ 是动作门槛；I_{d} 为差动电流；$\dot{I}_{op}$ 为本侧动作电流；$\dot{I}_{opr}$ 为对侧动作电流。

该纵联差动保护具有制动特性。加入工频变化量的目的，是为了增加差动继电器的灵敏度，而且由于在保护区内故障时，两侧工频变化量电流严格同相；区外故障时，两侧工频变

化量电流严格相反，这可以大大减小经接地电阻故障时穿越性负荷电流的影响，提高差动继电器的可靠性。

小　　结

输电线路纵联差动保护主要分为导引线保护、电力线载波保护、光纤保护。

导引线保护是比较被保护线路两侧电流的大小和相位，保护范围为线路全长，且动作具有选择性。这种保护适合在短线路上采用。

自适应纵差保护是可以根据系统的运行方式变化，自动改变动作原理的一种保护，只能在微机保护中实现。

输电线路的横联差动保护既可以用在电源侧，也可以用在负荷侧，是比较同侧两回路电流的大小及相位而实现的一种保护。

电力线载波高频保护是利用输电线路本身，作为高频信号的通道。高频闭锁方向保护是比较线路两侧功率的方向，两侧均为正方向时保护动作；有一侧为反方向时，闭锁保护。

相差高频保护是比较线路两侧电流的相位，相位相近时保护动作，相反时保护闭锁。

光纤保护采用光纤作为信息传输通道，光纤保护主要由故障判别元件和信号传输系统组成。

习　　题

5-1　纵联差动保护主要包括哪几种？

5-2　纵联差动保护与阶段式保护的主要区别是什么？

5-3　输电线路导引线保护的基本工作原理是什么？

5-4　纵联差动保护中不平衡电流产生的原因是什么？为什么纵联差动保护需考虑暂态过程中的不平衡电流？暂态过程中的不平衡电流有哪些特点？它对保护装置有什么影响？

5-5　自适应纵联差动保护由哪几部分组成？各部分的作用如何？

5-6　横联差动保护为什么要采用直流操作电源闭锁接线？为什么采用了直流操作电源闭锁后，保护的动作电流还需考虑躲过单回线运行时的最大负荷电流？

5-7　常用的高频保护有哪几种？试述它们的工作原理。

5-8　高频通道有哪些工作方式？

5-9　高频信号有哪些类型和哪几种工作方式？

5-10　何谓闭锁信号、允许信号和跳闸信号？采用闭锁信号有何优点和缺点？

5-11　高频闭锁方向保护的工作原理是什么？

5-12　架空地线复合光缆（OPGW）的结构、特点是什么？

5-13　光纤保护主要由哪几部分组成？各部分的作用是什么？

Chapter

第 6 章

电力变压器的继电保护

教学要求：

通过本章学习，熟悉变压器的故障类型及其保护的配置原则；掌握变压器差动保护产生不平衡电流的原因及消除措施；掌握变压器微机比率制动差动保护的工作原理及整定计算方法；掌握变压器相间短路后备保护的工作原理及整定计算方法；熟悉变压器接地保护的工作原理；理解三绕组变压器后备保护及过负荷保护配置。

知识点：

变压器故障类型；变压器差动保护基本原理；相间短路后备保护原理分析；变压器接地保护原理分析；变压器相间短路比率制动差动保护、复合电压起动过电流保护整定方法；变压器后备保护配置原则。

技能点：

会进行相间短路、接地短路保护装置维护及调试；会熟练阅读变压器保护装置二次展开图。

6.1　电力变压器的故障类型及其保护

电力变压器是电力系统中非常重要的电气设备之一，它的安全运行对于保证电力系统的正常运行和供电的可靠性起着决定性的作用。大容量电力变压器的造价也十分昂贵，因此针对电力变压器可能发生的各种故障和不正常运行状态应装设相应的继电保护装置，并合理进行整定计算。

变压器的故障可分为油箱内故障和油箱外故障两类。油箱内故障主要包括绕组的相间短路、匝间短路、接地短路及铁心烧毁等；油箱外故障主要是绕组引出线及出线套管上发生的相间短路和接地短路。变压器油箱内故障十分危险，由于油箱内充满了变压器油，故障点的电弧将使变压器油急剧分解汽化，产生大量的可燃性气体（瓦斯），很容易引起油箱爆炸。油箱外故障所产生的短路电流若不及时切除，将导致设备烧毁。电力变压器的不正常运行状态主要有外部短路引起的过电流、负荷超过其额定容量引起的过负荷、油箱漏油引起的油面降低以及过电压、过励磁等。

为了保证电力变压器的安全运行，根据《继电保护和安全自动装置技术规程》，针对变压器的上述故障和不正常运行状态，电力变压器应装设以下保护。

（1）瓦斯保护　800kV·A 及以上的油浸式变压器和 400kV·A 以上的车间内油浸式变压器，均应装设瓦斯保护。瓦斯保护用来反映变压器油箱内部的短路故障及油面降低，其中重瓦斯保护动作于断开变压器的各侧断路器，轻瓦斯保护动作于发出信号。

（2）纵差保护或电流速断保护　6300kV·A及以上并列运行的变压器、10000kV·A及以上单独运行的变压器、发电厂厂用电变压器和工业企业中6300kV·A及以上重要的变压器，均应装设纵差保护。10000kV·A及以下的电力变压器，应装设电流速断保护，其过电流保护的动作时限应大于0.5s。对于2000kV·A以上的变压器，当电流速断保护灵敏度不能满足要求时，也应装设纵差保护。**纵差保护或电流速断保护用于反映电力变压器绕组、出线套管及引出线发生的相间短路故障，保护动作于跳开变压器的各侧断路器。**

（3）相间短路的后备保护　相间短路的后备保护用于反映外部相间短路引起的变压器过电流，同时作为瓦斯保护和纵差保护（或电流速断保护）的后备保护，其动作时限按电流保护的阶梯形原则来整定，延时动作于跳开变压器的各侧断路器。相间短路的后备保护的类型较多：过电流保护和低电压起动的过电流保护，宜用于中、小容量的降压变压器；复合电压起动的过电流保护，宜用于升压变压器和系统联络变压器，以及过电流保护灵敏度不能满足要求的降压变压器；6300kV·A及以上的升压变压器，应采用负序电流保护及单相式低电压起动的过电流保护；对于大容量升压变压器或系统联络变压器，为了满足灵敏度要求，还可采用阻抗保护。

（4）接地短路的零序保护　对于中性点直接接地系统中的变压器，应装设零序电流保护，用于反映变压器高压侧（或中压侧）以及外部元件的接地短路；变压器的中性点可能接地或不接地运行时，应装设零序电流、电压保护。零序电流保护延时跳开变压器各侧断路器，零序电压保护作为中性点不接地变压器保护。

（5）过负荷保护　对于400kV·A以上的变压器，当数台并列运行或单独运行并作为其他负荷的备用电源时，应装设过负荷保护。过负荷保护通常只装在一相，其动作时限较长，延时动作于发出信号。

（6）其他保护　高压侧电压为500kV及以上的变压器，针对频率降低和电压升高而引起的变压器励磁电流升高，应装设变压器过励磁保护。对于变压器温度和油箱内压力升高，以及冷却系统故障，按变压器现行标准要求，应装设相应的保护装置。

6.2　电力变压器的纵差保护

6.2.1　电力变压器纵差保护的基本原理

电力变压器的纵联差动保护（简称纵差保护）用来反映变压器的绕组、引出线及出线套管上的各种短路故障，广泛应用于各种大中型变压器中，是变压器的主保护之一。

纵差保护是通过比较被保护变压器两侧电流的大小和相位在故障前后的变化而实现保护的。为了实现这种比较，在变压器两侧各装设一组电流互感器TA_1、TA_2，其二次侧按环流法连接（通常变压器两端的电流互感器一次侧的正极性端子均置于靠近母线的一侧，将它们二次侧的同极性端子相连接组成差动臂），构成纵差保护，如图6-1所示。变压器的纵差保护与输电线路的纵差保护相似，工作原理相同，但由于变压器具有电压比和联结组标号等特殊情况，为了保证变压器纵差保护的正常运行，必须选择好变压器两侧的电流互感器的电流比和接线方式，保证变压器在正常运行和外部短路时两侧的二次电流大小相等、方向相同。其保护范围为两侧电流互感器TA_1、TA_2之间的全部区域，包括变压器的高低压绕组、出线套管及引出线等。

从图 6-1 可见，变压器正常运行和外部短路时，流过差动继电器 KD 的电流为 $\dot{I}_r = \dot{I}_{I2} - \dot{I}_{II2}$，在理想的情况下，其值等于零。但实际上由于电流互感器的特性、电流比等因素，两侧二次电流大小并不完全相等，流过继电器的电流为不平衡电流 $\dot{I}_{unb}$，当该电流小于 KD 的动作电流时，KD 不动作。变压器内部故障时，流入差动继电器 KD 的电流为 $\dot{I}_r = \dot{I}_{I2} + \dot{I}_{II2}$，即为短路点的短路电流，当该电流大于 KD 的动作电流时，KD 动作。

由于变压器两侧额定电压和额定电流不同，为了保证纵差保护正确动作，必须适当选择两侧电流互感器的电流比，使得正常运行和外部短路时，差动回路内没有电流。例如图 6-1 中，应使

$$I_{I2} = I_{II2} = \frac{I_I}{n_{TA1}} = \frac{I_{II}}{n_{TA2}} \qquad (6\text{-}1)$$

式中，n_{TA1} 是高压侧电流互感器的电流比；n_{TA2} 是低压侧电流互感器的电流比。

实际上，由于电流互感器的误差、变压器的接线方式及励磁涌流等因素的影响，即使满足式（6-1）条件，差动回路中仍会流过一定的不平衡电流 $\dot{I}_{unb}$，该值越大，差动保护的动作电流也越大，差动保护的灵敏度就越低。因此，**要提高变压器纵差保护的灵敏度，关键问题是减小或消除不平衡电流的影响**。

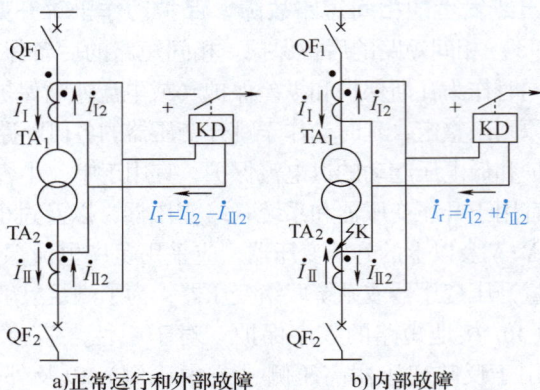

图 6-1　变压器纵差保护的单相接线原理

6.2.2　电力变压器纵差保护中的不平衡电流

变压器纵差保护最明显的特点是产生不平衡电流的因素很多。现对不平衡电流产生的原因及减小或消除其影响的措施分别讨论如下。

1. 两侧电流互感器型号不同而产生的不平衡电流

由于变压器两侧的额定电压不同，所以其两侧电流互感器的型号就不会相同，因而它们的饱和特性和励磁电流（归算到同一侧）都是不相同的。因此，在变压器的差动保护中始终存在不平衡电流。在外部短路时，这种不平衡电流会很大。为了解决这个问题，一方面，应按 10% 误差的要求选择两侧的电流互感器，以保证在外部短路的情况下，其二次电流的误差不超过 10%。另一方面，在确定差动保护的动作电流时，引入一个同型系数 K_{st} 来反映互感器型号不同的影响。当两侧电流互感器的型号相同时，取 $K_{st} = 0.5$；当两侧电流互感器的型号不同时，则取 $K_{st} = 1$。这样，两侧电流互感器的型号不同时，实际上是采用较大的 K_{st} 值来提高纵差保护的动作电流，以躲过不平衡电流的影响。

2. 电流互感器的实际电流比与计算电流比不同而产生的不平衡电流

在工程实践中，电流互感器选用的都是定型产品，而定型产品的电流比都是标准化的，这就出现电流互感器的计算电流比与实际电流比不完全相符的问题，导致在差动回路中产生不平衡电流。现以一台 Yd11 联结、容量为 31.5MV·A、电压比为 110/11 的变压器为例，计算数据见表 6-1。

表 6-1 变压器两侧电流互感器实际电流比与计算电流比不同所产生的不平衡电流

电压/kV	110(高压侧 Y 联结)	11(低压侧 D 联结)
额定电流/A	158	1730
电流互感器的接线方式	D	Y
电流互感器的计算电流比	$\sqrt{3} \times \dfrac{158}{5} = \dfrac{273}{5}$	$\dfrac{1730}{5}$
电流互感器的实际电流比	$\dfrac{300}{5}$	$\dfrac{2000}{5}$
差动臂电流/A	$\sqrt{3} \times \dfrac{158}{60} = 4.55$	$\dfrac{1730}{400} = 4.32$
不平衡电流/A	\multicolumn{2}{c}{$4.55 - 4.32 = 0.23$}

为了减小不平衡电流对纵差保护的影响，变压器微机纵差保护引入平衡系数进行数值补偿（平衡系数通过计算获得）。

3. 变压器调压分接头位置改变而产生的不平衡电流

电力系统中常用调整变压器调压分接头位置的方法来调整系统的电压。调整分接头位置实际上就是改变变压器的电压比，其结果必将破坏两侧电流互感器二次电流的平衡关系，产生新的不平衡电流。对有载调压的变压器，要根据系统运行的要求随时进行调整。因此，在变压器纵差保护的整定计算时加以考虑，即用提高保护动作电流的方法来躲过这种不平衡电流的影响。

4. 变压器联结组标号的影响及其补偿措施

三相变压器的联结组标号决定了变压器两侧的电流相位关系，以常用的 Yd11 联结的电力变压器为例，高、低压侧电流之间存在着 30° 的相位差，这时，即使变压器两侧电流互感器的二次电流大小相等，也会在差动回路中产生不平衡电流，为了消除这种不平衡电流的影响，就必须消除变压器两侧电流的相位差。

（1）常规保护的补偿方法 通常将两侧电流互感器按相位补偿法进行连接，即将变压器星形联结侧电流互感器的二次绕组接成三角形，而将变压器三角形联结侧电流互感器的二次绕组接成星形，以便将电流互感器二次电流的相位校正过来。采用了这样的相位补偿法后，Yd11 联结变压器纵差保护的接线方式及其有关电流的相量图如图 6-2 所示。

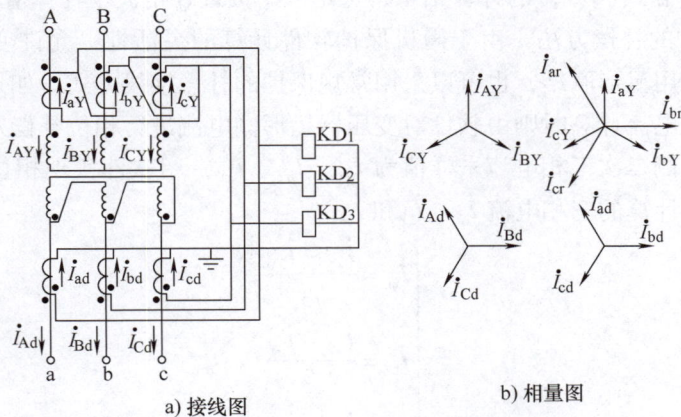

a) 接线图   b) 相量图

图 6-2 Yd11 联结变压器的纵差保护接线及相量图

图6-2 中，$\dot{I}_{AY}$、$\dot{I}_{BY}$ 和 $\dot{I}_{CY}$ 分别表示变压器星形联结侧的 A、B、C 相一次电流，与它们对应的电流互感器的二次电流为 $\dot{I}_{aY}$、$\dot{I}_{bY}$ 和 $\dot{I}_{cY}$。由于电流互感器的二次绕组为三角形联结，所以流入差动臂的电流为

$$\dot{I}_{ar} = \dot{I}_{aY} - \dot{I}_{bY}$$

$$\dot{I}_{br} = \dot{I}_{bY} - \dot{I}_{cY}$$

$$\dot{I}_{cr} = \dot{I}_{cY} - \dot{I}_{aY}$$

它们分别超前 $\dot{I}_{aY}$、$\dot{I}_{bY}$ 和 $\dot{I}_{cY}$ 30°，如图 6-2b 所示。在变压器的三角形联结侧，其三相电流分别为 $\dot{I}_{Ad}$、$\dot{I}_{Bd}$ 和 $\dot{I}_{Cd}$，相位分别超前 $\dot{I}_{AY}$、$\dot{I}_{BY}$ 和 $\dot{I}_{CY}$ 30°。该侧电流互感器为星形联结，所以其输出电流 $\dot{I}_{ad}$、$\dot{I}_{bd}$ 和 $\dot{I}_{cd}$ 与 $\dot{I}_{Ad}$、$\dot{I}_{Bd}$ 和 $\dot{I}_{Cd}$ 同相位，流入差动臂的这三个电流 $\dot{I}_{ad}$、$\dot{I}_{bd}$ 和 $\dot{I}_{cd}$ 分别与变压器星形联结侧加入差动臂的电流 $\dot{I}_{ar}$、$\dot{I}_{br}$ 和 $\dot{I}_{cr}$ 同相，这就使 Yd11 联结变压器两侧电流的相位差得到了校正，从而有效地消除了因两侧电流相位不同而引起的不平衡电流。若仅从相位补偿的角度出发，也可以将变压器三角形侧电流互感器的二次绕组连接成三角形。但是采取这种相位补偿措施时，若变压器星形侧采用中性点接地的工作方式，当差动回路外部发生单相接地短路故障时，变压器星形侧差动回路中将有零序电流，而变压器三角形侧差动回路中无零序分量，导致不平衡电流加大。因此，对于常规变压器的纵差保护不允许采用在变压器三角形侧进行相位补偿的接线方式。

采用了相位补偿接线后，在电流互感器绕组接成三角形的一侧，流入差动臂中的电流是电流互感器的二次电流的 $\sqrt{3}$ 倍。为了使正常工作及外部故障时差动回路中两差动臂的电流大小相等，可通过适当选择电流互感器的电流比来解决，考虑到电流互感器的二次额定电流为 5A，则变压器高压侧电流比为

$$n_{TA.Y} = \frac{\sqrt{3}\,I_{NY}}{5A} \tag{6-2}$$

而变压器三角形侧电流互感器的电流比为

$$n_{TA.d} = \frac{I_{Nd}}{5A} \tag{6-3}$$

式中，I_{NY} 是变压器星形侧的额定电流；I_{Nd} 是变压器三角形侧的额定电流。

根据式（6-2）和式（6-3）的计算结果，选定一个接近并稍大于计算值的标准电流比。

（2）微机保护的补偿方法　由于微机保护软件计算的灵活性，允许变压器各侧的电流互感器二次侧都采用星形联结，也可以采用常规保护的补偿接线方式。如果两侧都采用星形联结，在进行差动电流计算时则由软件对变压器星形侧电流进行相位补偿及电流数值补偿。

如变压器星形侧二次三相电流采样值为 $\dot{I}_{aY}$、$\dot{I}_{bY}$、$\dot{I}_{cY}$，用软件实现相位补偿时，根据下式可求得用作差动计算的三相电流 $\dot{I}_{ar}$、$\dot{I}_{br}$ 和 $\dot{I}_{cr}$。

$$\begin{cases} \dot{I}_{ar} = \dfrac{\dot{I}_{aY} - \dot{I}_{bY}}{\sqrt{3}} \\[3mm] \dot{I}_{br} = \dfrac{\dot{I}_{bY} - \dot{I}_{cY}}{\sqrt{3}} \\[3mm] \dot{I}_{cr} = \dfrac{\dot{I}_{cY} - \dot{I}_{aY}}{\sqrt{3}} \end{cases} \tag{6-4}$$

经软件计算后的 $\dot{I}_{ar}$、$\dot{I}_{br}$、$\dot{I}_{cr}$ 就与低压侧的电流 $\dot{I}_{ad}$、$\dot{I}_{bd}$ 和 $\dot{I}_{cd}$ 同相位了。与常规保护补偿方法不同的是，微机保护软件在进行相位补偿的同时也进行了数值补偿。值得一提的是采用在变压器星形侧进行补偿的方式，当变压器星形侧发生单相接地短路故障时，由于差动回路不反映零序分量电流，差动保护的灵敏度将受到影响。微机差动保护可以通过叠加变压器中性点零序电流分量补偿，从而实现在变压器三角形侧进行相位补偿，提高差动保护灵敏度的目的。

5. 变压器励磁涌流的影响及防止措施

由于变压器的励磁电流只流经它的电源侧，故变压器两侧的电流不平衡，从而在差动回路内产生不平衡电流。在正常运行时，此电流很小，一般不超过变压器额定电流的 3% ~ 5%。外部故障时，由于电压降低，励磁电流也相应减小，其影响就更小。因此由正常励磁电流引起的不平衡电流影响不大，可以忽略不计。但是，当变压器空载投入和外部故障切除后电压恢复时，可能出现很大的励磁涌流，其值可达变压器额定电流的 6 ~ 8 倍，因此，励磁涌流将在差动回路中引起很大的不平衡电流，可能导致保护误动作。

励磁涌流就是变压器空载合闸时的暂态励磁电流。由于在稳态工作时，变压器铁心中的磁滞后于外加电压 90°，如图 6-3a 所示。所以，如果空载合闸正好在电压瞬时值 $u=0$ 的瞬间接通电路，则铁心中就有一个相应的磁通 $-\varPhi_{max}$，而铁心中的磁通是不能突变的，所以在合闸时必将出现一个 $+\varPhi_{max}$ 的磁通分量。该磁通将按指数规律自由衰减，故称之为**非周期性磁通分量**。如果这个非周期性磁通分量的衰减过程比较慢，那么在最严重的情况下，经过半个周期后，它与稳态磁通相叠加的结果，将使铁心中的总磁通达到 $2\varPhi_{max}$ 的数值，如果铁心中还有方向相同的剩余磁通 $\varPhi_{res}$，则总磁通将为 $2\varPhi_{max} + \varPhi_{res}$，如图 6-3b 所示。此时由于铁心处于高度饱和状态，励磁电流将剧烈增加，从而形成了

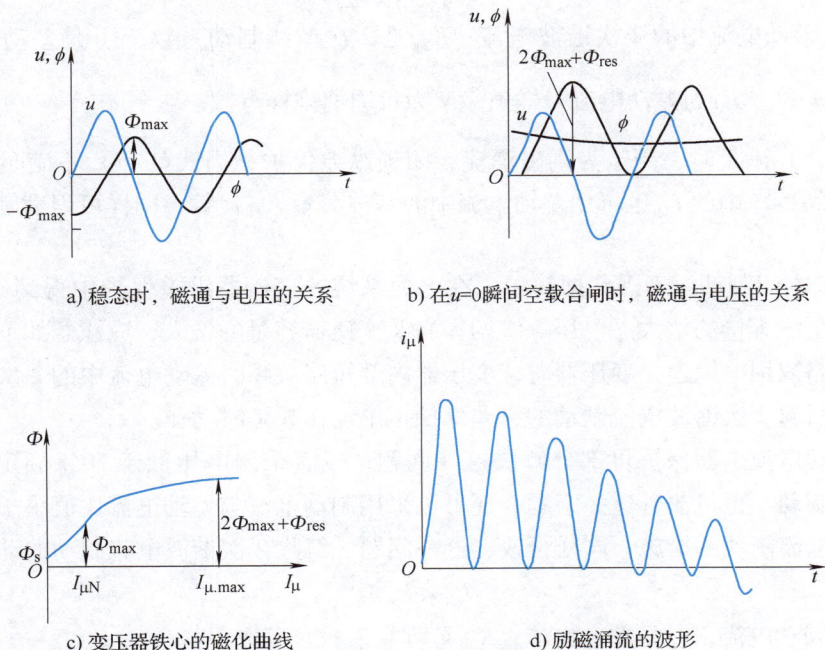

a) 稳态时，磁通与电压的关系   b) 在 $u=0$ 瞬间空载合闸时，磁通与电压的关系

c) 变压器铁心的磁化曲线   d) 励磁涌流的波形

图 6-3 变压器励磁涌流的产生及变化曲线

励磁涌流，如图 6-3c 所示。图中与 Φ_{max} 对应的为变压器额定励磁电流的最大值 $I_{\mu N}$，$2\Phi_{max} + \Phi_{res}$ 对应的则为励磁涌流的最大值 $I_{\mu.max}$。随着铁心中非周期分量磁通的不断衰减，励磁电流也逐渐衰减至稳态值，如图 6-3d 所示。以上分析是在电压瞬时值 $u = 0$ 时合闸的情况。当然，如果变压器在电压瞬时值为最大的瞬间合闸时，因对应的稳态磁通等于零，故不会出现励磁涌流，合闸后变压器将立即进入稳态工作。但是，对于三相式电力变压器，因三相电压相位差为 120°，空载合闸时出现励磁涌流是无法避免的。根据以上分析可以看出，励磁涌流的大小与合闸瞬间电压的相位、变压器容量的大小、铁心中剩磁的大小和方向以及铁心的特性等因素有关。而励磁涌流的衰减速度则随铁心的饱和程度及导磁性能的不同而变化。

由图 6-3d 可见，变压器的励磁涌流具有以下几个明显特点。

1）含有很大成分的非周期分量，使曲线偏向时间轴的一侧。

2）含有大量的高次谐波，其中 2 次谐波所占比重最大。

3）励磁涌流的波形削去负波之后将出现间断，如图 6-4 所示，图中 α 称为间断角。

为了消除励磁涌流对变压器纵差保护的影响，通常采取如下措施。

（1）采用差动电流速断保护　利用励磁涌流随时间衰减的特点，依据保护固有的动作时间，躲过最大的励磁涌流，从而取保护的动作电流 $I_{op} = (2.5 \sim 3)I_N$，即可躲过励磁涌流的影响。

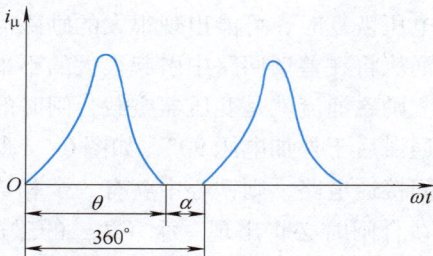

图 6-4　励磁涌流波形的间断角

（2）2 次谐波电流制动　测量纵差保护的三相差动电流中的 2 次谐波含量识别励磁涌流，其判别式为

$$I_{d2\phi} > K_{2\phi}I_{d\phi} \tag{6-5}$$

式中，$I_{d2\phi}$ 是差动电流中的 2 次谐波电流；$K_{2\phi}$ 是 2 次谐波制动系数；$I_{d\phi}$ 是差动电流，$I_{d\phi} = \dfrac{1}{N}\sum_{n=1}^{N}|i_{d\phi}(n)|$；$i_{d\phi}$ 为差动电流采样值；N 为每周期采样点数。

当式（6-5）满足时，判定为励磁涌流，闭锁纵差保护；当式（6-5）不满足时，开放纵差保护。式（6-5）中的 $I_{d\phi}$ 也可用差动电流中的基波分量 $I_{d\phi 1}$ 代替，同样可识别励磁涌流和故障电流。

2 次谐波电流制动原理因判据简单，在电力系统的变压器纵差保护中得到了普遍应用。但随着电力系统容量的增大、电压等级的提高及变压器容量的增大，应注意如下问题：当系统带有长线路或用电缆连接变压器时，变压器内部短路故障时差动电流中的 2 次谐波含量可能较大，将引起 2 次谐波电流制动的纵差保护拒绝动作或延时动作。

采用差动电流速断保护可部分解决这一问题；或者采用电压低于 70% 额定电压解除 2 次谐波电流制动，也可改善这一问题；还可以采用制动电流与差动电流比值小于某一值时解除 2 次谐波电流制动的措施，同样可改善这一问题。解除 2 次谐波电流制动的动作式为

$$I_{res} < K_{rel}I_d \tag{6-6}$$

式中，I_{res} 是制动电流；I_d 是差动电流；K_{rel} 是可靠系数，可取 30%。

对某些大型变压器，变压器的工作磁通幅值与铁心饱和磁通之比有时取得较低，这导致

励磁涌流中的 2 次谐波含量降低，影响对励磁涌流的识别，保护可能发生误动作。

2 次谐波电流制动的方式通常有以下几种。

1) **谐波比最大相制动方式**，其判别式为

$$\max\left\{\frac{I_{da2}}{I_{da1}},\frac{I_{db2}}{I_{db1}},\frac{I_{dc2}}{I_{dc1}}\right\} > K_2 \tag{6-7}$$

式中，I_{da2}、I_{db2}、I_{dc2} 是三相电流中的 2 次谐波电流；I_{da1}、I_{db1}、I_{dc1} 是三相电流中的基波电流；K_2 是 2 次谐波制动系数。

式(6-7) 的制动方式是取出满足差动动作条件的 $I_{d\phi2}/I_{d\phi1}$ 的最大值，对三相差动实现制动。虽然这种制动方式不能克服 2 次谐波制动原理上的缺陷，但对励磁涌流的识别较可靠，因为三相的励磁涌流总有一相满足 $I_{d\phi2}/I_{d\phi1} > K_2$。不足之处是带有故障的变压器合闸时，非故障相的 2 次谐波对故障相也实现制动，导致纵差保护延迟动作。对于大型变压器，因励磁涌流衰减慢，此缺陷尤为突出。

2) **按相制动方式**，其判别式为

$$\frac{I_{d2}}{\max\{I_{da1},I_{db1},I_{dc1}\}} > K_2 \tag{6-8}$$

即利用差动电流最大相（基波）中的 2 次谐波与基波比值构成制动。由于考虑了三相差动电流基波大小对谐波比的影响，在很大程度上改善了带有故障的变压器合闸时保护动作延迟的不足；但在变压器三相励磁涌流中，可能出现两相励磁涌流中的 2 次谐波含量较低，并且基波电流最大相并不能完全代表该相的 $I_{d\phi2}/I_{d\phi1}$ 最大，因此有时不能正确识别励磁涌流。采用这种制动方式，制动系数 K_2 的设定不宜偏大。

3) **综合相制动方式**。综合相制动是采用三相差动电流中 2 次谐波的最大值与基波最大值之比构成，其判别式为

$$\frac{\max\{I_{da2},I_{db2},I_{dc2}\}}{\max\{I_{da1},I_{db1},I_{dc1}\}} > K_2 \tag{6-9}$$

式(6-9) 中各参数含义同式(6-7)。按此式识别励磁涌流时，不仅考虑了差动电流中基波大小对谐波比选取的影响，而且考虑了 2 次谐波的大小，可较好地识别励磁涌流。在此前提下提高了保护的速动性，当带有故障的变压器合闸时，迅速使谐波比减小，开放保护，故障迅速地被切除。

综合相制动方式较好地结合了谐波比最大相制动方式和按相制动方式的优点，同时又弥补了两者的缺陷。谐波比最大相制动方式的 K_2 整定值一般选取 15% ~ 20%；综合相制动方式的 K_2 整定值一般选取 15% ~ 17%。

4) **分相制动方式**，其判别式为

$$\frac{\max\{I_{da2},I_{db2},I_{dc2}\}}{I_{d\phi1}} > K_2 \tag{6-10}$$

即本相涌流判据只对本相保护实现制动，取三相差动电流中 2 次谐波的最大值与该相基波之比构成制动。

由于取出了三相差动电流中 2 次谐波的最大值，所以识别励磁涌流性能较好，当带有故障的变压器合闸时，故障相的 $I_{d\phi1}$ 增大，开放本相的保护将故障切除。但是，当故障并不严

重，非故障相差动电流中2次谐波含量较大时，故障相保护仍然不能开放。

虽然励磁涌流中的3次谐波分量仅次于2次谐波成分，但在其他工况下3次谐波分量经常出现，特别是内部短路故障电流很大时将有很明显的3次谐波分量，因此3次谐波分量不能作为励磁涌流的特征量来组成差动保护的制动或闭锁部分。

值得注意的是，励磁涌流中和内部短路故障时都含有很大的直流分量，若以直流分量作为差动保护的制动量，则内部短路故障时势必延缓动作速度，何况三相励磁涌流中往往有一相为周期性电流，保护的动作值要大于此值，使保护的灵敏度降低。因此**直流分量不宜作为差动保护的制动量**。

（3）判别电流间断角识别励磁涌流 图6-5所示为短路电流与励磁涌流波形，由图可见，短路电流波形连续，正半周、负半周的波宽为180°，波形间断角 θ_j 几乎为0°，如图6-5a所示。励磁涌流波形如图6-5b、c所示，其中图6-5b为对称性涌流，波形不连续，出现间断，在最严重情况下有 $\theta_{w.max}=120°$，$\theta_j=50.8°$。图6-5c为非对称性涌流，波形偏向时间轴一侧，波形同样不连续且出现间断，最严重情况下有 $\theta_{w.max}=154.4°$，$\theta_j=80°$。显然，通过检测差动回路电流波形的 θ_j、θ_w 可判别出是短路电流还是励磁涌流。通常取 $\theta_{w.set}=140°$、$\theta_{j.set}=65°$，即 $\theta_j>65°$ 判为励磁涌流，$\theta_j\leq65°$ 同时 $\theta_w\geq140°$ 则判为内部故障时的短路电流。

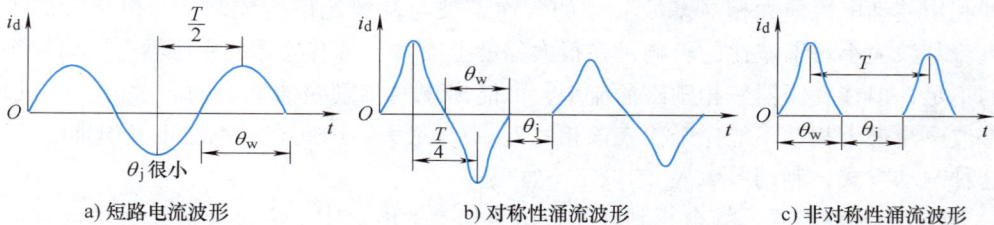

图6-5 短路电流与励磁涌流波形

判别电流间断角识别励磁涌流的判据为

$$\begin{cases}\theta_j>65°\\\theta_w>140°\end{cases}\tag{6-11}$$

式中，θ_j 是波形间断角；θ_w 是半周的波宽。

只要 $\theta_j>65°$ 就判为励磁涌流，闭锁纵差保护；而当 $\theta_j\leq65°$ 且 $\theta_w\geq140°$ 时，则判为故障电流，开放纵差保护。可见，非对称性励磁涌流能够可靠闭锁差动保护；对于对称性励磁涌流，虽 $\theta_{j.min}=50.8°<65°$，但 $\theta_{w.max}=120°<140°$，同样也能可靠闭锁纵差保护。

励磁涌流的一次波形有明显的间断特性，但进入差动元件的励磁涌流的二次波形在很多情况下丧失了这种特性。纵差保护可利用间断角特性作为涌流制动量，但在处理上要求较高且较为复杂。

虽然上述判据直接、简单，但它是建立在精确测量 θ_j、θ_w 基础上的。考虑电流互感器在饱和状态下会使二次电流间断角发生变化，甚至可能消失，因此测量 θ_j 和 θ_w 对采样频率要求较高，目前实际应用的并不多。

6. 2次谐波制动式纵差保护的逻辑

考虑到大型变压器某一相涌流的2次谐波成分非常小，但是另外的两相或一相将超过

20%，因此采用三相"或"方式的 2 次谐波制动方案，方案逻辑如图 6-6 所示。

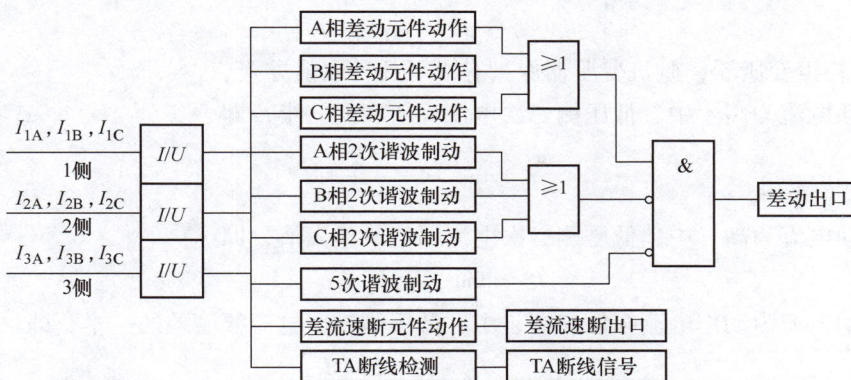

图 6-6 2 次谐波制动式纵差保护逻辑

6.3 电力变压器的微机保护

6.3.1 微机比率制动差动保护

因电流互感器的误差随着一次电流的增大而增加，为保证区外短路故障时纵差保护不误动，比率制动差动保护引入制动电流，差动保护的动作电流 I_{op}、制动电流 I_{res} 分别为

$$I_{op} = |\dot{I}_h + \dot{I}_l|$$
$$I_{res} = \frac{(I_h + I_l)}{2} \tag{6-12}$$

差动电流取各侧差动电流互感器二次电流相量和的绝对值。对于双绕组变压器，有

$$I_{op} = |\dot{I}_h + \dot{I}_l|$$

对于三绕组变压器或引入三侧电流的变压器，有

$$I_{op} = |\dot{I}_h + \dot{I}_m + \dot{I}_l|$$

式中，I_h、I_m、I_l 为高、中、低压侧的电流或引入的三侧电流。

在微机保护中，变压器制动电流的取得方法比较灵活。对于双绕组变压器，变压器微机保护有以下几种方式。

1）制动电流为高、低压侧二次电流相量差的一半，即

$$I_{res} = \frac{1}{2}|\dot{I}_h - \dot{I}_l| \tag{6-13}$$

2）制动电流为高、低压侧二次电流幅值和的一半，即

$$I_{res} = \frac{(I_h + I_l)}{2} \tag{6-14}$$

3）制动电流为高、低压侧二次电流幅值的最大值，即

$$I_{res} = \max\{I_h, I_l\} \tag{6-15}$$

4）制动电流为动作电流幅值与高、低压侧二次电流幅值差的一半，即

$$I_{res} = \frac{(I_{op} - I_h - I_l)}{2} \tag{6-16}$$

5）制动电流为低压侧二次电流的幅值，即

$$I_{res} = I_1 \qquad (6\text{-}17)$$

对于三绕组变压器，微机变压器保护有以下几种取值方式。

1）制动电流为高、中、低压侧二次电流幅值和的一半，即

$$I_{res} = \frac{(I_h + I_m + I_1)}{2} \qquad (6\text{-}18)$$

2）制动电流为高、中、低压侧二次电流幅值的最大值，即

$$I_{res} = \max\{I_h, I_m, I_1\} \qquad (6\text{-}19)$$

3）制动电流为动作电流幅值与高、中、低压侧二次电流幅值差的一半，即

$$I_{res} = \frac{(I_{op} - I_h - I_m - I_1)}{2} \qquad (6\text{-}20)$$

4）制动电流为中、低压侧二次电流的幅值的最大值，即

$$I_{res} = \max\{I_m, I_1\} \qquad (6\text{-}21)$$

6.3.2 两折线式比率制动特性

图 6-7 所示为两折线式比率制动特性，由线段 AB、BC 组成，**特性的上方为动作区，下方为制动区**。$I_{op.min}$ 称为最小动作电流，$I_{res.min}$ 称为最小制动电流，又称为拐点电流，一般取 $(0.5 \sim 1.0)I_n$（I_n 为二次额定电流）。动作特性可表示为

$$\begin{aligned}
I_{op} &> I_{op.min} & (I_{res} \leqslant I_{res.min}) \\
I_{op} &> I_{op.min} + S(I_{res} - I_{res.min}) & (I_{res} > I_{res.min})
\end{aligned} \qquad (6\text{-}22)$$

式中，S 是 BC 制动段的斜率，即 $S = \tan\alpha$。

有时也用制动系数表示 BC 制动段的斜率。若令制动系数 $K_{res} = \dfrac{I_{op}}{I_{res}}$，则由式（6-22）可得到制动系数 K_{res} 与斜率 S 的关系式为

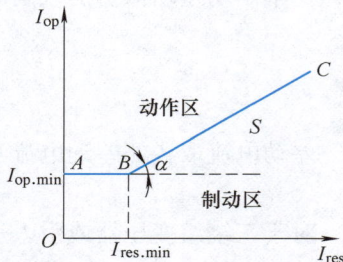

图 6-7 两折线式比率制动特性

$$K_{res} = \frac{I_{op.min}}{I_{res}} + S\left(1 - \frac{I_{res.min}}{I_{res}}\right) \qquad (6\text{-}23)$$

显然，K_{res} 与 I_{res} 大小有关，通常由 $I_{res.max}$ 来确定制动系数 K_{res}。

6.3.3 三折线式比率制动特性

图 6-8 所示为三折线式比率制动特性，有两个拐点电流 I_{res1} 和 I_{res2}，通常 I_{res1} 固定为 $\dfrac{0.5I_N}{n_{TA}}$，即 $0.5I_n$（I_n 为电流互感器二次电流额定值）。当比率制动特性由 AB、BC、CD 直线段组成时，动作特性可表示为

$$\begin{aligned}
I_{op} &> I_{op.min} & (I_{res} \leqslant I_{res1}) \\
I_{op} &> I_{op.min} + S_1(I_{res} - I_{res1}) & (I_{res1} < I_{res} \leqslant I_{res2}) \\
I_{op} &> I_{op.min} + S_1(I_{res2} - I_{res1}) + S_2(I_{res} - I_{res2}) & (I_{res2} < I_{res})
\end{aligned} \qquad (6\text{-}24)$$

式中，S_1、S_2 分别是制动段 BC、CD 的斜率。

此时 I_{res1} 固定为 $0.5I_n$，$S_1 = 0.3 \sim 0.75$ 可调，I_{res2} 固定为 $3I_n$ 或 $(0.5 \sim 3)I_n$ 可调，S_2 斜率固定为 1。这种比率特性对于降压变压器、升压变压器都适用，且容易满足灵敏度要求。

在大型变压器的纵差保护中，为进一步提高匝间短路故障的灵敏度，比率制动特性由图 6-8 中的 $A'B$、BC、CD 直线段组成，其中 $A'B$ 段特性斜率 S_0 固定为 0.2、S_2 斜率固定为 0.75、I_{res1} 固定为 $0.5I_n$、I_{res2} 固定为 $6I_n$，于是动作特性表示为

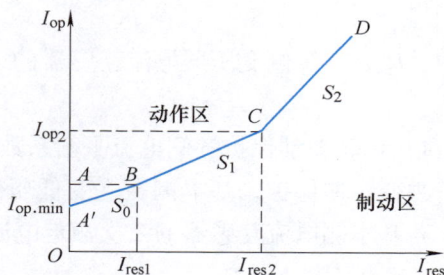

图 6-8 三折线式比率制动特性

$$I_{op} > I_{op.min} + 0.2I_{res} \qquad\qquad (I_{res} \leqslant 0.5I_n)$$
$$I_{op} > I_{op.min} + 0.1I_n + S_1(I_{res} - 0.5I_n) \qquad (0.5I_n < I_{res} \leqslant 6I_n) \qquad (6\text{-}25)$$
$$I_{op} > I_{op.min} + 0.1I_n + 5.5S_1I_n + 0.75(I_{res} - 6I_n) \qquad (I_{res} > 6I_n)$$

式中，S_1 是制动段 BC 的斜率，$S_1 = 0.2 \sim 0.75$。

需要指出的是，由于负荷电流总是穿越性质的，**变压器内部短路故障时负荷电流总是起制动作用**。为提高灵敏度，特别是匝间短路故障时的灵敏度，纵差保护可采用故障分量比率制动特性。

6.3.4 变压器微机纵差保护的整定计算

1. 变压器各侧的电流相位校正和电流平衡调整

变压器各侧电流互感器可以采用星形联结，二次电流直接接入变压器微机纵差保护装置，同时规定变压器的星形侧和三角形侧电流互感器的中性点均在变压器侧。当然也可以采用传统的接线方式，将星形侧电流互感器接成三角形进行相位补偿。

（1）相位校正　由于微机保护软件计算的灵活性，允许变压器各侧的电流互感器二次侧都接成星形，也可以按常规保护的接线方式接线。当两侧都采用星形联结时，在进行差动计算时由软件对变压器星形侧电流进行相位补偿及电流数值补偿。

（2）电流平衡调整　变压器微机纵差保护的电流平衡是建立在差动保护各侧平衡系数 K_b 的计算基础上的，由软件实现电流平衡的自动调整。求平衡系数 K_b 的步骤如下。

1）计算变压器各侧一次额定电流，计算式为

$$I_{1N} = \frac{S_N}{\sqrt{3}\,U_N} \qquad\qquad (6\text{-}26)$$

式中，S_N 是变压器的额定容量；U_N 是计算侧变压器的额定相间电压（不能用电网额定电压）。

2）选择电流互感器标准电流比。根据电流互感器计算电流比，由产品目录选出大且相近的保护用的标准电流比。

3）计算变压器各侧电流互感器的二次额定电流，计算式为

$$I_{2n} = \frac{I_{1N}}{n_{TA}} \tag{6-27}$$

式中，I_{2n} 是计算侧变压器电流互感器的二次额定电流；n_{TA} 是计算侧变压器电流互感器的电流比。

4）计算差动保护各侧电流平衡系数 K_b。在计算时应先确定基本侧：对于发变组纵差保护、主变纵差保护，基本侧在主变低压侧，即发电机侧；对于其他变压器，基本侧为高压侧。若基本侧电流互感器的二次额定电流用 $I_{2n.b}$ 表示，则其他侧电流平衡系数为

$$K_b = \frac{I_{2n.b}}{I_{2n}} \tag{6-28}$$

式中，I_{2n} 是计算侧变压器电流互感器的二次额定计算电流。

变压器纵差保护各侧电流平衡系数 K_b 求出后，此时非基本侧的电流与其对应的平衡系数相乘即可。**应当注意，由于微机保护电流平衡系数取值是二进制方式，因此不可能使纵差动保护达到完全平衡，在整定计算时引入相对误差系数 Δm，沿用传统保护数值取 0.05。**

2. 比率制动特性参数整定

（1）两折线式比率制动特性参数整定　若比率制动特性如图6-7所示，需确定的参数为 $I_{op.min}$、$I_{res.min}$、S，但通常整定的参数是 $I_{op.min}$、K_{res}，应当注意 K_{res} 随 $I_{res.min}$ 变化而变化。对于 $I_{op.min}$ 值，装置内部大多固定，但可以进行调整。

1）最小动作电流 $I_{op.min}$ 的确定。$I_{op.min}$ 应躲过外部短路故障切除时差动回路的不平衡电流，即

$$I_{op.min} = K_{rel}I_{unb.1} \tag{6-29}$$

式中，K_{rel} 是可靠系数，取 $1.2 \sim 1.5$，对于双绕组变压器取 $1.2 \sim 1.3$，对于三绕组变压器取 $1.4 \sim 1.5$，对谐波较为严重的场合应适当增大；$I_{unb.1}$ 是变压器正常运行时差动回路的不平衡电流，可取变压器在额定运行状态。

正常运行时产生的不平衡电流按下式确定：

$$I_{unb.1} = (K_{st}K_{ap}f_{er} + \Delta U + \Delta m)\frac{I_1}{n_{TA}} \quad （双绕组变压器） \tag{6-30}$$

$$I_{unb.1} = (K_{st}K_{ap}f_{er} + \Delta U_h + \Delta U_m + \Delta m)\frac{I_1}{n_{TA}} \quad （三绕组变压器） \tag{6-31}$$

式中，K_{st} 是电流互感器同型系数；K_{ap} 是非周期分量系数，可取 $1.5 \sim 2$；f_{er} 是电流互感器误差引起的不平衡系数，当二次负荷阻抗匹配较好时，$f_{er} = 10\%$；ΔU 是偏离额定电压最大调压百分值；Δm 是由于微机保护电流平衡调整不连续引起的不平衡系数，$\Delta m = 0.05$；n_{TA} 是基本侧电流互感器电流比；ΔU_h 是偏离高压侧额定电压最大调压百分值；ΔU_m 是偏离中压侧额定电压最大调压百分值。

2）拐点电流 $I_{res.min}$ 的确定。可暂取 $I_{res.min} = 0.8I_n$。

3）计算区外短路故障时流过差动回路的最大不平衡电流 $I_{unb.max}$。对于双绕组变压器，最大不平衡电流按下式计算，为

$$I_{unb.max} = (K_{st}K_{ap}f_{er} + \Delta U + \Delta m)\frac{I_{K.max}}{n_{TA}} \tag{6-32}$$

式中，$I_{K.max}$ 为保护区外故障流过差动回路的最大短路电流。

如果双绕组变压器接线如图 6-9 所示，则 $I_{unb.max}$ 的计算应考虑两种情况，即 K_1 点、K_2 点故障时的 $I_{unb1.max}$、$I_{unb2.max}$，其表示式为

$$I_{unb1.max} = (K_{st}K_{ap}f_{er} + \Delta U + \Delta m)\frac{I_{K1.max}}{n_{TA}} \tag{6-33}$$

$$I_{unb2.max} = (K_{st}K_{ap}f_{er} + \Delta m)\frac{I_{K2.max}}{n_{TA}} \tag{6-34}$$

式中，$I_{K1.max}$ 是穿越变压器的基本侧最大短路电流；$I_{K2.max}$ 是穿越 TA_1、TA_2 的最大短路电流；n_{TA} 是基本侧电流互感器电流比。

取式(6-33) 与式(6-34) 中的较大值为最大不平衡电流 $I_{unb.max}$。

对于三绕组变压器，最大不平衡电流 $I_{unb.max}$ 表示式为

$$I_{unb.max} = K_{st}K_{ap}f_{er}\frac{I_{K.max}}{n_{TA}} + (\Delta U_h + \Delta m_h)\frac{I_{Kh.max}}{n_{TA}} + (\Delta U_m + \Delta m_m)\frac{I_{Km.max}}{n_{TA}} \tag{6-35}$$

式中，$I_{K.max}$ 是保护区外短路故障时，归算到基本侧的通过变压器的最大短路电流；$I_{Kh.max}$ 是保护区外短路故障时，归算到基本侧的通过高压侧的短路电流；$I_{Km.max}$ 是保护区外短路故障时，归算到基本侧的通过中压侧的短路电流；ΔU_h、ΔU_m 是高压侧、中压侧偏离额定电压的最大调压百分数；Δm_h、Δm_m 是高压侧、中压侧电流平衡调节不连续引起的不平衡系数；n_{TA} 是基本侧电流互感器电流比。

式(6-35) 表示的 $I_{unb.max}$ 是建立在低压侧外部短路时通过变压器低压侧的短路电流归算到基本侧具有最大值的基础上的（即其他两侧保护区外短路故障通过变压器该侧的短路电流归算值比低压侧小）。如果其他两侧更大，$I_{unb.max}$ 可用类似方法求得。

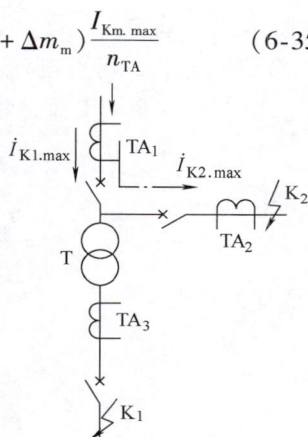

图 6-9　带有内接线的双绕组变压器接线

4）斜率 S 的确定。按躲过保护区外短路故障时差动回路最大不平衡电流整定，即

$$S = \frac{K_{rel}I_{unb.max} - I_{op.min}}{I_{res.max} - I_{res.min}} \tag{6-36}$$

式中，K_{rel} 是可靠系数，取 1.3～1.5；$I_{unb.max}$ 是最大不平衡电流，按式(6-32) 计算；$I_{res.max}$ 是最大制动电流，按式(6-33)、式(6-34) 计算。

5）制动系数 $K_{res.set}$ 整定值的确定。制动系数整定式为

$$K_{res.set} = \frac{I_{op.min}}{I_{res.max}} + S\left(1 - \frac{I_{res.min}}{I_{res.max}}\right) \tag{6-37}$$

从而可确定 $K_{res.set}$，但 $S \neq K_{res.set}$，除非图 6-7 中 BC 制动段通过原点 O。

6）另一种整定方法。式(6-37) 的最大制动系数 $K_{res.set}$ 整定值是在最大制动电流 $I_{res.max}$ 情况下求得的，定值确定后就不再发生变化，在图 6-10 中以直线 OC 的斜率表示 $K_{res.set}$ 值。前面所述方法是先求出 S 值，再求得 $K_{res.set}$ 值，此时的制动在图 6-10 中以虚折线 ABC 表示。另一种整定方法是取 $S = K_{res.set}$，即认为制动系数与制动特性斜率相等。

首先计算最大制动系数 $K_{res.max}$ 整定值，而 $K_{res.max}$ 表示为

$$K_{res.max} = K_{rel}(K_{st}K_{ap}f_{er} + \Delta U + \Delta m) \quad (6-38)$$

式中，K_{rel} 是可靠系数，取 1.3~1.5.；$K_{res.set} \geq K_{res.max}$，取大且相近的可整定的数值。

再确定最小动作电流 $I_{op.min}$，由已知的 $I_{res.min}$ 可求得 $I_{op.min}$，表示式为

$$I_{op.min} = K_{res.set}I_{res.min} \quad (6-39)$$

此时的制动特性如图 6-10 中实线所示。这种整定方法计算简单，安全可靠，但偏于保守。

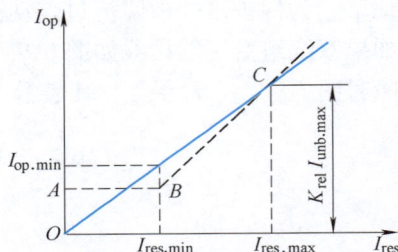

图 6-10　两折线整定方法

（2）三折线式比率制动特性参数整定　设比率制动特性如图 6-8 中的 ABCD 折线，因 $I_{res1} = 0.5I_n$、$I_{res2} = 3I_n$、$S_2 = 1$ 为固定值，所以需要整定的参数是 S_1、I_{op2} 和 $I_{op.min}$。

1）计算区外短路故障时流过差动回路的最大不平衡电流 $I_{unb.max}$。对于双绕组变压器，按式（6-32）确定。

2）确定第二拐点电流 I_{res2} 对应的动作电流 I_{op2}。根据制动电流的表示式可求得计算 $I_{unb.max}$ 时的最大制动电流，当制动电流取各侧电流幅值和的一半，则制动电流为

$$I_{res.max} = \frac{I_{K.max}}{n_{TA}} \quad \text{（双绕组变压器）} \quad (6-40)$$

$$I_{res.max} = \frac{I_{K.max} + I_{Kh.max} + I_{Km.max}}{2n_{TA}} = \frac{I_{K.max}}{n_{TA}} \quad \text{（三绕组变压器）} \quad (6-41)$$

于是有关系式

$$S_2 = \frac{K_{rel}I_{unb.max} - I_{op2}}{I_{res.max} - I_{res2}}$$

即

$$I_{op2} = K_{rel}I_{unb.max} - S_2(I_{res.max} - I_{res2}) \quad (6-42)$$

式中，K_{rel} 是可靠系数，取 1.3~1.5。

令 $S_2 = 1$、$I_{res2} = 3I_n$（I_n 基本侧二次额定电流），就可求得 I_{op2} 值。

3）确定斜率 S_1。变压器外部短路故障切除后，差动回路的不平衡电流按式（6-30）、式（6-31）确定。

当变压器额定容量运行时，由式（6-40）、式（6-41）求得制动电流 $I_{res1} = I_n$，有

$$S_1 = \frac{I_{op2} - K_{rel}I_{unb1}}{I_{res2} - I_{res1}} \quad (6-43)$$

式中，K_{rel} 是可靠系数，取 1.2~1.4。

令 $I_{res2} = 3I_n$、$I_{unb.1}$ 为额定负荷电流时的不平衡电流，就可得到 S_1 值。

4）确定最小动作电流 $I_{op.min}$。因 $S_1 = \frac{I_{op2} - I_{op.min}}{I_{res2} - I_{res1}}$，所以有

$$I_{op.min} = I_{op2} - S_1(I_{res2} - I_{res1}) \quad (6-44)$$

令 $I_{res2} = 3I_n$、$I_{res1} = 0.5I_n$，就可求得 $I_{op.min}$ 值。

显然，式（6-42）保证了区外短路故障时差动回路不平衡电流最大时保护不误动作，式（6-43）保证了外部短路故障切除时保护不误动作。$I_{op.min}$ 值保证了变压器内部轻微故障时纵差保护的灵敏度。

3. 内部短路故障灵敏度计算

在最小运行方式下计算保护区内（指变压器引出线上）两相金属性短路故障时最小短

路电流 $I_{\text{K.min}}$（折算至基本侧）和相应的制动电流 I_{res}（折算至基本侧）。根据制动电流的大小在相应制动特性曲线上求得相应的动作电流 I_{op}。于是灵敏系数 K_{sen} 为

$$K_{\text{sen}} = \frac{I_{\text{K.min}}}{I_{\text{op}}} \qquad (6\text{-}45)$$

要求 $K_{\text{sen}} \geqslant 2$。应当指出，**对于单侧电源变压器，内部故障时的制动电流采用不同方式，保护的灵敏度不同。**

4. 谐波制动比整定

差动回路中 2 次谐波电流与基波电流的比值一般整定为 15% ~ 20%。

5. 差动电流速断保护定值

差动电流速断保护定值应躲过变压器初始励磁涌流和外部短路故障时的最大不平衡电流，表示式为

$$I_{\text{op}} > K I_{\text{n}} \qquad (6\text{-}46)$$

$$I_{\text{op}} > K_{\text{rel}} I_{\text{unb.max}} \qquad (6\text{-}47)$$

式中，K_{rel} 是可靠系数，取 1.3 ~ 1.5；K 是倍数，根据变压器容量和系统电抗大小而定（一般变压器容量在 6.3MV·A 及以下，$K = 7 \sim 12$；6.3 ~ 31.5MV·A，$K = 4.5 \sim 7$；40 ~ 120MV·A，$K = 3 \sim 6$；120MV·A 及以上，$K = 2 \sim 5$。变压器容量越大、系统电抗越小时，K 值应取越低值）。

动作电流取式（6-46）、式（6-47）中的较大值。

对于差动电流速断保护，正常运行方式下保护安装处区内两相短路故障时，要求 $K_{\text{sen}} \geqslant 1.2$。

6.3.5　两折线式比率制动变压器差动保护整定实例

【**例 6-1**】　图 6-11 所示网络，已知降压变压器容量为 20MV·A，电压比为 110（1 ± 2 × 2.5%）/11，归算至变压器高压侧系统最小等值阻抗、最大阻抗、高压侧变压器等值阻抗如图 6-11 所示。求两折线式比率制动变压器差动保护整定值。

解：第 1 种方法：

（1）计算变压器一次额定电流。

高压侧：$I_{1\text{N}} = \dfrac{S_{\text{N}}}{\sqrt{3}\, U_{1\text{N}}} = \dfrac{20000}{\sqrt{3} \times 110}\text{A} = 105\text{A}$

低压侧：$I_{2\text{N}} = \dfrac{S_{\text{N}}}{\sqrt{3}\, U_{2\text{N}}} = \dfrac{20000}{\sqrt{3} \times 11}\text{A} = 1050\text{A}$

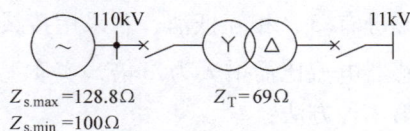

图 6-11　实例网络接线

（2）相位补偿采用软件补偿。

（3）选择电流互感器标准电流比。

高压侧：$n_{\text{TAh}} = 200/5$

低压侧：$n_{\text{TAl}} = 1500/5$

（4）二次额定电流计算。

高压侧：$I_{1\text{n}} = \dfrac{I_{1\text{N}}}{n_{\text{TA}}} = \dfrac{105}{40}\text{A} = 2.63\text{A}$　　低压侧：$I_{2\text{n}} = \dfrac{I_{2\text{N}}}{n_{\text{TA}}} = \dfrac{1050}{300}\text{A} = 3.5\text{A}$

（5）制动电流选择。

取高、低压侧幅值的一半，即 $I_{\text{res}} = \dfrac{I_{\text{h}} + I_{\text{l}}}{2}$。

（6）计算平衡系数。

降压变压器基本侧选择为高压侧，$K_b = \dfrac{I_{1n}}{I_{2n}} = \dfrac{2.63}{3.5} = 0.75$。

（7）确定最小动作电流。据式（6-29）、式（6-30）有

$$I_{op.\,min} = K_{rel}I_{unb.\,1} = 1.3 \times (1 \times 1.5 \times 0.1 + 0.05 + 0.05) \times 105/40\,A = 0.85\,A$$

（8）拐点电流计算。

取 $I_{res.\,min} = 0.8I_{1n}$，则 $I_{res.\,min} = 0.8I_{1n} = 0.8 \times 2.63\,A = 2.1\,A$。

（9）计算最大不平衡电流 $I_{unb.\,max}$。

保护区外短路最大短路电流为 $\qquad I_{K.\,max} = \dfrac{115 \times 10^3/\sqrt{3}}{100 + 69}\,A = 393\,A$

最大不平衡电流为 $\qquad I_{unb.\,max} = (1 \times 1.5 \times 0.1 + 0.05 + 0.05) \times 393/40\,A = 2.45\,A$

最大制动电流为 $\qquad I_{res.\,max} = 393/40\,A = 9.8\,A$

（10）斜率确定。

$$S = \frac{K_{rel}I_{unb.\,max} - I_{op.\,min}}{I_{res.\,max} - I_{res.\,min}} = \frac{1.5 \times 2.45 - 0.85}{9.8 - 2.1} = 0.37$$

$K_{res.\,cal} = \dfrac{I_{op.\,min}}{I_{res.\,max}} + S\left(1 - \dfrac{I_{res.\,min}}{I_{res.\,max}}\right) = \dfrac{0.85}{9.8} + 0.37 \times \left(1 - \dfrac{2.1}{9.8}\right) = 0.38$，取制动系数 $K_{res.\,set} = 0.45$。

（11）灵敏度计算。

区内短路最小短路电流为 $I_{K.\,min}^{(2)} = \dfrac{115 \times 10^3}{2 \times (128.8 + 69)}\,A = 290.7\,A$

制动电流为 $\qquad I_{res} = 290.7/(2 \times 40)\,A = 3.6\,A$

动作电流为 $\qquad I_{op} = 0.85\,A + 0.37 \times (3.6 - 2.1)\,A = 1.41\,A$

灵敏度为 $K_{sen} = \dfrac{I_{K.\,min}}{I_{op}} = \dfrac{290.7}{40 \times 1.41} = 5.15$ ［虽然最大两相电流差为 $\sqrt{3}\,I_K^{(2)}$，但软件补偿计算式分母有 $\sqrt{3}$，相互抵消；若采用接线方式进行相位补偿，则灵敏系数用 $\sqrt{3}\,I_K^{(2)}$ 计算，因电流互感器电流比需增大为 $\sqrt{3}$ 倍，实质上灵敏系数相同。］

第2种方法：

（1）制动系数计算。

计算制动系数

$$K_{res.\,cal} = K_{rel}(K_{st}K_{ap}f_{er} + \Delta U + \Delta m) = 1.5 \times (1 \times 1.5 \times 0.1 + 0.05 + 0.05) = 0.375$$

取 $K_{res.\,set} = 0.4$

（2）最小动作电流确定。

$$I_{op.\,min} = K_{res.\,set}I_{res.\,min} = 0.4 \times 2.1\,A = 0.84\,A$$

（3）灵敏度计算。

内部短路时制动电流为 $I_{res} = \dfrac{290.7}{2 \times 40}\,A = 3.6\,A$

动作电流为 $I_{op} = 0.84\,A + 0.4 \times (3.6 - 2.1)\,A = 1.44\,A$

灵敏度为 $K_{sen} = I_{K.\,min}/I_{op} = \dfrac{290.7}{40 \times 1.44} = 5$

6.4　电力变压器相间短路的后备保护

变压器相间短路的后备保护既是变压器主保护的后备保护，又是相邻母线或线路的后备保护。根据变压器容量的大小和系统运行方式，变压器相间短路的后备保护可采用过电流保护、低电压起动的过电流保护和复合电压起动的过电流保护等。

6.4.1　过电流保护

过电流保护宜用于降压变压器，其接线原理如图 6-12 所示。过电流保护采用三相式接线，且保护应装设在电源侧。保护的动作电流 I_{op} 按躲过变压器可能出现的最大负荷电流 $I_{L.max}$ 来整定，即

$$I_{op} = \frac{K_{rel}}{K_{re}} I_{L.max} \tag{6-48}$$

式中，K_{rel} 是可靠系数，一般取 1.2～1.3；K_{re} 是返回系数。

确定 $I_{L.max}$ 时，应考虑下述两种情况。

1）对于并列运行的变压器，应考虑一台变压器退出运行以后所产生的过负荷。若各变压器容量相等，可按下式计算：

图 6-12　单相式过电流保护接线原理

$$I_{L.max} = \frac{m}{m-1} I_N \tag{6-49}$$

式中，m 是并列运行变压器的台数；I_N 是变压器电源侧的额定电流。

2）对于降压变压器，应考虑负荷中电动机自起动时的最大电流，则

$$I_{L.max} = K_{ss} I'_{L.max} \tag{6-50}$$

式中，K_{ss} 是自起动系数，其值与负荷性质及用户与电源间的电气距离有关。对于 110kV 的降压变电所，6～10kV 侧，K_{ss} 取 1.5～2.5；35kV 侧，K_{ss} 取 1.5～2.0；$I'_{L.max}$ 是正常运行时的最大负荷电流。

保护的动作时限应与下级保护的动作时限配合，即比下级保护中最大动作时限大一个阶梯时限 Δt。

保护的灵敏度为

$$K_{sen} = \frac{I_{K.min}}{I_{op}} \tag{6-51}$$

式中，$I_{K.min}$ 是最小运行方式下，在灵敏度校验点发生两相相间短路时，流过保护装置的最小短路电流。

在被保护变压器负荷侧母线上短路时（近后备），要求 $K_{sen} \geq 1.5～2.0$；在后备保护范围末端短路时（远后备），要求 $K_{sen} \geq 1.2$。若灵敏度不满足要求，则选用其他灵敏度较高的后备保护方式。

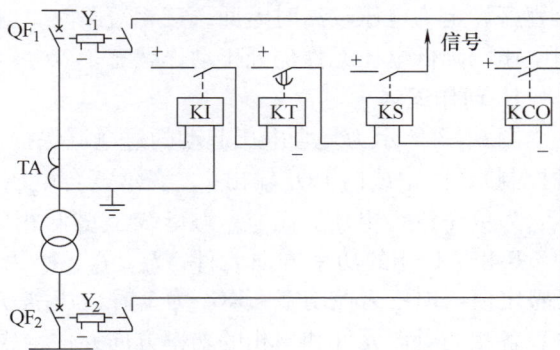

6.4.2 复合电压起动的过电流保护

微机保护中，接入装置电压为三个相电压或三个线电压，过电流元件接入三相电流。负序过电压、低电压功能由算法实现，负序电压元件与低电压元件构成复合电压起动的过电流保护。

相间不对称短路时存在较大负序电压，负序电压元件将动作，一方面开放过电流保护，过电流保护动作后经设定的延时动作于跳闸；另一方面使低电压保护的数据窗清零，低电压保护动作。对称性三相短路时，由于短路初瞬间也会出现短时的负序电压，负序电压元件将动作，低电压保护的数据窗被清零，低电压保护也动作。当负序电压消失后，低电压保护可由程序设定为电压较高时返回，三相短路时，电压一般都会降低，若它低于低电压元件的返回电压，则低电压元件仍处于动作状态。

1. 动作逻辑

图 6-13 所示为复合电压起动的过电流保护逻辑框图（只画出 Ⅰ 段，最末段不设方向元件控制），图中或门 DO_1 输出 1，表示复合电压已动作，U_2 为保护安装处母线的负序电压，$U_{2.set}$ 为负序整定电压，$U_{\phi\phi.min}$ 为母线上最低相间电压。KW_1、KW_2、KW_3 为保护安装侧 A 相、B 相、C 相的功率方向元件，I_A、I_B、I_C 为保护安装侧变压器三相电流，$I_{1.set}$ 为 Ⅰ 段电流整定值。KG_1 为控制字，KG_1 为 1 时，功率方向元件投入，KG_1 为 0 时，功率方向元件退出，各相的电流元件和该相的功率方向元件构成"与"的关系，符合按相起动的原则；KG_2 为其他侧复合电压的控制字，KG_2 为 1 时，其他侧复合电压起到该侧方向电流保护的闭锁作用，KG_2 为 0 时，其他侧复合电压不引入，引入其他侧复合电压可提高复合电压元件的灵敏度；KG_3 为复合电压的控制字，KG_3 为 1 时，复合电压起闭锁作用，KG_3 为"0"时，复合电压不起闭锁作用；KG_4 为保护段投入、退出控制字，KG_4 为 1 时，该保护段投入，KG_4 为 0 时，该保护段退出。显然，$KG_1 = 1$、$KG_3 = 1$ 时为复合电压闭锁的方向过电流保护；$KG_1 = 1$、$KG_3 = 0$ 时为方向过电流保护；$KG_1 = 0$、$KG_3 = 0$ 时为过电流保护；$KG_1 = 0$、$KG_3 = 1$ 时为复合电压闭锁过电流保护。

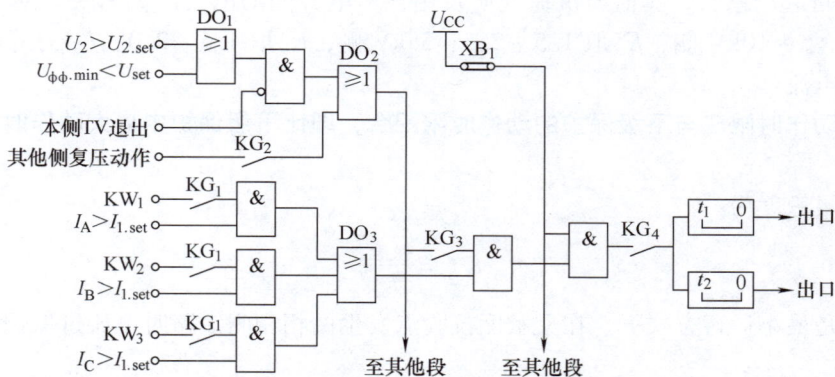

图 6-13　复合电压起动的过电流保护逻辑框图

对于多侧电源的三绕组变压器，一般情况下三侧均要装设反映相间短路故障的后备保护，每侧设两段。高压侧的 Ⅰ 段为复合电压闭锁的方向过电流保护，设有两个时限，短时限跳本侧母联断路器，长时限跳本侧或三侧断路器；Ⅱ段为复合电压闭锁的过电流保护，设一个时限，可跳本侧或三侧断路器。中压侧、低压侧的Ⅰ段、Ⅱ段均为复合电压闭锁的方向过电流保护，同样设两个时限，短时限跳本侧母联断路器，长时限跳本侧或三侧断路器。根据具体情况由控制字确定需跳闸的断路器。

电压互感器二次侧断线时，应设断线闭锁。判别出断线后，根据控制字可退出经方向或复合电压闭锁的各段过电流保护，也可取消方向或复合电压闭锁。

2. 方向判别元件

方向判别元件的动作方向由控制字设定，动作方向可设定为变压器指向母线为正方向，作为变压器外部本侧相邻元件短路故障时的后备用；也可以设定为母线指向变压器为正方向，此时方向判别元件起到变压器内部短路故障及其他侧相邻元件短路故障时的后备作用。

3. 整定计算

1）电流元件的动作电流为

$$I_{op} = \frac{K_{rel}}{K_{re}} I_N \tag{6-52}$$

式中，I_N 是保护安装侧变压器的额定电流。

2）低电压元件动作电压为

$$U_{op} = 0.7 U_N \tag{6-53}$$

式中，U_N 是保护安装侧变压器的额定电压。

低电压元件灵敏度的计算式为

$$K_{sen} = \frac{K_{re} U_{op}}{U_{K.\,max}} > 1.2 \tag{6-54}$$

式中，$U_{K.\,max}$ 是相邻元件末端三相金属性短路故障时保护安装处的最大母线残压；K_{re} 是低电压元件的返回系数，一般取 $1.05 \sim 1.15$。

3）负序电压元件的动作电压为

$$U_{2.\,op} = (0.06 \sim 0.12) U_N \tag{6-55}$$

负序电压元件的灵敏度为

$$K_{sen} = \frac{U_{K2.\,min}}{U_{2.\,op}} > 1.2 \tag{6-56}$$

式中，$U_{K2.\,min}$ 是相邻元件末端两相相间短路故障时保护安装处的最小负序电压。

6.4.3　负序电流和单相低电压起动的过电流保护

对于大容量的发电机-变压器组，由于额定电流较大，电流元件往往不能满足远后备灵敏度的要求，可采用负序电流和单相低电压起动的过电流保护。它由反映不对称短路故障的负序电流元件和反映对称短路故障的单相低电压起动的过电流保护组成。

负序电流保护的灵敏度较高，且在 Yd 联结变压器另一侧发生不对称短路故障时，灵敏度不受影响，接线也较简单，但整定计算较复杂。

6.4.4　三绕组变压器后备保护的配置原则

对于三绕组变压器的后备保护，当变压器油箱内部故障时，应断开各侧断路器；当油箱外部故障时，原则上只断开近故障点侧的断路器，使变压器的其余两侧能继续运行。

对于单侧电源的三绕组变压器，应设置两套后备保护，分别装于电源侧和负荷侧，如图 6-14 所示。负荷侧保护的动作时限 t_{III} 应比该侧母线所连接的全部元件中最大的保护动作时限高一个阶梯时限 Δt。电源侧保护带两级时限，以较小的时限 t_{II}（$t_{\text{II}} = t_{\text{III}} + \Delta t$）跳开变压器 II 侧断路器 QF_2，以较大的时限 t_{I}（$t_{\text{I}} = t_{\text{II}} + \Delta t$）跳开变压器的各侧断路器。

对于多侧电源的三绕组变压器，应在三侧都装设后备保护。对于动作时限最小的保护，应加装方向元件，动作功率方向取为由变压器指向母线。各侧保护均动作于跳开本侧断路器。在装有方向性保护的一侧，加装一套不带方向的后备保护，其时限应比三侧保护中的最大时限大一个阶梯时限 Δt，保护动作后，断开三侧断路器，作为内部故障的后备保护。

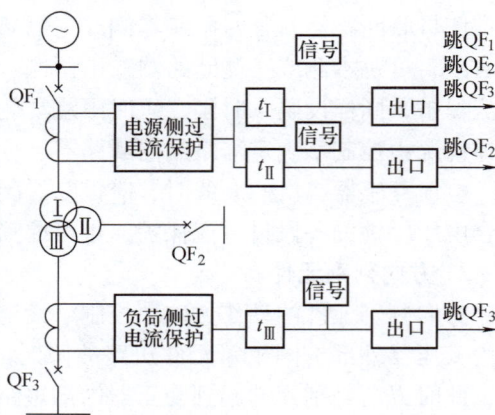

图 6-14　单侧电源三绕组变压器后备保护的配置

6.4.5　电力变压器的过负荷保护

变压器的过负荷保护反映变压器对称过负荷引起的过电流。保护测量一相电流，经延时发出信号。

过负荷保护的安装侧应按照保护能反映变压器各侧绕组可能过负荷的原则来选择。

1）对于双绕组升压变压器，装于发电机电压侧。

2）对于一侧无电源的三绕组升压变压器，装于发电机电压侧和无电源侧。

3）对于三侧有电源的三绕组升压变压器，三侧均应装设。

4）对于双绕组降压变压器，装于高压侧。

5）仅一侧有电源的三绕组降压变压器，若三侧的容量相等，则只装于电源侧；若三侧的容量不等，则装于电源侧及容量较小侧。

6）对于两侧有电源的三绕组降压变压器，三侧均应装设。

装于各侧的过负荷保护，均经过相同延时发出信号。

过负荷保护的动作电流，应按避开变压器的额定电流整定，即

$$I_{\text{op}} = \frac{K_{\text{rel}}}{K_{\text{re}}} I_{\text{N}} \tag{6-57}$$

式中，K_{rel} 是可靠系数，取 1.05；K_{re} 是返回系数，取 0.85。

为了防止过负荷保护在外部短路时误动作，其时限应比变压器的后备保护动作时限大一个 Δt。

6.5　电力变压器的接地保护

在电力系统中，接地故障是主要的故障形式，所以对中性点直接接地的变压器，要求装设接地保护作为变压器主保护的后备保护和相邻元件接地短路的后备保护。

电力系统接地短路时，零序电流的大小和分布与系统中变压器中性点接地的数目和位置有很大关系。通常，对于只有一台变压器运行的升压变压器，变压器中性点采用直接接地运行方式；对于有若干台变压器并联运行的变电所，则采用部分变压器中性点直接接地的运行方式。对只有一台升压变压器的情况，通常在变压器上装设普通的零序过电流保护，接于中性点引出线的电流互感器上。

变压器的接地保护方式及其整定计算与变压器的类型、中性点接地方式及所连接系统的中性点接地方式密切相关。变压器的接地保护要在时间和灵敏度上与线路的接地保护相配合。

6.5.1　中性点直接接地变压器零序电流保护

保护用的电流互感器接于变压器中性点引出线上，反映零序电流。其额定电压可降低一级选择，其电流比根据接地短路电流的热稳定条件和动稳定条件来选择。通常接于中性点电流互感器一次侧的额定电流选为高压侧额定电流的 $1/4 \sim 1/3$。

保护的动作电流按与被保护侧母线引出线零序电流保护后备段在灵敏度上相配合的条件来整定，即

$$I_{op0} = K_c K_b I_{op0.L} \tag{6-58}$$

式中，I_{op0} 是变压器零序过电流保护的动作电流；K_c 是配合系数，取 $1.1 \sim 1.2$；K_b 是零序电流分支系数；$I_{op0.L}$ 是被保护侧母线引出线上零序电流保护后备段的动作电流。

保护的灵敏系数按后备保护范围末端接地短路校验，灵敏系数应不小于 1.2。

保护的动作时限应比母线引出线上零序电流保护后备段的最大动作时限长一个时限级差 Δt。

为了缩小接地故障的影响范围及提高后备保护动作的快速性，通常配置两段式零序电流保护，每段各带两级时限。零序 I 段作为变压器及母线的接地故障后备保护，其动作电流与母线引出线零序电流保护 I 段在灵敏系数上配合整定，以较短延时（通常取 0.5s）作用于跳开母联断路器或分段断路器，以较长延时 $(0.5s + \Delta t)$ 作用于跳开变压器各侧断路器。零序 II 段作为引出线接地故障的后备保护，其动作电流按式(6-58)选择。第一级（短）延时与引出线零序后备段动作时间相配合，第二级（长）延时比第一级延时长一个阶梯时限 Δt。

如图 6-15 所示，零序保护由两段零序电流保护构成。I 段整定电流与相邻线路零序过

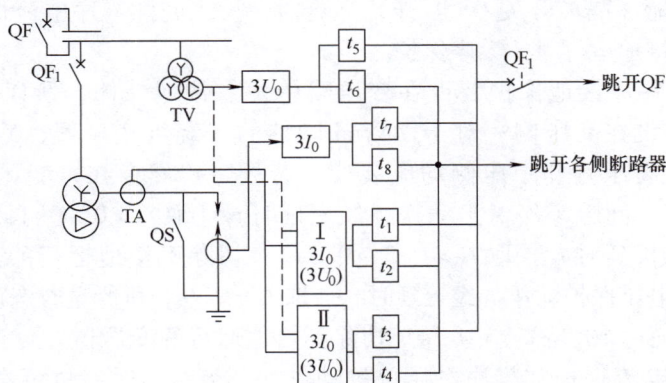

图 6-15　中性点有放电间隙的分级绝缘变压器零序保护原理

电流保护Ⅰ段（或Ⅱ段）或快速主保护配合。Ⅰ段保护设两个时限 t_1 和 t_2，t_1 时限与相邻线路零序过电流Ⅰ段（或Ⅱ段）配合，取 $t_1 = 0.5 \sim 1s$，动作于母线解列或断开分段断路器，以缩小停电范围；$t_2 = t_1 + \Delta t$，断开变压器高压侧断路器。Ⅱ段与相邻元件零序电流保护后备段配合。Ⅱ段保护也设两个时限 t_3 和 t_4，时限 t_3 比相邻元件零序电流保护后备段最长动作时限大一个阶梯时限，动作于母线解列或跳分段断路器；$t_4 = t_2 + \Delta t$，断开变压器高压侧断路器。

为防止变压器接入电网前高压侧接地时误跳母联断路器，在母联解列回路中串进高压侧断路器 QF_1 常开辅助触点。

三绕组升压变压器高、中压侧中性点不同时接地或同时接地，但低压侧等值电抗等于零时，装设在中性点接地侧的零序保护与双绕组升压变压器的零序保护基本相同。

6.5.2 变压器接地保护的零序方向元件

三绕组变压器的高压侧、中压侧的中性点同时接地运行时，任一侧发生接地短路故障，在高压侧和中压侧都会有零序电流流过，因此需要两侧变压器的零序电流保护相互配合，有时还需要方向元件。

对于三绕组变压器，低压侧一般采用三角形联结，在零序等效电路中，变压器的三角形绕组是短路运行的。若三绕组变压器低压绕组的等效电抗为零，则高压侧（中压侧）发生接地短路故障时，中压侧（高压侧）就没有零序电流，两侧变压器的零序电流保护不存在配合问题，也无需装设零序方向元件。

因此，**在变压器的零序电流保护中，只有在三绕组变压器低压侧绕组的等效电抗不等于零且高压侧和中压侧的中性点均接地时，才需要装设零序方向元件。**

6.5.3 中性点可能接地或不接地变压器的零序接地保护

1. 分级绝缘变压器的零序保护

分级绝缘的变压器中性点的绝缘耐压水平较低，若中性点未装设放电间隙，不允许在无接地的情况下带接地故障运行。当发生接地故障时，应先切除中性点不接地的变压器，然后切除中性点接地的变压器。一般装设放电间隙，中性点有放电间隙的分级绝缘变压器的零序保护原理如图6-15所示。当变压器中性点接地运行时，投入中性点接地零序电流保护；当变压器中性点不接地（隔离开关 QS 断开）运行时，投入间隙零序电流保护和零序电压保护，作为变压器不接地运行时的零序保护。

由于变压器的零序接地保护装设在变压器中性点接地一侧，所以对于 YNd 联结的双绕组变压器，装设在高压侧；对于 YNynd 联结的三绕组变压器，YNyn 侧均应装设；对于自耦变压器，高压侧和中压侧均应装设。若故障仍然存在，变压器中性点电位升高，放电间隙击穿，间隙零序保护动作，经短延时 t_7（取 $t_7 = 0 \sim 0.1s$），先跳开母联或分段断路器，经稍长延时 t_8（取 $t_8 = 0.3 \sim 0.5s$），切除不接地运行的变压器；若放电间隙未被击穿，零序电压保护动作，经短延时 t_5（取 $t_5 = 0.3s$，可躲过暂态过程影响）将母联解列，经稍长延时 t_6（取 $t_6 = 0.6 \sim 0.7s$）切除不接地运行的变压器。对于 220kV 及以上的变压器，间隙零序电流保护和零序电压保护动作后，经短延时后也可直接跳开变压器断路器。

作为开放间隙零序电流保护的起动元件，动作值比测量元件要高3～4倍灵敏度。

对于分级绝缘的双绕组降压变压器，零序保护动作后先跳开高压分段断路器或桥断路器；若接地故障在中性点接地运行的一台变压器，则零序保护可使该变压器高压侧断路器跳闸；若接地故障在中性点不接地运行的单台变压器，则需靠对侧线路的接地保护切除故障。

2. 全绝缘变压器的零序保护

全绝缘变压器的中性点绝缘水平较高，除按规定装设零序电流保护外，还应装设零序电压保护。当发生接地故障时，若接地故障在中性点接地运行的变压器侧，则零序保护可使该变压器高压侧断路器跳闸；若接地故障在中性点不接地运行的一台变压器侧，则由零序电压保护切除中性点不接地运行的变压器。

当中性点接地运行时，投入零序电流保护；当中性点不接地运行时，投入零序电压保护，零序电压的整定值应躲过系统单相接地时开口三角形侧的最大零序电压。为防止保护误动作，零序电压保护带$t_6 = 0.3 \sim 0.5\mathrm{s}$时限。零序电压保护动作后，切除变压器。

6.5.4 变压器零序接地保护的逻辑框图

图6-16所示为变压器零序（接地）保护的逻辑框图，KAZ_1、KAZ_2是保护Ⅰ段、Ⅱ段的零序电流元件，用于测量零序电流；KWZ是零序方向元件，为避免$3U_0$、$3I_0$引入时引起极性错误，采用自产的$3U_0$，通过控制字也可采用自产的$3I_0$作为零序方向元件的输入量；KVZ为零序电压闭锁元件，采用电压互感器开口三角形侧的零序电压作为输入量。因此，由KAZ_1、KAZ_2、KWZ、KVZ等构成了变压器中性点接地运行时的零序过电流保护。**输入零序电流可通过控制字采用自产的$3I_0$或采用外接的$3I_0$。**自产是通过计算得到，外接是通过零序电流滤过器获得。

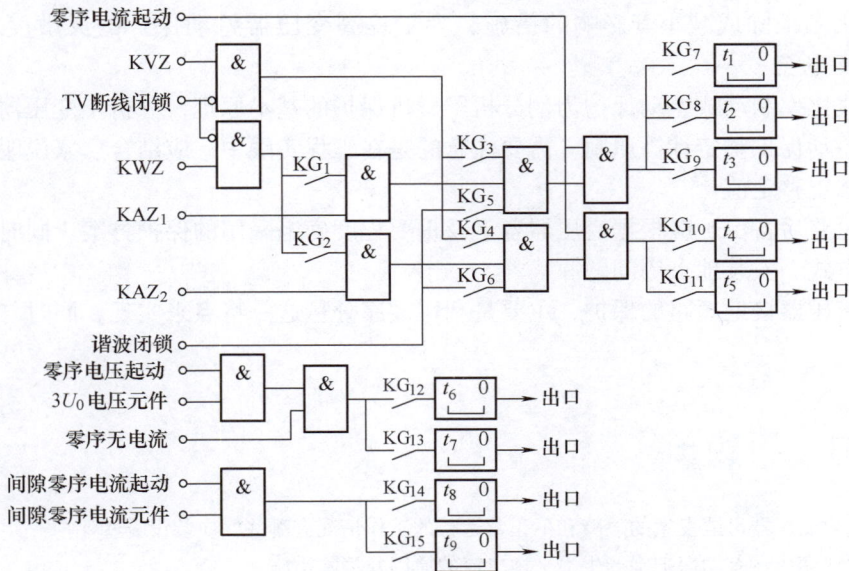

图6-16 变压器的零序（接地）保护逻辑框图

KG_1、KG_2 为零序电流 Ⅰ、Ⅱ段是否带方向的控制字（控制字为 1 时，方向元件投入；控制字为 0 时，方向元件退出）；KG_3、KG_4 为零序电流 Ⅰ、Ⅱ段是否经零序电压闭锁的控制字；KG_5、KG_6 为零序电流 Ⅰ、Ⅱ段是否经谐波闭锁的控制字；$KG_7 \sim KG_{11}$ 是零序电流 Ⅰ、Ⅱ段带动作时限的控制字。因此，通过控制字可构成零序过电流保护，也可构成零序方向过电流保护，并且各段可以获得不同的时限。

零序电流起动元件可采用变压器中性点回路的零序电流，起动值应躲过正常运行时的最大不平衡电流；零序电压闭锁元件的动作电压应躲过正常运行时开口三角形侧的最大不平衡电压，一般取 3 ~ 5V。为防止变压器励磁涌流对零序过电流保护的影响，采用了谐波闭锁措施，可利用励磁涌流中的 2 次及其偶次谐波来进行制动闭锁。

当变压器中性点不接地运行时，采用零序过电压元件和间隙零序电流元件来构成变压器零序保护。图 6-16 中 $KG_{12} \sim KG_{15}$ 是零序过电压和间隙零序电流带动作时限的控制字。考虑到接于变压器中性点的保护间隙被击穿的过程中，可能会出现间隙零序电流和零序过电压交替的现象，经时间 t 延时返回就可保证间隙零序电流和零序过电压保护的可靠动作。

小　　结

电力变压器是电力系统中的重要设备，根据继电保护和安全自动装置技术规程，分析了变压器保护的配置。

变压器纵差保护是用来反映变压器绕组、引出线及套管上的各种相间短路的保护，是变压器的主保护。变压器纵差保护的基本原理与输电线路相同，但是，由于变压器两侧电压等级不同、Yd 联结时相位不一致、励磁涌流、电流互感器的计算电流比与标准电流比不一致、带负荷调压等原因，将在差动回路中产生较大的不平衡电流。本章分析了其产生原因及消除或减小其影响的措施，为了提高变压器差动保护的灵敏度，必须设法减小不平衡电流。

以折线比率制动式差动保护为例分析了微机保护的基本原理，分析了变压器微机比率制动特性的差动保护整定计算原则。需要注意的是在工程实践中，应结合厂家说明书及实际运行经验来修正整定值。

相间短路后备保护应根据变压器容量及重要程度确定采用的保护方案。同时必须考虑保护的接线方式、安装地点等问题。

反映变压器接地短路的保护，主要是利用零序分量这一特点来实现，同时与变压器接地方式有关。

习　　题

6-1　电力变压器可能发生的故障和不正常运行的工作情况有哪些？应装设哪些保护？

6-2　简述变压器差动保护中产生不平衡电流的原因及消除措施。

6-3　如何对 Yd11 变压器进行相位补偿？补偿的方法和原理是什么？

6-4　变压器相间短路的后备保护有哪几种常用方式？试比较它们的优缺点。

6-5　如图 6-17 所示，降压变压器采用比率制动特性的差动保护，已知变压器容量为20MV·A，电压为

110(1 ± 2 × 2.5%)/11kV，Yd11 联结，系统最大电抗为 128.8Ω，最小电抗为 100Ω，变压器的电抗为 69Ω，所有电抗均归算至高压侧的有名值。试分别对变压器采用两折线式与三折线式进行整定计算。

6-6　如图 6-18 所示，已知 110kV 降压变压器容量为 20MV·A，归算至变压器高压侧系统最小等值阻抗为 20Ω，最大阻抗为 24Ω，归算至高压侧变压器等值阻抗 66Ω，线路单位距离阻抗为 0.4Ω/km。求变压器复合电压起动过电流保护整定值。

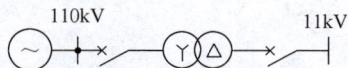

图 6-17　习题 6-5 图

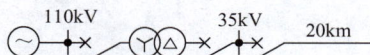

图 6-18　习题 6-6 接线图

第7章

发电机保护

教学要求：

通过本章学习，熟悉发电机的故障和不正常工作状态；掌握发电机纵差保护的工作原理和整定原则；理解发电机横差保护工作原理；掌握100%保护范围的发电机定子接地保护工作原理；理解励磁回路一点接地、两点接地保护；熟悉反时限负序电流保护；掌握发电机失磁保护；了解发电机－变压器组保护特点。

知识点：

发电机故障及不正常运行状态分析；发电机差动保护基本原理；发电机匝间短路保护原理分析；发电机励磁回路接地保护原理分析；发电机失磁保护原理分析；发电机保护工程实例分析。

技能点：

掌握发电机微机比率制动差动保护和相间短路复合电压起动过电流后备保护整定方法；会进行发电机保护相间短路保护装置维护及调试；熟练阅读发电机保护装置二次展开图。

7.1 发电机的故障和不正常工作状态及其保护

1. 发电机的故障类型

（1）定子绕组相间短路　定子绕组相间短路时会产生很大的短路电流使绕组过热，故障点的电弧将破坏绕组的绝缘，烧坏铁心和绕组。定子绕组的相间短路对发电机的危害最大。

（2）定子绕组匝间短路　定子绕组匝间短路时，短路部分的绕组内将产生环流，从而引起局部温度升高，绝缘被破坏，并可能转变为单相接地和相间短路。

（3）定子绕组单相接地短路　故障时，发电机电压网络的电容电流将流过故障点，当此电流较大时，会使铁心局部熔化，给检修工作带来很大的困难。

（4）励磁回路一点或两点接地短路　励磁回路一点接地时，由于没有构成接地电流通路，故对发电机无直接危害。如果再发生另一点接地，就会造成励磁回路两点接地短路，可能烧坏励磁绕组和铁心。此外，由于转子磁通的对称性被破坏，将引起发电机组强烈振动。

（5）励磁电流急剧下降或消失　发电机励磁系统故障或自动灭磁开关误跳闸，将会引起励磁电流急剧下降或消失。此时，发电机由同步运行转入异步运行状态，并从系统吸收无功功率。当系统无功功率不足时，将引起电压下降，甚至使系统崩溃。同时，还会引起定子绕组电流增加及转子局部过热，威胁发电机安全。

2. 发电机的不正常工作状态

（1）定子绕组过电流 外部短路引起的定子绕组过电流，将使定子绕组温度升高，会发展成内部故障。

（2）三相对称过负荷 负荷超过发电机额定容量而引起的三相对称过负荷会使定子绕组过热。

（3）转子表层过热 电力系统中发生不对称短路或发电机三相负荷不对称时，将有负序电流流过定子绕组，在发电机中产生相对转子两倍同步转速的旋转磁场，从而在转子中感应出倍频电流，可能造成转子局部灼伤，严重时会使护环受热松脱。

（4）定子绕组过电压 调速系统惯性较大的发电机，因突然甩负荷，转速急剧上升，使发电机电压迅速升高，将造成定子绕组绝缘被击穿。

（5）逆功率运行 当汽轮机主汽门突然关闭而发电机出口断路器还没有断开时，发电机将变为电动机的运行方式，从系统中吸收功率，使发电机逆功率运行，将会使汽轮机受到损伤。

此外，发电机的不正常工作状态还有励磁绕组过负荷及发电机的失步等。

3. 发电机可能发生的故障及其相应的保护

针对发电机在运行中出现的故障和不正常工作状态，根据 GB/T 14285—2023《继电保护和安全自动装置技术规程》的规定，发电机应装设以下继电保护装置。

（1）纵联差动保护 对于 1MW 以上发电机的定子绕组及其引出线的相间短路，应装设纵联差动保护。

（2）定子绕组匝间短路保护 对于定子绕组为星形联结、每相有并联分支且中性点侧有分支引出端的发电机，应装设横联差动保护。对于中性点侧只有三个引出端的大容量发电机，可采用零序电压式或转子 2 次谐波电流式匝间短路保护。

（3）定子绕组单相接地保护 对于直接连于母线的发电机定子绕组单相接地故障，当单相接地故障电流（不考虑消弧线圈的补偿作用）大于或等于表 7-1 规定的允许值时，应装设有选择性的接地保护。

表 7-1 发电机定子绕组单相接地时接地电流的允许值

发电机额定电压/kV	发电机额定容量/MW		接地电流允许值/A
6.3	≤50		4
10.5	汽轮发电机	50~100	3
	水轮发电机	10~100	
13.8~15.75	汽轮发电机	125~200	2（氢冷发电机为 2.5）
	水轮发电机	40~225	
18~20	300~600		1

对于发电机-变压器组，容量在 100MW 以下的发电机，应装设保护区不小于定子绕组 90% 的定子绕组接地保护；容量为 100MW 及以上的发电机，应装设保护区为 100% 的定子绕组接地保护，保护带时限，动作于发出信号，必要时也可动作于停机。

（4）励磁回路一点或两点接地保护 对于发电机励磁回路的接地故障，水轮发电机一般只装设励磁回路一点接地保护，小容量发电机组可采用定期检测装置；100MW 以下的汽轮发电机，对励磁回路的一点接地一般采用定期检测装置，对两点接地故障应装设两点接地保护。对于转子水内冷发电机和100MW及以上的汽轮发电机，应装设一点接地保护和两点接地保护装置。

（5）失磁保护　对于不允许失磁运行的发电机，或失磁对电力系统有重大影响的发电机，应装设专用的失磁保护。

（6）对于发电机外部短路引起的过电流的保护方式

1）过电流保护。用于1MW及以下的小型发电机。

2）复合电压起动的过电流保护。一般用于1MW以上的发电机。

3）负序过电流及单相低电压起动的过电流保护。一般用于50MW及以上的发电机。

4）低阻抗保护。当电流保护灵敏度不足时，可采用低阻抗保护。

（7）过负荷保护　定子绕组非直接冷却的发电机，应装设定时限过负荷保护。对于大型发电机，过负荷保护一般由定时限和反时限两部分组成。

（8）转子表层过负荷保护　对于由不对称过负荷、非全相运行或外部不对称短路而引起的负序过电流，一般在50MW及以上的发电机上装设定时限负序过负荷保护。100MW及以上的发电机，应装设由定时限和反时限两部分组成的转子表层过负荷保护。

（9）过电压保护　对于水轮发电机或100MW及以上的汽轮发电机，应装设过电压保护。

（10）逆功率保护　对于汽轮发电机主汽门突然关闭而出现的发电机变电动机的运行方式，为防止汽轮机遭到损坏，对大容量的发电机组应考虑装设逆功率保护。

（11）励磁绕组过负荷保护　对于励磁绕组过负荷，在100MW及以上并采用半导体励磁系统的发电机上，应装设励磁绕组过负荷保护。

（12）其他保护　当电力系统振荡影响发电机组安全运行时，对于300MW及以上的发电机组，应装设失步保护和过励磁保护；当汽轮机低频运行造成机械振动、叶片损伤对汽轮机危害极大时，应装设低频保护。

为了快速消除发电机内部的故障，在保护动作于发电机断路器跳闸的同时，还必须动作于灭磁开关，断开发电机励磁回路，以便使定子绕组中不再感应出电动势而继续供给短路电流。

发电机保护的出口方式主要有：

1）停机。即断开发电机断路器，灭磁，关闭汽轮机主汽门或水轮机导水翼。

2）解列灭磁。即断开发电机断路器，灭磁，原动机甩负荷。

3）解列。即断开发电机断路器，原动机甩负荷。

4）减出力。即将原动机出力减到给定值。

5）减励磁。即将发电机励磁电流减到给定值。

6）励磁切换。即将励磁电源由工作励磁电源系统切换到备用励磁电源系统。

7）厂用电切换。即由厂用工作电源供电切换到备用电源供电。

8）发信号。发出声、光信号。

7.2　发电机的纵差保护

发电机定子绕组中性点一般不直接接地，而是通过消弧线圈接地、高阻接地或不接地，因此发电机定子绕组设计为全绝缘。尽管如此，定子绕组仍可能由于绝缘老化、过电压冲击、机械振动等原因发生相间短路故障。此时会在发电机绕组中出现很大的短路电流，损伤发电机本体，甚至使发电机报废，后果十分严重。

相间短路有以下几种情况：直接在线棒间发生绝缘击穿形成相间短路；发生单相接地后，电弧引发故障点处相间短路；发生单相接地后，由于电位的变化引起另一点发生接地，因而形成两点接地短路；发电机端部放电引发相间短路。

发电机及其机端引出线的各种故障中，相间短路是最多见的，危害也最大，长期以来是发电机保护配置与研究的重点。**发电机的纵差保护主要用来反映发电机定子绕组及其机端引出线的相间短路故障。**

7.2.1 微机比率制动式发电机纵差保护的原理及动作逻辑

1. 发电机纵差保护的基本原理

发电机纵差保护是通过比较发电机机端与中性点侧电流的大小和相位来检测保护区内故障的，它主要用来反映发电机定子绕组及其引出线的相间短路故障。发电机纵差保护原理如图 7-1 所示，同电流比、同型号的电流互感器 TA_1 和 TA_2 分别装于发电机机端和中性点侧，电流比为 $n_{TA1} = n_{TA2} = n_{TA}$，差动继电器 KD 接于其差动回路中，保护范围为两电流互感器之间的范围。

如图 7-1 所示，假定一次电流参考方向以流入发电机为正方向，根据基尔霍夫电流定律，正常运行时或保护范围外部故障时，流入差动继电器 KD 的两侧电流的相量和为零，因为此时 $\dot{I}_1$ 的实际方向与参考方向相反，$\dot{I}_1$ 与 $\dot{I}_2$ 大小相等，相位差为 180°。即

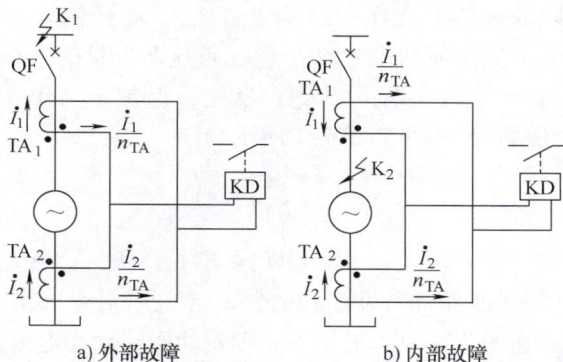

图 7-1 发电机纵差保护原理

$$I_d = \left| \frac{\dot{I}_1 + \dot{I}_2}{n_{TA}} \right| = 0 \qquad (7-1)$$

式中，I_d 为差动电流，实际上，此电流为较小的不平衡电流时，KD 不动作。

在发电机纵差保护区内部故障时，$\dot{I}_1$ 的实际方向与参考方向相同，流入发电机，$\dot{I}_2$ 方向不变，流入差动继电器 KD 的两侧电流的相量和不为零，其值较大，即

$$I_d = \left| \frac{\dot{I}_1 + \dot{I}_2}{n_{TA}} \right| = \left| \frac{\dot{I}'_K}{n_{TA}} \right| \qquad (7-2)$$

当此电流大于 KD 的动作值时，KD 动作。

按照传统纵差保护的整定方法，为防止纵差保护在外部故障时误动作，差动继电器 KD 的动作电流应躲过区外故障时的最大不平衡电流，这样将使保护灵敏度降低。为解决这个问题，通常采用比率制动原理的纵差保护。

2. 微机比率制动式发电机纵差保护原理

在发电机内部轻微故障时，流入 KD 的电流较小，为提高灵敏度，需要降低 KD 的动作电流，但是在发电机纵差保护区外故障时，不平衡电流会随之增大，为保证保护不误动作，又需要提高 KD 的动作电流，两者矛盾。因此采用比率制动原理的纵差保护，使保护的动作

电流随着外部短路电流的增大而自动增大。

利用比率制动特性构成的纵差保护，引入了差动电流与制动电流，有和接线与差接线两种方式，按图7-1所示电流的正方向，差动电流取两侧二次电流相量和的幅值，$I_d = |\dot{I}'_1 + \dot{I}'_2|$（简称和接线），制动电流取两侧二次电流相量差绝对值的一半（不同的差动保护，制动电流的取法有所不同），$I_{res} = \dfrac{|\dot{I}'_1 - \dot{I}'_2|}{2}$。

按和接线的比率制动特性如图7-2所示。$I_{op.\,min}$是最小动作电流，$I_{res.\,min}$是最小制动电流，也称拐点电流，比率制动曲线BC的斜率为S，$S = \tan\theta$。

保护的工作原理是基于保护的动作电流I_{op}随着外部故障的短路电流产生的不平衡电流I_{unb}的增大而按比例地线性增大，且比I_{unb}增大得更快，确保在任何情况下发生外部故障时，保护都不会误动。将外部故障的短路电流作为制动电流I_{res}，而把流入差动回路的电流作为动作电流I_{op}，比较这两个量的大小，只要$I_{op} \geq K_{rel}I_{res}$，保护动作；反之，保护不动作。其比率制动特性折线如图7-2所示。

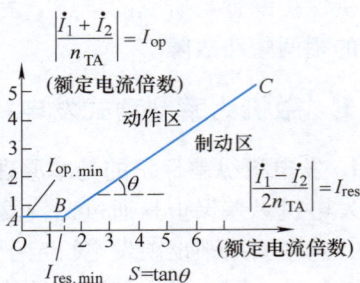

图7-2 比率制动特性折线

动作条件为

$$\begin{cases} I_{op} > I_{op.\,min} & (I_{res} \leq I_{res.\,min}) \\ I_{op} \geq S(I_{res} - I_{res.\,min}) + I_{op.\,min} & (I_{res} > I_{res.\,min}) \end{cases} \tag{7-3}$$

式中，S是制动特性曲线的斜率（也称制动系数）。

在图7-3中，制动电流和差动回路动作电流用以下两式表示：

$$\dot{I}_{res} = \frac{1}{2}(\dot{I}' - \dot{I}'') \tag{7-4}$$

$$\dot{I}_{op} = \dot{I}' + \dot{I}'' \tag{7-5}$$

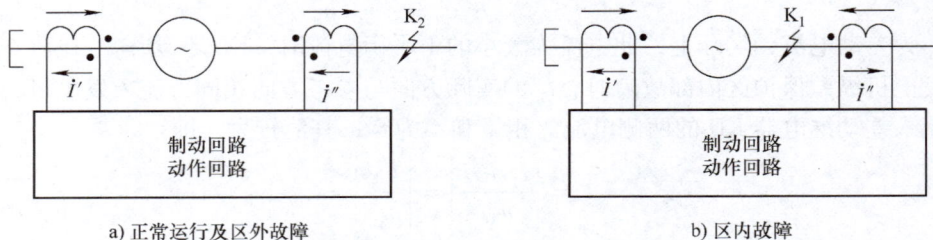

a) 正常运行及区外故障   b) 区内故障

图7-3 比率制动式纵差保护的原理

1）正常运行时，$\dot{I}' = -\dot{I}'' = \dfrac{\dot{I}}{n_{TA}}$，制动电流为$\dot{I}_{res} = \dfrac{1}{2}(\dot{I}' - \dot{I}'') = \dfrac{\dot{I}}{n_{TA}} = \dot{I}_{res.\,min}$。当$I_{res} \leq I_{res.\,min}$时，可以认为无制动作用，在此范围内有最小动作电流为$I_{op.\,min}$，而此时$\dot{I}_{op} = \dot{I}' + \dot{I}'' \approx 0$，保护不动作。

2）当外部短路时，$\dot{I}' = -\dot{I}'' = \dfrac{\dot{I}_K}{n_{TA}}$，制动电流为$\dot{I}_{res} = \dfrac{1}{2}(\dot{I}' - \dot{I}'') = \dfrac{\dot{I}_K}{n_{TA}}$，数值大。动作电

流为 $\dot{I}_{op} = \dot{I}' + \dot{I}''$，数值小，保护不动作。

3）当内部故障时，$\dot{I}''$ 的方向与正常或外部短路故障时的电流方向相反，且 $\dot{I}' \neq \dot{I}''$；$\dot{I}_{res} = \frac{1}{2}(\dot{I}' - \dot{I}'')$，为两侧短路电流相量差，数值小；$\dot{I}_{op} = \dot{I}' + \dot{I}'' = \frac{\dot{I}_{K\Sigma}}{n_{TA}}$，数值大，保护动作。特别是当 $\dot{I}' = \dot{I}''$ 时，$\dot{I}_{res} = 0$。此时，只要动作电流达到最小值 $I_{op.min}$（$I_{op.min}$ 取 $0.2 \sim 0.3 I_n$），保护就能动作，可见，保护灵敏度大大提高了。

当发电机未并列且发生短路故障时，$\dot{I}'' = 0$，$\dot{I}_{res} = \frac{1}{2}\dot{I}'$，$\dot{I}_{op} = \dot{I}'$，保护也能动作。

3. 发电机纵差保护的动作逻辑

发电机纵差保护的动作逻辑如图 7-4 所示，当两相或三相的差动元件同时动作时，判定为发电机内部发生相间短路故障，保护动作后，发信号的同时发出跳闸指令，即跳开发电机断路器或发变组高压侧断路器、灭磁开关、高厂变分支断路器，关闭主汽门并起动厂用电快切装置；当仅有一相差动继电器动作且无负序电压时，判定为 TA 断线，发 TA 断线信号。在保护区内发生一点接地同时在区外发生另一点接地的情况下，为了此时差动保护能快速切除故障，图中只有一相差动元件动作，同时又出现负序电压时，判定为发电机内部短路故障，保护动作。

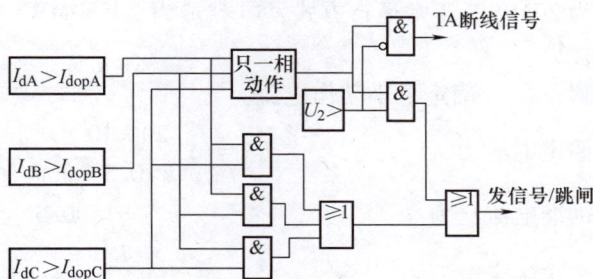
图 7-4　发电机纵差保护的动作逻辑

7.2.2　发电机纵差保护的整定计算

在图 7-2 中，比率制动式纵差保护的动作特性是由比率制动特性的 A、B、C 三点决定的。因此，发电机纵差保护的整定计算需要确定三个参数：A 点的差动保护最小动作电流 $I_{op.min}$，B 点的最小制动电流（也称**拐点电流**）$I_{res.min}$，比率制动曲线 BC 的斜率 S。

1. 最小动作电流 $I_{op.min}$

为保证发电机在最大负荷状态下运行时纵差保护不误动作，应使最小动作电流 $I_{op.min}$ 大于最大负荷时的不平衡电流，在最大负荷状态下，**差动回路中产生的不平衡电流主要是由两侧的 TA 电流比误差、二次回路参数及测量误差引起的，**同时考虑暂态特性的影响，一般取

$$I_{op.min} = (0.2 \sim 0.4)I_{g.n} \tag{7-6}$$

式中，$I_{g.n}$ 为发电机额定二次电流。

2. 最小制动电流或拐点电流 $I_{res.min}$

图 7-2 中，B 点称为拐点，最小制动电流或拐点电流 $I_{res.min}$ 的大小，决定了保护开始产生制动作用的电流大小，一般按躲过外部故障切除后的暂态过程中产生的最大不平衡差流来整定，一般取

$$I_{res.min} = (0.8 \sim 1.0)I_{g.n} \tag{7-7}$$

3. 比率制动曲线 BC 的斜率 S

图 7-2 中，比率制动曲线 BC 的斜率 S 应按躲过保护区外三相短路时产生的最大暂态不

平衡差流来整定。通常，当发电机采用完全纵差保护时，一般按经验公式取

$$S = 0.3 \sim 0.5 \tag{7-8}$$

4. 发电机纵差保护的灵敏度校验

发电机纵差保护的灵敏系数可按下式计算：

$$K_{sen} = \frac{I_{K.min}^{(2)}}{I_{op}} \tag{7-9}$$

式中，$I_{K.min}^{(2)}$ 为发电机在未并入系统时出口两相短路时 TA 的二次电流；I_{op} 为制动电流 I_{res} = $0.5I_{K.min}^{(2)}$ 时的动作电流。

GB/T 14285—2006 规定：$K_{sen} \geqslant 2$。

【例7-1】 已知发电机的容量为 20MW，功率因数 $\cos\varphi = 0.9$，额定电压 $U_N = 10.5kV$，次暂态电抗 $X_d'' = 0.2$，负序阻抗 $X_2 = 0.24$；水电厂的最大发电容量为 $2 \times 20MW$。最小发电容量为 20MW，正常运行方式发电容量为 $2 \times 20MW$。试对发电机比率制动式差动保护进行整定计算。

解：（1）确定最小动作电流。

额定电流为
$$I_{GN} = \frac{20 \times 10^3}{\sqrt{3} \times 10.5 \times 0.9}A = 1222A$$

标准电流比为
$$n_{TA} = 1500/5$$

二次额定电流为
$$I_n = \frac{I_{GN}}{n_{TA}} = 4.1A$$

取 $I_{op.min.set} = 0.2I_n = 0.82A$。

（2）确定拐点制动电流。取 $I_{res.1} = 0.8I_n = 3.3A$。

（3）确定斜率。

外部短路的最大短路电流二次值为 $I_{K.max}^{(3)} = \frac{1}{0.2 \times 300} \times 1222A = 20.37A$

最大制动电流为
$$I_{res.max} = 20.37A$$

斜率为 $S = \frac{K_{rel}I_{unb.max} - I_{op.min}}{I_{res.max} - I_{res.1}} = \frac{2.29 - 0.82}{20.37 - 3.3} = 0.086$，取 $S = 0.3$

其中 $K_{rel}I_{unb.max} = 1.5 \times 0.5 \times 1.5 \times 0.1 \times 20.37A = 2.29A$

（4）制动系数的确定。

计算值为

$$K_{res} = \frac{I_{op.min}}{I_{res.max}} + S\left(1 - \frac{I_{op.min}}{I_{res.max}}\right) = \frac{0.82}{20.37} + 0.3 \times \left(1 - \frac{0.82}{20.37}\right) = 0.33$$

取 $K_{res.set} = 0.35$（取值范围 $0.3 \sim 0.5$）。

（5）灵敏度校验。

内部两相短路电流的二次值为 $I_{K.min}^{(2)} = \sqrt{3} \times \frac{4.1}{0.2 + 0.24}A = 16.1A$

内部短路时制动电流的二次值为 $I_{res} = 16.1/2A = 8.05A$

按斜率确定的动作电流为

$$I_{op} = S(I_{res} - I_{res.1}) + I_{op.min} = [0.3 \times (8.05 - 3.3) + 0.82]A = 2.3A$$

则灵敏系数 $K_{sen} = \dfrac{I_{K.\,min}^{(2)}}{I_{op}} = \dfrac{16.1}{2.3} = 7$。

按制动系数确定的动作电流为

$$I_{op} = K_{res}(I_{res} - I_{res.1}) + I_{op.\,min} = [0.35 \times (8.05 - 3.3) + 0.82]A = 2.5A$$

则灵敏系数 $K_{sen} = \dfrac{I_d}{I_{op}} = \dfrac{16.1}{2.5} = 6.4$。

由计算可见，两种确定保护动作电流的方法灵敏度存在差异。

7.2.3 发电机标积制动原理的差动保护

为了提高发电机差动保护的灵敏度，微机保护采用标积制动原理的差动保护，其动作方程为

$$|\dot{I}_N - \dot{I}_R| > SI_N I_R \cos\theta \tag{7-10}$$

式中，I_N、I_R 分别为发电机中性点、发电机机端的基波电流；S 为标积制动系数；$\theta = \arg(\dot{I}_N, \dot{I}_R)$。

以 BC 相间短路故障为例，图 7-5a 是正常运行时 B 相的电流相量，φ 是负荷阻抗角，若不计误差，此时 $|\dot{I}_N - \dot{I}_R| = 0$，$\cos\theta = 1$，因此保护不会动作；保护区外短路故障时，同样有 $|\dot{I}_N - \dot{I}_R| = 0$，$\cos\theta = 1$，因此保护不会误动。

BC 相间短路故障时，故障相机端电压下降，图 7-5b 是故障时 B 相电流与电动势相量，φ_K 是短路阻抗角，$\cos\theta \approx -1$ 或小于 0，因此保护可靠动作。

在一侧断线时，式(7-10) 中的 I_N 或 I_R 为零，则 $I_N I_R \cos\theta = 0$，因此保护可能误动作，为此需加负序电压闭锁。在发电机定子内部或外部故障时，系统存在负序电压；内部故障时，差动保护跳闸；外部短路故障时，差动保护不动作；正常运行时，电流互感器断线，不存在负序电压，闭锁差动保护。

在考虑制动系数时，是按躲过保护区外故障时电流互感器的最大误差整定的，因此灵敏度高。该保护速度低于比率制动特性的差动保护，在故障电流较小时，对保护动作速度要求可以低一些。

标积制动的另一种表达方式为

$$I_d^2 + KI_1 I_2 \cos\varphi > 0 \tag{7-11}$$

式中，$I_d = |\dot{I}_1 - \dot{I}_2|$ 为差动电流；I_1、I_2 分别为机端、出口处流过差动回路的电流；K 为制动系数。外部短路故障时，式中第二项为负值，产生制动作用，因机端与出口处电流方向相反，$I_d \approx 0$，动作方程不成立。内部短路时不产生制动量，但内部故障有电流流出时，还是靠差动电流使保护动作。

标积改进后动作方程为

$$I_d^2 - K\sqrt{-I_1 I_2 \cos\varphi} > 0 \tag{7-12}$$

当 $\cos\varphi > 0$ 时，上式第二项为虚数，保护立即动作；当 $\cos\varphi < 0$ 时，如果满足 $I_1 > BI_n$

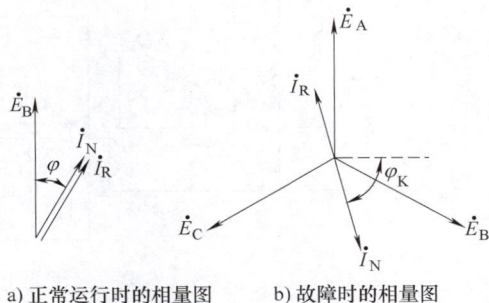

a) 正常运行时的相量图　　b) 故障时的相量图

图 7-5　发电机 BC 相间短路相量图

和 $I_2 > BI_n$（B 为系数，不同条件下取值不同），则可确认为外部短路，否则按上述比率制动差动条件起动保护。

7.3　发电机的匝间短路保护

在容量较大的发电机中，每相绕组有两个并联支路，每个支路的匝间或支路之间的短路称为**匝间短路故障**。由于纵差保护不能反映发电机定子绕组同一相的匝间短路，当出现同一相匝间短路后，如不及时处理，有可能发展成为相间故障，造成发电机严重损坏，因此，在发电机上应该装设定子绕组的匝间短路保护。

7.3.1　发电机的横联差动保护

当发电机定子绕组为双星形联结且中性点有 6 个引出端子时，匝间短路保护一般采用**横联差动保护**（简称**横差保护**），原理如图 7-6 所示。

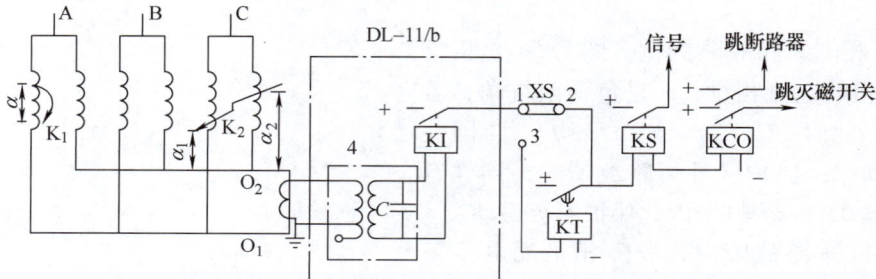

图 7-6　发电机定子绕组单继电器式横差保护接线原理图

发电机定子绕组每相两并联分支分别接成星形，在两星形中性点连接线上装一只电流互感器 TA，DL-11/b 型电流继电器接于 TA 的二次侧。DL-11/b 型电流继电器由高次谐波滤过器（主要是 3 次谐波）4 和执行元件 KI 组成。

在正常运行或外部短路时，每一分支绕组供出该相电流的一半，因此流过中性点连线的电流只是不平衡电流，故保护不动作。若发生定子绕组匝间短路，则故障相绕组的两个分支的电动势不相等，因而在定子绕组中出现环流，通过中性点连线，该电流大于保护的动作电流，则保护动作，跳开发电机断路器及灭磁开关。

由于发电机电流波形在正常运行时也不是纯粹的正弦波，尤其是当外部故障时，波形畸变较严重，从而在中性点连线上出现 3 次谐波为主的高次谐波分量，给保护的正常工作造成影响。为此，保护装设了 3 次谐波滤过器，降低了动作电流，提高了保护的灵敏度。

转子绕组发生瞬时两点接地时，由于转子磁动势对称性被破坏，同一相绕组的两并联分支的电动势不相等，在中性点连线上也将出现环流，致使保护误动作。因此，需增设 $0.5\sim$ 1s 的动作延时，以躲过瞬时两点接地故障。连接片 XS 有两个位置，正常时投至 1—2 位置，保护不带延时；当发现转子绕组一点接地时，XS 投至 1—3 位置，使保护具有 $0.5\sim1s$ 的动作延时，为转子永久性两点接地故障做好准备。

横差保护的动作电流，根据运行经验一般取发电机额定电流的 20%～30%，即

$$I_{op} = (0.2 \sim 0.3)I_{GN} \tag{7-13}$$

保护用电流互感器按满足动稳定要求选择，其电流比一般按发电机额定电流的 25% 选择，即

$$n_{TA} = 0.25I_{GN} \tag{7-14}$$

式中，I_{GN} 为发电机额定电流。

这种保护的灵敏度是较高的，但是在下列情况下切除故障时有一定的死区。

1）单相分支匝间短路的 α 较小时，即短接的匝数较少时。

2）同相两分支间匝间短路，且 $\alpha_1 = \alpha_2$，或 α_1 与 α_2 差别较小时。

横差保护接线简单，动作可靠，同时能反映定子绕组分支开焊故障，因而得到了广泛的应用。

7.3.2 反映零序电压的匝间短路保护

大容量发电机由于结构紧凑，在中性点侧仅有 3 个引出端子，无法装设横差保护。因此大容量机组通常采用纵向零序电压原理的匝间短路保护。

发电机的中性点一般是不直接接地的，正常运行时，发电机 A、B、C 三相的机端与中性点之间的电动势是平衡的；当发生定子绕组匝间短路时，部分绕组被短接，相对于中性点而言，机端三相电动势不平衡，出现纵向零序电压。

由于定子绕组匝间短路时会出现纵向零序电压，而正常运行或定子绕组出现其他故障的情况下纵向零序电压几乎为零，因此，通过反映发电机三相相对于中性点的纵向零序电压可以构成匝间短路保护。

当发电机内部或外部发生单相接地故障时，机端三相对地之间会出现零序电压。这两种情况是不一样的，为检测发电机的匝间短路，必须测量纵向零序电压 $3\dot{U}_0$，为此一般装设专用电压互感器。专用电压互感器的一次侧星形中性点直接与发电机中性点相连接，不允许接地。专用电压互感器的开口三角形侧的电压仅反映纵向零序电压，而不反映机端对地的零序电压。保护原理如图 7-7 所示。

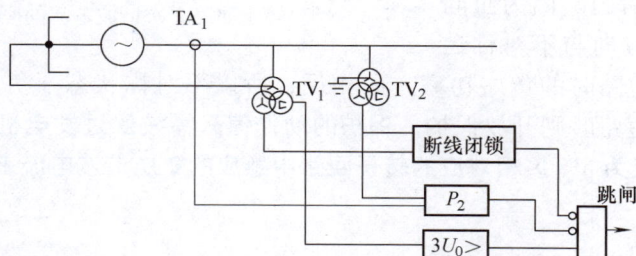

图 7-7　发电机纵向零序电压式匝间短路保护原理

发电机正常运行时，电压互感器 TV_1 的不平衡基波零序电压 $3\dot{U}_0$ 很小，但可能含有较高的 3 次谐波电压。为降低动作值和提高灵敏度，保护装置需要有良好的滤除 3 次谐波的滤过器。

在发电机外部发生不对称短路时，发电机机端三相电压不平衡，也会出现纵向基波零序电压，发电机匝间短路保护可能误动作，因此必须采取措施。

发电机定子绕组匝间短路时，机端会出现负序电压、负序电流及负序功率（从机端 TA、

TV 测得），并且负序功率的方向是从发电机内部流向系统。发电机外部发生不对称短路时，同样会出现负序电压、负序电流及负序功率，但负序功率的方向是从系统流向发电机，与发电机定子绕组匝间短路时负序功率的方向相反。因此，在匝间短路保护中增加负序功率方向元件，如图 7-7 中的 P_2，当负序功率流向发电机时该方向元件动作，闭锁保护，防止外部故障时保护误动作。

在整定纵向零序电压式匝间保护的零序电压元件的动作电压值时，首先应对发电机定子的结构进行研究，粗略计算发生最少匝数匝间短路时的最小零序电压值，然后根据最小零序电压进行整定。

动作电压 $U_{0.\,op}$ 按下式进行整定：

$$U_{0.\,op} = K_{rel} U_{0.\,min} \tag{7-15}$$

式中，$U_{0.\,op}$ 为定子绕组匝间短路保护的动作电压；K_{rel} 为可靠系数，可取 0.8；$U_{0.\,min}$ 为匝间短路时最小的纵向零序电压。

根据运行经验，动作电压可取 $2.5 \sim 3V$。

7.3.3　反映转子回路 2 次谐波电流的匝间短路保护

发电机定子绕组发生匝间短路时，在转子回路中将出现 2 次谐波电流，因此利用转子中的 2 次谐波电流，可以构成匝间短路保护，如图 7-8 所示。

在正常运行、三相对称短路及系统振荡时，发电机定子绕组的三相电流对称，转子回路中没有 2 次谐波电流，因此保护不会动作。但是，在发电机不对称运行或发生不对称短路时，在转子回路中将出现 2 次谐波电流。为了避免这种情况下保护的误动作，常采用负序功率方向继电器闭锁的措施。因为匝间短路时的负序功率方向与不对称运

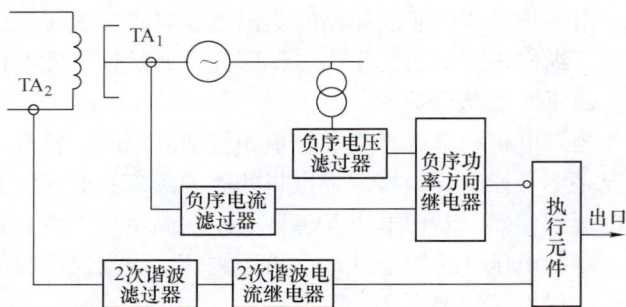

图 7-8　反映转子回路 2 次谐波电流的匝间短路保护原理框图

行时或发生不对称短路时的负序功率方向相反，所以不对称状态下负序功率方向继电器将保护闭锁，匝间短路时则开放保护。**保护的动作值只需按躲过发电机正常运行时允许的最大不对称度（一般为 5%）相对应的转子回路中感应的 2 次谐波电流来整定**，故保护具有较高的灵敏度。

7.4　发电机定子绕组单相接地保护

为了安全起见，发电机的外壳、铁心都要接地，所以只要发电机定子绕组与铁心之间的绝缘在某一点上遭到破坏，就可能发生单相接地故障。发电机定子绕组的单相接地故障是发电机的常见故障之一。

长期运行实践表明，发生定子绕组单相接地故障的主要原因是高速旋转的发电机，特别是大型发电机的振动，造成机械损伤而接地；对于水内冷的发电机，由于漏水致使定子绕组接地。

发电机定子绕组单相接地故障时的主要危害有两点：

1）接地电流会产生电弧，烧伤铁心，使定子绕组铁心叠片烧结在一起，造成检修困难。

2）接地电流会破坏绕组绝缘，扩大事故，若一点接地而未及时发现，很有可能发展成绕组的匝间或相间短路故障，严重损坏发电机。

定子绕组单相接地时，对发电机的损坏程度与故障电流的大小及持续时间有关。当发电机单相接地故障电流（不考虑消弧线圈的补偿作用）大于允许值时，应装设有选择性的接地保护装置。发电机单相接地时，接地电流允许值见表7-1。

对于大中型发电机定子绕组单相接地保护，应满足以下两个基本要求：

1）绕组有100%的保护范围。

2）在绕组匝间发生经过渡电阻接地故障时，保护应有足够灵敏度。

当发电机定子绕组单相接地、接地电流大于允许值时，保护应动作于跳闸；接地电流小于允许值时，保护应动作于发出报警信号。

7.4.1 反映基波零序电压的接地保护

1. 原理

设在发电机内部 A 相距中性点 α 处（由故障点到中性点绕组匝数占全相绕组匝数的百分比）的 K 点发生定子绕组接地故障，如图7-9a所示。每相对地电压为

$$\begin{cases} \dot{U}_{AG\alpha} = (1 - \alpha)\dot{E}_A \\ \dot{U}_{BG\alpha} = \dot{E}_B - \alpha\dot{E}_A \\ \dot{U}_{CG\alpha} = \dot{E}_C - \alpha\dot{E}_A \end{cases} \quad (7\text{-}16)$$

故障点零序电压为

$$\dot{U}_{K0\alpha} = \frac{1}{3}(\dot{U}_{AG\alpha} + \dot{U}_{BG\alpha} + \dot{U}_{CG\alpha}) = -\alpha\dot{E}_A$$

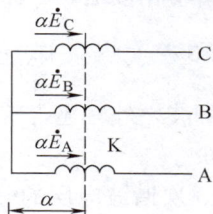

$$(7\text{-}17)$$

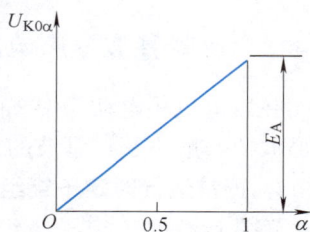

a) 网络图   b) 零序电压随 α 变化的曲线

图7-9　发电机定子绕组单相接地时的零序电压

可见故障点零序电压与 α 成正比，故障点离中性点越远，零序电压越高。当 $\alpha = 1$，即机端接地时，$\dot{U}_{K0\alpha} = -\dot{E}_A$；而当 $\alpha = 0$，即中性点处接地时，$\dot{U}_{K0\alpha} = 0$。$U_{K0\alpha}$ 与 α 的关系曲线如图7-9b所示。

2. 保护的构成

反映零序电压接地保护的接线原理如图7-10所示。过电压继电器通过3次谐波滤过器接于机端电压互感器 TV 开口三角形侧的两端。

保护的动作电压应躲过正常运行时开口三角形侧的不平衡电压，另外，还要躲过在变压器高压侧接地时，通过变压器高、低压绕组间电容耦合到机端的零序电压。

由图7-9b可知，故障点离中性点越近，零序电压越低。当零序电压小于电压继电器的动作电压时，保护不动作，因此该保护存在死区。死区大小与保护整定值的大小有关。为了减小死区，可采取下列措施降低保护整定值，提高保护灵敏度。

1）加装3次谐波滤过器。

2）高压侧中性点直接接地电网中，利用保护延时躲过高压侧接地故障。

3）高压侧中性点非直接接地电网中，利用高压侧接地出现的零序电压闭锁或者制动发电机接地保护。

保护的动作电压 U_{op} 按躲过正常运行时机端电压互感器开口三角形侧输出的最大不平衡电压 $U_{unb.\ max}$ 整定，即

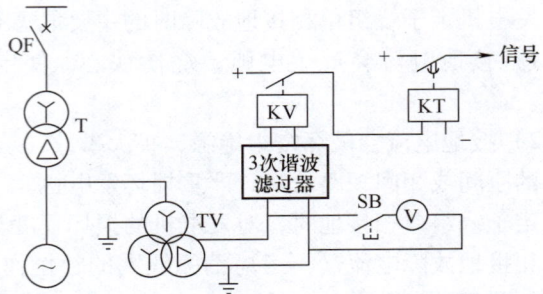

图 7-10　反映零序电压的发电机定子绕组接地保护原理

$$U_{op} = K_{rel} U_{unb.\ max} \tag{7-18}$$

式中，U_{op} 为基波零序过电压保护的动作电压整定值；K_{rel} 为可靠系数，取 $1.2 \sim 1.3$；$U_{unb.\ max}$ 是正常运行时实测开口三角形侧的最大不平衡电压。

在正常运行时，发电机相电压中含有 3 次谐波，因此，在机端 TV 的开口三角形侧也有 3 次谐波电压输出；为了减小 U_{op}，可以增设滤除 3 次谐波的环节，使 $U_{unb.\ max}$ 主要反映很小的基波零序电压，大大提高灵敏度。若机端电压互感器的电压比选择为 $\dfrac{U_{GN}}{\sqrt{3}} \Big/ \dfrac{100}{\sqrt{3}} \Big/ \dfrac{100}{3}$，保护的动作电压 U_{op} 可整定为 $5 \sim 10\mathrm{V}$，能保护离机端 $90\% \sim 95\%$ 的定子绕组单相接地故障。由于在中性点附近发生定子绕组单相接地时，保护装置不能动作，因而存在死区。

7.4.2　反映基波零序电压和 3 次谐波电压的发电机定子 100％接地保护

在发电机相电动势中，除基波之外，还含有一定分量的谐波，其中主要是 3 次谐波，3 次谐波值一般不超过基波的 10％。

1. 正常运行时定子绕组中 3 次谐波电压的分布

正常运行时，定子绕组中 3 次谐波电压的分布如图 7-11 所示。

图 7-11 中，C_G 为发电机每相对地的等效电容，且看作集中在发电机机端 S 和中性点 N，并均为 $C_G/2$。C_S 为机端其他连接元件每相对地的等效电容，且看作集中在发电机机端。E_3 为每相的 3 次谐波电压，机端 3 次谐波电压 U_{S3} 和中性点 3 次谐波电压 U_{N3} 分别为

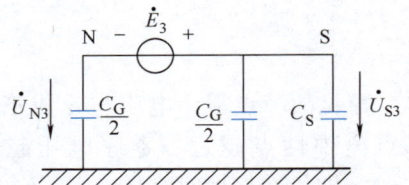

图 7-11　正常运行时定子绕组中的 3 次谐波电压

$$U_{S3} = E_3 \frac{C_G}{2(C_G + C_S)}$$

$$U_{N3} = E_3 \frac{C_G + 2C_S}{2(C_G + C_S)}$$

U_{S3} 与 U_{N3} 的比值为

$$\frac{U_{S3}}{U_{N3}} = \frac{C_G}{C_G + 2C_S} < 1$$

即

$$U_{S3} < U_{N3} \tag{7-19}$$

正常情况下，**机端 3 次谐波电压总是小于中性点 3 次谐波电压**。若发电机中性点经消弧线圈接地，上述结论仍然成立。

2. 定子绕组单相接地时 3 次谐波电压的分布

设发电机定子绕组距中性点 α 处发生金属性单相接地，如图 7-12 所示。无论发电机中性点是否接有消弧线圈，恒有 $U_{N3} = \alpha E_3$，$U_{S3} = (1 - \alpha)E_3$。且其比值为

$$\frac{U_{S3}}{U_{N3}} = \frac{1 - \alpha}{\alpha} \tag{7-20}$$

当 $\alpha < 50\%$ 时，$U_{S3} > U_{N3}$；当 $\alpha > 50\%$ 时，$U_{N3} < U_{N3}$。

U_{S3} 与 U_{N3} 随 α 变化的关系如图 7-13 所示。

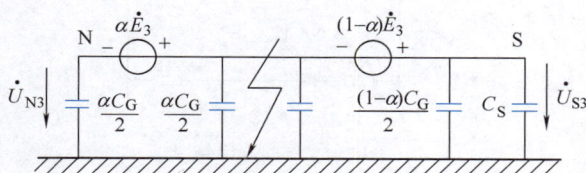

图 7-12　定子绕组单相接地时 3 次谐波电压分布

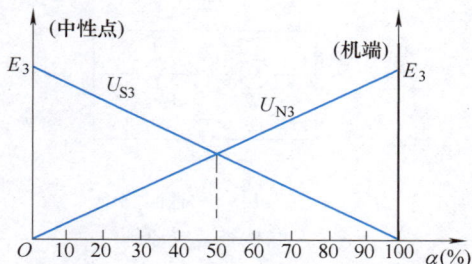

图 7-13　U_{S3} 与 U_{N3} 随 α 变化的关系

综上所述，正常情况下，$U_{S3} < U_{N3}$；定子绕组单相接地时，在 $\alpha < 50\%$ 的范围内，$U_{S3} > U_{N3}$。故可利用 U_{S3} 作为动作量，利用 U_{N3} 作为制动量，构成接地保护，其保护动作范围在 $\alpha = 0 \sim 0.5$ 内，且越靠近中性点保护越灵敏。可与其他保护一起构成发电机定子 100% 接地保护。

7.5　发电机励磁回路接地保护

7.5.1　发电机励磁回路一点接地保护

发电机正常运行时，励磁回路与地之间有一定的绝缘电阻和分布电容。当励磁绕组绝缘严重下降或损坏时，会引起励磁回路的接地故障，最常见的是励磁回路一点接地故障。发生励磁回路一点接地故障时，由于没有形成接地电流通路，所以对发电机运行没有直接影响。但是发生一点接地故障后，励磁回路对地电压将升高，在某些条件下会导致第二点接地，励磁回路发生两点接地故障将严重损坏发电机。因此，发电机必须装设灵敏的励磁回路一点接地保护，保护作用于发出信号，以便通知工作人员采取相应措施。

1. 绝缘检查装置

励磁回路绝缘检查装置原理如图 7-14 所示。正常运行时，电压表 PV_1、PV_2 的读数相等。当励磁回路对地绝缘水平下降时，PV_1 与 PV_2 的读数不再相等。

值得注意的是，在励磁绕组中点接地时，PV_1 与 PV_2 的读数也相等，因此**该检测装置有死区**。

2. 直流电桥式一点接地保护

直流电桥式一点接地保护原理如图 7-15 所示。发电机励磁绕组 WE 对地绝缘电阻用接在 WE 中点 M 处的集中电阻 R 来表示。WE 的电阻以中点 M 为界分为两部分，和外接电阻 R_1、R_2 构成电桥的四个臂。励磁绕组正常运行时，电桥处于平衡状态，此时继电器不动作。当励磁绕组发生一点接地时，电桥失去平衡，流过继电器的电流大于其动作电流时，继电器动作。显而易见，接地点越靠近励磁回路两极时保护灵敏度越高，而接地点靠近中点 M 时，电桥几乎处于平衡状态，继电器无法动作，因此，在励磁绕组中点附近存在死区。

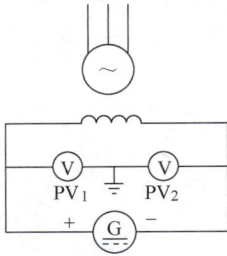

图 7-14 励磁回路绝缘检查装置原理

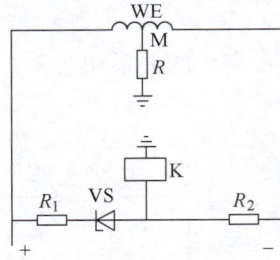

图 7-15 直流电桥式一点接地保护原理

为了消除死区，可采取下述两项措施。

1）在电阻 R_1 的桥臂中串接非线性元件稳压管，其阻值随外加励磁电压的大小而变化，因此，保护装置的死区随励磁电压的改变而移动。这样在某一电压下的死区，在另一电压下则变为动作区，从而减小了保护拒动的概率。

2）转子偏心和磁路不对称等原因产生的转子绕组的交流电压使转子绕组中点对地电压不恒为零，而是在一定范围内波动。利用这个波动的电压可以消除保护死区。

3. 切换采样式励磁回路一点接地保护

切换采样式励磁回路一点接地保护原理如图7-16所示。接地故障点 K 将励磁绕组分为 α 和 $(1-\alpha)$ 两部分，R_g 为故障点过渡电阻，由 4 个电阻 R 和 1 个取样电阻 R_1 组成两个网孔的直流电路。两个电子开关 S_1 和 S_2 轮流接通，当 S_1 接通、S_2 断开时，可得到一组电压回路方程，即

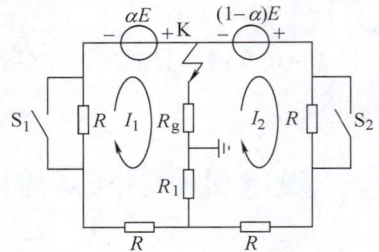

图 7-16 切换采样式励磁回路一点接地保护原理

$$(R + R_1 + R_g)I_1 - (R_1 + R_g)I_2 = \alpha E \tag{7-21}$$

$$-(R_1 + R_g)I_1 + (2R + R_1 + R_g)I_2 = (1-\alpha)E \tag{7-22}$$

当 S_2 接通、S_1 断开时，直流励磁电压变为 E'，电流变为 I_1' 和 I_2'。于是得到另外一组电压回路方程，即

$$(2R + R_1 + R_g)I_1' - (R_1 + R_g)I_2' = \alpha E' \tag{7-23}$$

$$-(R_1 + R_g)I_1' + (R + R_1 + R_g)I_2' = (1-\alpha)E' \tag{7-24}$$

根据两组电压回路方程，可解得

$$R_g = \frac{ER_1}{3\Delta U} - R_1 - \frac{2R}{3} \tag{7-25}$$

$$\alpha = \frac{1}{3} + \frac{U_1}{3\Delta U} \tag{7-26}$$

式中，$U_1 = R_1(I_1 - I_2)$；$\Delta U = U_1 - kU_2$，$k = \dfrac{E}{E'}$。U_1 为电阻 R_1 上电压值；U_2 为电阻 R_g 上电压值。

微机型切换采样式励磁回路一点接地保护利用微机的计算能力，根据采样值可直接由式(7-25)求出过渡电阻 R_g，由式(7-26)确定接地故障点的位置。

7.5.2　发电机励磁回路两点接地保护

励磁回路发生两点接地故障时，由于故障点流过相当大的短路电流，将产生电弧，因而会损坏转子；部分励磁绕组被短接，造成转子磁场发生畸变，力矩不平衡，致使机组振动；接地电流可能使汽轮机气缸磁化。

因此，励磁回路发生两点接地时会造成严重后果，所以，必须装设励磁回路两点接地保护。

励磁回路两点接地保护可由电桥原理构成。 直流电桥式励磁回路两点接地保护接线原理如图 7-17 所示。在发现发电机励磁回路一点接地后，将发电机励磁回路两点接地保护投入运行。当发电机励磁回路两点接地时，该保护经延时动作于停机。

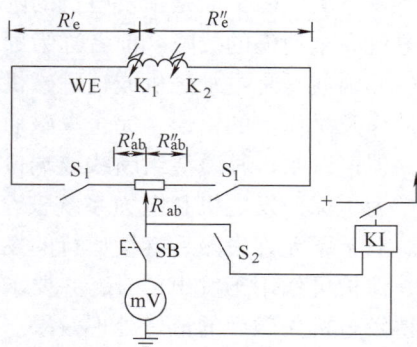

图 7-17　直流电桥式励磁回路两点接地保护接线原理

励磁回路的直流电阻 R_e 和附加电阻 R_{ab} 构成直流电桥的四臂（R'_e、R''_e、R'_{ab}、R''_{ab}）。毫伏表和电流继电器 KI 接于 R_{ab} 的滑动端与地之间，即电桥的对角线上。当励磁回路 K_1 点发生接地故障时，闭合刀开关 S_1 并按下按钮 SB，调节 R_{ab} 的滑动触点，使毫伏表指示为零，此时电桥平衡，即

$$\frac{R'_e}{R''_e} = \frac{R'_{ab}}{R''_{ab}} \tag{7-27}$$

然后松开 SB，合上 S_2，接入电流继电器 KI，保护投入工作。

当励磁回路第二点发生接地时，R''_e 被短接一部分，电桥平衡遭到破坏，电流继电器中有电流通过，若电流大于继电器的动作电流，则保护动作，断开发电机的出口断路器。

由电桥原理构成的励磁回路两点接地保护有下列缺点。

1）若第二个故障点 K_2 离第一个故障点 K_1 较远，则保护的灵敏度较好；反之，若 K_2 点离 K_1 点很近，通过继电器的电流小于继电器的动作电流，保护将拒动，因此保护存在死区，死区范围在10%左右。

2）若第一个故障点 K_1 发生在转子绕组的正极或负极端，则因电桥失去作用，不论第二点接地发生在何处，保护装置将拒动，死区达100%。

3）由于两点接地保护只能在转子绕组一点接地后投入，所以若发生两点同时接地，或者第一点接地后紧接着发生第二点接地的故障，保护均不能反映。

上述的两点接地保护装置虽然有这些缺点，但是接线简单，价格便宜，因此在中、小型发电机上仍然得到广泛应用。

目前，采用直流电桥原理构成的集成电路励磁回路两点接地保护，在大型发电机上得到了广泛应用。

7.6 发电机的失磁保护

7.6.1 发电机的失磁及原因

发电机失磁一般是指发电机的励磁电流异常下降超过了静态稳定极限所允许的程度或励磁电流完全消失的故障。前者称为部分失磁或低励故障，后者则称为完全失磁。造成低励故障的原因通常是主励磁机或辅励磁机故障，励磁系统有些整流元件损坏或自动调节系统不正确动作及操作上的错误。完全失磁通常是由于自动灭磁开关误跳闸，励磁调节器整流装置中断路器误跳闸，励磁绕组断线或端口短路以及辅励磁机励磁电源消失等。

为了保证发电机和电力系统安全运行，在发电机特别是大型发电机上，应装设失磁保护。对于不允许失磁后继续运行的发电机，失磁保护应动作于跳闸。当发电机允许失磁运行时，保护可作用于发出信号，并要求失磁保护与切换励磁、自动减载等自动控制相结合，以取得发电机失磁后的最好处理效果。

7.6.2 发电机失磁后机端测量阻抗的变化规律

发电机失磁后或在失磁发展的过程中，机端测量阻抗要发生变化。测量阻抗为从发电机端向系统方向所看到的阻抗。

失磁后机端测量阻抗的变化是失磁保护的重要判据。以图 7-18 所示发电机与无穷大系统并列运行为例，讨论发电机失磁后机端测量阻抗的变化规律。发电机从失磁开始至进入稳态异步运行，一般可分为三个阶段：失磁后到失步前（$\delta < 90°$）；静稳极限（$\delta = 90°$），即临界失步点；失步后。

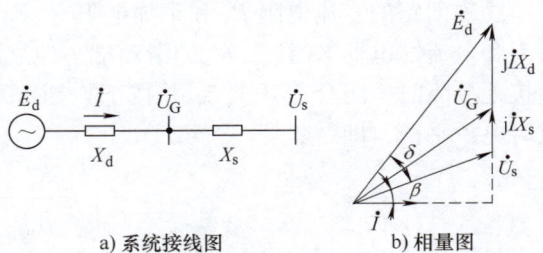

图 7-18　发电机与无穷大系统并列运行

1. 失磁后到失步前的阶段

在失磁后到失步前期间，由于发电机转子存在惯性，转子的转速不能突变，因而原动机的调速器不能立即动作。另外，失步前的失磁发电机转差很小，发电机输出的有功功率基本上保持失磁前输出的有功功率值，即可近似看作恒定，而无功功率则从正值变为负值。此时从发电机端向系统看，机端的测量阻抗 Z_m 可利用图 7-18b 计算：

$$\dot{U}_G = \dot{U}_s + j\dot{I}X_s \tag{7-28}$$

$$S = \overset{*}{\dot{U}_s}\dot{I} = P - jQ \tag{7-29}$$

$$P = \frac{E_d U_s}{X_\Sigma}\sin\delta \tag{7-30}$$

$$Q = \frac{E_d U_s}{X_\Sigma}\cos\delta - \frac{U_s^2}{X_\Sigma} \tag{7-31}$$

因此测量阻抗

$$Z_{\mathrm{m}} = \frac{\dot{U}_{\mathrm{G}}}{\dot{I}} = \frac{\dot{U}_{\mathrm{s}} + \mathrm{j}\dot{I}X_{\mathrm{s}}}{\dot{I}} = \frac{U_{\mathrm{s}}^2}{P - \mathrm{j}Q} + \mathrm{j}X_{\mathrm{s}} = \frac{U_{\mathrm{s}}^2}{2P} + \mathrm{j}X_{\mathrm{s}} + \frac{U_{\mathrm{s}}^2}{2P}\mathrm{e}^{\mathrm{j}\varphi} \tag{7-32}$$

$$\varphi = 2\arctan\left(\frac{Q}{P}\right)$$

式中，P 是发电机送至系统的有功功率；Q 是发电机送至系统的无功功率；S 是发电机送至系统的视在功率；X_Σ 是由发电机同步电抗及系统电抗构成的综合电抗，$X_\Sigma = X_{\mathrm{d}} + X_{\mathrm{s}}$。

式(7-32) 中，X_{s} 为常数，P 恒定，U_{s} 恒定，只有角度 φ 改变，因此，式(7-32) 在阻抗复平面上的轨迹是一个圆，其圆心坐标为 $\left(\dfrac{U_{\mathrm{s}}^2}{2P}, X_{\mathrm{s}}\right)$，圆半径为 $\dfrac{U_{\mathrm{s}}^2}{2P}$，如图 7-19 所示。由于该圆是在有功功率不变的条件下得出的，故称为 **等有功阻抗圆**，圆的半径与 P 成反比。

2. 临界失步点（$\delta = 90°$）

$$Q = \frac{E_{\mathrm{d}}U_{\mathrm{s}}}{X_\Sigma}\cos\delta - \frac{U_{\mathrm{s}}^2}{X_\Sigma} = -\frac{U_{\mathrm{s}}^2}{X_\Sigma} \tag{7-33}$$

式(7-33) 中的 Q 为负值，表示临界失步时发电机从系统中吸收无功功率，且为常数。机端测量阻抗为

$$Z_{\mathrm{m}} = \frac{\dot{U}_{\mathrm{G}}}{\dot{I}} = \frac{U_{\mathrm{s}}^2}{P - \mathrm{j}Q} + \mathrm{j}X_{\mathrm{s}} = -\frac{U_{\mathrm{s}}^2}{2\mathrm{j}Q} \times \frac{P - \mathrm{j}Q - (P + \mathrm{j}Q)}{P - \mathrm{j}Q} + \mathrm{j}X_{\mathrm{s}} = \mathrm{j}\left(\frac{U_{\mathrm{s}}^2}{2Q} + X_{\mathrm{s}}\right) - \mathrm{j}\frac{U_{\mathrm{s}}^2}{2Q}\mathrm{e}^{\mathrm{j}\varphi} \tag{7-34}$$

将式(7-33) 代入式(7-34) 中，经化简后得

$$Z_{\mathrm{m}} = \mathrm{j}\frac{1}{2}(X_{\mathrm{s}} - X_{\mathrm{d}}) + \mathrm{j}\frac{1}{2}(X_{\mathrm{s}} + X_{\mathrm{d}})\mathrm{e}^{\mathrm{j}\varphi} \tag{7-35}$$

式(7-35) 中，X_{s}、X_{d} 为常数。式(7-35) 在阻抗复平面上的轨迹是一个圆，圆心坐标为 $\left(0, -\dfrac{X_{\mathrm{d}} - X_{\mathrm{s}}}{2}\right)$，半径为 $\dfrac{X_{\mathrm{d}} + X_{\mathrm{s}}}{2}$，该圆是在 Q 不变的条件下得出来的，又称为 **等无功阻抗圆**，如图 7-20 所示。**圆内为失步区，圆外为稳定工作区。**

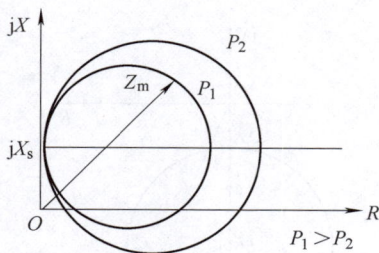

图 7-19　等有功阻抗圆

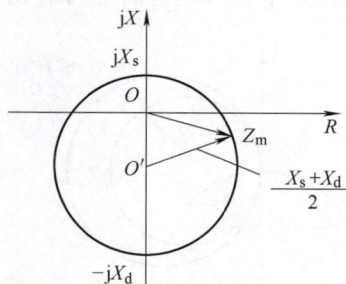

图 7-20　等无功阻抗圆

3. 失步后异步运行阶段

发电机失步后异步运行时的等效电路如图 7-21 所示。按图示正方向，机端测量阻抗为

$$Z_m = -\left[jX_1 + \frac{jX_{ad}\left(\dfrac{R_2'}{s} + jX_2'\right)}{\dfrac{R_2'}{s} + j(X_{ad} + X_2')} \right] \qquad (7\text{-}36)$$

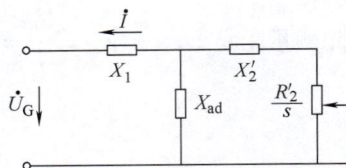

图 7-21　发电机失步后异步运行时的等效电路

式中，X_{ad} 为定子、转子绕组间的互感电抗；s 为转差率。

机端测量阻抗与转差率有关，当失磁前发电机在空载下失磁时，即 $s = 0$，所以 $\dfrac{R_2'}{s} \to \infty$，机端测量阻抗为最大，即

$$Z_{m.\,max} = -j(X_1 + X_{ad}) = -jX_d \qquad (7\text{-}37)$$

若失磁前发电机的有功负荷很大，则失步后从系统中吸收的无功功率 Q 很大，极限情况 $s \to \infty$，$\dfrac{R_2'}{s} \to 0$，则机端测量阻抗为最小，其值为

$$Z_{m.\,min} = -j\left(X_1 + \frac{X_2' X_{ad}}{X_2' + X_{ad}}\right) = -jX_d' \qquad (7\text{-}38)$$

一般情况下，发电机在稳定异步运行时，测量阻抗落在 $-jX_d'$ 到 $-jX_d$ 的范围内，如图 7-22 所示。

由上述分析可见，发电机失磁后，其机端测量阻抗的变化情况如图 7-23 所示。发电机正常运行时，其机端测量阻抗位于阻抗复平面第一象限的 a 点。失磁后其机端测量阻抗沿等有功阻抗圆向第四象限变化。临界失步时达到等无功阻抗圆的 b 点。异步运行后，Z_m 便进入等无功阻抗圆，稳定在 c 点或 c' 点附近。

根据失磁后机端测量阻抗的变化轨迹，可采用最大灵敏角为 $-90°$ 的具有偏移特性的阻抗继电器构成发电机的失磁保护，如图 7-24 所示。为避开振荡的影响，取 $X_A = 0.5X_d'$。考虑到保护在不同转差下异步运行时能可靠动作，取 $X_B = 1.2X_d$。

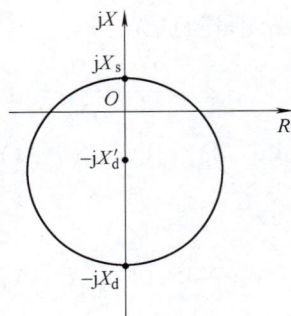

图 7-22　异步边界阻抗圆

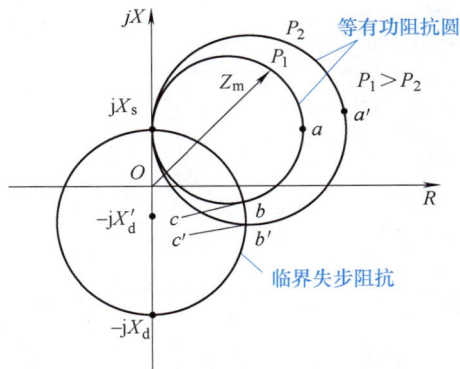

图 7-23　失磁后的发电机机端测量阻抗的变化

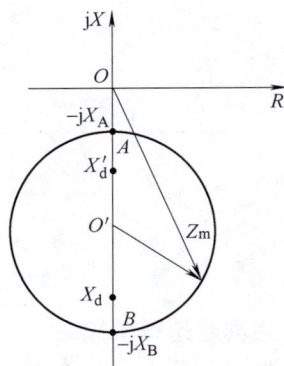

图 7-24　失磁保护用阻抗元件的特性曲线

7.6.3 失磁保护的构成

发电机失磁后，当电力系统或发电机本身的安全运行遭到威胁时，应将故障的发电机切除，以防止故障扩大。发电机失磁保护通常由发电机机端的测量阻抗判据、转子低电压判据、变压器高压侧低电压判据及定子过电流判据构成。一种常用的失磁保护逻辑框图如图 7-25 所示。

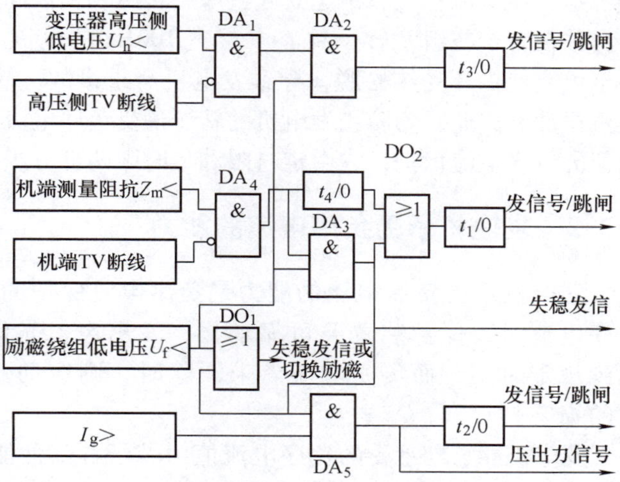

失磁保护的主要判据通常为机端测量阻抗，阻抗元件的特性圆采用静稳边界阻抗圆。 当静稳边界阻抗圆和转子低电压判据同时满足时，判定发电机已经由失磁导致失去了静稳，将进入异步运行，此时经与门 DA_3 和

图 7-25　失磁保护的逻辑框图

延时 t_1 后跳闸切除发电机。若转子低电压判据拒动，静稳边界阻抗圆判据也可经延时 t_4 单独跳闸切除发电机。

转子低电压判据满足时发失磁信号或发出切换励磁命令。此判据可预测发电机是否因失磁而失去稳定，从而在发电机尚未失去稳定之前及早地采取措施，如切换励磁等，防止事故扩大。

汽轮发电机在失磁时一般可异步运行一段时间，此期间由定子过电流判据进行监测。若定子电流大于 1.05 倍的额定电流，发出压出力信号，压低出力后，使发电机继续稳定异步运行一段时间，经过 t_2 后再发跳闸命令。这样，在 t_2 期间运行人员可有足够的时间去排除故障，使励磁重新恢复，避免跳闸。如果出力在 t_2 时间内不能压下来，而过电流判据又一直满足，则发跳闸命令以保证发电机本身的安全。

对于无功功率储备不足的系统，当发电机失磁后，有可能在发电机失去静稳之前，变压器高压侧电压就达到了系统崩溃值。当转子低电压判据满足并且高压侧低电压判据满足时，说明发电机的失磁已造成了对电力系统安全运行的威胁，经与门 DA_2 和短延时 t_3 后发跳闸命令，迅速切除发电机。

为了防止电压互感器回路断线时造成失磁保护误动作，变压器高、低压侧均有 TV 断线闭锁元件，TV 断线时发出信号，同时闭锁失磁保护。

7.7 发电机负序电流保护

7.7.1 发电机负序电流的形成、特征及危害

对于大、中型发电机，为了提高不对称短路的灵敏度，可采用负序电流保护，同时还可以防止转子回路过热。

发电机正常运行时，其定子旋转磁场与转子同方向同速运转，因此不会在转子中感应出电流；当电力系统中发生不对称短路，或三相负荷不对称时，将有负序电流流过发电机的定子绕组，该电流在气隙中建立起负序旋转磁场，以同步转速朝与转子转动方向相反的方向旋转，并在转子绕组及转子铁心中产生 100Hz 的电流。该电流使转子相应部分过热、灼伤，甚至可能使护环受热松脱，导致发电机严重事故。同时有 100Hz 的交变电磁转矩，引起发电机振动。因此，为防止发电机的转子遭受负序电流的损伤，大型汽轮发电机都要装设比较完善的负序电流保护，它由定时限和反时限两部分组成。

7.7.2　发电机承受负序电流的能力

发电机承受负序电流的能力是负序电流保护的整定依据之一。当出现超过一定值的负序电流时，保护装置要可靠动作，发出声、光信号，以便及时处理。当其持续时间达到规定时间，而负序电流尚未消除时，则应动作于切除发电机，以避免负序电流造成的损害。

发电机能长期承受的负序电流值由转子各部件能承受的温度决定，通常为额定电流的 $4\% \sim 10\%$ 。

发电机承受负序电流的能力与负序电流通过的时间有关，时间越短，允许的负序电流越大，时间越长，允许的负序电流越小。负序电流在转子中所引起的发热量，正比于负序电流的二次方与所持续的时间的乘积。发电机短时承受负序电流的能力可表示为

$$\int_0^t i_2^2 \mathrm{d}t = I_2^2 t = A \tag{7-39}$$

A 是与发电机类型及其冷却方式有关的常数，表示发电机承受负序电流的最大能力。对于表面冷却的汽轮发电机可取 30，对于直接冷却式 $100 \sim 300 \mathrm{MW}$ 的汽轮发电机可取 $6 \sim 15$ 。发电机在任意时间内承受负序电流的能力，其表达式为

$$t = \frac{A}{I_{2*}^2 - \alpha} \tag{7-40}$$

式中，α 是与发电机允许长期运行的负序电流分量 I_{2*} 有关的系数，一般取 $\alpha = 0.6 I_{2*}^2$ 。

7.7.3　发电机负序电流保护的原理

1. 定时限负序电流保护

对于中、小型发电机，负序电流保护大多采用两段式定时限负序电流保护，定时限负序电流保护由动作于信号的负序过负荷保护和动作于跳闸的负序过电流保护组成。

负序过负荷保护的动作电流按躲过发电机允许长期运行的负序电流整定。对于汽轮发电机，长期允许的负序电流为额定电流的 $6\% \sim 8\%$ ；对于水轮发电机，长期允许的负序电流为额定电流的 12% ，通常取为 $0.11 I_N$ 。保护时限大于发电机的后备保护的动作时限，可取 $5 \sim 10 \mathrm{s}$ 。

负序过电流保护的动作电流按发电机短时允许的负序电流整定。对于表面冷却的发电机，其动作值常取为 $(0.5 \sim 0.6) I_N$ 。此外，保护的动作电流还应与相邻元件的后备保护在灵敏度上相配合，一般情况下可以只与升压变压器的负序电流保护在灵敏度上配合。保护的动作时限按阶梯原则整定，一般取 $3 \sim 5 \mathrm{s}$ 。

保护的动作时限特性与发电机允许的负序电流曲线的配合情况如图 7-26 所示。

在曲线 *ab* 段内，保护装置的动作时间大于发电机允许的动作时间，因此，可能出现发电机已损坏而保护未动作的情况；在曲线 *bc* 段内，保护装置的动作时间小于发电机允许的动作时间，没有充分利用发电机本身所具有的承受负序电流的能力；在曲线 *cd* 段内，保护动作于信号，由运行人员来处理，可能值班人员

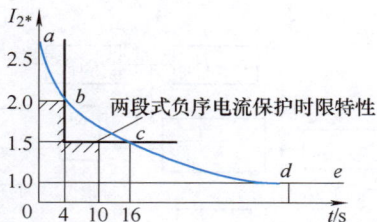

图 7-26　保护的动作时限特性与发电机允许的负序电流曲线的配合情况

还未来得及处理时，发电机已超过了允许时间，所以此段只给信号也不安全；在曲线 *de* 段内，保护根本不反应。

两段式定时限负序电流保护接线简单，既能反映负序过负荷，又能反映负序过电流，对保护范围内故障有较高的灵敏度。 在变压器后短路时，其灵敏度与变压器的接线方式无关。但是两段式定时限负序电流保护的动作特性与发电机发热允许的负序电流曲线不能很好地配合，存在不利于发电机安全及不能充分利用发电机承受负序电流的能力等问题，因此，在大型发电机上一般不采用。**大型汽轮发电机应装设能与负序过热曲线配合较好的具有反时限特性的负序电流保护。**

2. 反时限负序电流保护

反时限特性是指电流大时动作时限短，而电流小时动作时限长的一种时限特性。通过适当调整，可使保护的时限特性与发电机的负荷发热允许电流曲线相配合，避免发电机因受负序电流的影响而过热以致受到损坏，从而达到保护发电机的目的。

采用式 $t = \dfrac{A}{I_{2*}^2 - \alpha}$ $\left(\text{也可用 } t = \dfrac{A}{I_2^2 + \alpha}\right)$ 构成负序电流保护的判据，其中 I_{2*} 为负序电流的标幺值。

发电机负序电流保护的时限特性与允许负序电流曲线 $\left(t = \dfrac{A}{I_{2*}^2}\right)$ 的配合情况如图 7-27 所示。图中，虚线为保护的时限特性，实线为允许负序电流曲线。由图可见，保护具有反时限特性，保护动作时间随负序电流的增大而减少，较好地与发电机承受负序电流的能力相匹配，这样既可以充分利用发电机承受负序电流的能力，避免在发电机还没有达到危险状态的情况下被切除，又能防止发电机受到损坏。

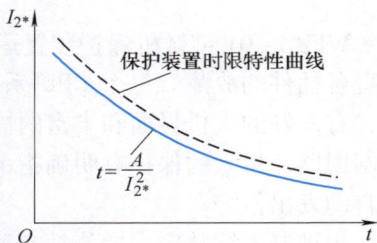

图 7-27　发电机负序电流保护时限特性与 $A = tI_{2*}^2$ 的配合情况

发电机反时限负序电流保护逻辑如图 7-28 所示。当发电机负序电流大于上限整定值 I_{2up} 时，则按上限短延时 t_{2up} 动作；负序电流在上、下限整定值之间，则按反时限 $t = \dfrac{A}{I_{2*}^2 - K_2}$ 动作；负序电流大于下限整定值 I_{2dow}，但反时限部分动作时间太长时，则按下限长延时 t_{2dow} 动作。

图 7-29 中，I_{2s} 和 t_{2s} 为保护中定时限部分的电流整定值和时间整定值，若负序电流大于 I_{2s}，则保护经延时 t_{2s} 发出信号。

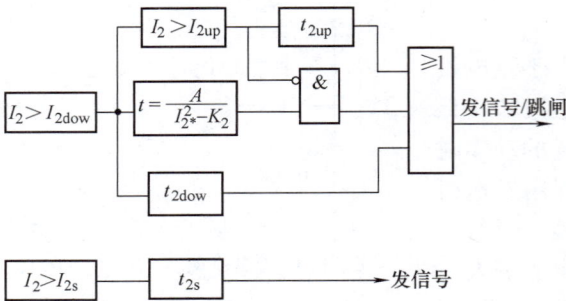

图 7-28　发电机反时限负序
电流保护逻辑

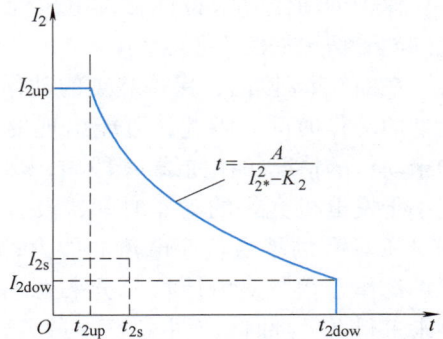

图 7-29　反时限负序
电流保护动作特性

7.8　WFBZ−01 型微机保护装置简介

7.8.1　概述

WFBZ−01 微型机保护装置是 60MW 及以下容量发电机微机保护装置，保护配置灵活，设计合理，并对主保护进行双重化配置，满足电力系统反事故措施要求。

保护装置按屏柜设计，与外界的接口和传统设计兼容。机组单元成套保护由 1～3 个柜组成，且由一台管理计算机进行一体化管理。一体化管理系统可与各 CPU 系统进行数据交换，从而对机组和保护运行状况进行监视和记录，也可进行时钟校对和定值管理。管理计算机可作为一个子站与电厂计算机管理系统进行联网，实现保护设备自动化管理。

7.8.2　WFBZ−01 型微机保护装置的特点

WFBZ−01 型微机保护装置运行可靠，抗干扰能力强。自检环节可及时发现和帮助查找装置各插件的故障。每个 CPU 系统有可靠的键盘/数码显示系统，提供独立的本机监控手段，有友好的人机界面和丰富的操作指令。保护设有软件投/退功能，另设有压板可以投退跳闸回路，投入的保护有明确指示。有 watch dog（看门狗）电路监视 CPU 工作，CPU 故障时自动发出报警。

十进制连续整定，操作简单直观。定值分区放置于 E^2PROM 中，便于自动校核。定值一旦整定完毕可永久保存，直至下次被修改。提供现场自动/半自动整定手段，简化调试方法，解决了特殊保护的调试困难问题。

提供在线监视功能，可随时观察定值、各输入电气量数值、保护计算结果、开关量状态以及日期、时间、频率等。

打印机自动上电，并延时自动关电源。提供全表格化随机打印功能和故障自动打印功能。

7.8.3　WFBZ−01 型微机保护原理简介

1. 发电机纵差保护

提供变数据窗式标积制动原理和变数据窗式比率制动原理，循环闭锁方式和单相差动方式两种动作逻辑供用户选择。

（1）保护原理

1）变数据窗式标积制动原理。标积制动原理的动作量和比率差动保护一样，动作方程见式(7-10)。保护区外发生故障时，该原理特性与比率制动原理相同。但保护区内故障时，由于标积制动原理的制动量反映电流之间相位的余弦，当相位大于 90° 时，制动量为负值，因此极大地提高了内部故障差动保护灵敏度。

2）变数据窗式比率制动原理。差接线动作方程为 $|\dot{I}_N - \dot{I}_R| \geq \dfrac{|\dot{I}_N + \dot{I}_R|}{2}$，比率制动原理与传统差动保护原理一致。

3）变数据窗算法原理。**变数据窗算法是指差动保护能够在故障刚开始且故障采样数据量较少时自适应地提高保护的制动曲线，随着故障进一步发展以及数据窗的增加，计算精度进一步提高，能自动降低特性曲线，以期与算法精度完全配套。**自适应的制动曲线，最终与用户整定的特性精确吻合。采用此算法可大大提高内部严重故障时的动作速度，同时不会降低轻微故障时的灵敏度。

（2）保护动作逻辑

1）循环闭锁方式。当发电机内部发生相间短路时，两相或三相差动元件同时动作。根据此特点，在保护跳闸逻辑上设计了循环闭锁方式。为了保证一点在保护区内另一点在保护区外的两点接地故障时差动保护可靠动作，有一相差动元件动作且有负序电压时也出口跳闸。保护逻辑如图 7-30 所示。

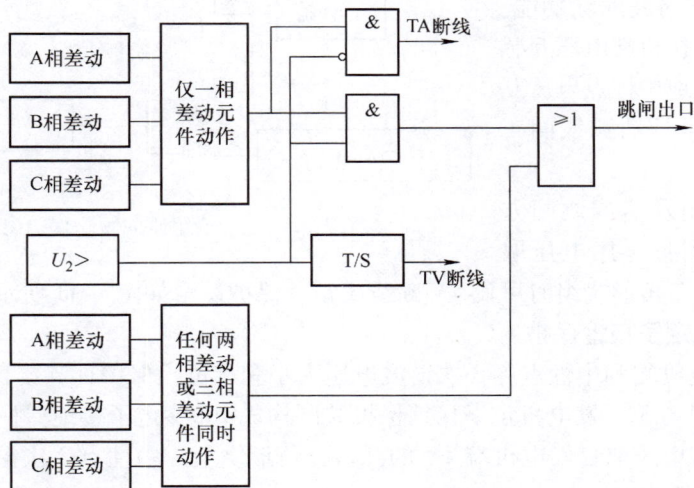

图 7-30　发电机差动循环闭锁式出口逻辑

当仅一相差动元件动作而无负序电压时发出 TA 断线信号；负序电压长时间存在而同时不存在差电流时，发出 TV 断线信号。

2）单相差动方式。任一相差动保护动作即出口跳闸，此方式另外配有 TA 断线检测功能。在 TA 断线时瞬时闭锁差动保护，且延时发 TA 断线信号。保护逻辑如图 7-31 所示。

2. 发电机定子绕组匝间短路保护

保护反映发电机纵向零序电压的基波分量，零序电压取自机端专用电压互感器的开口三角形绕组，如图7-7所示。电压互感器必须采用三相五柱式或三个单相式，其中性点与发电机中性点通过高压电缆相连。零序电压中3次谐波不平衡量由傅里叶数字滤波器滤除。

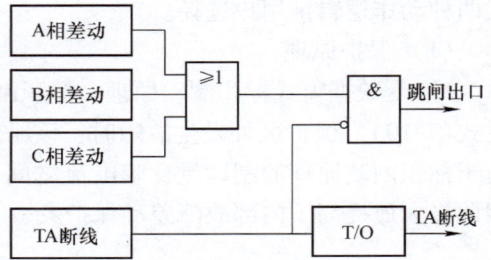

图 7-31 发电机单相差动式出口逻辑

为准确、灵敏反映内部匝间故障，同时防止外部短路时保护误动，保护以纵向零序电压中谐波特征量的变化来区分内部和外部故障。为防止专用电压互感器断线时保护误动作，保护采用可靠的电压平衡继电器作为互感器断线闭锁环节。

保护采用两段式，保护Ⅰ段为次灵敏段，动作值按躲过任何外部故障时可能出现的基波不平衡量整定，保护瞬时出口。**保护Ⅱ段为灵敏段**，动作值按躲过正常运行时出现的最大基波不平衡量整定，并利用零序电压中3次谐波不平衡量的变化进行制动。保护可带0.1~0.5s延时出口以保证可靠性。

保护引入专用电压互感器开口三角形绕组零序电压及电压平衡继电器，用2组电压互感器电压量，保护逻辑如图7-32所示。

3. $3U_0$ 发电机定子接地保护

保护反映发电机的零序电压大小，保护具有3次谐波滤除功能。零序电压取自发电机机端电压互感器开口三角形绕组或中性点电压互感器二次侧（也可从消弧线圈二次绕组取得）。

出口方式采用发信或跳闸方式。当动作于跳闸且零序电压取自机端TV的开口三角形绕组时可设TV断线闭锁，保护逻辑如图7-33所示。

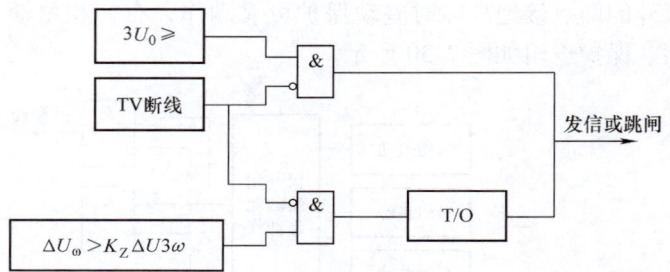

图 7-32 定子绕组匝间短路保护出口逻辑

4. 3ω 发电机定子接地保护

保护反映发电机端和中性点侧3次谐波电压大小和相位。保护具有较高的基波分量滤除功能，该保护一般与 $3U_0$ 发电机定子接地保护共同构成100%定子接地保护。

机端3次谐波电压取自发电机端TV的开口三角形绕组，中性点3次谐波电压取自发电机中性点TV或消弧线圈。

该保护有虚拟电位法和动作判据两种，在使用时可自动检测发电机端和中性点3次谐波电压的大小和相位，并且自动调整该保护的动作量，使保护处于最佳状态。可作用于发信或跳闸，保护逻辑如图7-34所示。

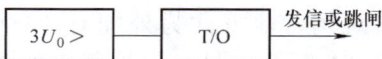

图 7-33 $3U_0$ 发电机定子接地保护出口逻辑

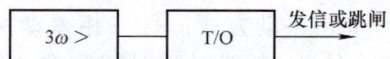

图 7-34 3ω 发电机定子接地保护出口逻辑

5. 发电机-变压器组过励磁保护

目前在系统中 200MW 以上的电厂都广泛采用发电机 – 变压器组（简称发变组）。大型发电机和变压器在运行中，都可能因以下原因发生过励磁现象：

1）发变组与系统并列之前，由于操作错误，误加大励磁电流引起过励磁。

2）发变组起动过程中，转子在低速下预热时，若误将电压升至额定值，则因发电机和变压器低频运行造成过励磁。

3）切除发电机过程中，发电机解列减速，若灭磁开关拒动，使发变组遭受低频引起过励磁。

4）发变组出口断路器跳闸后，若自动励磁调节器退出或失灵，则电压与频率均会升高，但因频率升高较慢而引起发变组过励磁。

5）在运行中，当系统过电压及频率降低时也会发生过励磁。

过励磁将使发电机和变压器的温度升高，若过励磁倍数高，持续时间长，可能使发电机和变压器因过热而遭受破坏。现代大型变压器额定工作磁通密度 $B_N = 1.7 \sim 1.8T$，饱和磁通密度 $B_S = 1.9 \sim 2.0T$，两者很接近，容易出现过励磁。发电机的过励磁倍数一般低于变压器的过励磁倍数，更容易遭受过励磁的危害。

（1）过励磁保护的原理　变压器的电压表达式为

$$U = 4.44f \, WBS \tag{7-41}$$

对于运行的变压器，绕组匝数 W 和铁心截面积 S 都是常数，因此变压器工作磁通密度 B 可表示为

$$B = K \frac{U}{f} \tag{7-42}$$

式中，$K = 1/(4.44WS)$。

对于发电机，也可导出类似的关系。式（7-42）说明当电压 U 升高和频率 f 下降时均会导致励磁磁通密度升高。通过测量电压 U 和频率 f，由式（7-42）就能确定励磁状况。

通常用过励磁倍数 N 来反映过励磁状况，即

$$N = \frac{B}{B_N} = \frac{U/f}{U_N/f_N} = \frac{U_*}{f_*} \tag{7-43}$$

式中，下角标"N"表示额定值，下角标"*"表示标幺值。

在发生过励磁后，发电机与变压器并不会立即损坏，有一个热积累过程。对于每一过励磁倍数 N，均有对应的允许运行时间 t，研究表明，过励磁倍数与运行时间的关系 $N = f(t)$ 为一反时限特性曲线，过励磁保护应按此反时限特性设计。在发生过励磁时先动作于减励磁，并根据过励磁倍数在超过允许运行时间后解列灭磁，保证发变组安全。

（2）保护动作特性及工作原理

1）保护动作特性。过励磁保护动作特性 $N = f(t)$ 如图 7-35 所示，包括上、下限定时限和反时限特性三部分。

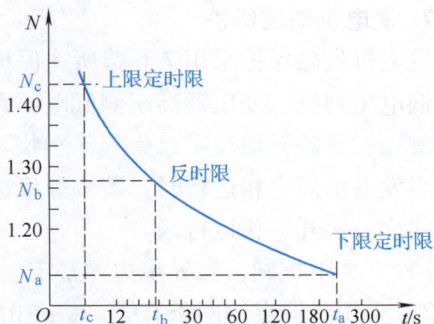

图 7-35　过励磁保护的动作特性曲线

过励磁倍数 N 有两个整定值：N_a 和 N_c，且有 $N_a < N_c$。当 $N > N_c$ 时，按上限整定时间 t_c 延时动作；当 $N_a < N < N_c$ 时，按反时限特性动作；若 N 刚好大于 N_a，且不满足反时限部分动作时，则按下限整定时间 t_a 延时动作。

2）电路工作原理。电路原理框图如图 7-36 所示。电压 U_c 经有源全波整流电路加至定时限特性形成电路。过励磁保护特性形成电路分为三路：第一路经下限定值调整（N_a）、电平比较器、驱动长延时电路，经或门跳闸。第二路经上限定值调整（N_c）、电平比较器、时间定值延时（t_c），经或门跳闸。第三路形成反时限特性（实际上常利用三段折线逼近），经或门跳闸。

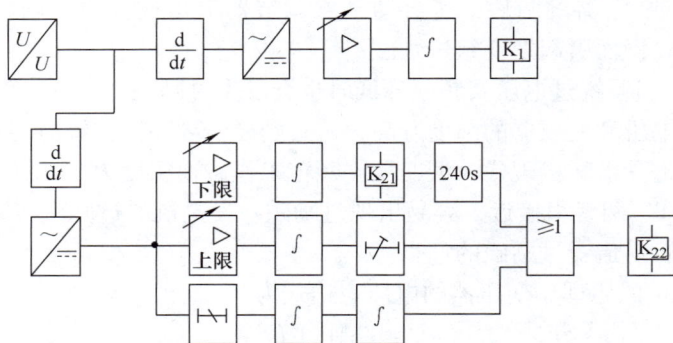

图 7-36　反时限过励磁保护电路原理框图

定时限过励磁保护出口方式为定时限 T_1（上定时限）发信或跳闸和定时限 T_2（下定时限）发信或跳闸，逻辑如图 7-37 所示。

6. 发电机过电压保护

保护反映发电机机端电压大小，电压取自发电机机端 TV 的线电压，如 U_{AC}，保护出口方式可选择发信或跳闸，保护逻辑框图如图 7-38 所示。

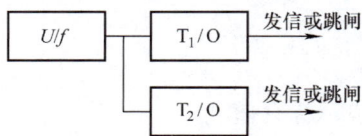

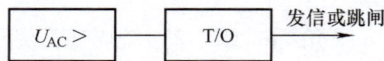

图 7-37　发电机定时限过励磁保护出口逻辑　　　图 7-38　发电机过电压保护出口逻辑

7. 发电机失磁保护

发电机失磁保护采用 7.6 节所述保护原理，失磁保护判据由发电机机端测量阻抗判据、转子低电压判据、变压器高压侧低电压判据、定子过电流判据构成。一般情况下阻抗整定边界为静稳边界圆，但也可以为其他形状。

当发电机需进相运行时，若按静稳边界整定圆整定不能满足要求时，一般可采用以下三种方式之一避开进相运行区。

1）下移阻抗圆，按异步边界整定。

2）采用过原点的两条直线，将进相区躲开，此时的进相深度可调整。

3）采用包含可能的进相区（圆形特性）挖去，将进相区避开。

对水轮发电机，因不允许异步运行，t_1 可整定很小。当失稳信号发出后立即经过一个短延时 t_1 发出跳闸命令。

保护整体方案体现了一个原则：发电机失磁后，电力系统或发电机本身的安全运行遭到威胁时，将故障的发电机切除，以防止故障扩大。发电机失磁而对电力系统或发电机的安全不构成威胁时（短期内），则尽可能推迟切机，运行人员可及时排除故障，避免切机。

发电机定时限负序过电流保护、反时限负序过电流保护原理与 7.7 节原理一致。

7.8.4　装置硬件简介

保护装置一般由若干个独立的 CPU 系统组成，每个 CPU 系统分别承担数种保护，包含 1~2 种主保护，3~6 种后备保护。

虽然各 CPU 系统实现的保护不同，原理各异，功能主要由软件程序决定，但为软件提供的服务基础——硬件系统却完全相同。图 7-39 所示为 CPU 系统的基本硬件框图，主要包含输入信号隔离和电压形成变化、模拟滤波、模-数转换、CPU（中央处理器）、I/O 接口、信号和出口驱动及逻辑、信号和出口继电器及逻辑。装置采用分板插件形式，把上述电路分散在 14 类插件中。

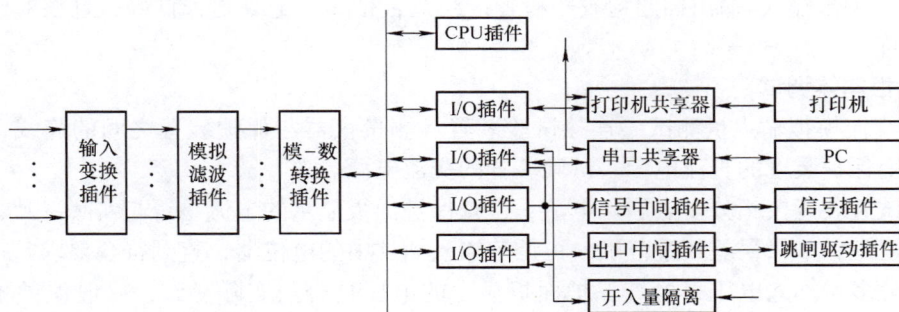

图 7-39　CPU 系统的基本硬件框图

图 7-39 中，各交流电压/电流量分别经输入变换插件转换成 CPU 系统所能接收的电压信号（10V 以下），再经模拟滤波插件滤波处理后，送到模-数转换插件进行模-数转换。CPU 插件中 CPU 按 EPROM 中既定的软件程序进行数字滤波、数据计算、保护判据判别，向 I/O 插件送出判别结果，经信号驱动后发出报警信号，或经出口中间插件进行逻辑组合后，由出口插件中的中间继电器输出触点执行跳闸。瓦斯、温度等开关量的输入经开关量插件隔离后进入 CPU 系统，键盘、显示器、打印机、拨轮开关等用于人机界面，实现对本 CPU 系统的检查、整定及监视等。电源插件提供 CPU 三组工作电源。另外，在 I/O-1 插件上还设计了硬件监视电路，用于监视 CPU 系统的工作正常与否，一旦 CPU 工作不正常，即让 CPU 系统重新进入初始化状态工作，若仍不正常，即发出报警信号。

装置按输入信号的种类不同，设置了三种不同的变换回路：

1）交流电压设置电压变换器隔离变换，如发电机电压、主变电压等。

2）交流电流设置电流变换器隔离变换，并在二次侧并联电阻获取电压量。

3）直流电压电流设置霍尔传感器隔离变换，如发电机转子电压、转子分流器电压等。

7.8.5 保护现场调试

1. 调试前接线检查

（1）电流回路检查 校验设计图样中 TA 极性、电流比、接线方式是否符合保护实际需要；检查现场电流互感器的铭牌是否完整，接线端子上的标示是否清楚；检查现场电流互感器的一次侧方向是否与设计图样相符，二次侧接线是否正确；检验电流互感器的电流比、等级是否符合标准；检查电流互感器到保护装置的接线是否正确、无开路，中间是否无接头，导线的线径、端子、绝缘等级是否达到标准，是否按设计要求正确接地。

（2）电压回路检查 校验设计图样中 TV 极性、电压比、接线方式是否符合保护实际需要；检查现场电压互感器的铭牌是否完整，接线端子上的标示是否清楚；检查现场电压互感器的二次侧接线是否与设计相符；检验电压互感器的电压比、等级是否符合标准；检查电压互感器到保护装置的接线是否正确，中间是否无接头，导线的线径、端子、绝缘等级是否达到标准，是否按设计要求正确接地。

（3）辅助电源回路检查 检查辅助电源回路的绝缘电阻是否大于 20MΩ，电源开关是否接触良好。电厂一般采用蓄电池作为直流供电电源，因此只需检查直流电源极性。

（4）开关量输入/输出回路检查 检查接线是否正确，绝缘是否良好，且核对图样是否与现场相符。

2. 机柜本体调试

（1）交流模拟输入量测试 连接试验装置、测量仪器与保护装置之间的连线，检查无误后，合上保护装置的直流电源、试验装置的交流电源。

通过试验装置按相分多点加入电流，检查保护面板显示的电流是否与实际一致，一般误差不超过规定，如果误差超过范围，可调节输入插件中的电位器，直到符合要求。

按相分多点加入电压，检查保护面板显示的电压是否与实际一致，一般误差不超过规定，若超过误差范围，可调节输入插件中的电位器，直到符合要求。

（2）开关量输入测试 用导线短接保护的输入端子，观察保护的响应。

（3）保护定值输入 按照联调所确定的定值单将定值通过面板上的小键盘输入，完成后可以打印核对。

（4）保护定值检查 通过试验装置加入电流、电压直到保护动作，此时即为动作值；减小电压、电流量，保护返回，此值为返回值。比较测量值与整定值，误差应小于规定值。

（5）保护动作逻辑检查 通过试验装置模拟各种故障，检查保护的动作逻辑以及内部程序。

（6）保护输出触点检查 通过试验装置加入电流、电压量，使保护动作，检查保护的输出端子。

（7）联调 连接试验装置、测量仪器与各保护装置之间的连线，检查无误。模拟各种故障，检查各保护之间的配合情况，检查断路器的分合闸。模拟各种故障，检查监控装置的信号指示。测量各组 TA 的 A、B、C 三相电流的相位、大小。

小　　结

　　发电机是电力系统中的重要设备，本章分析了发电机可能发生的故障及应装设的保护。

　　反映发电机相间短路故障的主保护采用纵差保护，纵差保护的应用十分广泛，其原理与输电线路基本相同，但实现起来要比输电线路容易得多。但是，应注意的是，保护存在动作死区。在微机保护中，广泛采用比率制动式纵差保护。

　　反映发电机匝间短路故障，可选择采用横联差动保护、零序电压保护、转子回路2次谐波电流保护等。

　　反映发电机定子绕组单相接地故障，可采用反映基波零序电压的接地保护、反映基波零序电压和3次谐波电压的100%接地保护等。保护根据零序电流的大小分别作用于跳闸或发信号。

　　转子一点接地保护只作用于信号，转子两点接地保护作用于跳闸。

　　失磁保护是利用失磁后机端测量阻抗的变化反映发电机是否失磁。对于小型发电机，失磁保护通常采用失磁联动，中、大型发电机要装设专用的失磁保护。

　　对于中、大型发电机，为了提高相间不对称短路故障的灵敏度，应采用负序电流保护。为了充分利用发电机热容量，负序电流保护可根据发电机容量采用定时限或反时限特性。

　　发电机相间短路后备保护的其他形式可参见变压器保护。

　　为了提高纵差保护的灵敏度，分析了反映故障分量的标积制动式纵差保护原理，反映故障分量原理的差动保护克服了负荷电流对保护的影响。

　　介绍了典型发电机微机保护装置特点、原理、微机系统组成以及现场调试方法。

习　　题

7-1　发电机可能发生哪些故障和不正常工作方式？应配置哪些保护？

7-2　发电机的微机纵差保护的基本原理是什么？

7-3　发电机的微机纵差保护的不平衡电流比变压器差动保护的不平衡电流大还是小？为什么？

7-4　试简述发电机匝间短路保护的几个方案的基本原理、保护的特点及适用范围。

7-5　发电机匝间短路保护中，其电流互感器为什么要装在中性点侧？

7-6　大容量发电机为什么要采用100%定子接地保护？

7-7　如何构成100%发电机定子绕组接地保护？利用发电机定子绕组3次谐波电压和零序电压构成的100%定子接地保护的原理是什么？

7-8　转子一点接地、两点接地有何危害？

7-9　试述直流电桥式励磁回路一点接地保护的基本原理及励磁回路两点接地保护的基本原理。

7-10　发电机失磁后的机端测量阻抗的变化规律如何？

7-11　如何构成失磁保护？

7-12　发电机定子绕组中流过负序电流有什么危害？如何减小或避免这种危害？

7-13　发电机的负序电流保护为何要采用反时限特性？

7-14　发电机容量为20MW，$\cos\varphi = 0.9$，$U_N = 10.5\text{kV}$，次暂态电抗 $X''_d = 0.2$，负序阻抗 $X_2 = 0.24$；水

电站的最大发电容量为 $2 \times 20MW$，最小发电容量为 20MW，正常运行方式下发电容量为 $2 \times 20MW$。试对发电机微机比率纵差保护进行整定计算。

7-15 图 7-40 所示网络中，已知发电机正序电抗为 1.8，负序阻抗为 2.1，变压器阻抗为 0.24，均归算到平均电压 6.3kV 有名值；发电机额定功率为 3200kW，额定电压为 6.3kV，$\cos\varphi = 0.8$；电站有三台同容量水轮发电机组并列运行。试确定发电机复合电压起动的过电流保护整定值。其中正序电压可靠系数取 0.7，负序电压可靠系数取 0.06，低压元件返回系数取 1.15。

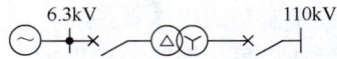

图 7-40 习题 7-15 接线图

7-16 若图 7-40 为发电机-变压器组接线，发电机功率为 50MW，功率因数为 0.8，次暂态电抗为 0.2；变压器容量为 25MVA，阻抗百分数为 10.5%。试确定发电机-变压器组的比率制动纵差保护整定参数及灵敏度。

Chapter

第8章

母 线 保 护

教学要求：

通过本章学习，了解母线保护的配置原则；掌握母线差动保护的基本原理；掌握微机母线保护程序逻辑；掌握断路器失灵保护原理以及 TA、TV 断线闭锁原理。

知识点：

装设母线保护的基本原则；母线差动保护的基本原理；典型微机母线保护原理分析；微机母线保护程序逻辑分析。

技能点：

会进行完全差动母线保护维护及调试；会熟练阅读母线保护装置二次逻辑框图。

8.1 装设母线保护的基本原则

8.1.1 母线的短路故障

母线是电能集中和分配的重要场所，是电力系统的重要组成元件之一。母线发生故障时，将会使接于母线的所有元件被迫切除，造成大面积停电，电气设备遭到严重破坏，甚至使电力系统稳定运行被破坏，导致电力系统瓦解，后果是十分严重的。

母线上可能发生的故障有单相接地或者相间短路故障。运行经验表明，单相接地故障占母线故障的绝大多数，而相间短路故障则较少。发生母线故障的原因很多，其中主要有：因空气污染损坏绝缘，从而导致母线绝缘子、断路器、隔离开关套管闪络；装于母线上的电压互感器和装于线路上的断路器之间的电流互感器发生故障；倒闸操作时引起母线隔离开关和断路器的支持绝缘子损坏；运行人员的误操作，如带负荷拉闸与带地线合闸等。由于母线故障后果特别严重，所以，对重要母线应装设专门的母线保护，有选择地迅速切除母线故障。按照差动原理构成的母线保护，能够保证有较好的选择性和速动性，因此，得到了广泛的应用。

对母线保护的基本要求如下。

1）保护装置在动作原理和接线上必须十分可靠，母线故障时应有足够的灵敏度，区外故障及保护装置本身故障时保护不误动作。

2）保护装置应能快速地、有选择性地切除故障母线。

3）大接地电流系统的母线保护应采用三相式接线，以便反映相间故障和接地故障；小接地电流系统的母线保护应采用两相式接线，只要求反映相间故障。

8.1.2 母线故障的保护方式

母线故障时，如果保护动作迟缓，将会导致电力系统的稳定性遭到破坏，从而使事故扩大，因此必须选择合适的保护方式。**母线故障的保护方式有两种：一种是利用供电元件的保护兼作母线故障的保护，另一种是采用专用母线保护。**

1. 利用其他供电元件的保护装置来切除母线故障

1）如图 8-1 所示，对于降压变电所低压侧采用分段单母线的系统，正常运行时 QF_5 断开，则 K 点故障就可以由变压器 T_1 的过电流保护使 QF_1 及 QF_2 跳闸来切除母线故障。

2）如图 8-2 所示，对于采用单母线接线的发电厂，其母线故障可由发电机过电流保护分别使 QF_1 及 QF_2 跳闸来切除母线故障。

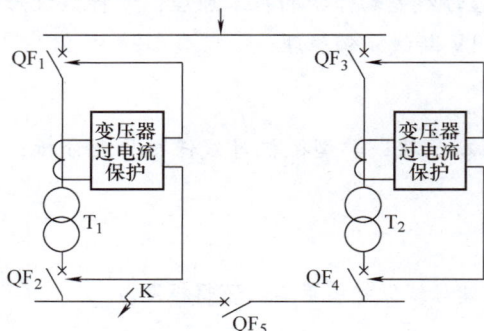

图 8-1　利用变压器的过电流
保护切除母线故障

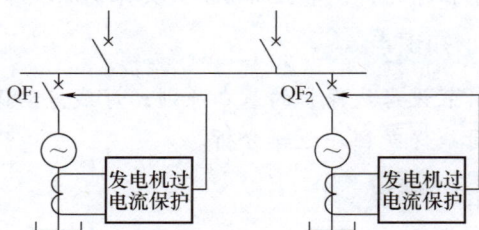

图 8-2　利用发电机的过电流
保护切除母线故障

3）如图 8-3 所示，对于双侧电源辐射形网络，在 N 母线上发生故障时，可以利用线路保护 1 和保护 4 的 Ⅱ 段将故障切除。

利用供电元件的保护来切除母线故障，不需另外装设保护，简单、经济， 但故障切除的时间一般较长。并且，当双母线同时运行或母

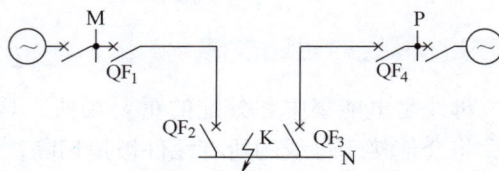

图 8-3　利用线路保护切除母线故障

线为分段单母线时，上述保护不能选择故障母线。此时，必须装设专用母线保护。

2. 专用母线保护

根据 GB/T 14285—2023《继电保护和安全自动装置技术规程》的规定，在下列情况下应装设专用母线保护。

a）220kV 及以上电压等级母线，应按双重化原则配置母线差动保护。

b）110kV（66kV）双母线，以及需要快速切除母线故障的 110kV（66kV）单母线，应配置母线差动保护；其中 330kV 及以上电压等级变电站内的 110kV 母线，宜按双套原则配置母线差动保护。

c）35kV 母线，需要快速而有选择地切除母线上的故障时，应配置母线差动保护。

d）3~20kV 分段母线及并列运行的双母线，须快速而有选择地切除一段或一组母线上的故障以保证发电厂及电网安全稳定运行和重要负荷的可靠供电时，以及当线路断路器不允许切除线路串联电抗器前的短路故障时，应配置母线差动保护。

e）风电场、光伏发电站汇集母线应配置母线差动保护。

为保证速动性和选择性，母线保护都按差动原理构成。

8.2　母线差动保护的基本原理

比率制动原理的母线差动保护，由于制动电流的存在，可以克服区外故障时由于电流互感器误差而产生的不平衡电流，在高压电网中得到了广泛的应用。

8.2.1　动作电流与制动电流

国内微机母线差动保护一般采用完全电流差动保护原理。完全电流差动，指的是将母线上的全部连接元件的电流按相接入差动回路。决定母线差动保护是否动作的电流量分别为动作电流和制动电流。动作电流取母线上所有连接元件电流的相量和的绝对值，制动电流取母线上所有连接元件电流的绝对值之和，即

$$I_d = \left| \sum_{i=1}^{n} \dot{I}_i \right| \tag{8-1}$$

$$I_{res} = \sum_{i=1}^{n} |\dot{I}_i| \tag{8-2}$$

式中，$\dot{I}_i$ 为各元件的电流二次值（相量）；I_d 为动作电流幅值；n 为出线回路数；I_{res} 为制动电流幅值。

对于单母线接线的母线差动保护，动作电流取得方式简单，考虑范围是连接于母线上的所有元件的电流。双母线接线方式比较复杂，以下重点讨论双母线接线差动保护的电流量取得方式。

对于双母线的差动保护，采用总差动作为差动保护的起动元件，反映流入Ⅰ、Ⅱ母线所有连接元件的电流之和，能够区分母线短路故障和外部短路故障。在此基础上，采用Ⅰ母线分差动和Ⅱ母线分差动作为故障母线的选择元件，分别反映各连接元件流入Ⅰ母线、Ⅱ母线的电流之和，从而区分出Ⅰ母线故障还是Ⅱ母线故障。因总差动的保护范围涵盖了各段母线，因此总差动也常被称为大差（或总差、大差动）；分差动保护范围只是相应的一段母线，常称为小差（或分差、小差动）。下面以动作电流为例说明大差与小差的电流取得方法。

1. 双母线接线

如图 8-4 所示，以 $\dot{I}_1$、$\dot{I}_2$、$\cdots$、$\dot{I}_n$ 代表连接于母线的各出线二次电流，以 $\dot{I}_c$ 代表流过母联断路器的二次电流（设极性朝向Ⅱ母线）；以 S_{11}、S_{12}、$\cdots$、S_{1n} 表示各出线与Ⅰ母线所连接的隔离开关 S_{11}、S_{12}、$\cdots$、S_{1n} 位置，以 S_{21}、S_{22}、$\cdots$、S_{2n} 表示各出线与Ⅱ母线所连接的隔离开关 S_{21}、S_{22}、$\cdots$、S_{2n} 位置，以 S_c 代表母联断路器两侧的隔离开关 S_c 位置，0 代表分，1 代表合；则差动电流可表示为

大差　　　　　　　　$I_d = |\dot{I}_1 + \dot{I}_2 + \cdots + \dot{I}_n|$　　　　　　　　(8-3)

Ⅰ母线小差　　　$I_{d.Ⅰ} = |\dot{I}_1 S_{11} + \dot{I}_2 S_{12} + \cdots + \dot{I}_n S_{1n} - \dot{I}_c S_c|$　　　(8-4)

Ⅱ母线小差　　　$I_{d.Ⅱ} = |\dot{I}_1 S_{21} + \dot{I}_2 S_{22} + \cdots + \dot{I}_n \dot{S}_{2n} + \dot{I}_c S_c|$　　　(8-5)

2. 母联兼旁路形式的双母线接线

如图 8-5 所示，与图 8-4 所不同的是 S_4 闭合，S_3 打开时，母联由双母线形式中母联改作旁路断路器。以Ⅱ母线带旁路运行为例，假设 S_{1c} 打开，S_{2c} 闭合，则差动电流可表示为

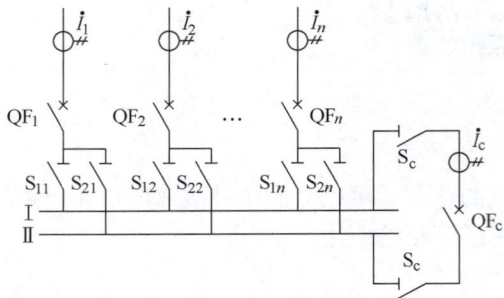

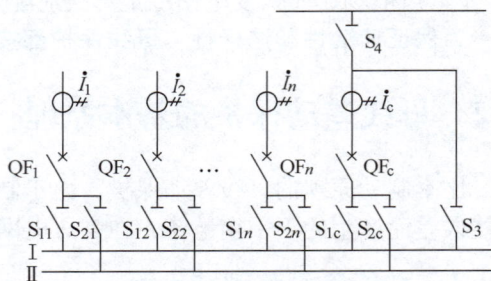

图 8-4 双母线接线　　　　　　图 8-5 母联兼旁路接线

大差
$$I_d = |\dot I_1 + \dot I_2 + \cdots + \dot I_n + \dot I_c| \tag{8-6}$$

Ⅰ母线小差
$$I_{d.\,I} = |\dot I_1 S_{11} + \dot I_2 S_{12} + \cdots + \dot I_n S_{1n}| \tag{8-7}$$

Ⅱ母线小差
$$I_{d.\,II} = |\dot I_1 S_{21} + \dot I_2 S_{22} + \cdots + \dot I_n S_{2n} + \dot I_c| \tag{8-8}$$

当 S_4 打开，S_{2c}、S_3 闭合时，成为双母线接线。

8.2.2　复式比率制动式母线差动保护的动作判据

在复式比率制动式母线差动保护中，差动电流的表达式仍为式(8-1)，而制动电流则采用复式比率制动电流，即

$$|\dot I_d - \dot I_{res}| = \left|\sum_{i=1}^n |\dot I_i| - |\sum_{i=1}^n \dot I_i|\right| \tag{8-9}$$

由于在复式比率制动电流中引入了差动电流，使得该元件在发生区内故障时 $I_{res} \approx I_d$，复式比率制动电流近似为零，保护系统无制动量；在发生区外故障时 $I_{res} \gg I_d$，保护系统有极强的制动特性。所以，复式比率制动系数 K_{res} 变换范围理论上为 $0 \sim \infty$，因而差动保护能十分明确地区分内部和外部故障。复式比率制动式母线差动保护的差动元件由分相复式比率差动判据和分相突变量复式比率差动判据构成。

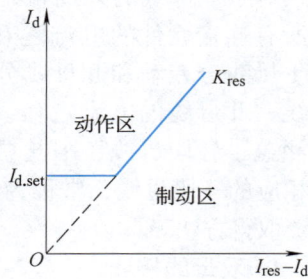

1）分相复式比率差动判据。复式比率差动特性如图 8-6 所示，动作表达式为

图 8-6 复式比率差动特性

$$\begin{cases} I_d > I_{d.\,set} \\ I_d > K_{res}(I_{res} - I_d) \end{cases} \tag{8-10}$$

式中，$I_{d.\,set}$ 为差动电流门槛值；K_{res} 为复式比率制动系数。

由图 8-6 可见，在拐点之前，动作电流大于整定的最小动作电流时，差动保护动作，而在拐点之后，差动元件的实际动作电流是按 $(I_{res} - I_d)$ 成比例增加。

2）分相突变量复式比率差动判据。根据叠加原理，将母线短路电流分解为故障分量电流和负荷分量电流，其中故障分量电流有以下特点：①母线内部故障时，母线各支路同名相故障分量电流在相位上接近相等；②理论上，只要故障点过渡电阻不是无穷大，母线内部故障时故障分量电流的相位关系不会改变。利用此特点构成的母线差动保护能迅速对母线内部

194

故障做出正确反应。相应的动作电流及制动电流为

$$\Delta I_{\mathrm{d}} = \left| \sum_{i=1}^{n} \Delta \dot{i}_{i} \right| \tag{8-11}$$

式中，ΔI_{d} 为故障分量动作电流；$\Delta \dot{i}_{i}$ 为各元件故障分量电流相量；n 为出线回路数。

$$\Delta I_{\mathrm{res}} = \sum_{i=1}^{n} \left| \Delta \dot{i}_{i} \right| \tag{8-12}$$

式中，ΔI_{res} 为故障分量制动电流。

差动保护动作判据为

$$\begin{cases} \Delta I_{\mathrm{d}} > \Delta I_{\mathrm{d.\,set}} \\ \Delta I_{\mathrm{d}} > K_{\mathrm{res}} \left(\Delta I_{\mathrm{res}} - \Delta I_{\mathrm{d}} \right) \\ I_{\mathrm{d}} > I_{\mathrm{d.\,set}} \\ I_{\mathrm{d}} > 0.5 \left(I_{\mathrm{res}} - I_{\mathrm{d}} \right) \end{cases} \tag{8-13}$$

式中，$\Delta I_{\mathrm{d.\,set}}$ 为故障分量差动保护的最小动作电流；K_{res} 为故障分量的比率制动系数；I_{d} 为由式（8-1）决定的动作电流；I_{res} 为由式（8-2）决定的制动电流；$I_{\mathrm{d.\,set}}$ 为最小动作电流。

由于电流故障分量的暂态特性，突变量复式比率差动保护动作判据只在差动保护起动后的第一个周期内投入，并使用比率制动系数为 0.5 的比率制动判据加以闭锁。

3）母线差动保护的动作逻辑如图 8-7 所示。

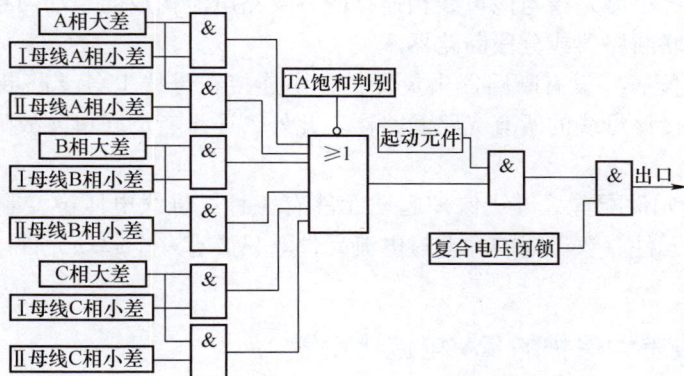

图 8-7　母线差动保护的动作逻辑

大差元件与母线小差元件各有特点。大差元件的差动保护范围涵盖了各段母线，大多数情况下不受运行方式控制；小差元件受运行方式控制，其差动保护范围只是相应的一段母线，具有选择性。

对于固定连接式分段母线，由于各个元件固定连接在一段母线上，不在母线之间切换，因此大差电流只作为起动条件之一，各段母线的小差元件既是区内故障的判别元件，也是故障母线的选择元件。

对于双母线、双母线分段等主连接线，差动保护使用大差元件作为区内外故障的判别元件，使用小差元件作为故障母线的选择元件。即用大差元件是否动作来区分区内外故障，用小差元件是否动作判断故障发生在哪一段母线上。考虑到分段母线的联络开关断开的情况下发生区内故障时，非故障母线电流流出母线，会影响大差元件的灵敏度，因此大差元件的比率制动系数可以自动调整。

母联开关处于合闸位时，大差比率制动系数与小差比率制动系数相同；母联开关处于分闸位时，大差元件自动调整至制动系数低值。

8.3 典型微机母线保护

目前电力系统母线主保护一般采用比率制动式差动保护，它的优点是可以有效地防止外部故障时保护误动作。在保护区内故障时，若有电流流出母线，则保护的灵敏度会下降。

微机母线保护在硬件上采用多 CPU 技术，使保护各主要功能分别由不同的 CPU 独立完成，在软件上通过功能相互制约，提高保护的可靠性。微机母线保护通过对复杂的各路输入电流、电压模拟量、开关量及差动电流和负序、零序量的监测和显示，不仅提高了装置的可靠性，也提高了保护的可信度，并改善了保护人机对话的工作环境，减少了装置的调试和维护工作量。而软件算法的深入开发则使母线保护的灵敏度和选择性得到了不断提高。

8.3.1 BP–2A 微机母线保护的配置

（1）主保护配置 母线主保护为复式比率差动保护，采用复合电压及 TA 断线闭锁方式闭锁差动保护。母线大差瞬时动作于母联断路器，母线小差动作于跳开被选择母线的各支路断路器。母线大差是指除母联断路器和分段断路器外，各母线上所有支路电流所构成的差动回路；某一段母线的小差是指与该母线相连接的各支路电流构成的差动回路，其中包括了与该母线相关联的母联断路器或分段断路器。

（2）其他保护配置 设有断路器失灵保护，由连接在母线上各支路断路器的失灵起动触点起动，最终连接该母线的所有支路断路器。此外，还设有母联单元故障保护和母线充电保护。

（3）保护起动元件配置 母线保护起动元件有三种：母线电压突变量元件、母线各支路的相电流突变量元件、双母线的大差过电流元件。只要有一个起动元件动作，母线差动保护即起动工作。

8.3.2 微机母线差动保护的 TA 电流比设置

常规的母线差动保护为了减少不平衡电流，要求连接在母线上的各个支路的 TA 电流比必须完全一致，否则应安装中间变流器。微机母线差动保护的 TA 电流比可由菜单输入到微机保护装置中，由软件完成对不平衡电流的补偿，从而允许母线各支路 TA 电流比不一致，也不需要装设中间变流器。

运行前，将母线上连接的各支路 TA 的电流比键入 CPU 插件后，保护软件以其中的最大电流比为基准，进行电流折算，使得保护在计算差动电流时各 TA 电流比均一致，并在母线保护计算判据及显示差动电流时也以最大电流比为基准。

8.3.3 BP–2A 微机母线保护程序逻辑

1. 起动元件程序逻辑

起动元件由大差电流越限 DA_1 起动（大差受复合电压 DO_1 闭锁）、母线电压突变量起动、各支路电流突变量起动三个部分组成，它们组成或门逻辑（DO_2）。母线差动保护起动程序的逻辑框图如图8-8所示。

起动元件动作后，程序才进入复式比率差动保护的算法判据，可见起动元件必须在差动保护计算判据之前正确起动，所以应当采用反映故障分量的突变量起动方式，起动元件的一个起动方式是母线电压突变起动。**母线电压突变量**是相电压在故障时的瞬时采样值 $u(t)$ 和前一周期的采样值 $u(t-N)$ 的差值。$u(t-N)$ 是对每

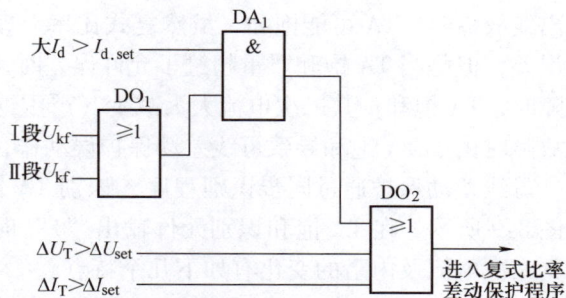

图8-8 母线差动保护起动程序逻辑框图

周期的 N 个采样点而言，所以 $\Delta U_\mathrm{T} = \left| u(t) - u(t-N) \right|$，当 $\Delta U_\mathrm{T} > \Delta U_\mathrm{set}$ 时，母线电压突变量起动保护。由于 ΔU_T 是反映故障的分量，所以其灵敏度较高。各支路电流突变量起动类似于母线电压突变量起动。$\Delta I_{\mathrm{T}n} = \left| i(t) - i(t-N) \right| > \Delta I_\mathrm{set}$ 时起动保护，$\Delta I_{\mathrm{T}n}$ 是指第 n 支路的相电流突变量。

为了防止有时电压和电流突变量起动元件不动作，所以将大差电流越限作为起动元件动作的后备条件，其判据为：大 $I_\mathrm{d} > I_\mathrm{d.set}$、I 段的复合电压 U_kf 或 II 段的复合电压 U_kf 动作，它们组成与门再与母线电压、电流突变量起动元件构成或门的逻辑关系，起动保护装置。

2. 母线复式比率差动保护程序逻辑

1）大、小差元件的逻辑关系。大、小差元件都是以复式比率差动保护的两个判据为核心，不同的是它们的保护范围和差动电流 I_d、制动电流 I_res 的取值不同。因为一个母线段的小差保护范围在大差保护范围之内，小差元件动作时，大差元件必然动作，因此为提高保护的可靠性，采用大差与两个小差元件分别构成与门 DA_1 和 DA_2。程序逻辑框图如图 8-9 所示。

2）复合电压闭锁元件的作用及其逻辑关系。复合电压闭锁元件在逻辑上起到闭锁作用，可防止 TV 二次回路断线引起的误动作，它是由正序低电压、零序过电压和负序过电压组成的"或"元件，逻辑框图如图 8-10 所示。每一段母线都设有一个复合电压闭锁元件：I 段 U_kf 或 II 段 U_kf。只有当差动保护判断出某段母线故障，同时该段母线的复合电压动作时，图 8-9 所示 DA_3 或 DA_4 才允许去跳开该母线上各支路的断路器。

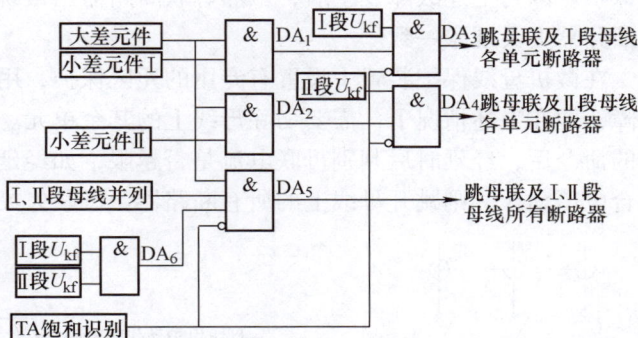

图8-9 母线复式比率差动保护程序逻辑框图

3）母线并列运行及在倒闸操作过程中的保护逻辑。某支路的两副隔离开关同时合闸，不需要选择元件判断故障母线时，在大差元件动作的同时复合电压闭锁元件也动作，三个条件构成"与"逻辑，经 DA_5 才允许跳 I 、II 段母线上所有连接支路的断路器。

4）TA 饱和识别元件原理以及逻辑关系。母

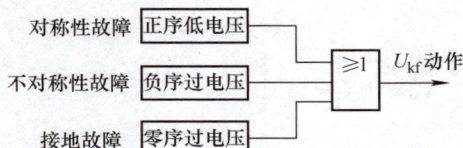

图8-10 复合电压闭锁元件逻辑框图

线出线故障时，TA 可能饱和。虽然复式比率差动保护在发生区外故障时，允许 TA 有较大的误差，但是当 TA 饱和严重超过了允许误差时，差动保护还是可能误动作。某一出线元件故障时，TA 饱和，其二次电流大大减少（严重饱和时 TA 二次电流近似等于零）。为防止区外故障时由于 TA 饱和导致母线差动保护误动作，在保护中设置 TA 饱和识别元件。

母线差动保护通过同步识别程序，识别 TA 饱和时，闭锁保护一周，然后再开放保护，如图 8-9 所示。在 TA 饱和识别元件输出"1"时，与门 DA_3、DA_4、DA_5 被闭锁。TA 饱和时其二次电流及内阻的变化有如下几个特点。

1）在故障发生瞬间，由于铁心中的磁通不能突变，TA 不会立即进入饱和区，而是存在一个时域为 3~5ms 的线性传递区。在线性传递区内，TA 的二次电流与一次电流成正比。

2）TA 饱和后，在每个周期内过零点附近存在不饱和时段，在此时段内，TA 的二次电流又与一次电流成正比。

3）TA 饱和后，二次电流中含有很大的 2 次和 3 次谐波分量。

目前，**在国内广泛采用的母线差动保护装置中，TA 饱和识别元件均根据饱和后 TA 的二次电流特点及其内阻变化规律的原理构成。**在微机母线差动保护装置中，TA 饱和识别元件的识别方法主要是同步识别法及利用差电流波形存在线性转变区的特点；也可利用谐波制动原理防止 TA 饱和时差动元件误动作。

8.3.4　母联失灵或母线保护死区故障的保护

各种类型的母线差动保护中，存在着一个共同的问题，就是死区问题。对于双母线或单母线分段的母线差动保护，当故障发生在母联断路器或分段断路器与母联 TA 或分段 TA 之间时，非故障母线的差动元件要误动作，而故障母线的差动元件要拒动，即存在死区，如图 8-11 所示。

在母线保护装置中，为切除母联断路器与母联 TA 之间的故障，通常设置母联断路器失灵保护。因为上述故障发生后，虽然母联断路器已被跳开，但母线 TA 仍有二次电流，与母联断路器失灵现象一致。

在微机母线保护装置中设置有专用的死区保护，用于切除母联断路器与母联 TA 之间的故障，即在上述情况下，需要切除母线上的其余单元。因此在保护动作，发出跳开母联断路器的命令后，经延时后判别母联电流是否越限，如经延时后母联电流满足越限条件，且母线复合电压动作，则跳开母线上的所有断路器。母联失灵保护逻辑框图如图 8-12 所示。

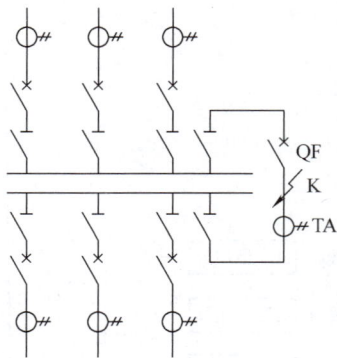

图 8-11　母线保护死区说明　　　　图 8-12　母联失灵保护逻辑框图

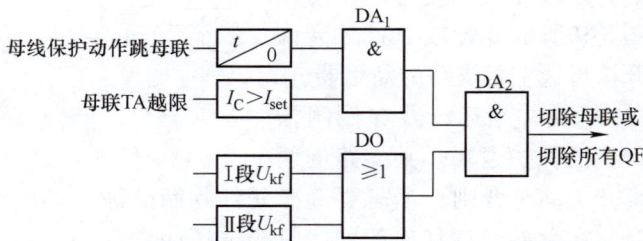

8.3.5　母线充电保护逻辑

母线充电保护是临时性保护。在变电所母线安装后投入运行之前或母线检修后再投入运行之前，利用母联断路器对母线充电时投入保护。

当一段母线经母联断路器对另一段母线充电时，若被充电的母线存在故障，当母联电流的任一相大于充电保护的动作电流整定值时，充电保护动作于将母联断路器跳开。母线充电保护逻辑框图如图 8-13 所示。

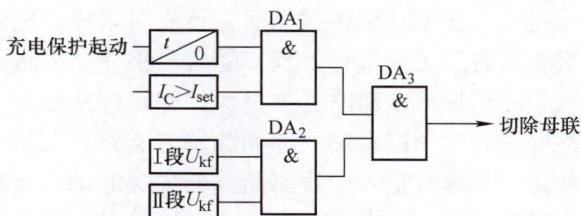

为了防止由于母联 TA 极性错误造成母线差动保护误动作，在收到母线充电

图 8-13　母线充电保护逻辑框图

保护投入信号后先将母线差动保护闭锁。此时若母联电流越限且母线复合电压元件动作，经延时将母联断路器跳开，当母线充电保护投入的触点延时返回时，再将母线差动保护正常投入。

8.3.6　TV 和 TA 断线闭锁与报警

TV 断线将引起复合电压保护误动作，从而误开放保护。TV 断线可以通过复合电压元件来判断，当 Ⅰ 段 U_{kf} 或 Ⅱ 段 U_{kf} 动作并经延时后，如差动保护并未动作，则说明 TV 断线，发出断线信号，判断逻辑如图 8-14a 所示。

TA 断线将引起复式比率差动保护误动作，判断 TA 断线的方法有两种：一种是根据差电流越限而母线电压正常（DO_1 输出 1）；另一种是依次检测各单元的三相电流，若某一相或两相电流为零

图 8-14　TV 和 TA 断线判断逻辑框图

（DO_3 输出 1），而另两相或一相有负荷电流（DO_2 输出 1），则认为是 TA 断线。其判断逻辑如图 8-14b 所示。

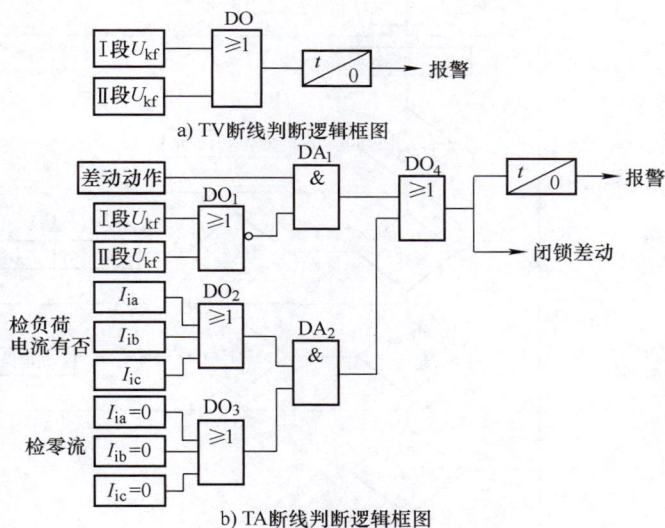

8.3.7　BP－2A 微机母线差动保护的程序流程

母线差动保护的程序部分由两方面组成：一是在线保护程序部分，由其实现保护的功能；二是为方便运行调试和维护而设置的离线辅助功能程序。辅助功能包括定值整定，装置自检，各交流量和开关量信号的巡视检测、故障录波及信号打印，时钟校对，内存清理，串行通信和数据传输及与监控系统互联等功能模块。这些功能属于正常运行程序，母线差动保

护主程序流程如图 8-15 所示。

主程序在开中断后，定时进入采样中断服务程序。在采样中断服务程序完成模拟量及开关量的采样和计算后，根据计算结果判断是否起动保护，若起动标志为 1，即转入差动保护程序。母线差动保护程序逻辑图如图 8-16 所示。

进入母线差动保护程序后，首先对采样中断送来的数据及各开关量进行处理，随后对采样结果进行分类检查。根据母联断路器失灵保护逻辑判断是否为死区故障：若为死区故障，即切除所有支路；若不是死区故障，再检查是否为线路断路器失灵起动。检查失灵保护开关量，若有开关量输入，经延时由失灵保护出口跳开故障支路及接在母线的所有支路；若不是线路断路器失灵，检查母线充电投入开关量是否有输入，若有开关量输入，随即转入母线充电保护逻辑。如果 TA 断线标志位为 1，则不能进入母线复式比率差动程序，随即转入 TA 断线处理程序。

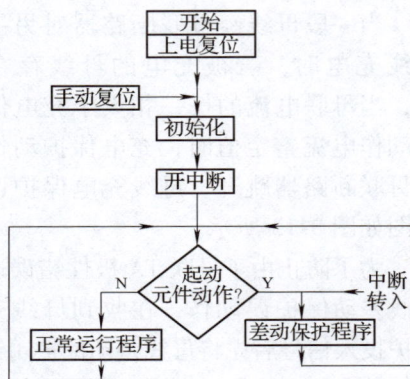

图 8-15　母线差动保护主程序流程

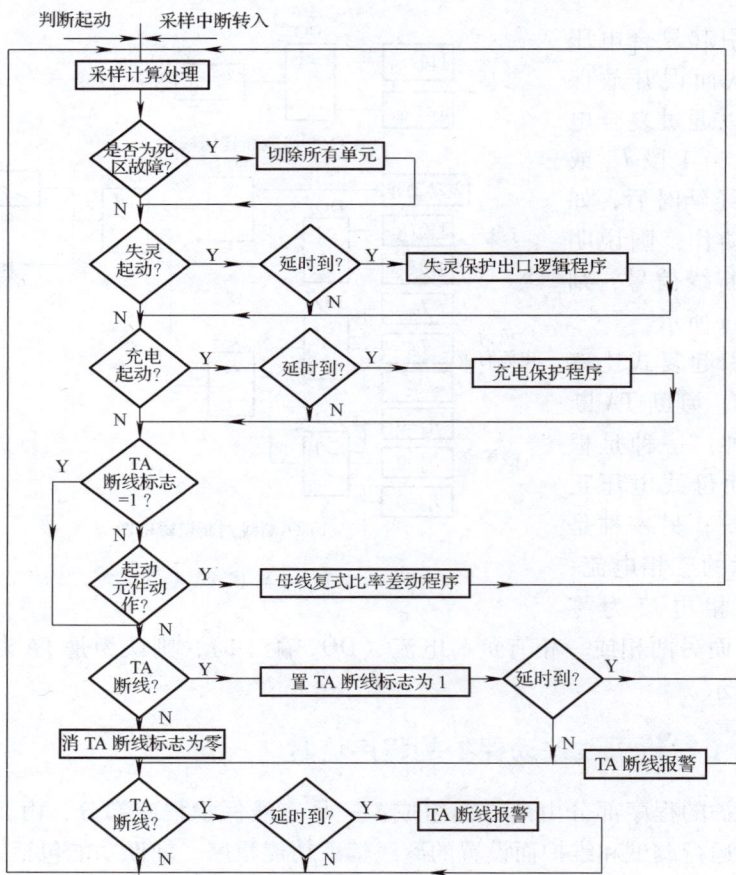

图 8-16　母线差动保护程序逻辑图

以上所述死区故障、失灵起动、充电起动等程序逻辑中有延时部分，在延时时间未到的时候都必须进入保护循环，反复检查、判断及更新采样数据。凡是保护起动元件标志位已为1时，均要进入母线复式比率差动保护程序逻辑，反复判断是否已有故障或故障是否有发展等，如失灵起动保护检测到线路断路器失灵，在起动后延时时间内是否发展为母线故障，必须在延时时间内进入母线复式比率差动保护程序进行检查。

小　结

母线是电力系统中非常重要的元件之一，母线发生短路故障时，将造成非常严重的后果。母线保护方式有两种，即利用供电元件的保护作为母线保护和装设专用母线保护。

母线差动保护的工作原理是基于基尔霍夫定律，即 $\Sigma \dot{i} = 0$。若公式成立，则母线处于正常运行状况；若 $\Sigma \dot{i} = \dot{i}_{K}$，则母线发生短路故障。

双母线比率制动差动保护中大差动元件作为总起动元件，反映母线内部是否短路故障；小差动元件判断故障发生在哪段母线上。

母线复式比率制动式差动保护的制动电流中引入差动电流，使得差动保护能十分明确地区分保护区内部和外部故障，母线差动保护的灵敏度与制动电流选取有关。

母线复式比率制动式差动保护分别采用分相复式比率差动判据和分相突变量复式比率差动判据，母线内部故障时，母线各支路故障相电流在相位上接近相等，利用相位关系母线差动保护能迅速对内部故障做出正确反应。

对于双母线或单母线分段的母线差动保护，当故障发生在母联断路器或分段断路器与母联电流互感器之间时，非故障母线的差动元件将发生误动作，而故障母线的差动元件要拒动作。

习　题

8-1　母线保护的方式有哪些？

8-2　简述母线保护的装设原则。

8-3　简述单母线完全电流差动保护的工作原理。

8-4　双母线的保护方式有哪些？

8-5　复式比率差动保护的原理及特点是什么？

8-6　双母线差动保护如何选择故障母线？

Chapter

第9章

继电保护整定计算实例

教学要求：

通过本章学习，熟悉电流电压、零序电流保护的整定计算方法；熟悉距离保护的整定计算方法；熟悉变压器保护的整定计算方法；熟悉发电机保护的整定计算方法；理解电厂整定计算的系统运行方式选择及灵敏度计算时系统运行方式选择。

知识点：

了解电力输电线路保护配置；输电线路保护整定计算的过程；电力系统元件保护配置及整定计算的过程；了解各保护作用及保护范围。

技能点：

掌握线路保护整定计算的技能；掌握变压器、发电机保护整定计算的技能。

继电保护整定计算的基本任务是对线路、元件确定保护整定值。

9.1 电流电压保护整定计算实例

实例1：如图 9-1 所示，保护 1 的过电流保护采用不完全星形接线，当作为后备保护时，灵敏度为多少？若灵敏度不满足要求，请提出合理的措施。已知过电流保护一次整定值为 350A，$I_{\text{KN. min}}^{(3)} = 1757\text{A}$，$I_{\text{KP. min}}^{(3)} = 700\text{A}$，三相短路电流均已归算至 35kV 侧。

分析：Yd11 联结降压变压器在 d 侧发生两相短路时，Y 侧的各相电流的关系推导如下。

假设变压器线电压比为 1，即 $\dfrac{|\dot{I}_{\text{dA}}|}{|\dot{I}_{\text{YA}}|} = 1$。由图 9-2 可得

图 9-1 系统接线图

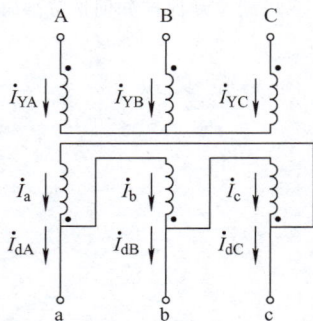

图 9-2 Yd11 联结变压器的电流分布

$$\begin{bmatrix} 1 & -1 & 0 \\ 0 & 1 & -1 \\ -1 & 0 & 1 \end{bmatrix} \begin{bmatrix} \dot{I}_a \\ \dot{I}_b \\ \dot{I}_c \end{bmatrix} = \begin{bmatrix} \dot{I}_{dA} \\ \dot{I}_{dB} \\ \dot{I}_{dC} \end{bmatrix}, \quad |\dot{I}_{YA}| = |\dot{I}_{dA}| = \sqrt{3}|\dot{I}_a|$$

当 d 侧发生 ab 两相短路时，根据故障分析的知识得 $\dot{I}_{dA} = -\dot{I}_{dB}$、$\dot{I}_{dC} = 0$。利用上式推导得 $\dot{I}_a = \dot{I}_c = \frac{1}{3}\dot{I}_{dA}$、$\dot{I}_b = -\frac{2}{3}\dot{I}_{dA}$。

再根据变化关系得 $\dot{I}_{YA} = \dot{I}_{YC} = \frac{1}{\sqrt{3}}\dot{I}_{dA}$、$\dot{I}_{YB} = -\frac{2}{\sqrt{3}}\dot{I}_{dA}$。其他两种两相不对称短路结论相似，只是最大相不同。其结果见表 9-1。

表 9-1　Yd11 联结降压变压器在 d 侧发生两相短路时 Y 侧与 d 侧的电流关系

短路类型	$\dot{I}_{YA}$	$\dot{I}_{YB}$	$\dot{I}_{YC}$
AB	$\dot{I}_{dA}/\sqrt{3}$	$-2\dot{I}_{dA}/\sqrt{3}$	$\dot{I}_{dA}/\sqrt{3}$
BC	$\dot{I}_{dB}/\sqrt{3}$	$\dot{I}_{dB}/\sqrt{3}$	$-2\dot{I}_{dB}/\sqrt{3}$
CA	$-2\dot{I}_{dC}/\sqrt{3}$	$\dot{I}_{dC}/\sqrt{3}$	$\dot{I}_{dC}/\sqrt{3}$

灵敏度校验是根据最不利的运行条件和故障类型进行校验。从表 9-1 可以看出，保护 1 采用不完全星形接线方式，保护 1 作为远后备保护的灵敏度应选择变压器 d 侧的 ab 两相短路进行校验。

解：近后备保护 $K_{sen} = \frac{\sqrt{3} \times 1757}{2 \times 350} = 4.35$，满足要求。

远后备 $K_{sen} = \frac{700}{2 \times 350} = 1$，不满足要求。

措施：

1）对于模拟式保护，采用两相三继电器接线方式，其中最大相电流是其他两相的 2 倍，灵敏度为 2，可满足要求。

2）对于微机保护，除了计算 $|\dot{I}_{YA}|$、$|\dot{I}_{YB}|$ 外，还需计算 $|\dot{I}_{YA} + \dot{I}_{YC}|$，并且分别与整定值进行比较，这样相当于两相三继电器。

实例2：如图 9-3 所示，已知线路正序阻抗为 $0.4\Omega/km$。求线路 MN 电流速断保护的动作电流并进行灵敏度校验。在微机保护中为提高灵敏度，根据选相结果自动调整电流定值，计算式为 $I_{op1}^{I} = \frac{K_{rel}K_K E_s}{Z_{s.min} + Z_{L1}}$，其中 K_K 为短路类型系数，三相短路为 1，两相短路故障为 $\sqrt{3}/2$；可靠系数 K_{rel} 取 1.25。求电流速断保护两相短路故障时的动作电流及灵敏度。为进一步提高灵敏度，微机保护还可以采用自适应电流速断保护，其整定计算式为 $I_{op1}^{I} = \frac{K_{rel}K_K E_s}{Z_s + Z_{L1}}$，其中 Z_s 为保护安装处系统的等值正序阻抗，随系统运行方式的改变而改变。当 $Z_s = 16\Omega$ 且两相短路故障时，电流速断保护动作。

解：1）模拟式电流速断保护动作电流为

$$I_{op1}^{I} = \frac{1.25 \times 115000}{\sqrt{3} \times (16 + 12)}A = 2967A$$

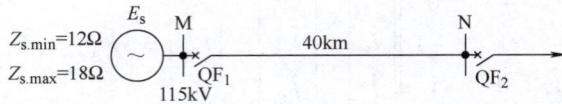

图 9-3　系统接线图

最小保护区为　　$L_{min} = \dfrac{1}{Z_1}\left(\dfrac{\sqrt{3}E_s}{2I_{op1}^{I}} - Z_{s.max}\right) = \dfrac{1}{0.4} \times \left(\dfrac{115000}{2 \times 2967} - 18\right)km = 3.45km$

$\dfrac{L_{min}}{L} = \dfrac{3.45}{40} \times 100\% = 8.6\%$，不满足要求。

2）微机电流速断保护动作电流为

$$I_{op1}^{I} = \dfrac{K_{rel}K_K E_s}{Z_{s.min} + Z_{L1}} = \dfrac{1.25 \times 0.866 \times 115000/\sqrt{3}}{12 + 16}A = 2570A$$

最小保护区为　　$L_{min} = \dfrac{1}{Z_1}\left(\dfrac{\sqrt{3}E_s}{2I_{op1}^{I}} - Z_{s.max}\right) = \dfrac{1}{0.4} \times \left(\dfrac{115000}{2 \times 2570} - 18\right)km = 10.9km$

$\dfrac{L_{min}}{L} = \dfrac{10.9}{40} \times 100\% = 27.3\%$，满足要求。

3）自适应式微机电流速断保护动作电流为

$$I_{op1}^{I} = \dfrac{K_{rel}K_K E_s}{Z_s + Z_{L1}} = \dfrac{1.25 \times 0.866 \times 115000/\sqrt{3}}{16 + 16}A = 2249A$$

最小保护区为　　$L_{min} = \dfrac{1}{Z_1}\left(\dfrac{\sqrt{3}E_s}{2I_{op1}^{I}} - Z_{s.max}\right) = \dfrac{1}{0.4} \times \left(\dfrac{115000}{2 \times 2249} - 18\right)km = 18.9km$

$\dfrac{L_{min}}{L} = \dfrac{18.9}{40} \times 100\% = 47.3\%$，满足要求，且保护区最长。

实例3： 本例用傅里叶算法实现方向元件的功能。已知整定阻抗为 $Z_{set} = (7.11 + j12.3)\Omega$，保护安装处的测量电压 $\dot{U}_m$ 和测量电流 $\dot{I}_m$ 已用傅里叶算法求得，分别为 $\dot{U}_m = (-3.53 + j13.17)kV$ 和 $\dot{I}_m = (692.8 + j400)A$。试采用数字式保护的相位比较的实现方法判断该方向元件是否动作。

分析： 微机保护中，相位比较是实现阻抗元件的一种方法，既可以用阻抗的形式实现，也可以用电压的形式实现。使用电压比较的方式时，又可分为相量比较方式和瞬时采样值比较两种。

解： 相量比较方式步骤如下：

1）根据阻抗元件的动作特性求出要进行相位比较的两个相量 $\dot{U}_C$ 和 $\dot{U}_D$。若方向阻抗元件的动作方程为 $-90° \leqslant \dfrac{Z_{set}\dot{I}_m - \dot{U}_m}{\dot{U}_m} \leqslant 90°$，则

$$\dot{U}_C = Z_{set}\dot{I}_m - \dot{U}_m、\dot{U}_D = \dot{U}_m$$

2）将 $\dot{U}_C$ 和 $\dot{U}_D$ 写成直角坐标形式，即 $\dot{U}_C = U_{CR} + jU_{CI}$，$\dot{U}_D = U_{DR} + jU_{DI}$

3）判断 $U_{CR}U_{DR} + U_{CI}U_{DI} \geqslant 0$ 是否成立。若成立，则满足动作条件；否则不满足动作条件。

4）$\dot{U}_C = (7.11 + j12.3) \times (692.8 + j400)\,V + (3530 - j13170)\,V = (3535.8 - j1804.56)\,V$

$\dot{U}_D = (-3530 + j13170)\,V$

$U_{CR}U_{DR} + U_{CI}U_{DI} = -3530 \times 3535.8 - 13170 \times 1804.56 < 0$，不满足要求，该阻抗方向元件不动作。

实例4：图9-4所示的某三相系统中F点发生单相接地故障，已知$\dot{U}_{A1\Sigma} = j1V$，$Z_{1\Sigma} = j0.4\Omega$，$Z_{2\Sigma} = j0.5\Omega$，$Z_{0\Sigma} = j0.25\Omega$，$R_F = 0.35\Omega$。求A相经过渡电阻$R_F$短路时故障点F的各相电流和电压。

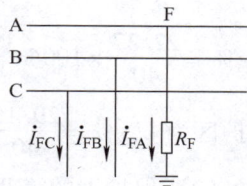

图9-4　单相接地示意图

解：故障点特殊相序电流、电压为

$$\dot{I}_{AF1} = \dot{I}_{AF2} = \dot{I}_{AF0} = \frac{\dot{U}_{A1\Sigma}}{Z_{1\Sigma} + Z_{2\Sigma} + Z_{0\Sigma} + 3R_F} = \frac{j1}{j0.4 + j0.5 + j0.25 + 3 \times 0.35}\,A = 0.613\angle40.03°\,A$$

故障处正序电压为

$$\dot{U}_{AF1} = \dot{I}_{AF1}(Z_{2\Sigma} + Z_{0\Sigma} + 3R_F) = 0.613\angle40.03° \times (j0.75 + 1.05)\,V = 0.791\angle75.57°\,V$$

负序电压为　　$\dot{U}_{AF2} = -\dot{I}_{AF2}Z_{2\Sigma} = 0.613\angle40.03° \times j0.5V = 0.307\angle130.03°\,V$

零序电压为　　$\dot{U}_{AF0} = -\dot{I}_{AF0}Z_{0\Sigma} = 0.613\angle40.03° \times j0.25V = 0.153\angle130.03°\,V$

相电流、电压为

$$\begin{bmatrix} \dot{I}_{FA} \\ \dot{I}_{FB} \\ \dot{I}_{FC} \end{bmatrix} = \begin{bmatrix} 1 & 1 & 1 \\ a^2 & a & 1 \\ a & a^2 & 1 \end{bmatrix} \begin{bmatrix} \dot{I}_{FA1} \\ \dot{I}_{FA2} \\ \dot{I}_{FA0} \end{bmatrix} = \begin{bmatrix} 1.839\angle40.03° \\ 0 \\ 0 \end{bmatrix}$$

$$\dot{U}_{FA} = \dot{I}_{FA}R_F = 1.839\angle40.03° \times 0.35V = 0.644\angle40.03°\,V$$

$$\begin{bmatrix} \dot{U}_{FB} \\ \dot{U}_{FC} \end{bmatrix} = \begin{bmatrix} a^2 & a & 1 \\ a & a^2 & 1 \end{bmatrix} \begin{bmatrix} \dot{U}_{FA1} \\ \dot{U}_{FA2} \\ \dot{U}_{FA0} \end{bmatrix} = \begin{bmatrix} 0.811\angle-63.50° \\ 0.56\angle-175.70° \end{bmatrix}$$

实例5：如图9-5所示网络，线路正序阻抗为$Z_1 = 0.4\Omega/km$，可靠系数为$K_{rel}^{I} = 1.25$，$K_{rel}^{II} = 1.1$，$K_{rel}^{III} = 1.15$，线路MN最大负荷电流为200A，自起动系数$K_{ss} = 1.3$，时限级差$\Delta t = 0.5s$。对线路MN进行三段式电流、电压保护整定计算。

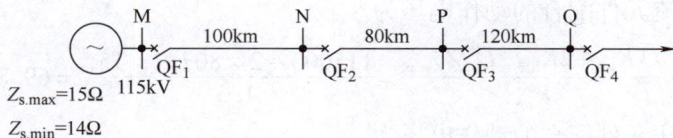

图9-5　系统接线图

解：（1）保护1的第I段选用电流速断保护。

母线N短路流过保护1的最大短路电流为

$$I_{kN.max}^{(3)} = \frac{115000/\sqrt{3}}{14 + 100 \times 0.4}\,A = 1231\,A$$

一次动作电流为　　$I_{op1}^{I} = K_{rel}^{I}I_{kN.max}^{(3)} = 1.25 \times 1231\,A = 1538.7\,A$

灵敏度（最小保护区）：$1538.7 = \dfrac{115000}{2 \times (15 + Z_x)}$，解之 $Z_x = 22.37\Omega$，最小保护区为

$L_{\min}\% = \dfrac{22.37}{40} \times 100\% = 55.9\%$；最大保护区 $1538.7 = \dfrac{115000/\sqrt{3}}{14 + Z_x}$，解之 $Z_x = 29.15\Omega$，最大

保护区为 $L_{\max}\% = \dfrac{29.15}{40} \times 100\% = 72.9\%$。

（2）保护 1 的第 Ⅱ 段。

1）选用限时电流速断保护。

母线 P 短路最大短路电流为 $\qquad I_{kP.\max}^{(3)} = \dfrac{115000/\sqrt{3}}{14 + 0.4 \times 180}A = 773A$

保护 2 速断动作电流为 $\qquad I_{op2}^{I} = 1.25 \times 773A = 966.3A$

保护 1 动作电流为 $\qquad I_{op1}^{II} = 1.1 \times 966.3A = 1063A$

母线 N 短路流过保护 1 的最小短路电流为

$$I_{k.\min}^{(2)} = \dfrac{115000}{2 \times (15 + 40)}A = 1045A$$

灵敏度：$K_{sen} = \dfrac{1045}{1063} = 0.98$，不满足要求。

2）采用电流电压保护。

线路 NP 保护 2 第 Ⅰ 段选用电流电压速断保护。

动作电流为 $\qquad I_{op2}^{I} = \dfrac{115000/\sqrt{3}}{15 + 40 + 0.85 \times 32}A = 807.7A$

动作电压为 $\qquad U_{op2}^{I} = \sqrt{3} \times 807.7 \times 0.85 \times 32 V = 38.05kV$

保护 1 第 Ⅱ 段动作电流为 $\qquad I_{op1}^{II} = 1.1 \times 807.7A = 888.5A$

电流元件灵敏度：$K_{sen} = \dfrac{1045}{888.5} = 1.18$，不满足要求。

3）选用电流元件为闭锁元件，电压元件为测量元件。

保护 1 动作电流为 $\qquad I_{op1}^{II} = \dfrac{1045}{1.5}A = 697A$

与相邻线路电流元件配合的动作电压为

$$U_{op1}^{II} = \dfrac{\sqrt{3}E_{sp} - 2K_{b.\max}I_{op2}^{I}Z_{s.\max}}{K_{rel}} = \dfrac{115000 - 2 \times 807.7 \times 15}{1.3}V = 69.82kV$$

与相邻线路电压元件配合的动作电压为

$$U_{op1}^{II} = \dfrac{\dfrac{\sqrt{3}E_{sp} - U_{op2}^{I}}{Z_{s.\max} + Z_{L}} \times Z_{L} + U_{op1}^{I}}{K_{rel}} = \dfrac{\dfrac{115 - 38.05}{15 + 40} \times 40 + 38.05}{1.3}kV = 72.3kV$$

保护 1 动作电压整定值为 $\qquad U_{op1.set}^{I} = 72.3kV$

保护区末端短路保护安装处最大残余电压为

$$U_{res.\max} = \sqrt{3} \times 1231 \times 40 V = 85.18kV$$

电压元件灵敏度：$K_{sen} = \dfrac{72.3}{85.18} = 0.85$

4）选用与相邻线路Ⅱ段配合。

$$I_{kQ.max}^{(3)} = \frac{115000/\sqrt{3}}{14 + 0.4 \times 300}A = 496A$$

保护 3 的 Ⅰ 段动作电流为 $\quad I_{op3}^{I} = 1.25 \times 496A = 620A$

保护 2 的 Ⅱ 段动作电流为 $\quad I_{op2}^{II} = 1.1 \times 620A = 682A$

保护 1 的 Ⅱ 段动作电流为 $\quad I_{op1}^{II} = 1.1 \times 682A = 750A$

灵敏度：$K_{sen} = \dfrac{1045}{750} = 1.39$，满足要求。

（3）保护 1 的第Ⅲ段采用定时限过电流保护。

$$I_{op1}^{III} = \frac{1.15 \times 1.3}{0.85} \times 200A = 352A$$

近后备灵敏度：$K_{sen} = \dfrac{1045}{352} = 2.97$

远后备灵敏度：$I_{kP.min}^{(2)} = \dfrac{115000}{2 \times (15 + 72)}A = 660.9A$，$K_{sen} = \dfrac{660.9}{352} = 1.88$

实例 6：系统如图 9-6 所示，当在网络的 F 点发生单相接地短路时，求：（1）确定故障情况下的复合序网，并推导出故障点零序电流表达式。（2）当过渡电阻 R_F 从 0 到 ∞ 变化时，画出故障点零序电流和 A 相电压的变化轨迹。

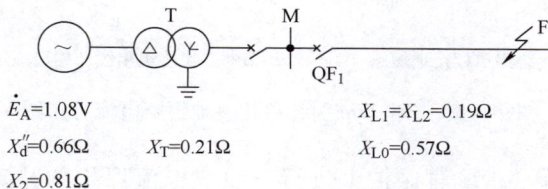

$\dot{E}_A = 1.08V$

$X_d'' = 0.66\Omega$ $\quad X_T = 0.21\Omega$ $\quad\quad\quad X_{L1} = X_{L2} = 0.19\Omega$

$X_2 = 0.81\Omega$ $\quad\quad\quad\quad\quad\quad\quad\quad\quad X_{L0} = 0.57\Omega$

图 9-6　系统接线图

解：选 A 相为特殊相。故障边界条件为 $\dot{U}_{FB} = \dot{U}_{FC}$，$\dot{I}_{FB} + \dot{I}_{FC} = 0$，$\dot{U}_{FA} = \dot{I}_{FA}R_F$。

由 $\dot{I}_{FB} = \dot{I}_{FC} = 0$，得 $\dot{I}_{FA1} = \dot{I}_{FA2} = \dot{I}_{FA0}$。

由 $\dot{U}_{FB} = \dot{U}_{FC}$，得 $a^2\dot{U}_{FA1} + a\dot{U}_{FA2} + \dot{U}_{FA0} - a\dot{U}_{FA1} - a^2\dot{U}_{FA2} - \dot{U}_{FA0} = 0$，化简得 $\dot{U}_{FA1} = \dot{U}_{FA2}$，由 $\dot{U}_{FA} = \dot{I}_{FA}R_F$ 得 $\dot{U}_{FA} = (\dot{I}_{FA1} + \dot{I}_{FA2} + \dot{I}_{FA0})R_F = 3\dot{I}_{FA0}R_F$。整理后用对称分量表示的边界条件方程为

$$\dot{U}_{FA1} = \dot{U}_{FA2}, \quad \dot{I}_{FA1} = \dot{I}_{FA2} = \dot{I}_{FA0} = \frac{\dot{E}_A}{X_{\Sigma1} + X_{\Sigma2} + X_{\Sigma0} + 3R_F}, \quad 于是短路电流为$$

$$\dot{I}_{FA}^{(1)} = \frac{3\dot{E}_A}{X_{\Sigma1} + X_{\Sigma2} + X_{\Sigma0} + 3R_F}, \quad \dot{U}_{FA1} + \dot{U}_{FA2} + \dot{U}_{FA0} = 3\dot{I}_{FA0}R_F。当 R_F = \infty 时，相当于 F 点 A 相$$

不接地，即正常运行情况，显然 $\dot{I}_{FA}^{(1)} = 0$。当 $R_F = 0 \sim \infty$ 变化时，短路电流端点轨迹以 $\dot{I}_{FA.max}^{(1)}$ 为弦逆时针的圆弧，$\dot{U}_{FA}^{(1)}$ 端点轨迹以 $\dot{E}_A$ 为直径逆时针的半圆，如图 9-7 所示。

实例 7：试画出图 9-8 所示 Yyn 和 Dyn 变压器在二次侧引出线发生单相接地短路时的变压器绕组电流分布（电源在星形侧）。

解：假设变压器线电压比为 1，当变压器采用 Yyn 联结方式，一次、二次绕组的匝数相

等，接地相短路电流是其他两相的 2 倍；按 Dyn 联结时，三角形侧绕组匝数为星形侧绕组匝数的 $\sqrt{3}$ 倍。电流分布如图 9-8 所示。

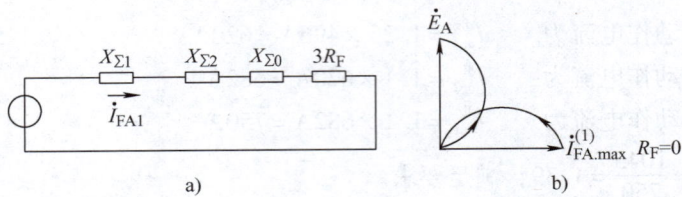

图 9-7　正序等效网络图及电流、电压变化轨迹

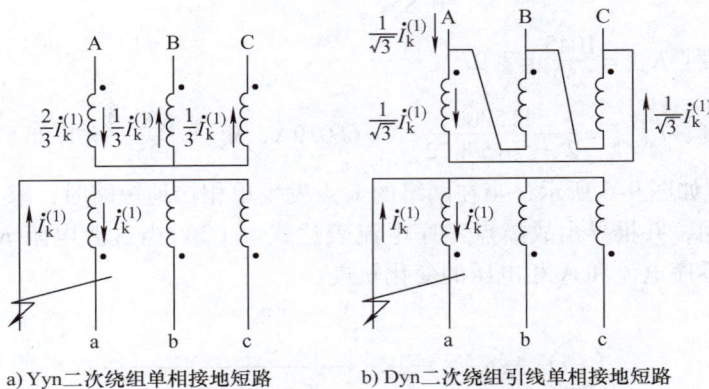

a) Yyn二次绕组单相接地短路　　　b) Dyn二次绕组引线单相接地短路

图 9-8　Yyn 和 Dyn 引线单相接地短路电流分布图

实例 8： 如图 9-9 所示，试对保护 1 进行三段式电流保护的整定计算，已知流过线路 MN 的最大负荷电流为 170A，线路阻抗 $Z_1 = 0.4\Omega/\text{km}$，$K_{\text{rel}}^{\text{I}} = 1.3$，$K_{\text{rel}}^{\text{II}} = 1.1$，$K_{\text{rel}}^{\text{III}} = 1.2$，$K_{\text{ss}} = 1.5$，$K_{\text{re}} = 0.85$，$\Delta t = 0.5\text{s}$。

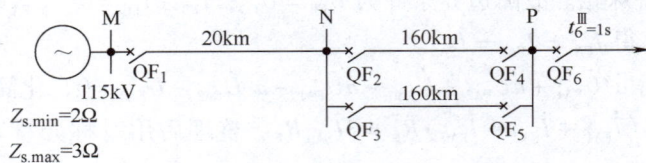

图 9-9　系统接线图

解：（1）保护 1 的 I 段：

被保护线路末端三相最大短路电流为　　$I_{\text{k.max}}^{(3)} = \dfrac{115000/\sqrt{3}}{2+8}\text{A} = 6647\text{A}$

动作电流为　　$I_{\text{op1}}^{\text{I}} = 1.3 \times 6647\text{A} = 8642\text{A}$

最小保护区　　$\dfrac{115000}{2 \times (3 + Z_{\text{x}})} = 8642$，解之 $Z_{\text{x}} = 3.65\Omega$

$$L_{\text{min}}\% = \frac{3.65}{8} \times 100\% = 45.6\%$$

（2）保护1的Ⅱ段：

相邻线路单回路运行时 $I_{k.max}^{(3)} = \dfrac{115000/\sqrt{3}}{2+8+64}A = 898.3A$

保护2的Ⅰ段动作电流为 $I_{op1}^{I} = 1.3 \times 898.3A = 1167.8A$

动作电流为 $I_{op1}^{II} = 1.1 \times 1167.8/0.5A = 2569.2A$

相邻线路并列运行时，相邻线路末端最大短路电流为 $I_{k.max}^{(3)} = \dfrac{115000/\sqrt{3}}{2+8+32}A = 1582.7A$

动作电流为 $I_{op1}^{II} = 1.1 \times 1.3 \times 1582.7A = 2263.3A$，动作电流取 $I_{op1}^{II} = 2569.2A$。

$I_{k.max}^{(3)} = \dfrac{115000}{2 \times (3+8)}A = 5227.3A$，灵敏度 $K_{sen} = \dfrac{5227.3}{2569.2} = 2.0$

（3）保护1的Ⅲ段：

动作电流为 $I_{op1}^{III} = \dfrac{1.2 \times 1.5}{0.85} \times 170A = 360A$

$$I_{k.max}^{(3)} = \dfrac{115000}{2 \times (2+8+64)}A = 777A$$

近后备灵敏度 $K_{sen} = \dfrac{5227.3}{360} = 14.5$

远后备灵敏度 $K_{sen} = \dfrac{777}{360} = 2.16$，灵敏度满足要求。

9.2 距离保护整定计算实例

实例1： 在图9-10所示的双端电源系统中，母线M侧装有方向阻抗继电器，其整定阻抗 $Z_{set} = 6 \angle 70° \Omega$，且 $|\dot{E}_M| = |\dot{E}_N|$。其参数如图9-10所示。求：

1）振荡中心位置，并在复平面上画出振荡时测量阻抗末端的变化轨迹；

2）方向阻抗继电器误动作的角度范围；

3）当系统振荡周期 $T = 1.5s$ 时，方向阻抗继电器误动作的时间。

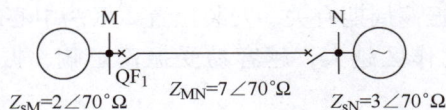

图9-10 系统接线图

解： 当 $|\dot{E}_M| = |\dot{E}_N|$ 且两侧系统的阻抗角和线路阻抗角相等时，系统振荡时测量阻抗的变化轨迹为一条直线。

系统振荡时，安装在M侧的测量元件的测量阻抗为

$$Z_m = \dfrac{\dot{U}_m}{\dot{I}_m} = \dfrac{\dot{E}_M - \dot{I}_m Z_{sM}}{\dot{I}_m} = \dfrac{\dot{E}_M}{\dot{I}_m} - Z_{sM}$$

$$\dot{I}_m = \dfrac{\dot{E}_M - \dot{E}_N}{Z_\Sigma} = \dfrac{\dot{E}_M(1 - e^{-j\delta})}{Z_\Sigma}$$

由以上两式求解得 $Z_m = \dfrac{Z_\Sigma}{1-e^{-j\delta}} - Z_{sM}$

$$Z_m = 0.5Z_\Sigma - m - j0.5Z_\Sigma \tan\dfrac{\delta}{2}$$

其中，$m = \dfrac{Z_{sM}}{Z_\Sigma}$。振荡中心在 O 点，线段 AO 所对应的阻抗为 $4\angle 70°\Omega$。直线 1 为测量阻抗末端的变化轨迹。测量阻抗末端在 CD 之间移动时安装在 M 侧的方向阻抗继电器会误动作。由几何知识可得 $OD/4 = 2/OD$，得 $OD = 2\sqrt{2}$。图 9-11 中线段 OD 和 DM 之间夹角为 $\arctan\dfrac{6}{2\sqrt{2}} = 64.76°$，所以误动的角度范围为 $129.52°\sim 230.48°$。

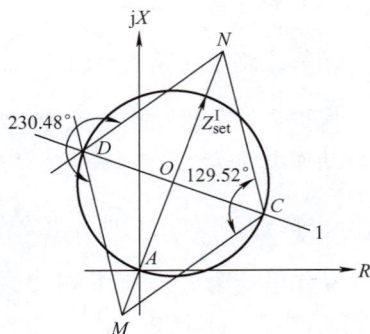

图 9-11 测量阻抗变化轨迹

方向元件误动时间为 $\qquad t = 1.5\times\dfrac{(180°-129.52°)\times 2}{360°}\mathrm{s} = 0.42\mathrm{s}$

实例 2： 如图 9-12 所示网络，在保护 1～4 处安装有三段式距离保护，其测量元件采用方向阻抗继电器。$|\dot E_M| = |\dot E_N|$ 且全系统阻抗角均为 $60°$，线路电抗 $X = 0.4\Omega/\mathrm{km}$，线路长度 L_1 和 L_2 按 3 种方案列于表 9-2 中。

（1）分析各种方案中保护 1、保护 4 的 I 段和 II 段以及保护 2、保护 3 的 I 段中哪些保护受系统振荡的影响（可靠系数取 0.8）？

（2）试比较图 9-13 所示全阻抗、方向阻抗、橄榄型阻抗继电器动作特性，在整定阻抗相同的情况下，躲过系统振荡的能力有何不同（系统各元件阻抗角相等）？

表 9-2　3 种方案参数

方案	1	2	3
L_1/km	100	100	50
L_2/km	100	50	200

解： 电力系统振荡时，阻抗是否会误动作、误动作的时间长短与保护安装位置、保护动作范围、动作特性的形状和振荡周期有关。安装位置离振荡中心越近、整定值越大、动作特性与整定阻抗垂直方向的动作区越大，越容易受振荡影响，振荡周期越长误动作的时间越长。

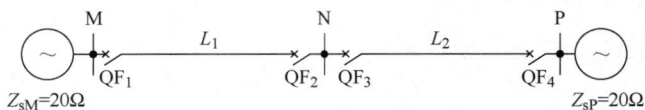

图 9-12 系统接线图

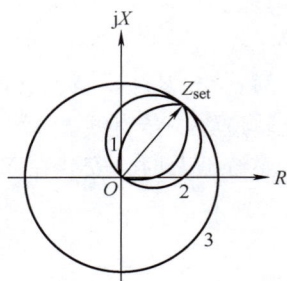

图 9-13 阻抗特性

（1）方案1：振荡中心在母线 N 上。如图 9-14 所示，曲线 OO' 为保护 1 测量阻抗末端的移动轨迹。从图中可看出，保护 1 和保护 4 的 I 段不受振荡的影响，保护 1 和保护 4 的 II 段、保护 2 和保护 3 的 I 段都受振荡的影响。

方案 2：振荡中心在 MN 线路上距母线 N 25km 处。保护 1 的 I 段和 II 段、保护 2 的 I 段、保护 4 的 II 段受系统振荡影响。

振荡中心在线路 NP 上距母线 N 75km 处。保护 1 的 II 段、保护 3 的 I 段、保护 4 的 I 段和 II 段受振荡的影响。

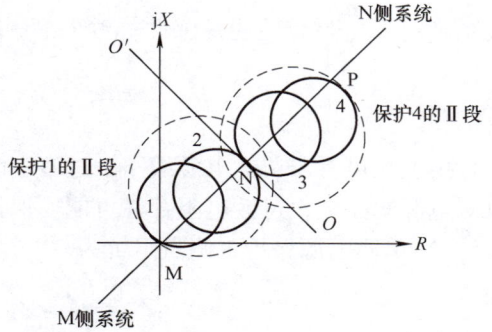

图 9-14 测量阻抗变化轨迹

（2）橄榄形动作特性阻抗继电器躲振荡能力最强，方向阻抗继电器次之，全阻抗继电器最差。

实例3： 1）求图 9-15a 所示单侧 110kV 线路上保护 1 中阻抗元件的测量阻抗 Z_m，并画到复平面图上。已知短路类型为两相短路，故障点过渡电阻 $R = 4\Omega$，线路阻抗为 $(0.17 + j0.41)\Omega/km$。短路点到保护 1 距离为 10km。

2）求图 9-15b 双侧电源 110kV 线路上保护 1 中阻抗元件的测量阻抗 Z_m，并画到复平面图上。短路点到保护 1 的距离 L、$\dot{I}_M$、$\dot{I}_N$ 分 3 种方案列于表 9-3 中。其他参数同实例 2。

表 9-3 接地点距离及短路电流

方案	1	2	3
距离 L/km	10	10	10
电流 $\dot{I}_M$/A	1000	500	500
电流 $\dot{I}_N$/A	1000	$1000\angle 30°$	$1000\angle -30°$

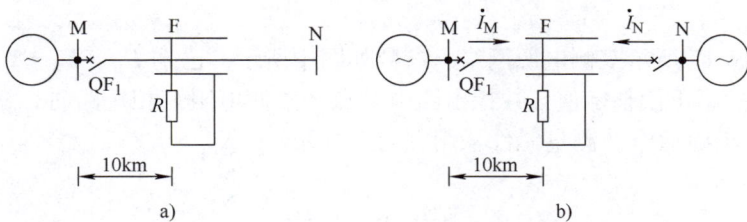

图 9-15 示意图

解： 根据故障分析理论，两相经过渡电阻 R 短路，可看作在故障点接入各相具有 $R/2$ 电阻的分支线上发生的金属性短路（以 BC 为例）。M 侧保护 1 测量阻抗为

$$Z_m = \frac{\dot{U}_M}{\dot{I}_M} = \frac{Z_K \dot{I}_M + R(\dot{I}_M + \dot{I}_N)}{2\dot{I}_M} = Z_K + \dot{K}\frac{R}{2}$$

式中，$\dot{K} = \frac{\dot{I}_M + \dot{I}_N}{\dot{I}_M}$。$\dot{K}$ 为复数，因此 $\dot{K}\frac{R}{2}$ 可能呈感性，也可能呈容性。由线路两侧电流相位

关系确定 $\dot{K}\dfrac{R}{2}$ 呈容性还是感性。对于单侧电源线路，因 $\dot{I}_{\mathrm{N}}=0$，则

$$Z_{\mathrm{m}}=\frac{\dot{U}_{\mathrm{M}}}{\dot{I}_{\mathrm{M}}}=Z_{\mathrm{K}}+\frac{R}{2}$$

由上式可看出单侧电源线路，过渡电阻的存在必然使测量阻抗增大，保护范围缩小。在双侧电源线路上，过渡电阻存在可能使保护范围缩小，也可能使保护范围增大。

1）单侧电源保护 1 测量阻抗为

$$Z_{\mathrm{m}}=\frac{\dot{U}_{\mathrm{M}}}{\dot{I}_{\mathrm{M}}}=Z_{\mathrm{K}}+\frac{R}{2}=(3.7+\mathrm{j}4.1)\,\Omega$$

2）双侧电源：

方案 1：$Z_{\mathrm{m1}}=\dfrac{\dot{U}_{\mathrm{M}}}{\dot{I}_{\mathrm{M}}}=Z_{\mathrm{K}}+R=(6.7+\mathrm{j}4.1)\,\Omega$

方案 2：$Z_{\mathrm{m2}}=\dfrac{\dot{U}_{\mathrm{M}}}{\dot{I}_{\mathrm{M}}}=Z_{\mathrm{K}}+\dot{K}\dfrac{R}{2}=[\,1.7+\mathrm{j}4.1+(1+2\angle30°)\times2\,]\,\Omega=(8.16+\mathrm{j}6.1)\,\Omega$

方案 3：$Z_{\mathrm{m3}}=\dfrac{\dot{U}_{\mathrm{M}}}{\dot{I}_{\mathrm{M}}}=Z_{\mathrm{K}}+\dot{K}\dfrac{R}{2}=[\,2.7+\mathrm{j}4.1+(1+2\angle-30°)\times2\,]\,\Omega=(8.16+\mathrm{j}2.1)\,\Omega$

各种方案测量阻抗如图 9-16 所示。

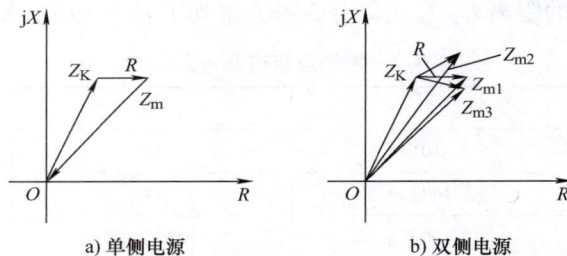

a) 单侧电源　　　b) 双侧电源

图 9-16　测量阻抗图

实例 4： 图 9-17 所示双侧电源网络，参数如图中所示，已知 $\dot{E}_{\mathrm{M}}=\dot{E}_{\mathrm{N}}=1\angle0°\mathrm{V}$。求线路 MN 两侧距离保护第 Ⅰ 段整定值，并指出图中 F 点经过渡电阻三相短路时，线路 MN 两侧距离保护 Ⅰ 段能否正确动作（测量元件采用方向阻抗元件，$K_{\mathrm{rel}}^{\mathrm{I}}=0.8$）。

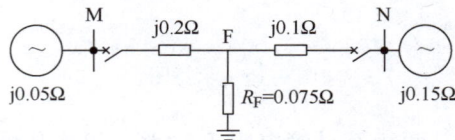

图 9-17　系统接线图

解： MN 两侧距离保护 Ⅰ 段整定值为 $Z_{\mathrm{setM}}^{\mathrm{I}}=Z_{\mathrm{setN}}^{\mathrm{I}}=\mathrm{j}0.24\,\Omega$；短路点短路电流为 $I_{\mathrm{k}}^{(3)}=\dfrac{1}{\mathrm{j}0.25/2+0.075}=6.86\angle59.04°\mathrm{A}$、短路点电压为 $U_{\mathrm{k}}=I_{\mathrm{k}}^{(3)}R_{\mathrm{F}}=0.515\angle59.04°\mathrm{V}$。MN 两侧的测量电流均为 $3.43\angle59.04°\mathrm{A}$。

M 侧距离保护的测量阻抗 $Z_{mM} = j0.2\Omega + \dfrac{0.515\angle 59.04°}{3.43\angle 59.04°}\Omega =$ $(0.15 + j0.2)\Omega$。N 侧距离保护的测量阻抗 $Z_{mN} = j0.1\Omega + \dfrac{0.515\angle 59.04°}{3.43\angle 59.04°}\Omega = 0.15\Omega + j0.1\Omega$。在复平面上画出线路 MN 两侧方向元件的动作特性及测量阻抗如图 9-18 所示，由图 9-18 可知，两侧距离保护 I 段均拒动。

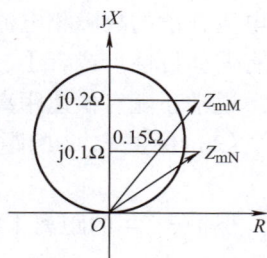

图 9-18　两侧测量阻抗

实例 5：系统接线如图 9-19 所示，发电机以发电机–变压器组方式接入，最大开机方式为 4 台全开，最小开机方式为两侧各开一台，变压器 T5 和 T6 可能 2 台也可能 1 台运行。其参数为：$E_p = 115/\sqrt{3}$ kV，发电机 G1、G2 容量相等，$X_{1.G1} = X_{1.G2} = X_{2.G1} = X_{2.G2} = 15\Omega$，发电机 G3、G4 容量相等，$X_{1.G3} = X_{2.G3} = X_{4.G1} = X_{4.G2} = 10\Omega$；1～4 号变压器的正序阻抗为 $X_{1T} = 10\Omega$，变压器零序阻抗为 $X_{0T} = 30\Omega$；5～6 号变压器正序阻抗为 $X_{1T} = 20\Omega$，变压器零序阻抗为 $X_{0T} = 40\Omega$；线路阻抗为 $Z_1 = 0.4\Omega/km$，零序阻抗为 $Z_0 = 1.2\Omega/km$；全系统阻抗角均为 75°；$K_{rel}^I = 0.85$，$K_{rel}^{II} = 0.75$，变压器均装有快速差动保护。求：

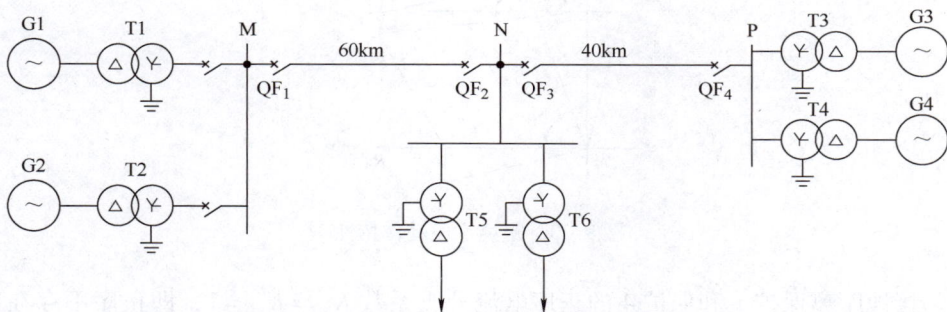

图 9-19　系统接线图

1）为了快速切除线路上故障，线路 MN、NP 应在何处配置三段式距离保护，各选用何种接线？选用何种动作特性？

2）整定保护 1～4 的距离 I 段，并按照选定的动作特性在一个阻抗平面上画出各保护的动作区域。

3）分别求出保护 1、4 接地距离 II 段的最大、最小分支系数。

4）求保护 1 接地距离 II 段的整定值及灵敏度。

5）当线路 MN 中点处发生 BC 两相接地短路时，哪些保护的测量元件动作。保护和断路器正常情况下应什么时间跳开哪些断路器？

6）短路条件同 5），若保护 1 的接地距离拒动、保护 2 处断路器拒动，哪些保护以什么时间断开哪些断路器？

解：1. 计及双侧电源时

（1）为了快速切除线路上各种短路故障，线路 MN、NP 应在断路器 1～4 处分别配置三段式相间距离和接地距离保护。相间距离保护用于切除相间故障，采用接入故障相线电压和故障相两相电流差的接线方式。接地距离保护用于切除接地故障，采用接入故障相电压和零序电流补偿的故障相电流的接线方式。距离保护Ⅰ、Ⅱ、Ⅲ段可采用多边形特性，其中Ⅲ段带有偏移特性。或者Ⅰ、Ⅱ、Ⅲ段采用由方向阻抗特性和电抗特性经"与"关系组成。

通常还配有快速距离Ⅰ段和带延时的距离Ⅰ段和Ⅱ段（反应振荡过程的故障）。

（2）保护1、2的距离Ⅰ段整定值为

$$Z_{set1}^{I} = Z_{set2}^{I} = 0.85 \times 0.4 \times 60\Omega = 20.4 \angle 75°\Omega$$

保护3、4的距离Ⅰ段整定值为

$$Z_{set3}^{I} = Z_{set4}^{I} = 0.85 \times 0.4 \times 40\Omega = 13.6 \angle 75°\Omega$$

保护1和保护3的距离Ⅰ段动作区域特性如图9-20所示，保护2和保护4与保护1、保护3相同。

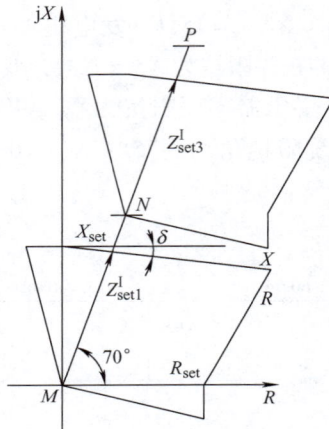

图9-20 距离Ⅰ段动作特性

（3）接地距离保护1和保护4的正序电流分支系数 $K_{b1} = K_{b4} = 1$，即正序不存在助增或汲出。

当M侧开一台机器，变压器 T_5 和 T_6 均投入运行，保护1零序电流分支系数最大；当M侧机组全开，变压器 T_5 和 T_6 只有一台投入运行，保护1的零序电流分支系数最小。

保护1的最大分支系数为

$$K_{b0.max} = \frac{30 + 72 + 40/2}{40/2} = 6.1$$

保护1的最小分支系数为

$$K_{b0.min} = \frac{30/2 + 72 + 40}{40} = 3.175$$

保护4的最大分支系数为

$$K_{b0.max} = \frac{30 + 48 + 40/2}{40/2} = 4.9$$

保护4的最小分支系数为

$$K_{b0.min} = \frac{30/2 + 48 + 40}{40} = 2.575$$

（4）利用故障分析理论，如图9-21所示，可计算在保护3的Ⅰ段保护范围末端发生单相接地故障时，流过保护1的零序电流。

1）两侧系统最大运行方式下保护3的Ⅰ段保护范围末端发生单相接地故障，系统总正序、零序等效正序电抗：

M侧至故障点的正序电抗为 $(12.5 + 24 + 0.85 \times 16)\Omega = (36.5 + 13.6)\Omega = 50.1\Omega$

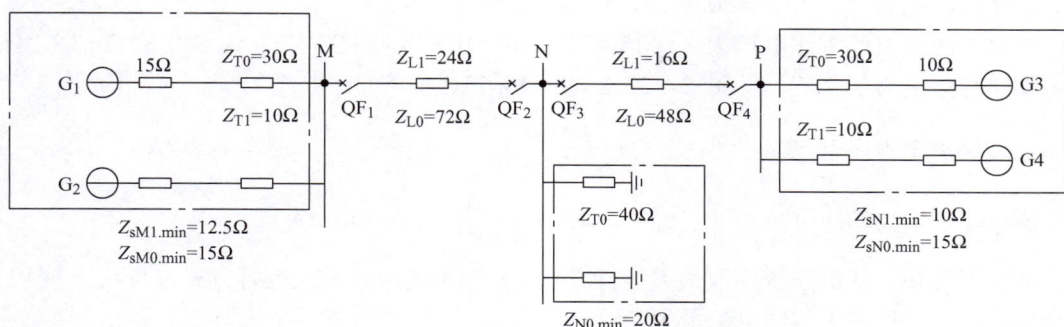

图 9-21　系统阻抗图

正序总电抗为　　$X_{\Sigma1}=\dfrac{50.1\times12.4}{50.1+12.4}\Omega=9.94\Omega$

M 侧至故障点的零序电抗为 $[(15+72)//20+0.85\times48]\Omega=(16.26+40.8)\Omega=57.06\Omega$

零序总电抗为　　$X_{\Sigma0}=(57.06//22.2)\Omega=15.98\Omega$

流过保护 3 零序电流为　　$I_0^{(1)}=\dfrac{115000/\sqrt{3}}{2\times9.94+15.98}\times\dfrac{22.2}{22.2+57.06}\mathrm{A}=519\mathrm{A}$

流过保护 1 的零序电流为　　$I_0'^{(1)}=519\times\dfrac{20}{20+87}\mathrm{A}=97\mathrm{A}$

2）P 侧系统处于最小运行方式时，在保护 3 的 I 段保护范围末端发生单相接地故障时，流过保护 1 的零序电流：

M 侧至故障点的正序电抗为　　$(12.5+24+0.85\times16)\Omega=(36.5+13.6)\Omega=50.1\Omega$

正序总电抗为　　$X_{\Sigma1}=(50.1//22.4)\Omega=15.48\Omega$

M 侧至故障点的零序电抗为　　$[(15+72)//20+0.85\times48]\Omega=(16.26+40.8)\Omega=57.06\Omega$

零序总电抗为　　$X_{\Sigma0}=(57.06//37.2)\Omega=22.52\Omega$

流过保护 3 零序电流为　　$I_0^{(1)}=\dfrac{115000/\sqrt{3}}{2\times15.48+22.52}\times\dfrac{37.2}{37.2+57.06}\mathrm{A}=490.6\mathrm{A}$

流过保护 1 的零序电流为　　$I_0'^{(1)}=490.6\times\dfrac{20}{20+87}\mathrm{A}=91.7\mathrm{A}$

3）母线 N 变压器一台接地、P 侧系统处于最小运行方式时：

M 侧至故障点的正序电抗为　　$(12.5+24+0.85\times16)\Omega=(36.5+13.6)\Omega=50.1\Omega$

正序总电抗为　　$X_{\Sigma1}=(50.1//22.4)\Omega=15.48\Omega$

M 侧至故障点的零序电抗为　　$[(15+72)//40+0.85\times48]\Omega=(27.40+40.8)\Omega=68.2\Omega$

零序总电抗为　　$X_{\Sigma0}=(68.2//37.2)\Omega=24.07\Omega$

流过保护 3 零序电流为　　$I_0^{(1)}=\dfrac{115000/\sqrt{3}}{2\times15.48+24.07}\times\dfrac{37.2}{37.2+68.2}\mathrm{A}=426.4\mathrm{A}$

流过保护 1 的零序电流为　　$I_0'^{(1)}=426.4\times\dfrac{40}{40+87}\mathrm{A}=134.3\mathrm{A}$

4）母线 N 变压器一台接地、P 侧系统处于最大运行方式时：

M 侧至故障点的正序电抗为　　$(12.5+24+0.85\times16)\Omega=(36.5+13.6)\Omega=50.1\Omega$

正序总电抗为　　　$X_{\Sigma1} = (50.1 // 12.4)\,\Omega = 9.94\,\Omega$

M 侧至故障点的零序电抗为　$[(15+72)//40 + 0.85 \times 48]\,\Omega = (27.40 + 40.8)\,\Omega = 68.2\,\Omega$

零序总电抗为　　　$X_{\Sigma0} = (68.2 // 22.2)\,\Omega = 16.75\,\Omega$

流过保护 3 零序电流为　　$I_0^{(1)} = \dfrac{115000/\sqrt{3}}{2 \times 9.94 + 16.75} \times \dfrac{22.2}{22.2 + 68.2}\,\text{A} = 445.7\,\text{A}$

流过保护 1 的零序电流为　　$I_0'^{(1)} = 445.7 \times \dfrac{40}{40 + 87}\,\text{A} = 140.4\,\text{A}$

从计算可知，M 侧系统应取最大运行方式，P 侧系统应取最大运行方式，母线 N 变压器一台接地时流过保护 1 零序电流最大。

在此运行状态下，流过保护 1 的正序、负序电流为

$$I_1^{(1)} = \frac{115000/\sqrt{3}}{2 \times 9.94 + 16.75} \times \frac{12.4}{12.4 + 50.1}\,\text{A} = 360\,\text{A}$$

故障相电流（考虑三序相位相同）为

$$I_{\text{p}} = (2 \times 360 + 140.4)\,\text{A} = 860.4\,\text{A}$$

零序补偿系数为　　$K_{\text{MN}} = K_{\text{NP}} = \dfrac{Z_0 - Z_1}{3Z_1} = 0.667$

$$Z_{\text{set1}}^{\text{II}} = K_{\text{rel}}^{\text{II}}\left[Z_{\text{MN1}} + K_{\text{b1}}Z_{\text{set3}}^{\text{I}} + \frac{(K_{\text{B0}} - K_{\text{b1}})(1 + 3\dot{K})3\dot{I}_0}{\dot{I}_\varphi + 3\dot{K}\dot{I}_0}Z_{\text{set3}}^{\text{I}} + \frac{(\dot{K}' - \dot{K})3K_{\text{b0}}\dot{I}_0}{\dot{I}_\varphi + 3\dot{K}\dot{I}_0}Z_{\text{set3}}^{\text{I}} \right]$$

$$= 0.75 \times \left[24 + 13.6 + \frac{(3.125 - 1)(1 + 3 \times 0.667) \times 3 \times 140.4}{860.4 + 0.667 \times 3 \times 140.4} \times 13.6 \right]\Omega = 52.2\,\Omega$$

2. 仅计及 M 侧电源时

计算阻抗图如图 9-22 所示。

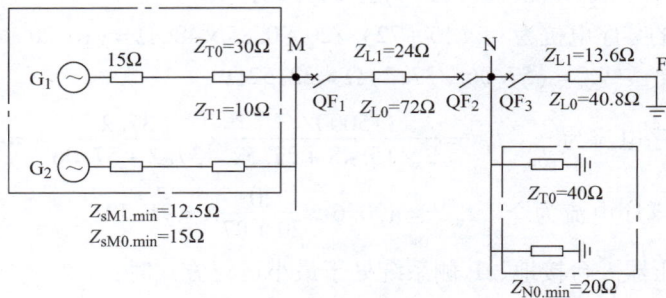

图 9-22　仅 M 侧电源阻抗图

1）母线 N 变压器两台同时接地时：

正序总电抗为　　　$(12.5 + 24 + 13.6)\,\Omega = 50.1\,\Omega$

零序总电抗为　　　$[(15+72)//20 + 40.8]\,\Omega = (16.26 + 40.8)\,\Omega = 57.06\,\Omega$

流过保护 3 的零序电流为　　$I_0^{(1)} = \dfrac{115000/\sqrt{3}}{2 \times 50.1 + 57.06}\,\text{A} = 655\,\text{A}$

流过保护 1 的零序电流为　　$I_0'^{(1)} = 655 \times \dfrac{20}{20 + 87}\,\text{A} = 121.3\,\text{A}$

2）母线 N 变压器单台接地时：

正序总电抗为　　　　　$(12.5 + 24 + 0.85 \times 16)\Omega = 50.1\Omega$

零序总电抗为　　　　　$[(15 + 72)//40 + 0.85 \times 48]\Omega = (27.4 + 40.8)\Omega = 68.2\Omega$

流过保护 3 的零序电流为　　$I_0^{(1)} = \dfrac{115000/\sqrt{3}}{2 \times 50.1 + 68.2}A = 394.7A$

流过保护 1 的零序电流为　　$I_0'^{(1)} = 394.7 \times \dfrac{40}{40 + 87}A = 124.3A$

流过保护 1 的相电流为　　$I_p = 2I_1 + I_0 = 913.7A$

$$Z_{set1}^{II} = 0.75\left[24 + 13.6 + \frac{(3.125 - 1)(1 + 3 \times 0.667) \times 3 \times 124.3}{913.7 + 0.667 \times 3 \times 124.3} \times 13.6\right]\Omega = 48.5\Omega$$

由上面计算过程可知，仅计单侧电源时与双侧电源同时作用时的计算结果相近，但仅计算单侧电源存在误差。

灵敏度校验：$K_{sen} = \dfrac{48.5}{24} = 2$

当线路 MN 中点处发生 BC 两相接地短路时，测量元件动作的有：保护 1 和保护 2 的相间距离保护和接地距离保护的 I 、II 、III 段，保护 4 的相间距离 III 段和接地距离保护的 II 、III 段。保护、断路器正常工作情况下，保护 1 和保护 2 的 I 段经固有动作时间断开断路器 QF$_1$ 和 QF$_2$ 切除故障。

保护 1 相间距离 I 段断开 QF$_1$，保护 4 的接地距离保护 III 段断开 QF$_4$ 切除故障。

实例 6：某线路的相间距离保护 I 段采用图 9-23 中多边形特性的阻抗元件作为测量元件，图中 $\alpha_1 = \alpha_2 = 14°$，$\alpha_3 = 60°$，$\tan\delta = 1/8$。线路额定电压为 110kV，保护范围为 100km，线路阻抗为 $(0.27 + j0.41)\Omega/km$。线路最大负荷电流为 $I_{L\,max} = 250A$，最大负荷阻抗角为 $\varphi_{L\,max} = 30°$。已知 $K_{rel} = 1.2$，$K_{ss} = 1.3$。试求该阻抗元件的整定值 R_{set} 和 X_{set}。

解：多边形特性阻抗元件的整定和圆特性阻抗元件的整定有所不同。图 9-23 中准四边形特性阻抗元件可以独立整定 R_{set} 和 X_{set}。R_{set}、X_{set} 和阻抗元件整定值 Z_{set}、最小负荷阻抗 $Z_{L\,min}$ 之间的关系可根据图 9-24 用几何方法得到。

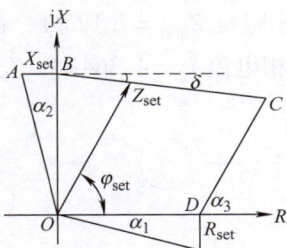

图 9-23　动作特性图

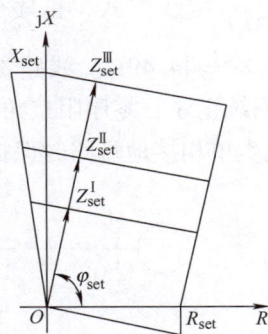

图 9-24　三段式多边形阻抗元件特性

三段式距离保护三段共用一个 R_{set} 整定值，如图 9-24 所示。X_{set} 与圆特性元件整定值 Z_{set} 之间的关系如图 9-25 所示，关系式为

$$X_{set} = |Z_{set}|(\sin\varphi_{set} + \tan\delta\cos\varphi_{set}) \tag{1}$$

R_{set} 按最小负荷阻抗整定，由图可得 R_{set} 为

$$R_{set} \leqslant \frac{1}{K_{rel} K_{ss}} \times \frac{0.9 U_N}{I_{L\,max}} \left(\cos\varphi_{L\,max} - \frac{\sin\varphi_{L\,max}}{\tan\alpha_3} \right) \qquad (2)$$

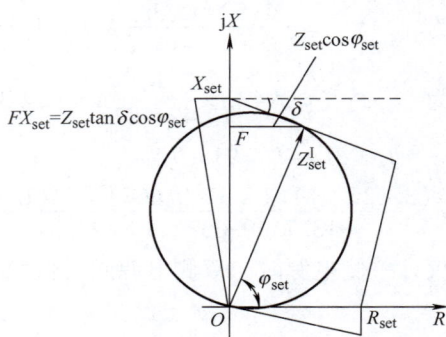

图 9-25 X_{set} 与圆特性元件整定值 Z_{set} 之间关系

整定阻抗为 $Z_{set} = 100 \times (0.27 + j0.41)\,\Omega = (27 + j41)\,\Omega$

利用式（1）计算 X_{set}：

$$X_{set} = |Z_{set}| \left(\sin\varphi_{set} + \tan\delta\cos\varphi_{set} \right) = 49.09 \times (\sin 56.63° + 0.125 \times \cos 56.63°)\,\Omega = 44.37\,\Omega$$

其中，$\varphi_{set} = \arctan\dfrac{41}{27} = 56.63°$

利用式（2）计算 R_{set}：

$$R_{set} \leqslant \frac{1}{K_{rel} K_{ss}} \times \frac{0.9 U_N}{I_{L\,max}} \left(\cos\varphi_{L\,max} - \frac{\sin\varphi_{L\,max}}{\tan\alpha_3} \right)$$

$$= \frac{1}{1.2 \times 1.3} \times \frac{0.9 \times 110000/\sqrt{3}}{250} \left(\cos 30° - \frac{\sin 30°}{\tan 60°} \right)\,\Omega = 146.7 \times \left(0.866 - \frac{0.5}{1.73} \right)\,\Omega = 84.64\,\Omega$$

实例7： 如图 9-26 所示，试对三段式接地距离保护 1 的 Ⅰ 段、Ⅱ 段进行整定计算。阻抗测量元件用 $\dfrac{\dot{U}_\varphi}{\dot{I}_\varphi + 3\dot{K}\dot{I}_0}$ 接线方式，正序分支系数 $K_{b1} = 1.29$，$K_{rel}^{I} = K_{rel}^{II} = 0.7$。变压器归算至 230kV 的阻抗为 $Z_T = 44.49\,\Omega$。线路参数：$Z_{MN0} = 28.44\,\Omega$、$Z_{MN1} = 11.45\,\Omega$；$Z_{NP0} = 20.15\,\Omega$、$Z_{NP1} = 7.39\,\Omega$。系统正序、零序阻抗角相等，系统 M 侧零序阻抗 $Z_{Ms0} = 7.125\,\Omega$。在保护 3 的 Ⅰ 段范围末端发生单相接地短路时保护 1 处测量到的故障相电流 $\dot{I}_\varphi = 4.364\text{kA}$、$\dot{I}_0 = 1.17\text{kA}$。

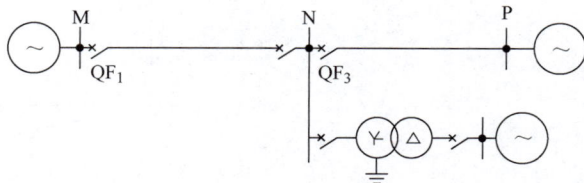

图 9-26 系统接线图

解： 接地距离保护的整定计算有两个问题需要注意。

（1）接地距离保护在接线方式中采用了零序电流补偿系数 $\dot{K} = \dfrac{Z_0 - Z_1}{3Z_1}$，因此它只能反应本线路正序阻抗，而当与相邻线路接地距离保护配合时，因相邻线路的 $\dot{K}$ 值不一定与本线路的相同，使测量阻抗发生变化。因此，在整定配合时，要考虑由于 $\dot{K}$ 值不同而产生的影响。

（2）接地距离保护与相邻线路的接地距离保护相配合，不能简单地按相间距离保护的整定原则进行计算。接地距离保护的第Ⅱ、Ⅲ段整定中的正序分支系数和零序分支系数不仅大小不同，而且各自随运行方式的变化而变化，并没有固定的比例关系，使得整定变得复杂。如图 9-27 所示，已知线路正序阻抗等于负序阻抗，接地距离保护 3 的第Ⅰ段的整定阻抗为 $Z_{\text{set3}}^{\text{I}}$。在保护 3 第Ⅰ段保护范围末端 F 点发生单相接地故障时，保护 1 的测量阻抗为

$$Z_{\text{m}} = \frac{\dot{U}_\varphi}{\dot{I}_\varphi + 3\dot{K}\dot{I}_0}$$

式中，$\dot{U}_\varphi$、$\dot{I}_\varphi$ 分别为保护 1 安装处的故障相电压和相电流。

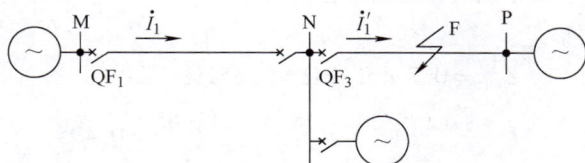

图 9-27　接地距离保护整定配合说明图

为了使保护 1 和保护 3 配合，则保护 1 第Ⅱ段的整定阻抗为

$$Z_{\text{set1}}^{\text{II}} = K_{\text{set}}^{\text{II}} Z_{\text{m}} = K_{\text{rel}}^{\text{II}} \times \frac{\dot{U}_\varphi}{\dot{I}_\varphi + 3\dot{K}\dot{I}_0} \tag{1}$$

式中，$\dot{I}_\varphi = \dot{I}_1 + \dot{I}_2 + \dot{I}_0$；$\dot{U}_\varphi = \dot{U}_1 + \dot{U}_2 + \dot{U}_0$。

各序电压为

$$\begin{cases} \dot{U}_1 = \dot{U}_{\text{F1}} + \dot{I}_1 Z_{\text{MN1}} + \dot{I}_1' Z_{\text{set3}}^{\text{I}} \\ \dot{U}_2 = \dot{U}_{\text{F2}} + \dot{I}_2 Z_{\text{MN1}} + \dot{I}_2' Z_{\text{set3}}^{\text{I}} \\ \dot{U}_0 = \dot{U}_{\text{F0}} + \dot{I}_0 Z_{\text{MN0}} + \dot{I}_0' Z_{\text{0set3}}^{\text{I}} \end{cases} \tag{2}$$

其中，$\dot{I}_1$、$\dot{I}_2$、$\dot{I}_0$ 和 $\dot{I}_1'$、$\dot{I}_2'$、$\dot{I}_0'$ 分别为流过保护 1 和保护 3 的各序电流；$\dot{U}_{\text{F1}}$、$\dot{U}_{\text{F2}}$、$\dot{U}_{\text{F0}}$ 为故障点各序电压；Z_{MN1}、Z_{MN0} 为线路 MN 的正、零序阻抗；$Z_{\text{0set3}}^{\text{I}}$ 为与距离保护 3 第Ⅰ段保护范围相对应的零序阻抗。

根据故障分析知识，有 $\dot{U}_{\text{F1}} + \dot{U}_{\text{F2}} + \dot{U}_{\text{F0}} = 0$，当各序分配系数相同时，$\dot{I}_1 = \dot{I}_2 = \dot{I}_0$，$\dot{I}_1' = \dot{I}_2' = \dot{I}_0'$。将式（2）代入式（1），整理后得

$$Z_{\text{set1}}^{\text{II}} = K_{\text{set}}^{\text{II}} Z_{\text{m}} = K_{\text{rel}}^{\text{II}} \left[\frac{\dot{I}_\varphi Z_{\text{MN1}} + \dfrac{3\dot{I}_0 (Z_{\text{MN0}} - Z_{\text{MN1}})}{3 Z_{\text{MN1}}} + \dot{I}_\varphi' Z_{\text{set3}}^{\text{I}} + \dfrac{3\dot{I}_0' Z_{\text{0set3}}^{\text{I}} (Z_{\text{0set3}}^{\text{I}} - Z_{\text{set3}}^{\text{I}})}{3 Z_{\text{set3}}^{\text{I}}}}{\dot{I}_\varphi + 3\dot{K}\dot{I}_0} \right]$$

式中，$\dot{I}_\varphi = \dot{I}_1 + \dot{I}_2 + \dot{I}_0$；$\dot{I}_\varphi' = \dot{I}_1' + \dot{I}_2' + \dot{I}_0'$；$\dot{K} = \dfrac{Z_{\text{MN0}} - Z_{\text{MN1}}}{3 Z_{\text{MN1}}}$ 为线路 MN 的零序电流补偿系数；$\dot{K}' = \dfrac{Z_{\text{0set3}}^{\text{I}} - Z_{\text{set3}}^{\text{I}}}{3 Z_{\text{set3}}^{\text{I}}}$ 为相邻线路的零序电流补偿系数。则上式可简化为

$$Z_{set1}^{II} = K_{set}^{II} Z_m = K_{rel}^{II} \left[Z_{MN1} + \frac{\dot{I}'_\varphi + 3\dot{K}'\dot{I}'_0}{\dot{I}_\varphi + 3\dot{K}\dot{I}_0} Z_{set3}^{I} \right] \tag{3}$$

令正、负序分支系数 $K_{b1} = K_{b2} = \dfrac{\dot{I}'_1}{\dot{I}_1}$，零序分支系数为 $K_{b0} = \dfrac{\dot{I}'_0}{\dot{I}_0}$，则式（3）可写为

$$Z_{set1}^{II} = K_{rel}^{II} \left[Z_{MN1} + K_{b1} Z_{set3}^{I} + \frac{(K_{b0} - K_{b1})(1 + 3\dot{K})3\dot{I}_0}{\dot{I}_\varphi + 3\dot{K}\dot{I}_0} Z_{set3}^{I} + \frac{(\dot{K}' - \dot{K})3K_{b0}\dot{I}_0}{\dot{I}_\varphi + 3\dot{K}\dot{I}_0} Z_{set3}^{I} \right] \tag{4}$$

在实际整定计算中，若采用式（4）整定接地距离保护，将使计算十分复杂。根据 DL/T559—2018《220kV～500kV 电网继电保护装置运行整定规程》规定，接地距离保护与相邻线路接地距离Ⅰ段配合时 $Z_{set1}^{II} = K_{rel}^{II}(Z_{MN} + K_b Z_{set3}^{I})$，其中 K_b 选用正序分支系数和零序分支系数中的较小值。

保护 1 第Ⅰ段的整定：

动作阻抗为　　　$Z_{set1}^{I} = 0.7 \times 11.45\Omega = 8.015\Omega$

保护 1 的第Ⅱ段的整定：

与相邻线路配合时　　　$Z_{set3}^{I} = 0.7 \times 7.39\Omega = 5.551\Omega$

本线路补偿系数为　　　$\dot{K} = \dfrac{Z_{MN0} - Z_{MN1}}{3Z_{MN1}} = \dfrac{28.44 - 11.45}{3 \times 11.45} = 0.495$

相邻线路补偿系数为　　　$\dot{K}' = \dfrac{20.15 - 7.93}{3 \times 7.93} = 5.14$

零序分支系数为　　　$K_{b0} = \dfrac{\dot{I}'_0}{\dot{I}_0} = \dfrac{Z_{Ms0} + Z_{MN0} + Z_{T0}}{Z_T} = \dfrac{7.125 + 28.44 + 44.49}{44.49} = 1.8$

$$Z_{set1}^{II} = K_{rel}^{II}(Z_{MN1} + K_b Z_{set3}^{I}) = 0.7 \times (11.45 + 1.8 \times 5.551)\Omega = 15\Omega$$

9.3 变压器保护整定计算实例

实例 1：图 9-28 所示两端电源的三绕组变压器，装设具有两折线比率制动特性的数字式差动保护。已知：变压器容量为 31.5MVA，电压为 110(1±4×2.5%)/38.5(1±2×2.5%)/6.6kV，Yd11d11 联结；在变压器低压侧外部短路三相最大短路电流为 822A，变压器中压侧三相短路，M 侧电源向故障点送出短路电流为 1215A，N 侧电源向故障点送出三相短路为 1435A（均归算至 115kV 侧）；可靠系数 $K_{rel} = 1.5$，非周期分量系数 $K_{np} = 1.5$，相对误差 $\Delta m = 0.05$；拐点电流 $I_{res.1} = 0.8I_n$，试对数字式差动保护平衡系数、最大制动比及斜率进行计算。

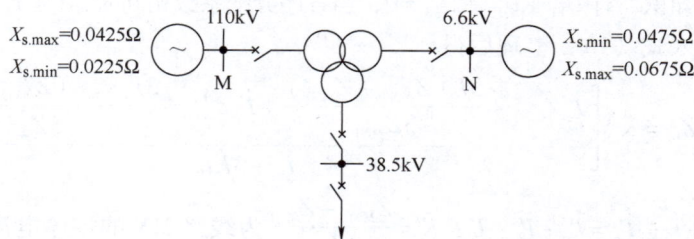

图 9-28　三绕组变压器接线示意图

解:（1）计算变压器各侧的一次电流，选择电流互感器的变比（电流比），确定二次回路额定电流。计算结果列于表9-4。

表9-4 变压器差动计算结果

计算结果	各侧数值		
	110kV	38.5kV	6.6kV
变压器一次额定电流/A	$\dfrac{31500}{\sqrt{3} \times 110} = 165.34$	472.40	2755.6
电流互感器的接线方式	Yy12	Yy12	Yy12
电流互感器选用电流比	200/5	500/5	3000/5
二次额定电流	4.13	4.72	4.60
平衡系数	1	0.875	0.899

（2）最小动作电流为

$$I_{op.min} = K_{rel}(K_{np}K_{cc}f_{er} + \Delta U + \Delta m)I_n$$
$$= 1.5 \times (1.5 \times 1 \times 0.1 + 0.1 + 0.02) \times 4.13A = 1.67A$$

式中，I_n 为变压器高压侧二次额定电流，基本侧为高压侧。

（3）拐点电流 $I_{res.1} = 0.8I_n = 0.8 \times 4.13A = 3.3A$

（4）动作特性斜率 S 的确定。

最大不平衡电流为

$$I_{unb.max} = 0.1 \times 1.5 \times 1 \times (1215 + 1435)A + (0.1 + 0.02) \times 1215A$$
$$+ (0.05 + 0.02) \times 1435A = 643.8A$$

动作电流为 $\quad I_{op.max} = K_{rel}I_{unb.max}/n_{TA} = \dfrac{1.5 \times 643.8}{40}A = 24.1A$

制动电流为 $\quad I_{res.max} = \dfrac{1215 + 1435}{40}A = 66.25A$

最大制动比为 $\quad K_{res.max} = \dfrac{I_{op.max}}{I_{res.min}} = \dfrac{24.1}{66.25} = 0.364$

斜率 $\quad S = \dfrac{I_{op.max} - I_{op.min}}{I_{res.max} - I_{res.1}} = \dfrac{24.1 - 1.67}{66.25 - 3.3} = 0.36$

实例2: 如图9-29所示变压器采用微机差动保护，该保护的相位校正由软件来完成。已知 $\dfrac{n_{TA2}}{n_{TA1}} = n_T$，试写出保护装置中差动电流的表达式（用电流互感器二次电流表示）。

解:（1）常规变压器差动保护两侧电流互感器接线采用不同方式，通常将星形侧电流互感器二次侧接成三角形。

（2）微机差动保护既可以采用接线法，也可采用软件法进行相位补偿。当两侧电流互感器都采用星形联结时，保护装置中用软件进行相位校正。

当采用变压器三角形侧电流移相实现相位校正时，为了防止区外接地故障时所产生的零序电流造成差动保护误动作，通常在星形侧采取"相电流减零序电流"的方法消除零序电流的影响。

（3）由星形侧采用软件相位补偿时，流入差动回路的电流表达式为

$$\begin{cases} \dot{I}_{A.r} = \dfrac{\dot{I}_{Ya} - \dot{I}_{Yb}}{\sqrt{3}} + \dot{I}_{da} \\[2ex] \dot{I}_{B.r} = \dfrac{\dot{I}_{Yb} - \dot{I}_{Yc}}{\sqrt{3}} + \dot{I}_{db} \\[2ex] \dot{I}_{C.r} = \dfrac{\dot{I}_{Yc} - \dot{I}_{Ya}}{\sqrt{3}} + \dot{I}_{dc} \end{cases}$$

（4）由三角形侧采用软件相位补偿时，流入差动回路的电流表达式为

$$\begin{cases} \dot{I}_{A.r} = \dfrac{\dot{I}_{da} - \dot{I}_{dc}}{\sqrt{3}} + (\dot{I}_{Ya} - \dot{I}_{0}) \\[2ex] \dot{I}_{B.r} = \dfrac{\dot{I}_{db} - \dot{I}_{da}}{\sqrt{3}} + (\dot{I}_{Yb} - \dot{I}_{0}) \\[2ex] \dot{I}_{C.r} = \dfrac{\dot{I}_{dc} - \dot{I}_{db}}{\sqrt{3}} + (\dot{I}_{Yc} - \dot{I}_{0}) \end{cases}$$

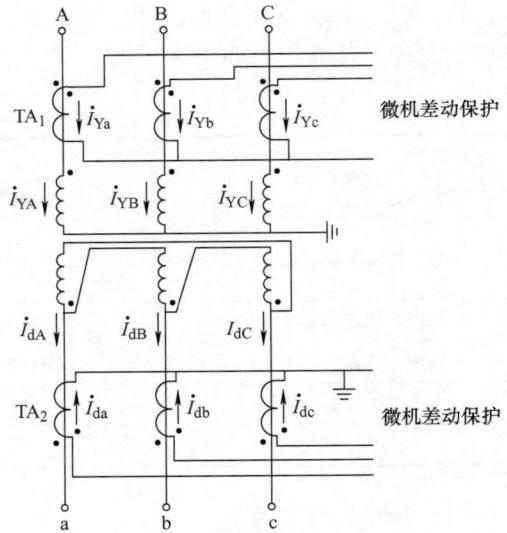

图 9-29　变压器微机差动保护接线示意图

实例3： 分析 Yyn 联结的变压器在低压侧单相接地故障时，星形侧电流互感器采用三角形联结、星形联结时的电流分布。

解： 由图 9-30 可见，Yyn 联结的变压器在低压侧单相接地故障时，星形侧电流互感器采用不同联结方式时，加入继电器电流不相等，高压侧不存在零序电流。

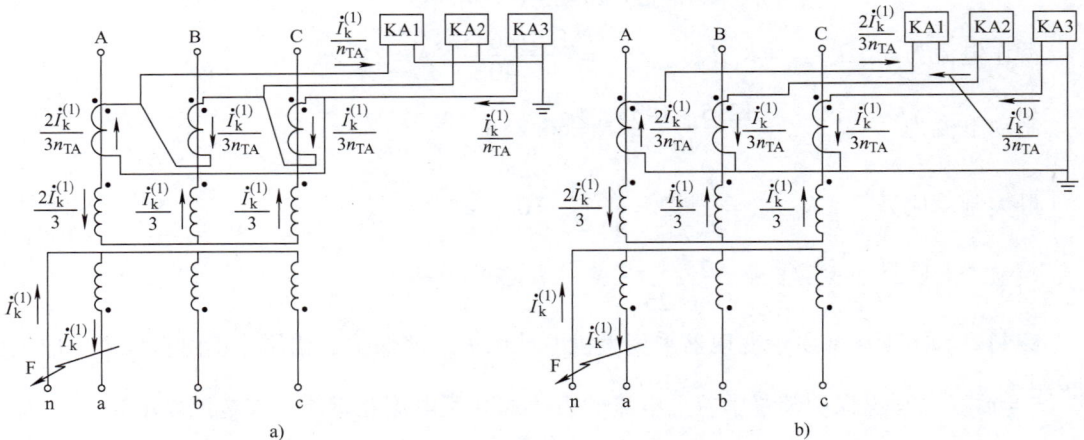

图 9-30　电流分布图

9.4　发电机保护整定计算实例

实例1： 如图 9-31 所示系统中，已知发电机参数：额定功率为 25MW、$\cos\varphi = 0.8$、次暂态电抗 $X_k'' = 0.129$、负序电抗 $X_2 = 0.156$，且装有自动励磁调节器；负荷自起动系数 $K_{ss} = $

2.5，$\Delta t = 0.5\mathrm{s}$；接相电流的过电流保护采用完全星形接线；电流互感器电流比为 3000/5，电压互感器电压比 6000/100；当选用 $S_\mathrm{b} = 31250\mathrm{kVA}$、$U_\mathrm{b} = 6.3\mathrm{kV}$ 时，变压器和电抗器的正、负序电抗为 0.164。

注：装有自动励磁调节器时，短路电流可以不计衰减的影响。

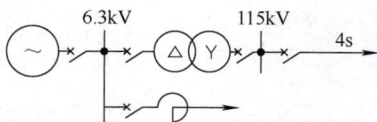

图 9-31　系统接线图

试求发电机后备保护，并完成下列任务：

分析装设过电流保护、低压过电流保护、复合电压起动的过电流保护的负序电流及单元件式低压起动过电流保护的可能性。计算出各保护的动作参数、灵敏度。

解：（1）分析采用过电流保护的可能性。

发电机额定电流为

$$I_\mathrm{NG} = \frac{25000}{\sqrt{3} \times 6.3 \times 0.8}\mathrm{A} = 2864\mathrm{A}$$

保护一次动作电流为

$$I_\mathrm{op} = \frac{1.15 \times 2.5}{0.85} \times 2864\mathrm{A} = 9687\mathrm{A}$$

保护二次动作电流为

$$I_\mathrm{op.\,r} = \frac{9687}{600}\mathrm{A} = 16.15\mathrm{A}$$

保护的灵敏度：

1）近后备。

发电机母线两相短路电流为

$$I_\mathrm{k.\,min}^{(2)} = \frac{\sqrt{3} \times 1}{0.129 + 0.156} \times 2864\mathrm{A} = 17406\mathrm{A}$$

灵敏度 $K_\mathrm{sen} = \dfrac{17406}{9687} = 1.8 > 1.5$，满足要求。

2）远后备。

正序总阻抗为　　$X_{\Sigma 1} = 0.129 + 0.164 = 0.293$

负序总阻抗为　　$X_{\Sigma 2} = 0.156 + 0.164 = 0.32$

保护区末端最小两相短路电流为

$$I_\mathrm{k.\,min}^{(2)} = \frac{\sqrt{3} \times 1}{0.293 + 0.32} \times 2864\mathrm{A} = 8092\mathrm{A}$$

注：正、负序阻抗不相等。

灵敏度 $K_\mathrm{sen} = \dfrac{9092}{9687} = 0.835 < 1.2$，不满足要求。灵敏度不满足要求，不能采用过电流保护方案。

（2）分析采用低压起动过电流保护。

保护一次动作电流为

$$I_\mathrm{op} = \frac{1.15}{0.85} \times 2864\mathrm{A} = 3866\mathrm{A}$$

保护动作电压为　　$U_\mathrm{op} = 0.6 \times 6.3\mathrm{kV} = 3.78\mathrm{kV}$

电流元件灵敏度：

近后备时 $\qquad K_{sen} = \dfrac{17406}{3866} = 4.5 > 1.5$

远后备时 $\qquad K_{sen} = \dfrac{8092}{3866} = 2.1 > 1.2$

电压元件灵敏度:

远后备灵敏度为 $\qquad U^{(2)}_{k.\,max} = 2 \times \dfrac{8092}{2864} \times 0.164 \times \dfrac{6.3}{\sqrt{3}} kV = 3.37 kV$

$$U^{(3)}_{k.\,max} = 6.3 \times \dfrac{0.164}{0.129 + 0.164} kV = 3.52 kV$$

注:三相短路用正序阻抗。

灵敏度 $K_{sen} = \dfrac{3.78}{3.52} = 1.07 < 1.2$,低压元件灵敏度不满足要求,也不能采用。

(3) 分析采用复合电压起动的过电流保护。

负序电压动作值为

$$U_{op2} = 0.06 \times 6.3 kV = 0.378 kV$$

灵敏度:

1) 电流元件灵敏系数同低压过电流保护。

2) 低压元件灵敏系数

$$K_{sen} = \dfrac{1.15 \times 3.78}{3.52} = 1.23 > 1.2$$

注:考虑对称短路是由不对称转化成对称,所以在短路初瞬间存在负序分量,低压元件已被起动,只要加入低压元件的电压小于返回电压,低压元件就不会返回。

3) 负序电压元件灵敏系数

近后备:

最小负序电压为 $\qquad U_{2.\,min} = I_2 X_2 U_b = \dfrac{0.156 \times 6.3}{0.129 + 0.156} kV = 3.448 kV$

灵敏度 $K_{sen} = \dfrac{3.448}{0.378} = 9.1 > 1.5$,满足要求。

远后备:

最小负序电压为 $\qquad U_{2.\,min} = \dfrac{0.156 \times 6.3}{0.129 + 0.156 + 2 \times 0.164} kV = 1.6 kV$

灵敏度 $K_{sen} = \dfrac{1.6}{0.378} = 4.24 > 1.2$,满足要求,由上面计算可知,复合电压起动的过电流保护可采用。

(4) 分析采用负序电流及单元件式低压起动过电流保护的可能性。

1) 低压元件、过电流元件计算及灵敏度均同复合起动的电压过电流保护。

2) 负序电流元件。动作于信号的保护的动作电流为

$$I_{op} = 0.1 I_{NG} = 0.1 \times 2864 A = 286.4 A$$

动作于跳闸的动作电流为

$$I_{op} = \sqrt{A/t}\, I_N = \sqrt{30/120} \times 2864 A = 1432 A$$

注:A 为发电机的热容量常数,应根据发电机的类型及容量确定。

灵敏度：

① 近后备。

保护区末端两相短路最小短路电流为 $I_{k2.min} = \dfrac{2864}{0.129 + 0.156}A = 10049A$

灵敏度为 $K_{sen} = \dfrac{10049}{1432} = 7 > 1.5$

② 远后备。

保护区末端两相短路最小短路电流为 $I_{k2.min} = \dfrac{2864}{0.129 + 0.156 + 2 \times 0.164}A = 4672A$

灵敏度为 $K_{sen} = \dfrac{4672}{1432} = 3.26 > 1.2$

实例 2：如图 9-32 所示，若在 $U_N = 10.5kV$ 的发电机定子 A 相绕组 $\alpha = 0.5$ 处（F 点）发生单相接地短路故障（发电机绕组中性点直接接地），试画出各相对地电压和零序电压的相量图，并求出电压互感器 TV 开口三角形侧的零序电压 $3U_0$。

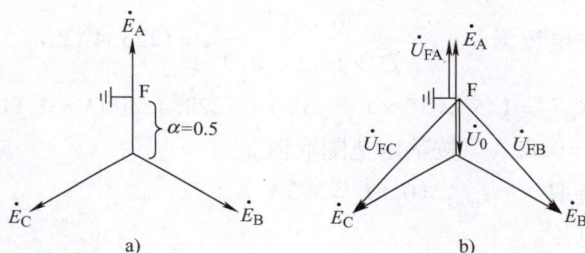

图 9-32 实例 2 相量图

解：电流互感器二次额定电流分为 1A 和 5A 两类，而电压互感器的二次额定线电压为 100V。在中性点直接接地系统和中性点不直接接地系统，电压互感器电压比有区别。在中性点直接接地系统中发生单相接地故障时，开口三角形侧可能出现最大零序电压 $3U_0$ 的大小为故障相电压 U_p；而在中性点非直接接地系统中发生单相接地故障时，开口三角形侧可能出现最大零序电压 $3U_0$ 的大小为 3 倍故障相电压 $3U_p$，如图 9-33 所示。为保证电压互感器开口三角形侧二次额定电压不超过 100V，对用于中性点直接接地系统中的电压互感器电压比取为 $\dfrac{U_N}{\sqrt{3}}/100$（$U_N$ 为额定线电压），而用于中性点非直接接地系统中的电压互感器电压比取为 $\dfrac{U_N}{\sqrt{3}}/\dfrac{100}{3}$。

F 点接地时各相对地电压 $\dot{U}_{FA}$、$\dot{U}_{FB}$、$\dot{U}_{FC}$ 和零序电压 $\dot{U}_0$ 的相量图如图 9-33 所示。

$$3\dot{U}_0 = \dot{U}_{FA} + \dot{U}_{FB} + \dot{U}_{FC} = \frac{\dot{E}_A + \dot{E}_B + \dot{E}_C - 1.5\dot{E}_A}{n_{TV}} = -50V$$

实例 3：发电机容量为 20MW，$\cos\varphi = 0.9$、$U_N = 10.5kV$、次暂态电抗 $X_d'' = 0.2$，负序阻抗 $X_2 = 0.24$；水电站的最大发电容量为 $2 \times 20MW$，最小发电容量为 20MW，正常运行方式发电容量为 $2 \times 20MW$。试对发电机比率制动差动保护进行整定计算。

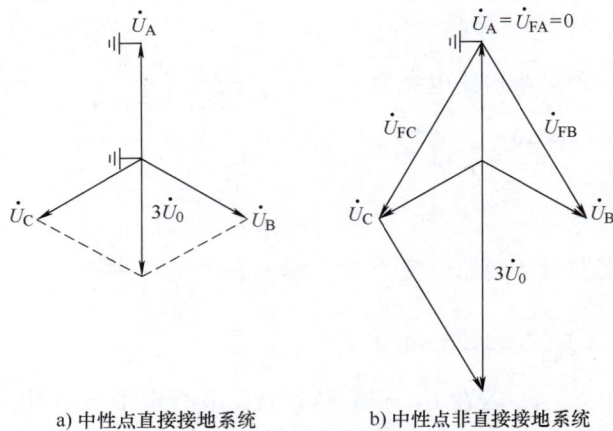

a) 中性点直接接地系统   b) 中性点非直接接地系统

图 9-33 接地时相量图

解：（1）最小动作电流为 $I_{GN} = \dfrac{20 \times 10^3}{\sqrt{3} \times 10.5 \times 0.9}\text{A} = 1223.4\text{A}$，$n_{TA} = 1500/5$，$I_n = 4.1\text{A}$

$I_{op.min} = K_{rel}K_{cc}K_{ap}K_{er}I_n = 1.5 \times 0.5 \times 1.5 \times 0.1 \times 1223.4/300\text{A} = 0.11 \times 4.1\text{A} = 0.45\text{A}$

取 $I_{op.min.set} = 0.2I_n = 0.82\text{A}$ ［按整定范围取值］

（2）拐点制动电流取 $I_{res.1} = 0.8I_n = 3.3\text{A}$

（3）最大不平衡电流。

外部短路最大短路电流为 $I_{K.max}^{(3)} = \dfrac{1}{0.2 \times 300} \times 1223.4\text{A} = 20.39\text{A}$

最大制动电流为 $I_{res.max} = 20.39\text{A}$

$$K_{rel}I_{unb.max} = 1.5 \times 0.5 \times 1.5 \times 0.1 \times 20.39\text{A} = 2.24\text{A}$$

斜率为 $S = \dfrac{K_{rel}I_{unb.max} - I_{op.min}}{I_{res.max} - I_{res.1}} = \dfrac{2.24 - 0.82}{20.39 - 3.3} = 0.08$

取 $S = 0.3$（按整定范围取值），计算制动系数为

$$K_{res} = \frac{I_{op.min}}{I_{res.max}} + S\left(1 - \frac{I_{op.min}}{I_{res.max}}\right) = \frac{0.82}{20.39} + 0.3\left(1 - \frac{0.82}{20.39}\right) = 0.33$$

取 $K_{res.set} = 0.35$（取值范围 0.3~0.5）

内部两相短路电流为 $I_{k.min}^{(2)} = \sqrt{3} \times \dfrac{4.1}{0.2 + 0.24}\text{A} = 16.1\text{A}$

内部短路时制动电流为 $I_{res} = (16.1/2)\text{A} = 8.05\text{A}$

动作电流为 $I_{op} = S(I_{res.max} - I_{res.1}) + I_{op.min} = 0.3 \times (8.05 - 3.3)\text{A} + 0.82\text{A} = 2.3\text{A}$

灵敏度 $K_{sen} = \dfrac{I_d}{I_{op}} = \dfrac{16.1}{2.3} = 7$，满足要求。

按 $I_{op} = K_{res.set}(I_{res.max} - I_{res.1}) + I_{op.min} = 0.35 \times (8.05 - 3.3)\text{A} + 0.82\text{A} = 2.5\text{A}$

灵敏度 $K_{sen} = \dfrac{I_d}{I_{op}} = \dfrac{16.1}{2.5} = 6.4$

9.5　电厂保护整定计算实例

某水电厂网络如图 9-34 所示，已知：

（1）线路 MN、MP 的最大负荷电流分别为 200A、160A，负荷的自起动系数 $K_{ss}=1.5$。

（2）变压器为 Yn，d11 接线，电压比为 121（$1\times2\times2.5\%$）kV/10.5kV。

（3）水电厂的最大发电容量为 $3\times50MW$，最小发电容量为 $2\times50MW$。

（4）线路的正序电抗为 0.4Ω/km，零序电抗为 0.8Ω/km。

试确定：

1）电厂发电机、变压器相间短路差动保护和 60MVA 变压器复合电压起动过电流保护进行整定。

2）15km 和 45km 线路的相间采用距离保护、接地短路采用零序电流保护。

3）45km 线路最大负荷电流为 320A，15km 线路最大负荷电流为 110A。

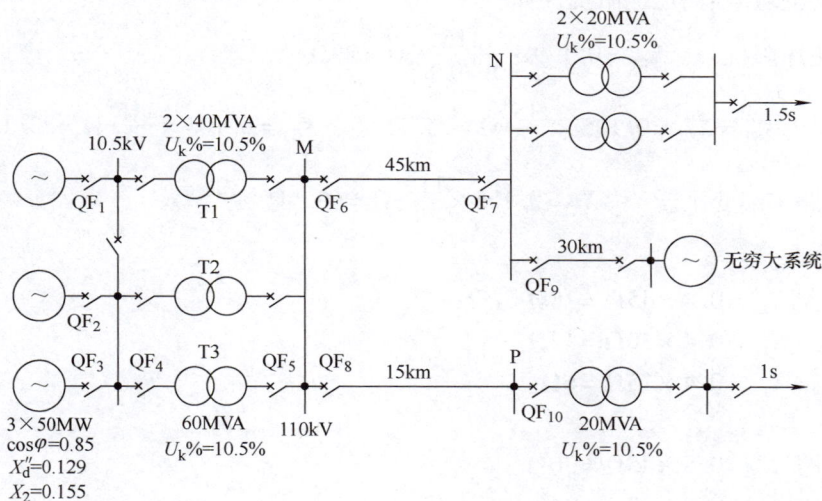

图 9-34　电厂与系统接线图

解：1. 阻抗计算

电厂元件以及线路保护安装地点可能在发电机电压侧或变压器高压侧，因此需分别计算归算至低压侧阻抗值和归算至高压侧阻抗值。

1）归算至发电机侧阻抗计算。

发电机　　$X_{G1}=0.129\times\dfrac{10.5^2}{50/0.85}\Omega=0.24\Omega$

变压器　　$X_{T1}=X_{T2}=0.105\times\dfrac{10.5^2}{40}\Omega=0.29\Omega$　　　$X_{T3}=0.105\times\dfrac{10.5^2}{60}\Omega=0.2\Omega$

45km 线路　　$X_L=0.4\times45\times\dfrac{10.5^2}{115^2}\Omega=0.15\Omega$

30km 线路　　$X_L=0.4\times30\times\dfrac{10.5^2}{115^2}\Omega=0.1\Omega$

15km 线路 $X_L = 0.4 \times 15 \times \dfrac{10.5^2}{115^2}\Omega = 0.05\Omega$

计算结果如图 9-35 所示。

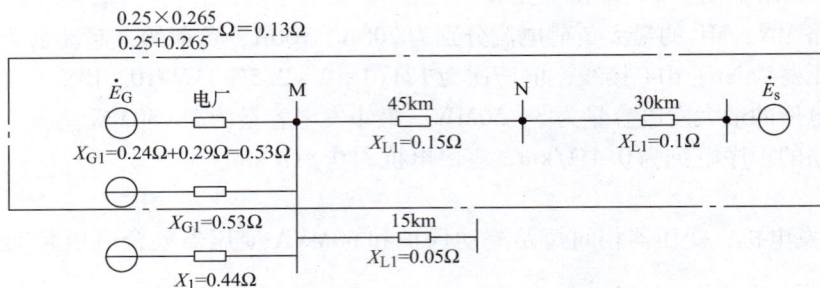

$\dfrac{0.25 \times 0.265}{0.25+0.265}\Omega = 0.13\Omega$

图 9-35　归算至发电机侧阻抗图

2）归算至变压器高压侧阻抗计算。

发电机正序阻抗　$X_{G1} = 0.129 \times \dfrac{115^2}{50/0.85}\Omega = 29\Omega$

变压器　$X_{T1} = X_{T2} = 0.105 \times \dfrac{115^2}{40}\Omega = 34.7\Omega$　　　$X_{T3} = 0.105 \times \dfrac{115^2}{60}\Omega = 23.1\Omega$

45km 线路末端变压器　$X_T = 0.105 \times \dfrac{115^2}{20}\Omega = 69.4\Omega$

线路正序阻抗：

45km 线路 $X_{L1} = 0.4 \times 45\Omega = 18\Omega$

30km 线路 $X_{L1} = 0.4 \times 30\Omega = 12\Omega$

15km 线路 $X_{L1} = 0.4 \times 15\Omega = 6\Omega$。

线路零序阻抗：

45km 线路 $X_{L0} = 0.8 \times 45\Omega = 36\Omega$

30km 线路 $X_{L0} = 0.8 \times 30\Omega = 24\Omega$

15km 线路 $X_{L0} = 0.8 \times 15\Omega = 12\Omega$。计算结果如图 9-36 所示。

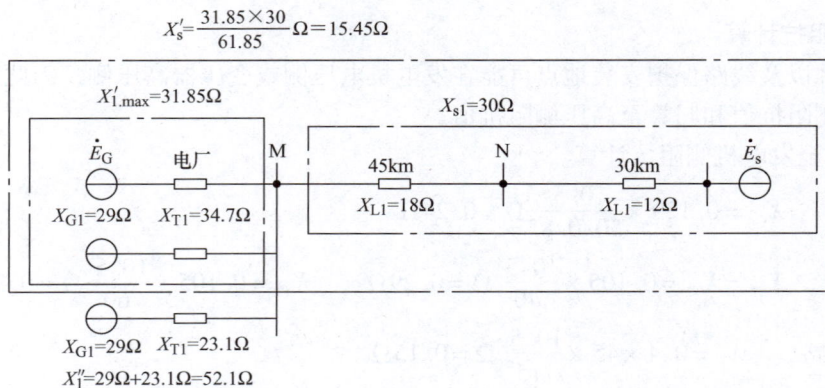

$X_s' = \dfrac{31.85 \times 30}{61.85}\Omega = 15.45\Omega$

图 9-36　归算至变压器高压侧阻抗图

2. 电厂发–变组（60MVA）差动保护整定计算

1）相位补偿采用软件补偿。

2）变压器电流互感器选择：

高压侧　　$I_{\text{TNh}} = \dfrac{60000}{\sqrt{3} \times 121}\text{A} = 286.6\text{A}$　　　　$n_{\text{TA}} = 300/5$

低压侧　　$I_{\text{TNh}} = \dfrac{60000}{\sqrt{3} \times 10.5}\text{A} = 3303\text{A}$　　　　$n_{\text{TA}} = 3500/5$

3）制动电流选择　　$I_{\text{res}} = \dfrac{I_{\text{h}} + I_{\text{l}}}{2}$

4）二次电流：

高压侧　　$I_{2\text{n}} = \dfrac{286.6}{60}\text{A} = 4.78\text{A}$

低压侧　　$I_{2\text{n}} = \dfrac{3303}{700}\text{A} = 4.72\text{A}$

5）平衡系数 $K_{\text{b}} = \dfrac{4.78}{4.72} = 1.01$（选高压侧为基本侧）

6）最大不平衡电流：发电机变压器组差动保护外部短路的最大不平衡电流短路点应选择在 60MVA 变压器的高压侧。

变压器高压侧三相最大短路电流为　　　　$I_{\text{k.max}}^{(3)} = \dfrac{115000/\sqrt{3}}{29 + 23.1}\text{A} = 1275.9\text{A}$

最大不平衡电流为　　　　$I_{\text{unb.max}} = \dfrac{(1.5 \times 1 \times 0.1 + 0.05 + 0.05) \times 1275.9}{60}\text{A} = 5.31\text{A}$

7）拐点电流为　　$I_{\text{res.1}} = 0.8I_{\text{n}} = 0.8 \times 4.78\text{A} = 3.8\text{A}$

最大制动电流为　　$I_{\text{res.max}} = \dfrac{1275.9}{60}\text{A} = 21.27\text{A}$

8）确定最小动作电流：

$$I_{\text{op.min}} = K_{\text{rel}}I_{\text{unb.loa}} = 1.3 \times 0.25 \times 4.78\text{A} = 1.55\text{A}$$

斜率为　　$S = \dfrac{K_{\text{rel}}I_{\text{unb.max}} - I_{\text{op.min}}}{I_{\text{res.max}} - I_{\text{res}}} = \dfrac{1.5 \times 5.31 - 1.55}{21.27 - 3.8} = 0.46$

制动系数为　　$K_{\text{res.cal}} = \dfrac{1.55}{21.27} + 0.46 \times \left(1 - \dfrac{1.55}{21.27}\right) = 0.499$

取 $K_{\text{res.set}} = 0.5$

未并列时变压器高压侧短路保护区内最小短路电流为　　　　$I_{\text{k.min}}^{(2)} = \dfrac{115000/2}{29 + 23.1}\text{A} = 1104\text{A}$

制动电流为　　$I_{\text{res}} = \dfrac{1104}{2 \times 60}\text{A} = 9.2\text{A}$

动作电流为　　$I_{\text{op}} = I_{\text{op.min}} + S(I_{\text{res}} - I_{\text{res.min}}) = 1.55\text{A} + 0.46(9.2 - 3.8)\text{A} = 4.034\text{A}$

灵敏度为 $K_{\text{sen}} = \dfrac{1104}{4.034 \times 60} = 4.56$，满足要求。

说明：60MW 发电机差动保护整定计算方法与发电机变压器组相似，求不平衡电流时变压器调压系数可不考虑，求最大不平衡电流短路点选择在变压器低压侧。

3. 变压器单独装设差动保护，以两折线比率制动差动保护为例

1）相位补偿采用软件补偿。

2）变压器电流互感器选择：

高压侧 $\qquad I_{\text{TNh}} = \dfrac{60000}{\sqrt{3} \times 121}\text{A} = 286.6\text{A}$ $\qquad\qquad n_{\text{TA}} = 300/5$

低压侧 $\qquad I_{\text{TNh}} = \dfrac{60000}{\sqrt{3} \times 10.5}\text{A} = 3303\text{A}$ $\qquad\qquad n_{\text{TA}} = 3500/5$

3）制动电流选择 $\qquad I_{\text{res}} = \dfrac{I_{\text{h}} + I_{\text{l}}}{2}$

4）二次电流：

高压侧 $\qquad I_{2n} = \dfrac{286.6}{60}\text{A} = 4.78\text{A}$

低压侧 $\qquad I_{2n} = \dfrac{3303}{700}\text{A} = 4.72\text{A}$

5）平衡系数 $\qquad K_{\text{b}} = \dfrac{4.78}{4.72} = 1.01$ （选高压侧为基本侧）

6）最大不平衡电流：

变压器低压侧短路最大短路电流为 $\qquad I_{\text{k.max}}^{(3)} = \dfrac{115000/\sqrt{3}}{15.45 + 23.1}\text{A} = 1724.4\text{A}$

$$I_{\text{unb.max}} = (1.5 \times 1 \times 0.1 + 0.05 + 0.05) \times 1724.4\text{A}/60 = 7.19\text{A}$$

7）拐点电流为 $\qquad I_{\text{res.1}} = 0.8I_n = 0.8 \times 4.78\text{A} = 3.8\text{A}$

最大制动电流为 $\qquad I_{\text{res.max}} = 1724.4\text{A}/60 = 28.74\text{A}$

8）确定最小动作电流：

$$I_{\text{op.min}} = K_{\text{rel}}I_{\text{unb.loa}} = 1.3 \times 0.25 \times 4.78\text{A} = 1.55\text{A}$$

斜率为 $\qquad S = \dfrac{K_{\text{rel}}I_{\text{unb.max}} - I_{\text{op.min}}}{I_{\text{res.max}} - I_{\text{res}}} = \dfrac{1.5 \times 7.19 - 1.55}{28.74 - 3.8} = 0.37$

制动系数为 $\qquad K_{\text{res.cal}} = \dfrac{I_{\text{op.min}}}{I_{\text{res.max}}} + S\left(1 - \dfrac{I_{\text{op.min}}}{I_{\text{res.max}}}\right) = \dfrac{1.55}{28.74} + 0.37\left(1 - \dfrac{1.55}{28.74}\right) = 0.40$

取 $K_{\text{set.set}} = 0.4$。

保护区内最小短路电流为 $I_{\text{k.min}}^{(2)} = \dfrac{115000/2}{29 + 23.1}\text{A} = 1104\text{A}$ （考虑变压器高压侧未并列前短路）

制动电流为 $\qquad I_{\text{res}} = \dfrac{1104}{2 \times 60}\text{A} = 9.2\text{A}$

动作电流为 $\qquad I_{\text{op}} = 1.55\text{A} + 0.37(9.2 - 3.8)\text{A} = 3.55\text{A}$

灵敏度为 $\qquad K_{\text{sen}} = \dfrac{1104}{3.55 \times 60} = 5.18$，满足要求。

说明：从分析可知，变压器独立装设差动保护与发电机变压器组整定计算相似，发电机变压器组将发电机、变压器作为一个元件。

4. 60MVA 变压器复合电压起动过电流保护整定计算

考虑到发电机变压器组各种故障状况都能起到保护作用，保护测量元件必须装设在低压侧。

变压器额定电流为 $\qquad I_{TN} = \dfrac{60000}{\sqrt{3} \times 10.5}A = 3303A$

动作电流为 $\qquad I_{op} = \dfrac{1.15}{0.85} \times 3303A = 4469A$

低压元件动作值为 $\qquad U_{op1} = 0.7 \times 10.5kV = 7.35kV$

负序电压元件动作值为 $\qquad U_{op} = 0.06 \times 10.5kV = 0.63kV$

15km 线路远后备保护灵敏系数分析：

电源总阻抗为 $\qquad X_{\Sigma1} = \dfrac{0.13 \times 0.44}{0.13 + 0.44}\Omega = 0.1\Omega$

15km 线路末端三相短路电流为 $\qquad I_{k.max} = \dfrac{10500}{\sqrt{3} \times 0.15}A = 40462A$

流过 60MVA 变压器电流为 $\qquad I'_k = 40462 \times \dfrac{0.13}{0.13 + 0.44}A = 9228A$

电流元件灵敏度为 $\qquad K_{sen} = \dfrac{9228}{4469} = 2.06$

低压元件 $U_{res.max} = \sqrt{3} \times (40462 \times 0.05 + 9228 \times 0.2)V = 6.69kV$

$K_{sen} = \dfrac{1.15 \times 7.35}{6.69} = 1.26$，满足要求。

若按电厂两台机组运行计算：

系统阻抗图如图 9-37 所示，等效阻抗为 $\qquad X'_{\Sigma} = \dfrac{0.17 \times 0.44}{0.17 + 0.44}\Omega = 0.12\Omega$

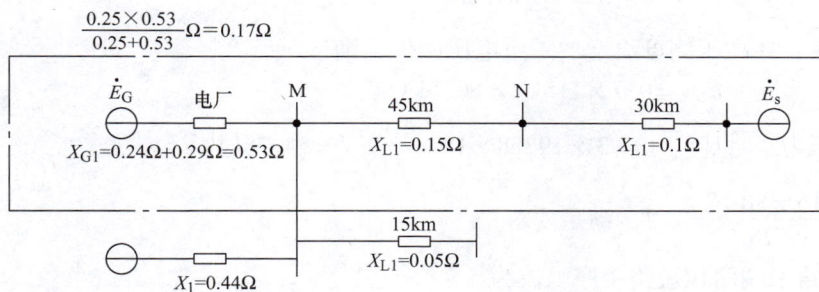

图 9-37 电厂两台机组运行系统阻抗图

15km 线路末端三相短路电流为 $\qquad I_{k.max} = \dfrac{10500}{\sqrt{3} \times 0.17}A = 35702A$

流过 60MVA 变压器电流为 $\qquad I'_k = 35702 \times \dfrac{0.17}{0.17 + 0.44}A = 9950A$

电流元件灵敏度 $\qquad K_{sen} = \dfrac{9950}{4469} = 2.2$

说明：从以上计算可知，电厂两台机组运行方式并不是最小运行方式，因有助增电源使得流过 60MVA 变压器的短路电流减小。因此，后备保护进行灵敏度计算时必须采用三台同时运行。

15km 线路末端二相短路负序电流为

$$I_2^{(2)} = \frac{10500}{\sqrt{3} \times 2 \times 0.15} A = 20231A$$

流过 60MVA 变压器负序电流为

$$I_k'^{(2)} = 20231 \times \frac{0.13}{0.13 + 0.44} A = 4614A$$

保护安装处负序最小电压为

$$U_{2res.\ min} = \sqrt{3} \times 4614 \times 0.2V = 1.6kV$$

负序电压元件灵敏度

$$K_{sen} = \frac{1.6}{0.63} = 2.54$$

45km 线路复合电压起动过电流远后备保护灵敏度计算:

由图 9-35 可得, 电厂等容量两并列运行的发电机、变压器等效正序阻抗为 0.265Ω, 电厂总等效正序阻抗为 0.165Ω。

母线 N 三相短路电流为

$$I_{k.\ max}^{(3)} = \frac{10500/\sqrt{3}}{0.165 + 0.15} A = 19268A$$

流过 60MVA 变压器电流为

$$I_k' = 19268 \times \frac{0.265}{0.265 + 0.44} A = 7243A$$

电流元件灵敏度

$$K_{sen} = \frac{7243}{4469} = 1.6$$

低压元件动作值为

$$U_{op1} = 0.7 \times 10.5kV = 7.35kV$$

保护区末端三相短路保护安装处低压元件最大残余电压为

$$U_{res.\ max} = \sqrt{3} (19268 \times 0.15 + 7243 \times 0.2) V = 7.50kV$$

$$K_{sen} = \frac{1.15 \times 7.35}{7.5} = 1.1, \text{不满足要求。}$$

解决办法: 在高压侧母线增加一组电压元件, 则

动作电压为

$$U_{op1} = 0.7 \times 115kV = 80.5kV$$

最高残压为

$$U_{res.\ max} = \sqrt{3} \times 19268 \times 18 \times \frac{10.5}{115} V = 54.78kV$$

$$K_{sen} = \frac{1.15 \times 80.5}{54.78} = 1.7, \text{满足要求。}$$

45km 线路末端两相短路负序电流为

$$I_2^{(2)} = \frac{10500}{\sqrt{3} \times 2 \times 0.315} A = 9634A$$

流过 60MVA 变压器负序电流为

$$I_k'^{(2)} = 9634 \times \frac{0.265}{0.265 + 0.44} A = 3621A$$

保护安装处负序最小电压为

$$U_{2res.\ min} = \sqrt{3} \times 3621 \times 0.2V = 1.25kV$$

负序电压元件灵敏度 $K_{sen} = \dfrac{1.25}{0.63} = 1.98$, 满足要求。

5. 电厂线路零序保护整定计算

(1) 15km 线路电流保护整定计算

1) 电厂零序最大、最小阻抗(不考虑变压器中性点部分接地, 部分不接地运行工况):

40MVA 两台变压器并列运行

$$X_{G0.\ max} = \frac{34.7}{2}\Omega = 17.35\Omega$$

两台不同容量变压器并列运行 $\qquad X_{0.\,max} = \dfrac{34.\,7 \times 23.\,1}{34.\,7 + 23.\,1}\Omega = 13.\,9\Omega$

最小零序阻抗 $\qquad X_{G0.\,min} = \dfrac{17.\,35 \times 23.\,1}{17.\,35 + 23.\,1}\Omega = 9.\,9\Omega$（三台变压器并列）

2）电厂正序最大、最小阻抗：

$$X_{G1.\,max} = \frac{29 + 34.\,7}{2}\Omega = 31.\,85\Omega \qquad X_{G1.\,min} = \frac{31.\,85 \times 52.\,1}{31.\,85 + 52.\,1}\Omega = 19.\,77\Omega$$

3）母线 N 系统侧等效正、零序阻抗：

$$X_{N.\,1} = 12\Omega \qquad X_{N.\,0} = \frac{24 \times 69.\,4}{24 + 69.\,4}\Omega = 17.\,8\Omega$$

4）母线 M 系统侧等效正、零序阻抗：

$$X_{M.\,1} = 18\Omega + 12\Omega = 30\Omega \qquad X_{M.\,0} = 36\Omega + 17.\,8\Omega = 53.\,8\Omega$$

5）15km 线路零序电流保护系统的正序等值最大、最小阻抗：

$$X'_{s1.\,max} = \frac{30 \times 31.\,85}{30 + 31.\,85}\Omega = 15.\,4\Omega \qquad X'_{s1.\,min} = \frac{30 \times 19.\,77}{30 + 19.\,77}\Omega = 11.\,9\Omega$$

6）与系统间零序等值最大、最小阻抗：

$$X'_{s0.\,max} = \frac{53.\,8 \times 17.\,35}{53.\,8 + 17.\,35}\Omega = 13.\,1\Omega \qquad X'_{s0.\,min} = \frac{53.\,8 \times 13.\,9}{53.\,8 + 13.\,9}\Omega = 11\Omega$$（两不同容量变压器并列）

$$X_{s0.\,min} = \frac{53.\,8 \times 9.\,9}{53.\,8 + 9.\,9}\Omega = 8.\,36\Omega$$（变压器三台并列）

电厂 15km 线路正序零序保护阻抗图如图 9-38 所示。

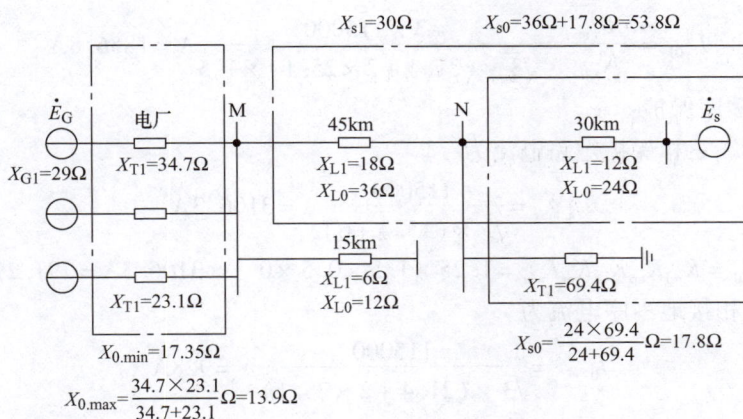

图 9-38 电厂 15km 线路正序零序保护阻抗图

7）15km 零序Ⅰ段动作电流〔110kV 线路可不考虑非全相运行〕：

因等效正序阻抗小于零序总阻抗，取单相接地短路故障计算动作电流。

保护区末端单相短路零序电流为 $\qquad I_0^{(1)} = \dfrac{115000/\sqrt{3}}{2 \times 17.\,9 + 23}A = 1130.\,5A$

动作电流为 $\qquad I_{op1}^{\mathrm{I}} = 1.\,2 \times 3 \times 1130.\,5A = 4070A$

50%处单相短路零序电流为 $I_0^{(1)} = \dfrac{115000/\sqrt{3}}{2 \times 14.9 + 17}A = 1420A$

最大保护区 $3I_{0.50\%}^{(1)} = 3 \times 1420A = 4260A > I_{op1}^{\mathrm{I}}$，满足要求。

发电厂至15%故障点最大正序阻抗为 $X_{\Sigma 1.15\%} = 15.4\Omega + 0.9\Omega = 16.3\Omega$

最大零序总阻抗为 $X_{\Sigma 0.15\%} = 13.1\Omega + 1.8\Omega = 14.9\Omega$

单相接地零序电流为 $I_0^{(1)} = \dfrac{115000/\sqrt{3}}{2 \times 16.3 + 14.9}A = 1399.5A$

最小保护区 $3I_{0.15\%}^{(1.1)} = 3 \times 1399.5A = 4198.5A > I_{op1}^{\mathrm{I}}$，满足要求。

8）第Ⅱ段零序电流保护：电厂15km线路按满足灵敏度要求零序保护阻抗图如图9-39所示。

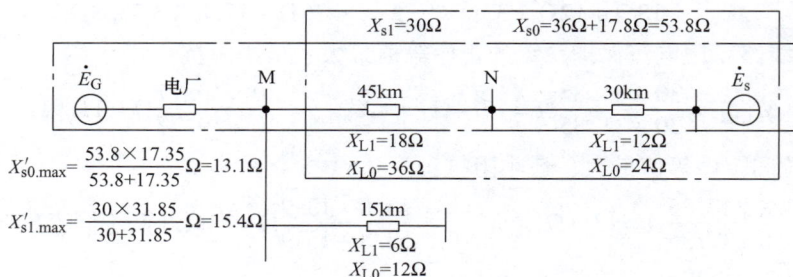

图 9-39　电厂 15km 线路按满足灵敏度要求零序保护阻抗图

动作电流按末端满足灵敏度要求计算，即

$$I_{op01}^{\mathrm{II}} = \frac{3\,I_{0.\min}^{(1.1)}}{K_{sen}} = \frac{3 \times 115000}{\sqrt{3} \times (21.4 + 2 \times 25.1) \times 1.5}A = 1856.8A$$

9）第Ⅲ段零序保护：

下一线路始端三相保护短路电流为

$$I_{k.\max}^{(3)} = \frac{115000}{\sqrt{3} \times (15.4 + 6)}A = 3106.3A$$

$$I_{op01}^{\mathrm{III}} = K_{rel}K_{ap}K_{cc}K_{er}I_{\max}^{(3)} = 1.25 \times 1.5 \times 0.5 \times 0.1 \times 3106.3A = 291.2A$$

线路末端两相接地零序电流为

$$I_0^{(1.1)} = \frac{115000}{\sqrt{3} \times (21.4 + 2 \times 25.1)}A = 928A$$

灵敏度 $K_{sen} = \dfrac{3 \times 928}{291.2} = 9.56$，满足要求。

也可按满足灵敏度要求整定，动作电流为 $I_{op01}^{\mathrm{III}} = \dfrac{3 \times 928}{2}A = 1392A$

（2）电厂45km线路零序保护整定

1）零序Ⅰ段动作电流：电厂至短路点最小正序阻抗为

$$X_{G1.\min} = 19.77\Omega + 18\Omega = 37.77\Omega$$

电厂至短路点最小零序阻抗为 $X_{G0.\min} = 9.9\Omega + 36\Omega = 45.9\Omega$

故障点总的等效最小正序阻抗为

$$X'_{s1.min} = \frac{37.77 \times 12}{37.77 + 12}\Omega = 9.1\Omega$$

故障点总的等效最小零序阻抗为　　　　$X_{s0.min} = \frac{45.9 \times 17.8}{45.9 + 17.8}\Omega = 12.8\Omega$

零序保护阻抗图如图 9-40 所示。

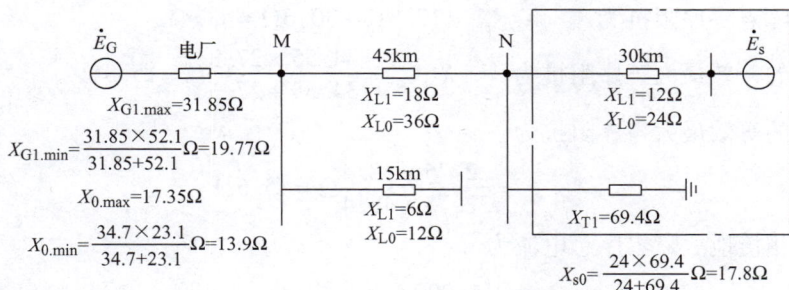

图 9-40　电厂 45km 线路零序保护阻抗图

$$X_{0.min} = \frac{34.7 \div 2 \times 23.1}{34.7 \div 2 + 23.1}\Omega = 9.9\Omega$$

母线 N 单相接地故障零序电流为

$$I_0^{(1)} = \frac{115000}{\sqrt{3}\,(2 \times 9.1 + 12.8)}A = 2144A \qquad I_0^{(1)} = \frac{115000/\sqrt{3}}{2 \times 9.1 + 13.1} = 2124A$$

流过 45km 线路的零序电流为　　　　$I_0'^{(1)} = 2144 \times \dfrac{17.8}{17.8 + 45.9}A = 599A$

保护动作电流为　　　　$I_{op1}^{I} = 1.2 \times 3 \times 599A = 2156A$

最大保护区：

电厂至 50% 故障点最小正序阻抗为　　　　$X_{G1.min} = 19.77\Omega + 9\Omega = 28.77\Omega$

电厂至 50% 故障点最小零序阻抗为　　　　$X_{G0.min} = 9.9\Omega + 18\Omega = 27.9\Omega$

系统至 50% 处正序阻抗为 $9\Omega + 12\Omega = 21\Omega$，零序阻抗为 $18\Omega + 17.8\Omega = 35.8\Omega$。

故障点总的等效最小正序阻抗为

$$X'_{s1.min} = \frac{28.77 \times 21}{28.77 + 21}\Omega = 12.1\Omega$$

故障点总的等效最小零序阻抗为　　　　$X_{s0.min} = \frac{28.77 \times 35.8}{28.77 + 35.8}\Omega = 16\Omega$

$$X'_{s0.min} = \frac{31.9 \times 35.8}{31.9 + 35.8}\Omega = 16.9\Omega$$

$$I_0^{(1)} = \frac{115000/\sqrt{3}}{2 \times 12.1 + 16.9}A = 1617.4A \qquad I_0^{(1)} = \frac{115000}{\sqrt{3}\,(2 \times 12.1 + 16)}A = 1653.5A$$

流过 45km 线路的零序电流为　　　　$I_0'^{(1)} = 1653.5 \times \dfrac{35.8}{27.9 + 35.8}A = 929.3A$

$I_{50\%}^{(1)} = 3 \times 929.3A = 2787.9A > I_{op1}^{I}$，灵敏性满足要求。

最小保护区的确定：

电厂至15%短路点最大正序阻抗为 $X_{G1.\,min} = 31.85\Omega + 2.7\Omega = 34.55\Omega$（发电机变压器组停运）

电厂至15%短路点最大零序阻抗为 $X_{G0.\,min} = 17.35\Omega + 5.4\Omega = 22.75\Omega$（发电机变压器组停运）

系统至故障点正序阻抗为 $X_{G1.\,min} = 12\Omega + 15.3\Omega = 27.3\Omega$

系统至故障点零序阻抗为 $X_{G0.\,min} = 17.8\Omega + 30.6\Omega = 48.4\Omega$

故障点总的等效最大正序阻抗为 $X'_{s1.\,max} = \dfrac{34.55 \times 27.3}{34.55 + 27.3}\Omega = 15.3\Omega$

故障点总的等效最大零序阻抗为

$$X'_{s0.\,max} = \frac{22.75 \times 48.4}{22.75 + 48.4}\Omega = 15.5\Omega$$

15%处两相接地故障零序总电流为

$$I^{(1.1)}_{0.15\%} = \frac{115000/\sqrt{3}}{15.3 + 2 \times 15.5}A = 1435.7A$$

流过被保护线路的零序电流为

$$I'^{(1.1)}_{0.15\%} = 1435.7 \times \frac{48.4}{48.4 + 22.75}A = 976.6A$$

$3I'^{(1.1)}_{0.15\%} = 3 \times 976.6A = 2930A > I^{I}_{op1}$，灵敏性满足要求。

2）零序Ⅱ段动作电流：电厂45km线路零序Ⅱ段阻抗图如图9-41所示。

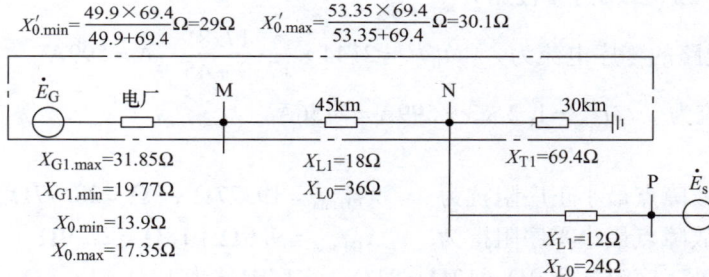

图 9-41　电厂45km线路零序Ⅱ段阻抗图

相邻线路NP零序Ⅰ段定值：

电厂至N母线正序最小阻抗为 $9\Omega + 36\Omega = 45.9\Omega$

至故障点正序最小阻抗为 $X'_{s1.\,min} = 19.77\Omega + 18\Omega + 12\Omega = 49.77\Omega$

至故障点零序最小阻抗为 $X_{s0.\,min} = \dfrac{45.9 \times 69.4}{45.9 + 69.4}\Omega + 24\Omega = 27.6\Omega + 24\Omega = 51.6\Omega$

$$X''_{s0.\,min} = 29\Omega + 24\Omega = 53\Omega$$

母线P单相接地零序电流为

$$I^{(1)}_0 = \frac{115000}{\sqrt{3}(2 \times 49.77 + 51.6)}A = 439.8A \qquad I^{I}_{op2} = 1.2 \times 3 \times 439.8A = 1583.3A$$

分支系数为 $K_b = \dfrac{69.4}{45.9 + 69.4} = 0.6$

45km 线路零序 Ⅱ 段整定值为

$$I_{op1}^{II} = K_{rel}^{II} K_b I_{op2}^{I} = 1.15 \times 0.6 \times 1583.3A = 1092.5A$$

$$I_{op1}^{II} = K_{rel}^{II} K_b I_{op2}^{I} = 1.15 \times 0.58 \times 1568.9A = 1046A$$

电厂至保护区末端正序最大阻抗为 $X'_{s1.max} = 31.85\Omega + 18\Omega = 49.77\Omega$

电厂至保护区末端最大零序阻抗为 $X'_{s0.max} = 17.35\Omega + 36\Omega = 53.35\Omega$

系统至母线 N 等效零序阻抗为 $X''_{s0.eq} = \dfrac{69.4 \times 24}{69.4 + 24}\Omega = 17.8\Omega$

故障点正序总阻抗为 $X''_{1\Sigma} = \dfrac{49.77 \times 12}{49.77 + 12}\Omega = 9.67\Omega$

故障点零序总阻抗为 $X''_{0\Sigma} = \dfrac{53.35 \times 17.8}{53.35 + 17.8}\Omega = 13.3\Omega$

$$I_0^{(1.1)} = \frac{115000/\sqrt{3}}{9.67 + 2 \times 13.3}A = 1832.8A$$

流过保护安装处最小零序电流为

$$I_0^{(1.1)} = 1832.8 \times \frac{17.8}{53.35 + 17.8}A = 458.5A$$

灵敏度 $K_{sen} = \dfrac{3 \times 458.5}{1046} = 1.3$，基本满足要求。

3）45km 线路零序 Ⅲ 段整定值：

保护区末端最大三相短路电流为

$$I_{k.max}^{(3)} = \frac{115000/\sqrt{3}}{19.77 + 18}A = 1760A$$

$$I_{op01}^{III} = K_{rel} K_{ap} K_{cc} K_{er} I_{max}^{(3)} = 1.25 \times 1.5 \times 0.5 \times 0.1 \times 1760A = 165A$$

近后备灵敏度为 $K_{sen} = \dfrac{3 \times 458.5}{165} = 8.3$

单相接地零序电流为 $I_0^{(1)} = \dfrac{115000/\sqrt{3}}{2 \times 61.85 + 54.1}A = 373.9A$

流过保护安装处零序电流为 $I'^{(1)}_0 = 373.9 \times \dfrac{69.4}{69.4 + 53.35}A = 211.4A$

远后备灵敏度为 $K_{sen} = \dfrac{3 \times 211.4}{165} = 3.8$，满足要求。

电厂 45km 线路零序 Ⅲ 段远后备保护阻抗图如图 9-42 所示。

$X'_{0.max} = \dfrac{53.35 \times 69.4}{53.35 + 69.4}\Omega + 24\Omega = 54.1\Omega$ $X'_{1.max} = 31.85\Omega + 18\Omega + 12\Omega = 61.85\Omega$

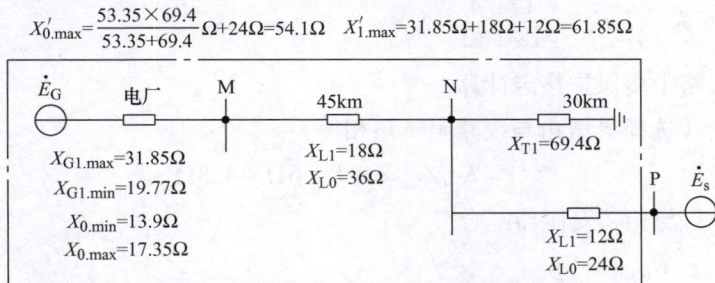

图 9-42   电厂 45km 线路零序 Ⅲ 段远后备保护阻抗图

（3）45km 线路距离保护整定

1）距离Ⅰ段（选择灵敏角与线路阻抗角相等）：

$$Z_{op6}^{I} = K_{rel}^{I} Z_{MN} = 0.8 \times 18\Omega = 14.4\Omega$$

2）距离Ⅱ段：

① 与相邻线路距离Ⅰ段配合。

相邻线路Ⅰ段整定值为 $\quad Z_{op9}^{I} = 0.8 \times 12\Omega = 9.6\Omega$

$$Z_{op6}^{II} = K_{rel}^{II} Z_{MN} + K_{rel}^{II} Z_{op9}^{I} = 14.4\Omega + 0.8 \times 9.6\Omega = 22.1\Omega$$

② 与相邻变压器配合。

助增系数为 $\quad K_{b.min} = \dfrac{12 + 19.77 + 18}{12} = 4.15$

$$Z_{op6}^{II} = K_{rel}^{II} Z_{MN} + K_{rel}^{II} K_{b.min} Z_{T.min} = 14.4\Omega + 0.7 \times 4.15 \times 69.4\Omega = 216\Omega$$

Ⅱ动作阻抗取 $Z_{op6}^{II} = 22.1\Omega$

灵敏度为 $\quad K_{sen} = \dfrac{22.1}{18} = 1.23$，不满足要求。

增加一套与相邻线路Ⅱ段配合保护，相邻线路按满足灵敏度整定，则

$$Z_{op9}^{II} = K_{sen} Z_L = 1.5 \times 12\Omega = 18\Omega$$

$$Z_{op6}^{II} = K_{rel}^{II} Z_{MN} + K_{rel}^{II} Z_{op9}^{II} = 14.4\Omega + 0.8 \times 18\Omega = 28.8\Omega$$

灵敏度 $K_{sen} = \dfrac{28.8}{16} = 1.8$，满足要求，但动作时间也必须配合。

3）距离Ⅲ段（采用方向阻抗继电器）：

最小负荷阻抗为 $\quad Z_{L.min} = \dfrac{0.9 \times 110000/\sqrt{3}}{320}\Omega = 178.8\Omega$

动作阻抗为 $\quad Z_{op1}^{III} = K_{rel}^{III} Z_{L.max} = 0.7 \times 178.8\Omega = 125.0\Omega$

整定阻抗为 $\quad Z_{set1}^{III} = \dfrac{K_{rel}^{III} Z_{L.min}}{\cos(\varphi_{set} - \varphi)} = \dfrac{125}{\cos(70° - 25.8°)}\Omega = 174.4\Omega$

若短路阻抗角与整定阻抗角相等，则动作阻抗与整定阻抗相等。

近后备灵敏度为 $\quad K_{sen} = \dfrac{174.4}{18} = 9.7$

远后备灵敏度为 $\quad K_{sen} = \dfrac{174.4}{18 + 12} = 5.8$

（4）15km 线路距离保护整定计算

1）距离Ⅰ段（选择灵敏角与线路阻抗角相等）：

$$Z_{op1}^{I} = K_{rel}^{I} Z_{MN} = 0.8 \times 6\Omega = 4.8\Omega$$

2）距离Ⅱ段：与相邻变压器配合

助增系数为 $\quad K_{b.min} = 1$

$$Z_{op1}^{II} = K_{rel}^{II} Z_{MN} + K_{rel}^{II} K_{b.min} Z_{T.min} = 4.8\Omega + 0.7 \times 69.4\Omega = 233\Omega$$

灵敏度 $K_{\mathrm{sen}} = \dfrac{233}{6} = 38.8$，满足要求。

3）距离Ⅲ段（采用全阻抗继电器）：

最小负荷阻抗为 $\qquad Z_{\mathrm{L\,min}} = \dfrac{0.9 \times 110000 / \sqrt{3}}{110} \Omega = 520\Omega$

动作阻抗为 $\qquad Z_{\mathrm{op1}}^{\mathrm{III}} = K_{\mathrm{rel}}^{\mathrm{III}} Z_{\mathrm{L\,max}} = 0.7 \times 520\Omega = 364\Omega$

灵敏度为 $\qquad K_{\mathrm{sen}} = \dfrac{364}{6} = 60.7$，从计算可知，保护灵敏度过高，可适当降低保护动作阻抗，可按满足灵敏度要求确定。

参 考 文 献

［1］葛耀中. 新型继电保护与故障测距原理和技术 ［M］. 西安：西安交通大学出版社，2007.

［2］许正亚. 输电线路新型距离保护 ［M］. 北京：中国水利水电出版社，2002.

［3］许建安. 电力系统微机继电保护 ［M］. 北京：中国水利水电出版社，2008.

［4］许建安，王凤华. 电力系统继电保护整定计算 ［M］. 北京：中国水利水电出版社，2007.

［5］陈德树，张哲，尹项根. 微机继电保护 ［M］. 北京：中国电力出版社，2000.

［6］许建安. 水电站自动化技术 ［M］. 北京：中国水利水电出版社，2006.

［7］高亮. 电力系统微机继电保护 ［M］. 2 版. 北京：中国电力出版社，2020.

［8］许正亚. 变压器及中低压网络数字式保护 ［M］. 北京：中国水利水电出版社，2004.

［9］许建安，陕春玲. 电力系统继电保护 ［M］. 郑州：黄河水利出版社，2008.

［10］许建安，连晶晶. 继电保护技术 ［M］. 北京：中国水利水电出版社，2004.

［11］谢珍贵，许建安. 继电保护整定实例与调试 ［M］. 北京：机械工业出版社，2014.

［12］高亮，罗萍萍，江玉蓉. 电力网继电保护及自动装置原理与实践 ［M］. 北京：机械工业出版社，2020.

［13］周长锁，史德明，孙庆楠. 电力系统继电保护原理·算例·实例 ［M］. 北京：化学工业出版社，2020.

［14］杨晓敏，杨光. 电力系统继电保护原理及应用 ［M］. 北京：中国电力出版社，2022.